Beatrix Willim-Barnekow

Virtual Entertainment - Die Welt von Übermorgen

Beatrix Willim-Barnekow

Virtual Entertainment - Die Welt von Übermorgen

Leben im Cyberspace - zwischen Vision und Verwirklichung

Südwestdeutscher Verlag für Hochschulschriften

Impressum / Imprint
Bibliografische Information der Deutschen Nationalbibliothek: Die Deutsche Nationalbibliothek verzeichnet diese Publikation in der Deutschen Nationalbibliografie; detaillierte bibliografische Daten sind im Internet über http://dnb.d-nb.de abrufbar.

Bibliographic information published by the Deutsche Nationalbibliothek: The Deutsche Nationalbibliothek lists this publication in the Deutsche Nationalbibliografie; detailed bibliographic data are available in the Internet at http://dnb.d-nb.de.

Verlag / Publisher:
Südwestdeutscher Verlag für Hochschulschriften
ist ein Imprint der / is a trademark of
OmniScriptum GmbH & Co. KG
Heinrich-Böcking-Str. 6-8, 66121 Saarbrücken, Deutschland / Germany
Email: info@svh-verlag.de

Herstellung: siehe letzte Seite /
Printed at: see last page
ISBN: 978-3-8381-0175-0

Zugl. / Approved by: Bei meiner Arbeit handelt es sich um ein Fachbuch.

Meiner lieben Frau

Vorwort

Dieses Buch dürften Sie gar nicht besitzen und schon gar nicht lesen! Dennoch bin ich froh, dass Sie in den Besitz eines Exemplars gelangt sind und zu den Wissenden gehören möchten, denen man über virtuelle Welten zukünftig keinen „Müll" mehr erzählen kann.

Bringen Sie sich nicht selbst in Gefahr, indem Sie mit anderen über bestimmte Inhalte reden. Sprechen Sie nur mit Personen Ihres Vertrauens über diese Inhalte. Denn man wird Sie vielleicht für verrückt halten, eventuell sogar in Ihrer beruflichen Karriere behindern und, wenn notwendig, sogar Ihr familiäres Umfeld zerstören. Autor und Verlag übernehmen keine Verantwortung und lehnen jegliche Haftung ab, wenn Ihnen aufgrund der hier aufgeführten Wissenszusammenhänge etwas zustoßen sollte.

Welche Einzelpersonen genau dahinter stecken, kann ich bis heute leider nicht sagen. Nur soviel habe ich in Erfahrung bringen können, dass diese Leute erfolgreich Einfluss auf technologische, wirtschaftliche und gesellschaftliche Entwicklungen nehmen und sie mit ihrem Geld und Einfluss steuern, d.h. fördern oder verhindern.

Solche Machtkonzentrationen sind nichts Neues. Es gibt sie schon lange in verschiedenen Bereichen. Die einen finanzieren physikalische Kriege (***Öl- und Rüstungsindustrie***) oder führen schmerz- und todbringende medizinische Experimente mit Tieren und Menschen (***Pharma-Industrie***) durch. Die anderen experimentieren mit dem Erbgut der Natur und dringen in eine Mikrowelt ein, die sie nur vorübergehend kontrollieren können (***Gen-Industrie***). Und es gibt die mächtigen Finanzmogule, die über Milliardenschwere Hedgefonds (übersetzt: Absicherungsfonds) herrschen und ganze Volkswirtschaften und deren Währungen in die Knie zwingen (wie z.B. *George Soros* mit seinen Devisenspekulationen gegen das britische Pfund und die D-Mark in den 1990er Jahren). Heute existieren weltweit rund 9.000 Hedgefonds mit geschätzten 1,6 Billionen US$ (Quelle: stern Nr. 33/2007, S. 49).

Die Steigerung von all dem ist die totale Kontrolle unserer Fantasie und unserer Lebenskraft. Und genau an einer solchen Steuerungsmöglichkeit wird seit Jahren gearbeitet. Dies geschieht zum Teil im Verborgenen, zum Teil unter den Augen der Öffentlichkeit. Nur dass diese und auch die Forscher selbst nicht erkennen können, dass viele der Projekte, an denen sie forschen und entwickeln, am Ende ein Bestandteil dieses großen ***Mind Control-Systems*** werden könnten. Das hört sich an, wie in einem spannenden Science-fiction-Roman (SF-Roman) – in Wirklichkeit spreche ich aber über eine Entwicklung in unserer physikalischen Realität – im realen Leben!

Barrie Sherman und *Phil Judkins* schrieben 1992 in ihrem Buch „*Glimpses of Heaven – Visions of Hell*": „Die Finanzierung ist wichtig; mit ihr ist die Kontrolle über die Entwicklung und den Einsatz dieser technischen Anwendungen verbunden. Technische Erfindungen als solche haben kaum direkte Folgen. Es kommt darauf an, wofür wir sie einsetzen, oder, um genauer zu sein, welchen Gebrauch wir von ihnen zulassen wollen."

Diese Publikation ist je nach Informationsstand für die einen ein komplettes Science-fiction-Buch, für die anderen zum größten Teil ein Tatsachen-Bericht und für wieder andere eine unterhaltsame Fachanleitung für den Aufbau und das Design von virtuellen Welten und die Entwicklung zukünftiger Immersions-Technologien. Durch diese Veröffentlichung kommt eine Visualisierung- und Virtual Reality-Technologie ins Licht der Öffentlichkeit, die aus einem für die meisten Bürger/innen völlig neuem Blickwinkel betrachtet wird. Sie, liebe Leserin bzw. lieber Leser, gehören nach der Lektüre dieses Werkes zu den wissenden Menschen in den computerisierten Staaten, die nicht mehr unvorbereitet sind auf das, was mit Sicherheit kommen wird. Von uns wird es abhängen, wie weit wir eine solche Kontrolle zulassen.

Die Wahrnehmung der physikalischen Realität ist in größter Gefahr, wenn wir nicht rechtzeitig handeln und uns darauf einstellen, im Bewusstsein besonders unserer Kinder die physikalische Welt als ***Premium World*** zu erhalten und sie positiv zu gestalten!

Sie gehören nach dem Studium dieses Buches zu den Eingeweihten. Entweder werden Sie Online-Welten bauen, die unsere Gesellschaft positiv beeinflussen, und sie nutzen. Oder Sie generieren virtuelle Parallel-Welten, wie *Second Life*, die Millionen Menschen zur Flucht aus der Realität verführen. Wenn Sie sich für die erste Variante entscheiden, danke ich Ihnen bereits heute für Ihre Unterstützung und heiße Sie herzlich willkommen im Kreis der „Auserwählten", den Verfechtern für ein Leben in (mentaler) Freiheit, Liebe und Harmonie. Verhindern Sie, dass Ihre Kinder und andere Menschen zu viel ihrer wertvollen Lebenszeit in Parallel-Welten, wie *Second Life*, verbringen. Statt dessen sollten sie virtuelle Welten nutzen, in denen sie unterhaltsam und spielerisch etwas lernen können, und sie sollten durch unser Vorbild dazu angehalten werden, ihren Beitrag zu einer lebenswerten Gesellschaft zu leisten.

Ich bedanke mich für das Redigieren bei Michael Gressmann, für die Durchsicht bei meiner Frau Beatrix Willim, für die Hilfe bei meiner geliebten Schwester Christina Willim und allen anderen, die an dem entstehenden Buch mitgewirkt haben, hier aber unerwähnt bleiben. Insbesondere aber möchte ich mich bei meiner Krankenschwester Nicole Baumann und meinem Arzt Dr. Krimphove, die mir in den schwersten Stunden meines Lebens beigestanden haben und mit dafür gesorgt haben, dass dieses Buch rechtzeitig fertiggestellt werden konnte.

Ich freue mich mit so vielen guten Menschen Bekanntschaft gemacht zu haben, die mich bei der Entstehung dieses äußerst wichtigen Buches unterstützt haben und hoffe, es regt eine breite Diskussion an.

Priort, den 14. Mai 2008

Prof. Dr. Bernd Willim

Inhaltsverzeichnis

Einleitung

Üblicherweise wird ein Pferd von vorne aufgezäumt. In diesem Buch habe ich es genau umgekehrt gemacht. Der Inhalt beginnt in der Zukunft und tastet sich allmählich bis in die Gegenwart vor. Der Grund dafür ist, dass Literatur aus dem Genre Science-fiction (**SF**) im Laufe der Geschichte sehr häufig technologische Entwicklungen inspiriert und im Fall der *Virtuellen Realität* (***VR***) sogar vorangetrieben hat.

In der ersten Hälfte der 1990er Jahre hatte ich das Bedürfnis ein Fachbuch über die Entwicklung der VR zu schreiben, aber ich stieß auf kein Interesse. Daher kam ich auf die Idee, mein Wissen, persönliche Erlebnisse und meine Vorahnungen in eine belletristischer Form zu packen und auf diese Weise zu verbreiten. Ich schrieb drei Exposés für eine Trilogie mit dem Titel ***„Unternehmen CyberGate“*** und entwickelte für diesen Wissenschaftskrimi einen narrativen Rahmen, in den ich die Informationen und Erkenntnisse, die ich gesammelt hatte, in eine spannende, zeitliche Entwicklung von rund 20 Jahren packte. Obwohl die Story nicht in allzu ferner Zukunft spielte, fand ich keinen Verlag und alternativ auch keine große Filmproduktionsfirma, die dieses Thema veröffentlichen bzw. als TV-Dreiteiler verfilmen wollten. Das Urteil auf Verlagsseite war: fachlich ohne Frage fundiert, aber die Art und Weise meines Schreibstils sei nicht belletristisch genug, sondern viel zu sachlich. Heute, 14 Jahre später, sind einige der damals fiktionalen Ideen bereits Realität geworden.

Im ersten Teil dieses Buches werden Sie diese Mischung aus Fiktion und geheimen Plänen nachlesen können. Sie bildeten eine wichtige Ausgangsbasis und Inspiration für meine bisherige 15-jährige Forschungsarbeit und die daraus resultierenden Gefahren für die mentale Unabhängigkeit des Individuums.

Im zweiten Teil bekommen Sie einen kompakten und umfassenden Einblick in die bisherige Entwicklung der VR. Des Weiteren werden die fachlichen Grundlagen für ***Virtual Entertainment*** erläutert. Diesen Begriff habe ich im Frühjahr 2002 im Rahmen des ***Merkaba- Projekts*** kreiert. *Virtual Entertainment* wird in naher Zukunft ein eigenständiger Zweig der digitalen audiovisuellen Unterhaltungsindustrie auf Basis von ***CGI*** (*Computer Generated Images*) sein. ***Motion Rides*** (rund 4,5-minütige Filme, die über eine Großbildwand projiziert werden und auf einer Bewegungsplattform sitzend erlebt werden) und seit 2003 auch aufwendige Computer Games können dazugezählt werden. Den Kernbereich wird allerdings die übernächste Computerspiel-Generation bilden, sogenannte Immersive Virtual Adventures für persönliche Simulatoren (Personal Simulators).

Das was Sie im dritten Teil dieses Buches lesen werden, ist eine Art Lehrbuch für den Bau eines Hochleistungssimulators im Preissegment von nur 150.000 € (statt der üblichen Kosten von einer Million und mehr), mit dem Sie als *Virtual Pilot* durch die unendlichen Weiten des ***Cyberspace*** (kybernetischer Raum / Oberbegriff für den computer-generierten dreidimensionalen Raum) reisen können, – egal ob durch ein virtuelles Weltall oder über eine Zeitmaschine ins alte Ägypten, ins römische Reich oder in die Ära der Dinosaurier. Es ist „nur" eine Frage der Software, die zukünftig immersive virtuelle Abenteuer in dreidimensional generierten, hochaufgelösten und mit künstlicher sowie virtueller Intelligenz ausgestatteter Welten ermöglichen wird. Diese *Immersive Virtual Adventures* werden Bestandteil sein von sich autonom organisierenden Welten, die explizit auf die Anwender reagieren werden.

Dies sind derzeit noch SF-Visionen, aber das Wissen über die Technologie und das Know-how zur Realisierung solcher virtueller Welten wächst von Jahr zu Jahr. Das große Problem ist, dass dabei vor lauter Begeisterung die Gefahr einer mentalen Abhängigkeit übersehen wird. Daher hat sich die *GERMAN FILM SCHOOL* bereits sehr früh nicht nur mit der Entwicklung, sondern mit den Folgen der Technologie befasst und in Zusammenarbeit mit meinem 1992 gegründeten Institut *CYBERLINE Research* mit entsprechender Grundlagenforschung zu diesem Thema begonnen.

Wie so oft aber, es gibt für gute Ideen in diesem Land kein Geld. Das Interesse an Langzeitinvestitionen (von 4 bis 6 Jahren) ist gleich Null und die Fördertöpfe des Landes und des Bundes erwarten einen hohen finanziellen Eigenanteil, wenn man Fördergelder beantragt. Darüber verfügte die private Filmhochschule in Elstal aber nicht. Nach rund fünf Jahren Forschung und Suche nach Geldgebern habe ich mich daher entschlossen, so wie in den 1980er Jahren auch, mein Wissen und die bisherigen Forschungsergebnisse der CGI Community in diesem Buch zur Verfügung zu stellen.

In den beiden Forschungs-Labs für „*Virtual World Design*" und „*Virtual Intelligence*" der *GERMAN FILM SCHOOL* wurden von 2003 bis Anfang 2008 grundlegende Regeln für den Aufbau von Virtual Environments (VEs) aufgestellt und erforscht. *CYBERLINE Research* befasst sich ebenfalls seit 2003 mit der Grundlagenforschung für das Virtual-Cockpit-Forschungsprojekt „*Merkaba*".

Ich bin davon überzeugt, dass in den nächsten zehn Jahren endlich hochwertige immersive virtuelle Welten auf Basis meines *Merkaba*-Projekts zur Verfügung stehen werden. Da jede Technologie Segen und Verderben mit sich bringt, gehen meine Hoffnung und meine Bitte dahin, dass durch dieses Fachbuch möglichst viele Entwickler und Unternehmer in diesem Bereich sensibilisiert werden. Es soll nachher keiner sagen können, er habe es nicht gewusst, dass zu viel Konsum solcher Welten abhängig macht! Wir haben meiner Ansicht nach gegenüber den Anwendern (Kundinnen und Kunden) eine sehr große Verantwortung, wenn wir virtuelle Welten in dieser Qualität produzieren.

Nun werden sich einige Leserinnen und Leser vielleicht fragen, warum ich und andere diese Zielsetzung überhaupt verfolgen, virtuelle Welten in dieser Perfektion herzustellen. Die Antwort darauf lautet: es sind die enormen Vorteile und Möglichkeiten, die nicht nur die Unterhaltungsindustrie, sondern insbesondere auch die Bildung revolutionieren wird. Als Hochschulgründer liegt mir die Bildung besonders am Herzen. CGI und VR bilden eine ideale Kombination, um komplexe wissenschaftliche Zusammenhänge zu vermitteln und durch Visualisierung und immersives Erleben Lerninhalte effektiv, schnell und interessant zu vermitteln. In einer Zeit, in der sich das Weltwissen ungefähr alle fünf Jahre verdoppelt, müssen wir dringend das bisherige Schul- und Ausbildungssystem anpassen!

Fachbegriffe habe ich bei der ersten Erwähnung kursiv und fett gekennzeichnet und meist erläutert. Sollten Sie die Bedeutung einzelner Fachbegriffe im Laufe des Lesens vergessen haben, können Sie diese im Anhang, im Glossar nachschlagen.

Hinweis zur ***Political Correctness***: Der Anwender wird in diesem Buch aus Lesbarkeitsgründen als Neutrum definiert.

Teil I

Zwischen wissenschaftlicher Fiktion und Wirklichkeit

„Was bedeutet schon Wahrheit? Wahr ist das, woran wir glauben.“

1. Bestandsaufnahme aus Sicht außerirdischer Lebewesen

Manchmal muss man Tatsachen aus der Realität in eine Fantasie-Geschichte transformieren und sie auf diese Weise erzählen, damit sie in die Köpfe der Menschen gelangen und ihr Bewusstsein sensibilisieren. Erst dann erkennen viele von ihnen die Wahrheit und die Notwendigkeit zu handeln, um etwas zu verändern.

Die folgende Kurzgeschichte stammt aus dem Jahr 1993. Sie sollte dazu dienen, für das von mir begonnene Fachbuch *„Leben im Cyberspace – Virtuelle Realität als Gegenwelt*" eine Analyse unserer Zivilisation zu liefern, die in eine futuristische Geschichte eingebettet ist. Die Grundfrage, die ich mir gestellt hatte, lautete: „Wie würden intelligente Außerirdische unseren Planeten und die heutigen Errungenschaften der Menschheit beurteilen?"

Bevor ich mit den harten Fakten über den Verfall unseres Wertesystems und die daraus resultierende geistige Flucht von Millionen enttäuschter und unzufriedener Menschen in den Cyberspace aufwarten wollte, sollte das Ergebnis der Analyse die Leser/innen aus diesem ungewöhnlichen Sichtwinkel wachrütteln. Das Analyseergebnis hat 14 Jahre später nichts an seiner Aktualität verloren! Nach einer erfolgten inhaltlichen Anpassung an die von 1993 bis 2007 vergangene Zeit lade ich Sie ein, mir in einen Raumkreuzer der *7. Analyse-Einheit der interstellaren Flotte* aus dem Gebiet des *Andukias-Nebels,* – Millionen Lichtjahre von der Erde entfernt –, zu folgen.

Der blaue Planet – Eine interstellare Analyse

Er tauchte in der holografischen Projektionszone auf wie eine Fata Morgana. Einzigartig in seinem Sternensystem und im Umkreis von Millionen von Lichtjahren, – die Erde, der blaue Planet.

Von einem künstlichen Satelliten, der 33.000 Km von dem Planeten entfernt schwebte, wurden kontinuierlich die elektromagnetischen Signale ausgesandt, die den interstellaren Raumkreuzer zur Kursänderung veranlasst hatten und in das für sie bisher unbedeutende Milchstraßensystem führten.

Die drei Außerirdischen (nennen wir sie Interstellarner) begannen im Kontrollraum des gewaltigen Expeditionsschiffes mit der Analyse der Atmosphäre dieses bläulich leuchtenden Planeten und ließen sich ein auf Bodenschätze spezialisiertes geologisches Planetogramm projizieren. Der Raumkreuzer gehörte zu der 7. Analyse-Einheit der interstellaren Flotte aus dem Gebiet des *Andukias-Nebels*. Seine Besatzung hatte die Aufgabe, seltene Rohstoffe, die zum wirtschaftlichen Fortbestand der interstellaren Basen notwendig waren, auf anderen Planeten zu suchen und die Planungsdaten für die 5. Bergungs-Einheit der Flotte präzise aufzubereiten.

Innerhalb von Sekunden kamen sie aufgrund der Auswertung des MAS (Materie-Analytik-Systems) zu der Erkenntnis, dass es auf diesem blauen Planeten keine für sie verwertbaren Rohstoffe gab. Ihre Gesichter zeigten eine leichte Befriedigung. Das bedeutete, sie konnten in Ruhe mit der Analyse des Kryptogramms beginnen, das sie von dem künstlichen Himmelskörper empfingen, und den Planeten nach Lebensformen absuchen. Die Echo-Schallwellen der ausgesandten Signale hatten eine lange Reise durch die Galaxie zurückgelegt, bis sie hinter dem *Andukias-Nebel* von den interstellaren Echo-Scannern aufgefangen wurden. Die Kommandantur des Raumkreuzers hatte den Sonderauftrag erhalten, die geheimnisvollen außerstellaren Signale zu lokalisieren und vor Ort zu entschlüsseln. Da es sich in diesem Fall auch noch um einen Planeten mit einem außergewöhnlichen Erscheinungsbild handelte, durften sie sich den Luxus erlauben, die Lebensbedingungen zu untersuchen. Den rund 832 Besatzungsmitgliedern stand ein spannendes und unterhaltsames Analyse-Abenteuer bevor, sollte es organisierte Strukturen von intelligentem Leben auf diesem Planeten geben. Solche Gelegenheiten persönlich zu erleben waren selten und kosteten jedes Besatzungsmitglied je nach Zeitdauer mindestens elf *Andukias-Tage* Bodenurlaub.

Der Akustik-Scanner war seit geraumer Zeit in Aktion, aber ohne Ergebnis. Einer der drei Raumschiffkommandanten aktivierte auf Zunicken der beiden Kollegen einen Genehmigungs-Code im Kontrollsystem. Innerhalb weniger Sekunden tauchte in der Eingangsschleuse des Kontrollraumes eine Interstellarnerin mit ihrem jungen Assistenten auf. Sie gehörte zur Führungselite des interstellaren Forschungs-Teams, das sich auf dem 45. Deck des Raumkreuzers befand und dort mit ihren Volumen-Tomographen und Mind-Scannern auf den Einsatz zur Ausarbeitung einer Stellargramm-Analyse wartete.

Plötzlich ertönte ein Signal. Das Kryptoanalyse-System hatte die Bedeutung der elektromagnetischen Schallwellen endlich entschlüsselt. Es handelte sich um einen Hilferuf von offensichtlich intelligenten Wesen, die sich auf dem Planeten befanden. Die Interstellarnerin nahm sofort ihren hydraulisch gesteuerten Sensorensitz an der Frontseite der riesigen Aussichtsplattform ein und begann mit der Instruktion der auf Deck 45 wartenden Wissenschaftler. Ein energetisch ultrastarker Materie-Tomograph baute in wenigen Zeiteinheiten in Zusammenarbeit mit dem Holodeck des Kontrollraumes ein Schallwellen-Hologramm auf, das es erlaubte, die Position zu lokalisieren, von der aus der Hilferuf an den Satelliten geschickt wurde.

Über kristalline Raster-Teleskope wurde die aufgespürte Stelle eingegrenzt, um sie visuell und akustisch auszuwerten. Der Materie-Analysierer begann das vom Holodeck erzeugte und für die Besatzung des Kontrollraumes wahrnehmbare dreidimensionale Energiefeld aus Licht- und Schallwellen zu analysieren. Diese für Wissenschaftler spannende Prozedur war für die drei Kommandanten weniger interessant. Sie konnten mit dem Kauderwelsch auf den Projektionsschirmen wenig anfangen, daher zogen sie sich in den Erlebnisraum zurück, um *Trinopoly* zu spielen – ein virtuelles Planeteneroberungsspiel mit fantastischen Simulationen. Man würde sie rufen, wenn der fertige kryptomografische Analysebericht vorlag. Erst dann würde es für ihre Spieler- und Dealer-Natur interessant werden. Sie hatten schon sieben Planeten unter ihre Kontrolle gebracht und profitierten von den wundersamen Souvenirs, die die dort ansässigen Wesen für sie unter Einfluss ihrer eingeführten Designerdroge „Xeno-mental" erzeugten. Der Souvenir-Handel auf den interstellaren Basen florierte bestens. Je mehr Souvenirs sie verkauften, desto mehr Ruhm und Ehre waren ihnen gewiss. Zur Belohnung gab es die Erlaubnis, ein Raumschiff mit der neuesten Technologie zu verwenden, um in die entferntesten Galaxien zu reisen und diese auszukundschaften.

Nachdem unzählige Einheiten der andukianischen Zeitrechnung verstrichen waren, wurden die Kommandanten in ihrem Simulationsspiel jäh unterbrochen. Es war soweit. Der blaue Planet, seine Beschaffenheiten, seine Bewohner und seine Entwicklungsgeschichte waren entschlüsselt, analysiert und transparent aufbereitet worden. In den vorgeschrieben 20 Zeitabschnitten der Raumerkundungsverordnung konnten sich die drei Kommandanten jetzt selbst ein Bild von dem fremden Milchstraßenkörper machen und dann entscheiden, ob dieser Planet eine Gefahr für die Interstellarner darstellte, ob er als Souvenir-Produktionsbasis geeignet war oder ob man ihn unbeachtet seine planetaren Bahnen ziehen lassen sollte.

Als die Kommandanten durch die Xenion-Schleuse den Kontrollraum betraten, registrierten ihre sensorischen Spiegellinsen Anzeichen von Unsicherheit in den dunkelgrauen Facettenaugen der wissenschaftlichen Projektleiterin. Sie schien Angst vor deren Reaktion zu haben. Ohne sich nervös machen zu lassen, ließen sich die drei majestätisch in den schweren Sesseln vor dem Holodeck nieder und schauten die Wissenschaftlerin gezielt an.

„Um es vorwegzunehmen, hochverehrte Commander. Der Planet verfügt über hochentwickeltes Leben, das sich phasenweise allerdings unberechenbar grausam verhält und für eine Souvenir-Produktion nach ersten Untersuchungen nicht geeignet ist." Die Gesichtszüge der drei Kommandanten schienen zu entgleiten und verfinsterten sich gefährlich. Die Leiterin fuhr scheinbar unbeirrt fort und dokumentierte ihre Ausführungen mit holografischen Auszügen aus den angezapften und entschlüsselten Wissensbanken des blauen Planeten (den digitalen Biblio- und Mediatheken). „Es gibt vereinzelt Inseln und Landstriche, wo diese Lebewesen friedlich und in funktionierenden Gemeinschaften miteinander leben. Aber in den bevölkerungsstarken Regionen scheint alles durch ein monetäres Bewertungssystem gesteuert zu werden, womit diese Lebewesen im übrigen den ganzen Planeten unter Kontrolle halten. Sie nennen es Geld. Ihr Wahlspruch lautet: ‚Geld regiert die Welt'. Die niedrige Hemmschwelle vieler dieser Lebewesen und die fehlende Achtung vor niederen Lebewesen ziehen grausame Rituale und Vernichtungsaktionen nach sich."

Als Dokumentation führte sie transformierte zweidimensionale Bewegtbild-Dokumente mittels der holografischen 3D-Projektion vor. Szenen aus Kriegen, Gefangenenlagern, Folterkellern und Vernichtungslagern sowie aus Schlachthöfen transformierten das Bild vom blauen Planeten in den Wahrnehmungszentren der Raumschiffkommandanten in eine rotgefärbte Erlebniswelt. Der energetische Sensor der Interstellarnerin registrierte den gefühlsmäßigen Umschwung im Energie-Ausgleichs-Zentrum (Psycho-System basierend auf körpereigenen Drogen) der Denkzentralen der drei Vorgesetzten und fuhr vorsichtig fort: „Wir haben es nach der Analyse der geschichtlichen Entwicklung mit einer äußerst aggressiven Spezies zu tun, die sich im Laufe von Jahrtausenden ihrer Zeitrechnung über den Planeten ausgebreitet hat. Diese Spezies hat durch unkontrollierten Abbau der Ressourcen das ökologische Gleichgewicht des Planeten gefährdet und riskiert damit, die Lebensgrundlage für zukünftige Generationen von Lebewesen zu zerstören.

Ich würde vorschlagen, diese hochentwickelten Lebewesen als Terraner zu bezeichnen. Nach unserem Wertesystem sind sie in der Gesamtheit betrachtet Bestien, die ohne Moral und Einsicht herrschen und den Untergang ihrer Spezies und den der unterentwickelten Kreaturen, sie nennen sie Tiere, forcieren.

Sie werden nach unseren Simulationsergebnissen vermutlich keine Chance haben, sich über andere Planeten in ihrem Sonnensystem auszubreiten, zumal diese für sie keine geeigneten Lebensbedingungen bieten. Das ist vielleicht auch gut so, denn sie sind durch das monetäre Wertesystem vor lauter Gier so mit Blindheit geschlagen, dass sie aus der Vergangenheit nichts zu lernen scheinen. Sie haben in einer gewissen Regelmäßigkeit die Fehler ihrer Vorfahren wiederholt. Nur Zeitpunkt, Ort und Grundlage änderten sich."

Die drei Kommandanten wurden sichtlich nervöser. „Kommen sie bitte zur Gegenwartsanalyse hochgeschätzte Analytikerin! Wie sieht es mit Religionen und Verwaltungsgefügen aus, wodurch lassen sich diese Terraner leiten?" fragte der Wortführer. Die anderen beiden nickten zustimmend und warteten gespannt auf die Ausführungen der privilegierten Analytikerin.

„Nun, die gesellschaftlichen Strukturen der Terraner sind sehr unterschiedlich entwickelt. Das hat sich im Laufe der Geschichte stets geändert. Zum Beispiel gab es Kulturen im sogenannten Ägypten oder China und Südamerika, wie die Reiche der Inkas und Azteken, die bereits Tausende Zeiteinheiten früher äußerst weit entwickelt waren. Sie sind aufgrund unterschiedlichster Umstände untergegangen ...".

Der Wortführer unterbrach ihre Ausführungen. „Sie sollen uns eine Gegenwartsanalyse liefern geschätzte Kollegin".

„Ich bitte untertänigst um Vergebung, aber ich hielt diese Beispiele für äußerst aufschlussreich, um die Einfältigkeit dieser Lebewesen aufzuzeigen. Einige Terraner sind nämlich dabei, ihre eigene Schöpfungsgeschichte zu erforschen, um sie offensichtlich für ihre eigenen Zwecke zu missbrauchen. Mit Hilfe ihrer primitiven Kalkulatortechnik sind sie erfolgreich gewesen, ganze biologische Abstammungslinien basierend auf sogenannten Genen zu entschlüsseln, um Einfluss auf das Sozialisations- und Handelssystem nehmen zu können. Diese Kalkulatoren nennen sie Computer. Es sind energiebetriebene Maschinen primitivster Bauart. Sie können nur mit zwei Zuständen, an und aus, umgehen und machen diese Einschränkung durch Geschwindigkeit im Kodieren und Kombinieren wieder wett. Mit Hilfe dieser primitiven Digital-Technik, wie sie dieses Verfahren nennen, haben es einige kreative Köpfe der Terraner geschafft, ein Informations-Netzwerk aufzubauen, mit dem sie umständlich breite Bevölkerungsschichten mit zweidimensionalen und dreidimensionalen Bildwelten versorgen. Diese können über ihre Sinnesorgane wahrgenommen werden. Eine direkte Einspeisung in ihr Nervensystem gibt es nicht. Einige sehr wohlhabende Terraner planen eine Art Cyberspace, eine Art holographische Scheinwelt, über die sie den Informationsfluss unbemerkt kontrollieren wollen."

Den Kommandanten war eine gewisse Überraschung anzumerken, aber sie unterbrachen die Ausführungen nicht.

„Erstaunlich was mit nicht-materieartigen Systemen ohne Vakuum-Energie möglich ist. Sie sind auf der anderen Seite aber auch sehr fortschrittlich. Erste erfolgreiche Ansätze für die Entwicklung geeigneter Holographie-Technologie sind zu erkennen. Des Weiteren haben sie mit superschnellen Kalkulatoren ihren eigenen genetischen Code entschlüsselt und experimentieren seit geraumer Zeit damit, bei der Fortpflanzung und Nahrungsgewinnung.

Auf der Seite der gesellschaftlichen Entwicklung haben sich in den sogenannten High-tech-Ländern viele Bewohner weg vom sozialen Umfeld entwickelt, hin zum egoistischen Alleingang. Politik und Religion haben bei den meisten als Vorbildfunktion ausgedient. Nur noch in den nicht so technisch-orientierten Ländern spielen Religionen eine bisweilen bedeutende Rolle. Allerdings oftmals aber mit ungemeinem Macht- und Gewaltverhalten." Die Interstellarnerin holte tief Luft. „Hochverehrte Commander, die analytische Abteilung ist zu dem Ergebnis gekommen, dass es schwierig sein wird, diese Spezies für die Souvenir-Produktion zu gewinnen. Denn in der Masse gesehen, sind diese Terraner seit Anbeginn ihrer Existenz brutale, feige und pervetierte Bestien. Sie lassen sich nur durch streng überwachte Gesellschaftsordnungen zähmen. Trotzdem bleibt ihr angeborener Trieb zur Grausamkeit erhalten. Das macht sie für uns unberechenbar und gefährlich. Im sogenannten Römischen Reich haben sich beispielsweise Artgenossen dieser Spezies an den Todeskämpfen zwischen verurteilten Terranern und wilden Tieren ergötzt."

Die Kommandanten verdrehten entsetzt die Spiegellinsen.

„Ende des 20. Jahrhunderts terranischer Zeitrechnung ergötzten sich Artgenossen vor Ausstrahlungsgeräten für zweidimensionale Bewegtbilder an der dargestellten Not anderer Terraner. Von Kriegen vor ihrem Terrain nehmen sie kaum noch Notiz, weil das Wirtschafts- und Rechtssystem der herrschenden Klasse sie entmündigt hat selbst einzugreifen und zu helfen. Typisch dafür ist ein in vielen Gebieten vorhandenes pluralistisches Wahlsystem, das so konzipiert ist, dass es die Abwahl von korrupten Terranern nicht ermöglicht. Außerdem bestimmen ihre Volksvertreter selbst die Gesetze."

„Unfassbar!" empörte sich der Wortführer der Kommandantur.

„Wenn man allerdings das Individuum betrachtet, sind die meisten von ihnen eigentlich annehmbare Zeitgenossen. – Zumindest so lange wie sie sich im Rahmen einer kontrollierten Gesellschaftsordnung bewegen. Sobald allerdings einige von ihnen aus dem Gefüge ausbrechen und gegen Bestimmungen verstoßen, folgen die anderen meist in Scharen, wenn diese Gesetzesübertretungen nicht unnachgiebig geahndet werden. Daher müssen wir davon ausgehen, dass diese Spezies in Wirklichkeit trotz Sozialisation immer wieder in den Urzustand der Bestie zurückfallen wird. Wir haben auf der anderen Seite herausgefunden, dass diejenigen, die Regeln aufstellen und überwachen, mit dieser Aufgabe in den meisten Fällen überfordert sind. Das Streben nach monetärem Reichtum und Macht ist die Droge dieser herrschenden Minderheit. Ein großer Teil dieser Führungselite schaltet und waltet auf Kosten der Bevölkerung und der nachfolgenden Generationen wie Kukarutschies (interstellare Schmarotzer mit Saugrüsseln)."

„Das ist doch einfach zu lösen," äußerte erfreut der Wortführer und ließ seine Fingergelenke laut hörbar knacken. „Wir eliminieren alle korrupten Führungsoffiziere, wie in unserem Trinopoly-Spiel, und befreien somit die Terraner von einer üblen Plage. Im Gegenzug werden sie für uns dankbar Souvenirs produzieren."

Die Interstellarnerin erhob höflich, aber widersprechend ihre Stimme: „Eure Exzellenzen, wie ich schon ausführte, müssten wir sie dann selbst unter ständiger Kontrolle halten. Ohne eine solche Kontrolle der terranischen Gesellschaftsordnung würden immer wieder Exemplare dieser Spezies ausbrechen und sich asozial, egoistisch und brutal den übrigen gegenüber verhalten, zum eigenen wirtschaftlichen Vorteil. Das würde eine zuverlässige Herstellung und Lieferung der Souvenirs erheblich gefährden. Dieses Verhalten ausgelöst durch einen dort herrschenden Werteverfall konnten wir in den Sektoren Beta 5 (USA) und Delta 7 (USE= Vereinigte Staaten von Europa), den wirtschaftlichen Machtzentren des vergangenen 20. Jahrhunderts terranischer Zeitrechnung, beobachten. Daher ist eine reibungslose Souvenir-Produktion nicht gewährleistet. Ohne permanente Kontrolle und Motivation ist die Mission nach unserer geschichtlichen Analyse und dem ermittelten Erkenntnis-Querschnitt zum Scheitern verurteilt. Außerdem erlaubt es unsere interstellare Raumschiffverordnung nicht, Verwaltungs- und Kontrollfunktionen auszuüben."

Die Wissenschaftlerin beendet ihre Ausführungen und betrachtet mit demütig gesenktem Haupt die drei Kommandanten.

„Der Erkenntnisquotient scheint tatsächlich im Vergleich zu der kreativen Entwicklung einiger terranischer Erfinder und Entdecker im Laufe der Evolution auf der Strecke geblieben zu sein. Nun ja, da bleibt nur ein Weg," grinste der Wortführer, worauf sich die Gesichtszüge der anderen beiden ebenfalls erhellen. „Wir kommen zu der Erkenntnis, dass die Terraner zum Umdenken nicht in der Lage sind, wie deren eigene Historie belegt. Sie gehen verantwortungslos mit dem ihnen anvertrauten Planeten um. Daher sehen wir uns legitimiert, im Rahmen einer friedlichen Okkupation, den Planeten vor dem Untergang zu retten. Wir werden den Terranern unsere Designer-Droge `Xenomental' (fremdgeistig) zugänglich machen. Sie wird bei den Terranern Scheinwelten in ihren Wahrnehmungszentren erzeugen, die nicht durch eigene Gedankenleistung aufgebaut werden können. Unsere vielseitigen Scheinwelten werden sie abhängig und friedfertig machen. Dadurch können wir die Souvenir-Produktion steuerbar machen. Gleichzeitig wird deren Umwelt nicht mehr so stark belastet durch unsinniges Umherreisen, durch Produktionsabfälle von Gebrauchsgütern und Ressourcenverschwendung. Damit können wir auf Dauer den blauen Planeten retten und für unsere Zwecke sichern.

Auch Vernichtungsaktionen gegen andersdenkende Terraner, sei es aus religiösen oder politischen Beweggründen, sowie eine zu starke Ausbreitung der Spezies würden wir mittels `Xenomental' verhindern. Wir werden ihr gesamtes Informationssystem steuern und ihnen Zufriedenheit, – nein, besser noch, mentale Glückseeligkeit liefern. Das wird besser sein, als dieser ..., wie sagten sie noch gleich?"

„Cyberspace," antwortete die Analytikerin. „Ja, besser als Cyberspace. Also wenn das nicht interstellare Gütigkeit in reinster kristalliner Form ist, dann will ich nicht mehr Kommandant dieses Raumkreuzers sein," polterte der Wortführer. Die beiden stellvertretenden Kommandanten pflichteten ihm lautstark greifer- und schwanzklatschend bei. Ihr Einwand kam schnell und unüberlegt: „Ihre Gehirne sind noch nicht reif für Xeno-mental."

Der wortführende Kommandant verschluckte sich vor Empörung, konnte sich aber im gleichen Moment wieder beherrschen. „Dann werden wir den Planeten eliminieren." Sein Blicke waren erwartungsvoll auf die Interstellarnerin gerichtet, mit einer gewissen Befriedigung, wissend, welche Wirkung diese Aussage auf die Wissenschaftlerin haben würde.

Diese reagierte so, wie er es erwartet hatte, erschrocken und beschwichtigend. „Ich bin nicht generell gegen den Einsatz von Xeno-mental! Wir sollten ihnen nur noch etwas Zeit lassen, damit sie erkennen, dass ihre primitive Technik, die sie zur Erzeugung von virtuellen Welten einsetzen, und ihre darüber ausgeübte und monetärvermehrend orientierte Kontrolle nie an die wirklich mental erzeugten Scheinwelten herankommen, die wir ihnen bieten können. Die Zufriedenheit, die Xeno-mental hervorruft, wird ihnen die ersehnte Freiheit bringen." Sie hob die Hand als Zeichen, dass sie ihre Ausführungen noch vertiefen wollte und atmete hastig eine Brise Xenion-Gemisch ein. „Wir bitten sie nur um einen kurzen Aufschub, um wenige andukianische Zeiteinheiten. Im Verhältnis vergeht die Zeit, die die Terraner zur Erkenntnis benötigen, wesentlich schneller als unsere. Unser Forscherteam möchte abwarten, ob es den Terranern tatsächlich gelingt, eine Gegenwelt mit eigenen sozialen Strukturen auf Basis einer synthetischen Realität zu erschaffen. Es wäre für uns sehr unterhaltsam und aufschlussreich zu beobachten, ob es den führenden Terranern gelingen wird, mittels ihrer Datennetze Probleme zu lösen, oder ob es nur eine optimierte Form der totalen Überwachung wird."

Der Wortführer unterbrach sie überrascht: „Was verleitet Sie zu dieser abenteuerlichen Hypothese?"

„Die Echo-Signale, die wir empfangen haben, stammen von sogenannten Green-Digits-Kriegern, die sich der Erfassung über Datennetze und der Herrschaft der gerade entstehenden Mega-Netzgesellschaften entziehen wollen. Sie befürchten eine totale Entmündigung der Terraner, da sie aufgrund der gesellschaftlichen Lebensumstände zu Millionen in den Cyberspace abwandern werden, auf der Suche nach der Glückseeligkeit." Sie hatte ohne neues Xenion-Gemisch einzuatmen gesprochen, aus Angst unterbrochen zu werden und ihren Standpunkt nicht deutlich vertreten zu können. Sie blickte mit ihren Facettenaugen in die starr auf sie gerichteten Spiegellinsen der Kommandanten. Sie wusste, dass sie zu weit gegangen war, aber ihre wissenschaftliche Neugier auf dieses Experiment war stärker gewesen als ihre Angst vor den Konsequenzen, wenn sie in Ungnade fallen würde.

„Wenn wir ihnen 25 Jahre terranische Zeit geben, dann würden sie den Einsatz von Xenon-mental befürworten. Haben wir sie richtig verstanden?" fragte der Wortführer der Form halber die aufgewühlte Wissenschaftlerin.

„Ja, Commander," mehr brachte sie nicht über ihre vor Aufregung phosphoreszierende zierliche Mundöffnung. Zufriedenheit legte sich auf alle vier Gesichter, nur der Assistent der Wissenschaftlerin wusste noch nicht so recht, wie er reagieren sollte. Denn Gefühle auf Raumpatrouillen-Flügen zu zeigen und dafür die Konsequenzen zu tragen, musste er als Neuling, wie alle Interstellarner vor ihm auch, erst noch lernen.

***

2. *Unternehmen CyberGate* – Ein Wissenschaftskrimi aus der nahen Zukunft

Gelegentlich stößt man als Fachjournalist bei seinen Recherchen auf Informationen, deren Bedeutung und Zusammenhänge man erst im Kontext mit Fakten aus anderen Bereichen und mit einer gewissen Portion Spürsinn erkennt. Das sich daraus ergebende Bild ist vielleicht so unglaublich, dass man es in einem Fachbuch eigentlich nicht mehr veröffentlichen kann. Zum einen, weil man sich und seine Familie in Gefahr bringen würde, zum anderen, weil vermutlich kaum einer die Zusammenhänge glauben würde. Bettet man diese offiziellen und geheimen Informationen aber in den Rahmen einer spannenden Science-fiction-Handlung, bestehend aus Fakten und Fiktion mit Anbindung an die heutige Zeit, besteht zumindest die Chance, dass aufgeweckte Leser/innen erkennen, welchen Wahrheitsgehalt und welches Potential diese technologische Entwicklung beinhaltet.

Im Sommer 1989 begann ich mich mit *Virtueller Realität* (*VR*) zu beschäftigen. Auf Basis des gewonnenen Erkenntnisstands der folgenden sechs Jahre schrieb ich 1996 drei Exposés für einen dreiteiligen Wissenschaftskrimi mit dem Haupttitel *Unternehmen CyberGate*, dem Tor zur virtuellen Welt im Rechner. Wie schon in der Einleitung erwähnt, hatten Verlage wie auch TV-Produktionsgesellschaften kein Interesse gezeigt, ein solches Thema zu verlegen bzw. für das Fernsehen zu verfilmen. Diese drei geplanten Bücher sollten durch zwei Jahrzehnte technologischer und gesellschaftlicher Umstrukturierung führen, von denen wir alle in den nächsten zehn bis 20 Jahren betroffen sein werden. Die Geschichte beginnt in der Gegenwart, in der realen Welt, und endet im Cyberspace, einer von Computern erzeugten künstlichen Welt, von der sich bisher nur Insider eine Vorstellung machen können. Ich habe gegenüber den alten Aufzeichnungen lediglich die drei Jahreszahlen am Anfang des jeweiligen Kapitels um zehn Jahre nach oben geschraubt, denn die Entwicklung und Verbreitung der Technologien hat sich im Endeffekt dann doch länger hinausgezogen, als erwartet. Der Ölkrieg im Irak sowie die Maßnahmen gegen weitere Terroranschläge nach dem 11. September 2001 hat die Weiterentwicklung des *CyberGate*-Plans vorerst verzögert.

Dennoch haben die Inhalte der drei zusammenhängenden Geschichten nichts von ihrer Brisanz und Aktualität verloren. Eingebettet in die Handlung eines Wissenschaftskrimis sollten die Leserinnen und Leser Basiswissen über das Internet, den Stand der Computer-Technologie und die aktuellen technischen Möglichkeiten der VR erfahren sowie im Rahmen der Handlung einen Einblick in laufende Forschungsvorhaben zum VR-Bereich bekommen. Des Weiteren hätten die Leser erfahren, wie im Cyberspace künftig *Avatare* (digitale Stellvertreter von Anwendern im Cyberspace) mit natürlichen und künstlichen Bewohnern kommunizieren werden. Es war vorgesehen, auch die Problematik der *Realitätsvermischung* (*Reality Crossing*) anschaulich zu vermitteln. Einzelheiten über bereits gestartete Forschungsvorhaben, deren Ergebnisse wahrscheinlich 20 Jahre später zum Tragen kommen, sollten aufgezeigt werden. Die Leser/innen hätten erfahren, wie man Gefühle und Schmerzen analysiert, synthetisiert und anschließend bei digitalen Klons in verbale und non-verbale Reaktionen umsetzt. Auch über Pläne, die zum Thema *Ewiges Leben im Netz* existieren, sollte im Rahmen des geplanten Wissenschaftskrimis berichtet werden.

Keine Bange, liebe Leser/innen, all diese Informationen werden Sie im dritten Teil dieses Buches vorfinden, diesmal dann in sachlich wissenschaftlicher Form aufbereitet, – lediglich auf die unterhaltenden Spannungsbögen müssen Sie verzichten.

2.1 Top Secret – Vorbereitungen für die Evakuierung des menschlichen Geistes

Sommer 2007. Die Geschichte beginnt in der heutigen Zeit. Die Hauptperson, der 29 Jahre alte Berliner Fachjournalist *Benjamin Schulz*, steht nach fast zehnjähriger Arbeit im Medienbereich scheinbar am Ende seiner Karriere. Seine Frau hat sich von ihm scheiden lassen. In punkto Beziehungen hat er wenig Glück, und er verliert bei einem Buchprojekt, für das er zwei Jahre lang gearbeitet hat, viel Geld. Durch die Rezession im Medienbereich gerät er immer mehr in wirtschaftliche Schwierigkeiten. Hinzu kommt, dass er durch sein Insider-Wissen und seine persönlichen Erfahrungen mit den gesellschaftlichen Verhältnissen ziemliche Probleme hat. Er zieht sich daher mehr und mehr in seine technisch-wissen-
schaftliche Welt zurück. In seiner Branche, die sich mit Computer-Animation, Special Effects und Virtueller Realität befasst, hat er den Ruf des Trendfinders und gewissenhaften Fachjournalisten, dessen Kritik und Recherchen sehr aufmerksam gelesen werden.

Durch Zufall lernt er einen Doppelagenten kennen, der im Rahmen der deutsch-deutschen Wiedervereinigung offensichtlich von beiden Seiten nicht mehr gebraucht wird. Er hat Angst, geopfert zu werden, da er an wichtigen Spionagefällen, wie *TOPAS,* beteiligt war. Dieser Geheimdienstler versucht *Schulz* für die Recherche und Dokumentation über ein sehr futuristisch erscheinendes Vorhaben zu gewinnen. Er soll unter seiner Anleitung mit äußerster Vorsicht die Ziele und Hintergründe des *Unternehmens CyberGate* recherchieren. Mit dem daraus entstehenden Dokument, hinterlegt an einem sicheren Ort, will sich der erfahrene Doppelagent schützen. Der Berliner Fachjournalist ahnt nicht, dass eine Veröffentlichung gar nicht geplant ist. Da *Schulz* dringend Geld braucht und ihn die Summe von 100.000 Euro für die komplette Recherche erst einmal wieder aus der Misere reißen würde, willigt er ein. Sein erster Ansatzpunkt ist eine Agentur, die den Ausstieg anbietet, – den Ausstieg in den Cyberspace. Er meldet sich als Proband.

Im Laufe seiner Recherche lernt er seinen Auftraggeber besser kennen und bekommt wertvolle Hilfestellungen von ihm, mit denen er das Puzzle zusammensetzen kann. Ihm wird sehr schnell klar, dass es sich um eine wirklich große Sache handelt, von der ein Journalist normalerweise träumt, sie recherchieren zu dürfen. Der Doppelagent stirbt unerwartet, als *Schulz* im Internet auf merkwürdige Informationsräume stößt und ihn davon in Kenntnis setzt. *Schulz* ist davon überzeugt, dass er ermordet wurde. Die indirekte Bestätigung seiner Vermutung bekommt er, als er selbst Opfer eines nächtlichen Überfalls wird. Nur durch das beherzte Eingreifen eines Passanten, des Börsenspekulanten *Charlie van den Burg*, kann er seinen Verfolgern entkommen. Durch einen weiteren Zufall lernt er den 10-jährigen Waisen-Jungen *Roy*, mit Spitznamen Gigabit, kennen. Er ist ein erstaunlich talentierter Hacker und Internet-Surfer, mit dessen Hilfe es *Schulz* gelingt, immer tiefer in die Materie einzudringen. Das Puzzle setzt sich für beide allmählich zusammen.

Sie finden heraus, dass die eigentlichen Drahtzieher im Hintergrund amerikanische Wissenschaftler des ***MIT*** (*Massachusetts Institute of Technology*) und der ***Carnegie Mellon University*** unter Leitung des renommierten KI-Forschers ***Marvin Minsky*** sind. Sie kooperieren auf geheimer Ebene mit Wissenschaftlern aus japanischen, französischen, britischen und deutschen Forschungsinstituten. Das Vorhaben ist so geheim, dass nicht einmal alle Abteilungsleiter davon in Kenntnis gesetzt wurden.

Drastische Kürzungen der Forschungsetats bei einigen beteiligten Forschungseinrichtungen und die durch die europäische Annäherung forcierte Zusammenarbeit sowie die Bedrohung durch zu erwartende soziale Unruhen haben führende Wissenschaftler/innen aus den wichtigsten Industrienationen dazu veranlasst, das von *Minskys* Team definierte **Forschungsexperiment zur Steuerung der menschlichen Psyche** zu unterstützen. Das *CyberGate Project* soll langfristig zur Rettung der mentalen Freiheit der Menschheit dienen und die Möglichkeit bieten, den geistigen Inhalt des Gehirns von wichtigen Persönlichkeiten ins Netz zu übertragen. Deren geistiges Gut, so die Vorstellung, solle dann als virtuelle Persönlichkeit im Netz überleben.

Geschmiedet wurden die Pläne 2004 auf der ***SIGGRAPH***-Konferenz (der weltweit größten und bedeutendsten CGI-Konferenz) in Los Angeles. Das Kuriosum daran ist die Finanzierung. Denn seit 2006 wird *CyberGate* von höchster chinesischer Regierungsebene mit erheblichen Summen finanziell gefördert. Die chinesische Führung hat längst erkannt, dass zukünftig die Überbevölkerung nur noch über den Cyberspace regiert und kontrolliert werden kann und dass die chinesische Konsumgesellschaft erhebliche Umweltprobleme und bevölkerungs-politische Konsequenzen mit sich bringt.

Genaueres über den Inhalt des Projektes erfährt *Schulz* erst, als er von Agenten des obersten US-Geheimdienstes ***NSA*** (*National Security Agency*) in die ***BND***-Zentrale (BundesNachrichtenDienst) nach *Pullach* entführt wird. Durch den Wegfall des Feindbilds Ende der 1980er Jahre begann Mitte der 1990er Jahre ein radikaler Personalabbau bei den westlichen und östlichen Geheimdiensten der Industrienationen. In den Führungsspitzen kommt es zu einer erstaunlichen Einigkeit unter den e-hemaligen Gegnern, als verschiedene Dokumente auftauchen, die Einzelheiten über das *CyberGate*-Experiment beinhalten. Die Geheimdienstler unterlassen es, ihre Regierungen über die merkwürdige Konstellation (mit chinesischen Geldern finanzierte westliche Forschung) zu unterrichten. Sie wittern ein gemeinsames zukünftiges Betätigungsfeld, das ihnen ihre Daseinsberechtigung wieder sichert. Da die Geheimdienstler aber von der Materie zu wenig verstehen, heuern sie *Schulz* mit einigen nicht ganz sauberen Überredungskünsten an. Mit seiner Hilfe erfahren sie weitere Details und vor allem Zusammenhänge. Als sie begreifen, worum es geht, verhandeln sie mit *Minsky* und setzen ihn unter Druck. Gemeinsam entwickeln sie nach ihren Vorstellungen aus dem wissenschaftlichen Projekt einen **geheimen Kolonialisierungsplan** für den Cyberspace.

In der Zwischenzeit bringen aus Sicherheitsgründen Verbindungsleute der Forschungseinrichtungen die Forschungsergebnisse und Programme nach Berlin. Die Übertragung auf elektronischem Wege wäre zu gefährlich, weil Daten abgefangen werden könnten. Sie bereiten an einem geheimen Ort vor den Toren Berlins zusammen mit Top-Agenten, Psychologen und Soziologen das *Unternehmen CyberGate* vor. *Schulz* sitzt jetzt sozusagen mitten drin und soll das Vorhaben schrittweise pressewirksam begleiten, – allerdings in einer ganz anderen Darstellung für die Öffentlichkeit. Er widersetzt sich mit der Zeit, weil er erkennt, worauf das *Unternehmen CyberGate* hinausläuft. Für ihn ist es klar, dass politische Machtinteressen hinter diesem Unternehmen stehen, aber welche sind es? Dass die vereinzelten Informationen absichtlich durchgesickert sind, um sich mit fortgeschrittener Forschung und Entwicklung strategisch erfahrener Partner zu bedienen, ahnen *Schulz* und *Roy* zu diesem Zeitpunkt nicht.

2.2 Minskys Vermächtnis – Jagd auf die virtuelle LISA

Frühjahr 2014. Die sozialen Strukturen sind nach der Währungsreform (Umstellung auf den Euro) im Laufe der vergangenen zehn Jahre noch mehr auseinandergebrochen. Über 50 Prozent der Produktionsarbeitsplätze wurden außerdem in den ost-asiatischen Raum verlegt. Immer größere Teile des Lebens finden im neu entstandenen *CyberNet* statt. Das endgültige Ende der Industrialisierung bahnt sich in den westlichen Ländern an. Die Entmaterialisierung des Lebens schreitet unaufhaltsam voran.

Schulz hat innerhalb der letzten sechs Jahre als Pressereferent für die deutschsprachige Sektion des ***EIA*** (*European Intelligence Agency*) gearbeitet. Den Job hatte ihm seine ungewollte Kooperation mit dem ***NSA*** eingebracht. Das *Unternehmen CyberGate* ist zwischenzeitlich einen beachtlichen Teil vorangeschritten und mit seiner Hilfe zumindest ansatzweise öffentlich bekannt geworden. Das *CyberNet*, die dritte Internet-Generation, bekommt in der Gesellschaft und in der Wirtschaft einen immer höheren Stellenwert. Alles geht offensichtlich den Weg in Richtung digitaler Kommunikation und eine damit verbundene virtuelle Gegenwelt. Es scheint für die meisten jungen Menschen auch keine Alternative mehr zu geben.

Das Kolonialisierungsprojekt ist so weit vorangeschritten, dass die ersten der drei Jahre zuvor gegründeten Kolonien Anfang des Jahres in die Unabhängigkeit entlassen wurden. Sie bestehen aus begrenzt intelligenten künstlichen Lebewesen, die sich nach einem vorgegebenen Strukturplan selbst organisieren, lernen und fortpflanzen. Die visuelle, akustische Präsentation der dreidimensionalen Welten aus den Rechnern hat einen Realismus erreicht, der atemberaubend ist.

Im Herbst des Jahres zieht sich unerwartet der Leiter des *CyberGate Projects*, *Marvin Minsky*, zurück. Einer seiner früheren Schüler, *Hans Moravec*, übernimmt die Leitung des Projektes. *Schulz* wird von der *EIA* als Vertrauensmann eingesetzt und soll in den verbündeten VR-Labors die Einhaltung des 30-Jahresplanes überwachen, von dem er zu diesem Zeitpunkt zum ersten Mal Kenntnis erhält. Eine Reihe von Sabotage-Akten, sowohl innerhalb als auch außerhalb des Netzes (an Telekommunikationseinrichtungen), beginnen den Zeitablauf erheblich zu stören. Francois, der Referent des Generalsekretärs der ***UNO***, entpuppt sich als ein wichtiger Informant und echter Freund für *Schulz*. Eine der Spuren führt zu einer ehemaligen MIT-Mitarbeiterin, die der internationalen radikalen Frauenbewegung "***BMM***" (*Beat Men Movement*) angehört. Sie hatte mit ihren Kenntnissen eine künstliche Frau kreiert, die virtuelle ***LISA*** (*Life Imitating Special Agent*) und mit dem Auftrag betraut, die männliche Vorrangstellung im Cyberspace durch Sabotage-Akte und mit intelligenten Täuschungsmanövern zu verhindern.

Benjamin Schulz, mittlerweile 39 Jahre alt, ist immer noch auf der Suche nach einer geeigneten Lebenspartnerin. Er verliebt sich im *CyberNet* in die geklonte Frau *LISA*, ohne zu wissen, dass sie einen speziellen Auftrag der ***BMM*** hat. Er beginnt sich damit abzufinden, dass er offensichtlich zukünftig einen wichtigen Teil seines Privatlebens im Cyberspace verbringen wird. Während seiner Recherche nach den Saboteuren stößt er unter anderem auf das Vermächtnis von Minsky. Er kann die Ansammlung von Ideen und Plänen soweit entschlüsseln, dass er erkennt, dass Minsky einen Weg gefunden hat, wie man intelligentes virtuelles Leben erzeugt. Aufgrund seiner Erfahrung mit einer virtuellen Beziehung und diesem Wissen, beginnt er sich für die Frau zu interessieren, die Modell für *LISA* gestanden hat. Auf seiner Suche nach ihr landet er unbeabsichtigt einen Volltreffer. Er findet heraus, dass seit fünf Jahren hinter den chinesischen Financiers mächtige Banken der G9-Staaten stecken. Ursprünglich waren die Banker gegen die Bildung von Kolonien und künstliches Leben eingestellt. Als sie aber erkannten, dass der Zug ohne sie abfahren würde, änderten sie ihre Einstellung. Im Rahmen von Kreditverhandlungen mit China erfuhren sie einige Details der chinesischen Aktivitäten und nutzten die Gunst der Stunde für ihre eigenen Interessen. Sie begannen, sich ihre Vormachtstellung im Cyberspace zu sichern.

Über Umwege erfährt auch das Bankenkonsortium ***DCCS*** (*Digital Cash & CyberSavings International*) von dieser virtuellen Agentin. Da sie traditionsverbunden die männliche Vorrangstellung erhalten wollen, wird der ehemalige Börsenspekulant und heutige Vorstandsreferent *Charlie van den Burg* beauftragt, alles zu unternehmen, die digitale Abgesandte der radikalen Frauenbewegung zu eliminieren. *Charlie* lässt *Schulz* suchen und nimmt Kontakt mit ihm auf. Dieser weigert sich jedoch beharrlich, seine digitale Lebensgefährtin *LISA* zu löschen. Als dann aber noch die *NSA* eingeschaltet wird und sein Ziehsohn *Roy* Gigabit spurlos verschwindet, muss *Schulz* sich entscheiden. Das Schicksal ist ihm gnädig gestimmt. Die *EIA* macht die Frau ausfindig, die für die virtuelle *LISA* Modell gestanden hat. Er lernt sie näher kennen und stellt fest, dass sie sein weibliches Spiegelbild ist. Ihr geht es umgekehrt genauso. Sie verlieben sich trotz der dramatischen Umstände ineinander. *Schulz* bekommt zahlreiche Bewusstseins-Probleme, die durch die Vermischung der beiden Realitätsebenen (*Reality Crossing*) hervorgerufen werden.

Als er von *Francois* die wahren Hintergründe über den Auftrag von *LISA* erfährt, zeigt er sich mit einer Eliminierung des weiblichen Klons einverstanden. *Schulz* muss sich von diesem Zeitpunkt an bei seinen Aufenthalten im Netz vor der virtuellen *LISA* höllisch in acht nehmen, die ihn nach und nach als ihren Jäger entlarvt. Unerwartete Hilfe in höchster Not erhält er von einem alten Cyberhippie aus San Francisco, der seine Aktivitäten seit geraumer Zeit im Netz verfolgt hat.

2.3 *Reality Crossing* – An der Schwelle zum digitalen Leben

Herbst 2027. Es gibt gewaltige Versorgungsprobleme durch die immer größer werdende Erdbevölkerung. Immer weniger Menschen haben in Europa und Nordamerika einen Arbeitsplatz. Der Cyberspace ist für viele notgedrungen zur Gegenwelt geworden, in der sie Arbeit und Anerkennung finden. Nur dort können sie sich noch bestimmte Konsumgüter und Freizeitbeschäftigungen leisten. Nach dem finanziellen Zusammenbruch der *UNO* 2013 wurde international beschlossen, die Aktivitäten der neuen *UN* auf die gleichmäßige Verbreitung von Telekommunikations-Technologie und Konsumgütern zu beschränken, anstatt wie bisher Friedenseinsätze in Krisengebieten vorzunehmen.

Das Bankenkonsortium der G9-Staaten hat die Zahlungen an die chinesische Regierung für das Forschungsprojekt „*CyberGate*" zwischenzeitlich eingestellt. Die Banker hatten erkannt, dass sie ihre Macht im Cyberspace trotz juristischer Schützenhilfe nicht so festigen können, wie in der physikalisch realen Welt. Besonders als das absolute Ende des bisherigen Geldsystems droht und durch CyberCash ersetzt werden soll, beginnen sie sich gegen die *Unternehmung CyberGate* zu stellen. Aus Angst vor dem virtuellem Geld und dem damit verbundenen Machtverlust lassen sie den Vize-Präsident der Vereinigten Staaten von Europa umbringen, da er sich für eine totale Liberalisierung des Geldsystems einsetzt. Die europäische Juristen-Vereinigung versucht ebenfalls ihren Einfluss im Cyberspace auszubauen. Sie veranlasst mit Hilfe des obersten europäischen Gerichtshofs die *UN* dazu, mit geeigneten Telekommunikationspartnern eine Mega-Netzgesellschaft zu bilden. Damit wird der letzte Wettbewerb unter den Netzanbietern ausgeschaltet. Die dadurch freiwerdenden Gelder können für Kontrollaufgaben eingesetzt werden. Ziel ist es, exakt festlegen zu können, wer, wann und wo, welche Informationen zu welchem Preis bekommt. Diese Mega-Netzgesellschaft soll mit Hilfe einer internationalen Datenpolizei (*DaPo*) das weltweite *CyberNet* kontrollieren. Bisherige Freiheiten im Netz sollen drastisch eingeschränkt werden. Die Cyberhippie-Bewegung, die seit über 30 Jahren für die Freiheit im Netz kämpft, wird verboten.

Benjamin Schulz, der sich mit seiner Frau (die für *LISA* „Modell gestanden" hatte) aus der Hightech-Welt zurückgezogen hatte, ist mittlerweile stolzer Vater einer 8-jährigen und einer 6-jährigen Tochter. Sie leben von seiner Abfindung, die er vom *EIA* für seine Dienste bekommen hatte und vom Schreiben vereinzelter Artikel. Seine irdische Abgeschiedenheit wird jäh unterbrochen, als *Francois* auftaucht, der mittlerweile zum Generalsekretär der *UN* aufgestiegen ist. Er versucht ihn davon zu überzeugen, dass er noch einmal sein Geschick für die Allgemeinheit einsetzt. *Schulz* will aber nicht mehr. Erst als er und seine Familie von Juristen unter Druck gesetzt wird, stellt er sich der *UN* zur Verfügung. Sein Auftrag lautet: *Minsky*-Jünger im *CyberNet* aufzuspüren und das geheime Wissen, wie man im Netz überlebt, auszuspionieren. Er erfährt, dass sich hinter *Minskys* Vermächtnis offensichtlich noch mehr verbirgt als „nur" künstliches Leben zu erschaffen. *Minskys* Vision, nach dem natürlichen Tod mit seinem digitalisierten Geist, als Klon im Netz weiterzuleben, scheint in einigen Fällen bereits umgesetzt worden zu sein. Diese Klons können aufgrund ihrer erschreckenden Flexibilität und augenscheinlichen Intelligenz eine Gefahr für das gesamte *CyberNet* werden, so die *UN*-Darstellung.

Längst ist das Reisen im dreidimendionalen *CyberNet* für viele zu einer Art Droge geworden. Es hat den Stellenwert des zweidimensionalen Fernseherlebnisses erreicht, den dieses im vergangenen Jahrhundert hatte. Seit Jahren wird das *CyberNet* erfolgreich zur gezielten Ruhigstellung der menschlichen Psyche eingesetzt. Konsumgüter, zwischenmenschliche Beziehungen, Arbeit und Wohlstand wurden im entmaterialisierten Zeitalter neu definiert. *Schulz'* alter Spürhundinstinkt wird wieder geweckt, als er von dem *SERA*-Projekt erfährt, bei dem menschliche Gefühle analysiert wurden und erfolgreich auf virtuelle Klons übertragen worden sind. Er erfährt auch von den ersten geglückten Versuchen des Teams um *Hans Moravec* (dem Leiter des *CyberGate*-Projekts), den Inhalt eines Gehirns mit einem speziellen Ultra-Xenon-Scanner zu ertasten. Im Laufe seiner Recherche gelingt es ihm, hinter *Minskys* Geheimnis zu kommen, wie der menschliche Geist im Netz überleben kann. Im Rahmen seiner Nachforschungen lässt er sich auf ein Experiment ein, einen völlig neuartigen Klon seines Ichs zu generieren. Wie wichtig diese Entscheidung für ihn ist, ahnt er zu diesem Zeitpunkt noch nicht.

Als er herausfindet, dass es der *UNO* nur um eine totale Kontrolle des *CyberNets* geht und nicht um eine Veränderung der sozialen Verhältnisse auf der Erde, stoppt er die Zusammenarbeit. Er schafft es noch, mit Hilfe des *DCCS*-Vorstandsvorsitzenden *Charlie van den Burg* seine Familie in Sicherheit zu bringen. Wenig später wird er umgebracht. Sein digitaler Klon im Netz aktiviert sich mit Hilfe eines Zeitkontroll-Programms und beginnt seine Mission. Er schließt sich der illegalen Cyberhippie-Bewegung an und nimmt Kontakt mit seiner Familie auf. Seine ältere Tochter hat anfänglich enorme Schwierigkeiten, mit ihrem Vater nur noch im Netz zu kommunizieren. Seine Frau verkraftet den Tod ihres Gatten nicht und folgt ihm freiwillig in das digitale Leben.

2.4 Kolonialisierungspläne

Die im Voraus beschriebene Trilogie birgt viel weniger wissenschaftliche Fiktion in sich als die meisten von Ihnen annehmen. Was verbirgt sich nun genau hinter dem von mir getauften *Unternehmen CyberGate*? Bei diesem offiziell nicht existierenden geheimen Vorhaben geht es darum, einen kontrollierten Zugang in virtuelle Welten aufzubauen und um die Pläne für eine Kolonialisierung von virtuellen Welten.

Seit den 1990er-Jahren wird darüber nachgedacht und geforscht, wie man Spieler/innen und zukünftige Besucher/innen von virtuellen Welten kontrollieren und manipulieren kann. Dass dies eines Tages überhaupt möglich sein wird, liegt an unserem Gehirn. Denn unser Weltbild entsteht im Kopf. Die physikalische Welt wird von unserem Gehirn als selektiver Ausschnitt wahrgenommen. Das Gleiche gilt auch für virtuelle Welten. Egal, ob wir etwas in der realen Welt wahrnehmen oder in einer computergenerierten virtuellen Welt, die dabei empfundenen Emotionen sind echt, weil sie in unserem Körper über die körpereigenen Drogen (Botenstoffe / Neurotransmitter) erzeugt und erlebt werden.

Rund eine Milliarde Menschen könnten in spätestens 50 Jahren mit ihrem Nervensystem an einem gewaltigen, mehrfach vor Ausfällen abgesicherten Netzwerk hängen und einen großen Teil des Tages in äußerst realistischen Welten leben, in denen ihre persönliche Situation komplett anders ist, als im ***realen Leben*** (***RL***). Auf den ersten Blick scheinbar eine tolle Lösung, aber die komplettte Überwachung und Beeinflussung des Geistes einer jeden einzelnen Bürgerin bzw. eines jeden Bürgers wäre dann an der Tagesordnung. Dies kann nur verhindert werden, indem die Ressourcen auf diesem Planeten gerechter verteilt werden und jeder einzelne Mensch in einer Gesellschaft wieder das Gefühl bekommt, dass er wichtig ist und gebraucht wird!

Die Realität ist leider weit von diesem sozialen Wunsch entfernt. Besonders durch die Globalisierung sind nur wenige Menschen sehr, sehr reich geworden. Über 8,4 Millionen offizielle Dollar-Millionäre und Milliardäre gab es 2005 laut dem „*World Wealth Report*" von *Capgemini + Merrill Lynch*, und es werden jährlich immer mehr. Hinzu kommt noch eine Dunkelziffer von mindestens einer weiteren Million. Im Vergleich zur Erdbevölkerung von inoffiziell 6,5 Milliarden Menschen im Jahr 2007 sind das nur 0,14 %, denen es finanziell mehr als prächtig geht.

Wenn beispielsweise Superreiche, wie *Bill Gates* von *Microsoft,* Millionen Dollar spenden, dann ist das so, als ob ein Normalverdiener einige Euro in den Opferstock seiner Kirche wirft. Sicherlich sind Spenden in Millionenhöhe sehr lobenswert, aber wozu braucht jemand privat eine Milliarde Euro und mehr? Damit könnte er/sie doch noch viel, viel mehr Gutes tun und wichtige Initiativen dauerhaft unterstützen sowie **positiven** Einfluss auf Regierungen zugunsten von Menschlichkeit und Umweltschutz ausüben. Mehrere Millionen pro Jahr sind für einen luxuriösen Lebensunterhalt doch eigentlich ausreichend, oder? Die Wirklichkeit sieht aber bekanntlich anders aus. Denn die Milliarden sollen noch vermehrt werden! Wichtigstes Ziel der meisten Superreichen ist, dass sich ihr Vermögen ungehindert vergrößern kann, die Globalisierung ihnen einen größeren Spielraum für die Reduzierung der steuerlichen Abgaben bietet und dass vor allem ihre Besitztümer durch die jeweils herrschende Gesetzgebung und deren politisches System vor eventuellen Übergriffen und Plünderungen abgesichert sind. Sie befinden sich in einem riesigen *Monopoly*-Spiel, – einer Welt aus sich ständig verändernden Zahlen.

Steuergeschenke (die Rede ist nicht von der Steuersenkung) an große Konzerne, wie sie in Deutschland beispielsweise durch die *SPD* unter *Gerhard Schröder* politisch durchgesetzt wurden, sind dabei herzlich willkommen. Danach können Unternehmen beispielsweise für mehrere Milliarden Euro Firmenzweige verkaufen und müssen nur die Hälfte des Gewinns versteuern. Das war meiner Meinung nach ein Verrat der *SPD*-geführten Regierung am Arbeiter! Auch der amerikanische Präsident *Georg Bush* hat während seiner Amtszeit dafür gesorgt, dass die Bundessteuern für Unternehmen und Reiche weiter gesenkt wurden. Die Liste der Steuergeschenke für Wohlhabende ließe sich beliebig weiterführen.

Bitte verstehen Sie mich nicht falsch, ich habe nichts dagegen, wenn jemand mit einer guten Idee und viel Fleiß zum Millionär oder Milliardär wird. Nur er sollte sich anteilig genauso an der Finanzierung seines Landes beteiligen müssen, wie die Normalverdiener.

Damit alles so ruhig bleibt wie bisher, dafür sorgen seit Jahrzehnten nicht nur legalisierte, schleichend abhängig machende Drogen, wie Tabak und Alkohol, sondern auch die Fernsehprogramme und eine Kombination aus beidem. Überlegen Sie mal, was passieren würde, wenn Beides nicht mehr zur Verfügung stände. Dann würden sich automatisch immer mehr Leute um das reale Leben kümmern und sich unter anderem darüber aufregen, warum einige Staatsbeamte und Politiker mit ihren Steuergeldern so verschwenderisch umgehen. Sie würden mitreden wollen. Ein besonders gefährliches Potential sind auch Menschen, die am Existenzminimum leben. Ihre Zahl wird von Monat zu Monat größer. Es gilt daher die ungeschriebene und unausgesprochene Direktive, den Unmut der Bevölkerungen auf der verbalen Ebene zu halten bzw. am besten ganz zu unterdrücken. Es gibt Regierungen, die machen das mit Gewalt und Angst, andere lassen ihrer Bevölkerung genug übrig, damit sie halbwegs zufrieden sind, und wieder andere lassen es zu, dass die Sucht nach diesen Drogen verharmlost wird und verdienen daran gut. **Alkohol und Zigaretten sorgen allein im deutschen Gesundheitssystem durch die verursachten gesundheitlichen Schäden für zusätzliche Kosten in Milliarden-Höhe.**

Eine andere Droge ist das Fernsehen, das neben all seinen positiven Vorteilen bei zu hohem Konsum (was bei immer mehr Zuschauern der Fall ist) zahlreiche Nebenwirkungen verursacht: Fettleibigkeit und allmähliches Desinteresse am sozialen Leben sowie Abstumpfung und Verblödung. Gefördert werden solche negativen Erscheinungsformen insbesondere durch flache Unterhaltungsprogramme, die vorrangig durch kommerzielle Sender, wie *Super RTL*, *SAT 1* und *Pro7*, salonfähig gemacht wurden. Der geistigen Schädigung und Abstumpfung werden mittlerweile keine Grenzen mehr gesetzt. Das ursprüngliche Fernsehprogramm diente nicht nur der Information und Bildung sondern auch der Entspannung und Unterhaltung. Das ist zwar in der Grundtendenz bis heute erhalten geblieben, aber es hat auch durch zuviel Gewaltdarstellung und die voyeuristisch aufbereitete Vermarktung von Nichtigkeiten erheblich zur Abstumpfung und Verdummung vieler Zuschauer/innen in allen Altersgruppen beigetragen. Ein weiterer wichtiger Nebeneffekt ist, dass Fernsehen die meisten Menschen in ihren Behausungen hält, dass sie immer weniger mit anderen Menschen zusammentreffen und nur noch wenige tätig werden, wenn sie sich durch die Politik ungerecht behandelt fühlen!

Ein Phänomen, mit dem kaum einer gerechnet hat ist, dass immer mehr junge Menschen immer häufiger dem Fernsehen den Rücken kehren und lieber mehrere Stunden am Tag im Internet chaten (mit Gleichgesinnten in Foren per Tastatur kommunizieren), sich mit Computerspielen unterhalten oder sich für Rollenspiele im Internet begeistern. Sie lieben die Interaktion, nicht die Passivität. Sie trainieren in sogenannten ***Ego-shootern*** (Killerspiele aus der Sicht des Spielers) ihre Reaktionsfähigkeit und kämpfen in virtuellen Kriegen. Sie töten Monster in Fantasiewelten und lernen in Simulationsspielen, wie man eine Stadt regiert oder als Gott eine ganze Welt beherrscht.

Solche „Pixel-Junkies“ könnten eines Tages für die Politik und damit für die herrschende Klasse unberechenbar und gefährlich werden. Einige versierte Hacker beispielsweise beweisen bis heute immer wieder mal mit einer erschreckenden Leichtigkeit, wie hilflos Unternehmen und Kriminalpolizei sind, wenn es um Datensicherheit und Computer-Kriminalität geht. Das neueste Problem, dem Anwender und Datenpolizei 2007 gegenüber standen, war der gefährliche Computer-Virus „*Mpack*“, der über das Aufrufen von unauffälligen Web-Seiten auf den Rechner gelangte und dort unbemerkt im Hintergrund nach Kontodaten suchte oder unerwünscht Werbung verschickte. Über acht Updates hatte eine russischsprachige Gang bis zum Juni 2007 davon in Umlauf gebracht.

Beim *Unternehmen CyberGate* geht es auf der einen Seite um die Überwachung von Anwendern, auf der anderen Seite um die Manipulation ihrer Wahrnehmung mit suggestiven Inhalten, die die Zielsetzungen der Herrschenden hilfreich unterstützen. Zu guter Letzt will man darauf vorbereitet sein, in näherer Zukunft zig Millionen Menschen virtuellen Ersatz für materielle Güter liefern zu können, die sie in der physikalischen Realität niemals besitzen werden. Dadurch könnte man Unzufriedenheit vorbeugen und zumindest auf geistiger Basis Menschen zufrieden stellen, indem man ihnen äußerst kostengünstig materielle Wünsche auf virtueller Ebene erfüllt. Das könnte, so hofft man in monetären Kreisen, zukünftig aus Neid und Wut motivierte Anschläge auf Luxussymbole, wie teure Autos, Yachten und Nobelvillen, verhindern. Daher sollen vor allem die Aktivitäten ärmerer Schichten kontinuierlich in den Cyberspace verlagert werden, um ihnen dort mental ein besseres

Leben zu bieten. Ein sozialer Aspekt steckt bei den wenigsten Befürwortern dahinter. Der dazu notwendige Internet-Zugang auf Kosten des Sozialamtes ist nicht mehr allzu weit entfernt.

Um das *CyberGate*-Projekt und die damit verbundenen Kolonialisierungspläne zum Erfolg zu führen, müssen drei Stufen bewältigt werden, die Mitte der 1990er Jahre von den Initiatoren definiert wurden:

Eine ***effektive Überwachung*** muss aufgebaut werden.
Die ***Testversion*** einer geeigneten virtuellen Welt muss möglichst bald im Internet etabliert werden, die sowohl für Unterhaltung als auch für kommerzielles Business geeignet ist. Wichtigstes Etappenziel ist, dass Anwender durch einen möglichst hohen Freiheitsgrad beim Aufbau dieser Welt den Eindruck bekommen, sie hätten individuelle Entscheidungsmöglichkeiten und könnten ihre Handlungen auch kontrollieren. Hochaufgelöste und ***überzeugende interaktive Online-Welten***, die miteinander konkurrieren und den Ausstieg bieten, müssen folgen. Sie sollen auf hohem Immersionsgrad abhängig machen.

Überwachung ist seit Jahrzehnten Usus

Die **erste Stufe** ist längst erreicht: Dass Internet-Anwender auf Schritt und Tritt überwacht werden können, wenn diese keine Vorsichtsmaßnahmen walten lassen, dürfte sich mittlerweile herumgesprochen haben. Die wenigsten Anwender kennen sich allerdings damit aus, wie man sich davor schützen kann. Wer sich mit seinem Rechner, mit dem er tagtäglich arbeitet und dort bisweilen hoch sensible Dateien, wie zum Beispiel persönliche Daten, Geschäftsideen und Bilanzen, abgespeichert hat, ins Internet einwählt, ist in der Regel Angriffen von Personen und Organisationen, die Wirtschaftsspionage betreiben oder gezielt Daten sammeln, ausgeliefert.
Sie glauben gar nicht, wie stark Geheimdienste und große Unternehmen, die zum Beispiel Betriebssysteme und Anwender-Software verkaufen, im Internet aktiv sind und wie häufig sie auf die Festplatten von Millionen Anwendern zugreifen, um deren Daten auszuwerten.

Da man über das Internet nicht ohne weiteres auf jeden beliebigen Rechner zugreifen kann, versuchen zivile Unternehmen und staatliche Stellen sowie Geheimdienste – wie *NSA*, *CIA*, *BND* und der *FSG* (russischer Nachfolge-Geheimdienst des *KGB*) – aber auch einfache Kriminelle ihre Trojaner (Spionageprogramme) über das Anklicken zweifelhafter Internet-Links und Mail-Anhänge sowie über Daten-Downloads unbemerkt auf dem jeweiligen Rechner zu platzieren. Aus Sicherheitsgründen ist es daher ratsam, für Emails und Electronic Banking immer **einen separaten Rechner** zu verwenden! Dann sind wenigstens die übrigen Daten geschützt.

Die beiden deutschen Journalisten *Egmont R. Koch* und *Jochen Sperber* haben über den Datenklau und die Aktivitäten von Geheimdiensten im Internet bereits 1995 ausführlich in ihrem Buch „*Die Daten-Mafia – Computerspionage und neue Informationskartelle*" berichtet. Leider gab es nur eine Auflage dieser hervorragend recherchierten Publikation. Offensichtlich wurde der *Rowohlt*-Verlag massiv unter Druck gesetzt, um eine zweite Auflage zu verhindern. Denn auch der *Bundesnachrichtendienst* (*BND*) spielte dabei keine rühmliche Rolle. Beamte des *BND* holten sich laut Aussage der Autoren auf elektronischem Weg illegal eine Kopie des noch nicht ganz fertigen Manuskriptes von ihrem Rechner.

In diesem Enthüllungsbuch wird unter anderem detailliert der Versuch beschrieben, die totale Überwachung zu organisieren. Ausgangsbasis dafür war, dass Software-Piraten des *US-Justizministerium* in der ersten Hälfte der 1980er Jahre ein Programm namens *PROMIS* (*Prosecutor's Management Information System*), das *William Hamilton* ursprünglich mit seinem gemeinnützigen *Institute for Law on Social Research* (*INSLAW*) entwickelt hatte, „mittels Tricks, Täuschungen und Betrug in ihren Besitz" brachten. Diese Software eignete sich besonders gut dafür, Zusammenhänge zwischen sehr unterschiedlichen Sachverhalten aufzudecken und war für die elektronische Rasterfahndungen bestens geeignet. Die Autoren des Buches schrieben: „Das Programm ließ sich nämlich international als Schleppnetz benutzen, um Daten über Personen zu ermitteln und zu sammeln – über Terroristen und Drogenhändler ebenso wie über politische Gegner oder Dissidenten. ... Wer auch immer sich im Raster verfängt, wird dann als Staatsfeind abgestempelt – ob es stimmt oder nicht. Gewöhnlich wird zuerst der Technik geglaubt, die angeblich keine Fehler macht, was die Opfer in die Position drängt, ihre Unschuld beweisen zu müssen."

Um sich der Software zu bemächtigen, wurde *Hamiltons* Firma 1985 in die Insolvenz getrieben, indem das *US-Justizministerium* einfach vereinbarte Honorare in Höhe von 1,6 Mio. USD zurückhielt. Nach der erfolgreichen Übernahme, ließ der oberste *US*-amerikanische Geheimdienst *NSA* das *PROMIS*-Programm für den israelischen Geheimdienst *Mossad* zu einem „***Trojaner***" umbauen, – zu einem Spionage-Programm, mit dem man nach der Installation der Software die Festplatte des jeweiligen Computers unbemerkt ausspionieren konnte. Die präparierte *PROMIS*-Version wurde dann im geheimen Auftrag zusammen mit ebenfalls manipulierter Hardware über die Firma *Hadron* von *Earl W. Brian* an Behörden, Banken, das Militär, Rüstungsfirmen und Geheimdienste in über 80 Ländern verkauft. Der *NSA* und der israelische Geheimdienst haben über Jahre hinweg aufgrund der manipulierten Hard- und Software alles mitlesen können sowie Freund und Feind unerkannt ausspioniert.

Auch die deutsche Regierung lässt die Bürgerinnen und Bürger indirekt mit überwachen. Dass alle Auslandsgespräche aufgezeichnet werden und der Zahlungsverkehr international überwacht wird, ist für Sie sicherlich keine Neuigkeit.

Dass der Digitalfunk abhörsicher sei, wie anfangs von der *Deutschen Telekom* vollmundig behauptete, war gelogen. Es war ein Trick, um Drogenhändler und andere Kriminelle, die mit Vorliebe diese „sicheren" Handys für ihre Geschäfte nutzten, in Sicherheit zu wiegen. Aber auch diese Mär ist sehr schnell aufgeflogen. Und dass man selbst über sein ausgeschaltetes Handy und über sein Navigationssystem im Auto jederzeit lokalisiert werden kann, auch das müsste mittlerweile jedem halbwegs informierten Menschen bekannt sein. *Der Spiegel* berichtete in seiner Ausgabe 29/2007 darüber: „Absoluten Schutz vor der Handy-Spionage bieten nur zwei Optionen: den Akku rausnehmen oder einen *Handy-Blocker* benutzen. Der Störsender aus Israel kostet bis zu 4.000 € und ist in Deutschland verboten. Aus gutem Grund – vermutlich."

Sie können davon ausgehen, dass sich Staaten unter dem Deckmantel der Sicherheit des Staates und der Bekämpfung der organisierten Kriminalität sowie zum Schutz vor Terroranschlägen, geeignete Spionage-Programme beschafft haben. Zwangsläufig werden damit auch bisher unbescholtene Bürgerinnen und Bürger ausgespäht. In *Deutschland* geistert seit 2006 das Thema zum Einsatz eines sogenannten *Bundestrojaners* in den Medien und im *Bundestag* herum.

Die Überwachung der normalen Bürger nimmt von Jahr zu Jahr immer mehr zu. Wer sich lange genug seriöse Sendungen wie „*Report*", „*Monitor*" und „*Panorama*" angesehen und/oder das Magazin „*Der Spiegel*" gelesen hat, der weiß, dass man sich nicht auf den durch die Politik und die Justiz garantierten Schutz der Privatsphäre verlassen kann. Wie auch, wenn – wie dem *Spiegel* in seiner Ausgabe 21/2007, S. 38 zu entnehmen ist – in *Deutschland* über 50 Prozent der Abgeordneten des Bundestages korrupt sind bzw. sich die Möglichkeit zur Bestechung offen lassen möchten. Die „kleinen Leute" sollen überwacht und ausgespitzelt werden, im Auftrag von gewählten Volksvertretern, die zu einem großen Teil rechtlich nicht belangbare Kriminelle sind bzw. sich die Möglichkeit zur Korruption offen halten möchten.

Denn die Bundestagsabgeordneten machten im Frühjahr 2007 kein Hehl daraus, dass sie daran nichts ändern wollen. Was sich wie eine Stammtischparole anhört, ist leider bittere Wahrheit. Während 89 Staaten, die *USA*, *Frankreich* und *Großbritannien* die *UNO*-Konvention gegen Korruption längst unterzeichnet haben, bekam Bundeskanzlerin *Angela Merkel* bisher keine Mehrheit dafür, dass die Bestrafung von Korruption in Deutschland verschärft wird.

Der Erzbischof *Laurent Monsengwo Pasinya* aus dem Kongo äußerte bei einem Besuch in *Berlin* im gleichen Zeitraum, dass Armut meist mit schlechter Regierungsführung und Korruption einhergehe. *Kurt Tucholsky* schrieb bereits 1932: „Ich höre immer: Korruption. In *Deutschland* wird nicht bestochen. In *Deutschland* wird beeinflusst." Auf die heutige Zeit umgemünzt würden die betreffenden Politiker sagen: „Wir werden von Interessenvertretungen lediglich intensiv beraten."

Es ist mehr als peinlich und zeigt den desolaten Zustand der deutschen Politik und deren krassen Werteverfall, dass es der *Bundestag* im Jahr der deutschen *EU*- und *G8*-Präsidentschaft nicht geschafft hat, diese Konvention umzusetzen. Der ehemalige amerikanische Präsident *Benjamin Franklin* äußerte einst: „Die, die grundlegende Freiheiten aufgeben, um vorübergehend ein wenig Sicherheit zu bekommen, verdienen weder Freiheit noch Sicherheit."

Online-Welt „*Second Life*" als Testversion

Auch die **zweite Stufe** ist bereits erfolgreich genommen worden. Denn vier Jahre nach der Definition der drei Entwicklungsstufen für das *Unternehmen CyberGate* begann *Philip Rosedale*, damals 31 Jahre alt, mit dem Aufbau einer virtuellen Welt, mit der er sich seinen Traum von einer anderen, besseren Welt verwirklichen wollte.

Im Frühjahr 2007 beschäftigte seine Firma ***Linden Lab*** 110 Mitarbeiter in unscheinbaren Büros im Finanzviertel von *San Francisco*. Finanziert wird diese virtuelle Parallel-Welt von Wagniskapitalgebern, wie *Benchmark Capital* und *Globespan Capital Partners*, von *E-Bay*-Pionier *Pierre Omidyar*, von *Amazon.com*-Gründer *Jeff Bezos* und *Lotus*-Software-Entwickler *Mitch Kapor*. Offiziell sollen sie schon über elf Millionen US$ investiert haben.

Acht Jahre dauerte es, bis im Frühjahr 2007 der lang herbeigesehnte Run auf seine Online-Welt „***Second Life***" (***SL***) ausbrach, verstärkt in Deutschland durch die Berichterstattungen in *Der Spiegel* (08/2007), *Capital* (06/2007) und *Focus*, sowie in anderen Publikationen und im Fernsehen. Viele wollten dabei sein und sich ihren Platz in der ersten Parallelwelt der Menschheit sichern. Für *IBM*-Chef *Sam Palmisano* beispielsweise ist *SL* einer der aussichtsreichen Megatrends des zweiten Netzzeitalters, mit gigantischem Kommunikations- und Geschäftspotential. Er besaß zu diesem Zeitpunkt bereits 20 Inseln in *SL*, und 3.000 seiner Mitarbeiter/innen waren mit ihren Avataren dabei. Der Konzern investiert im Rahmen seines Zukunftsprogramms zehn Millionen Euro. *IBM* will herausfinden, welche Geschäftsmodelle sich durchsetzen, was Menschen motiviert, Probleme spielerisch zu lösen, wie Schulung und Weiterbildung effektiv zu gestalten sind – und wie virtuelle Interessenten zu treuen Kunden in der wirklichen Welt werden.

Täglich wurde zu diesem Zeitpunkt bereits über eine Million Dollar mit virtuellen Waren und Dienstleistungen umgesetzt. Die Frage, warum Nutzer so bereitwillig echtes Geld für unechte Güter ausgeben, beantwortete *SL*-Erfinder *Rosedale* in einem Interview mit dem Magazin *Capital* im Februar 2007 folgendermaßen: „Aus dem gleichen Grund, aus dem sie für Filme, Musik oder Kabelfernsehen bezahlen. Das sind ja auch nur Bits, Bytes und Pixel, denen Menschen einen Wert zuschreiben."

Gartner-Chefanalyst *Prentice* verglich virtuelle Welten wie *SL* mit dem Stadium des Internets Mitte der 1990er Jahre. „Leute gingen online zum Sehen und Gesehen-Werden, einschlägige Geschäftsmodelle entwickelten sich erst später." „*SL* ist nur der Anfang vieler virtueller Fluchträume, die vor allem für diejenigen entstehen werden, die mit der eigenen Realität nicht zurecht kommen," prognostizierte im Frühjahr 2007 *Ernst Primosch*, Kommunikationschef des *Henkel*-Konzerns. Trotz aller Euphorie ist die Qualität dieser 3D-Welt in punkto Bildauflösung, Animation und Inhalt noch sehr ernüchternd und kein Vergleich mit hochauflösenden und perfekt animierten Kinofilmen. Erst mit der dritten Generation des Webs (circa 2015) wird sich das volle Potential der dreidimensionalen virtuellen Welten entfalten.

Hinzu kommt, dass auch der Trend, unsere Welt mit all ihren materiellen und auch negativen Seiten einfach zu kopieren, von wenig Einfallsreichtum zeugt. Das Internet ist derzeit leider nur ein Abbild der realen Gesellschaft. Der Materialismus beherrscht auch die neuen virtuellen Welten. „*Second Life*" ist daher keine wirkliche Alternativwelt, sondern einfach nur eine Parallelwelt. Von den 9,5 Millionen registrierten Personen (Stand September 2007) sind nach Expertenaussagen allerdings maximal 500.000 über Avatare in *SL* oft bis gelegentlich anzutreffen. Laut *Focus*-Magazin sind selten mehr als 25.000 Personen gleichzeitig in *SL* aktiv. Denn die meisten Interessenten verlassen diese Online-Welt sehr schnell wieder, weil sie über die im Vergleich zur Bildqualität von Spielkonsolen schlechte optische Darbietung enttäuscht sind und frustriert über die fehlende Sprachausgabe. Statt dessen mussten sie noch 2007 über die Tastatur ihre verbalen Äußerungen in einzelne Buchstaben zerlegen und ihren Avatar umständlich per Pfeiltasten über das Keyboard steuern.

Die Parallelwelt ***Second Life*** ist in Wirklichkeit eine große Spielwiese, auf der sich vom Unternehmensvertreter bis zum Pädophilen alles tummelt und in einem relativ regelfreien Raum ausprobiert, was auch in der realen Welt (bis auf Fliegen mit dem eigenen Körper) meist schon getestet wurde. Aber *SL* ist eben die erste Testversion einer virtuellen Welt für Unterhaltung und kommerzielles Business, der große Aufmerksamkeit auch seitens der Wirtschaftsunternehmen gewährt wird.

Aber die technologische Entwicklung bleibt bekanntlich nicht stehen. Daher wird die Handhabung von Online-Welten schon sehr bald wesentlich besser und realistischer werden.

Christan Stöcker urteilt in seinem Buch *Second Life – Eine Gebrauchsanweisung für die digitale Wunderwelt* (Goldmann-Verlag, München 2007): „*SL* ist die bislang konsequenteste, weil flexibelste und freiste Variante dessen, was eines Tages vielleicht das ganze Internet sein wird: eine begehbare, endlos modifizierbare, multimediale 3D-Welt nämlich, in der Nutzer Dinge, Funktionen und sogar soziale Systeme erschaffen, die es sonst nirgends gibt."

Dass *IBM* das Engagement in *SL* sehr ernst nimmt, zeigt auch die folgende Aktivität. Auf der *CeBIT 2008* in *Hannover* präsentierte *IBM* ein ganzheitliches Konzept für die Einführung einer service-orientierten Architektur (***SOA***). Für die Simulation des Managements von Geschäftsprozessen hat *IBM* das Software-Tool *Innov 8* entwickelt. Über die Benutzeroberfläche können Anwender in einer virtuellen Umgebung service-orientierte Geschäftsprozesse simulieren und visualisieren.

Die Erfahrungen im Umgang mit *SL* zeigen, dass Menschen bereit sind, sich ganz auf virtuelle Welten einzulassen – auch wenn diese noch in den Kinderschuhen stecken. Der Wirtschaftswissenschaftler und ökonomische Vordenker für virtuelle Welten, *Edward Castronova*, ist davon überzeugt, dass sich eine Verschiebung in der sozialen Bedeutung ereignen wird, durch die die synthetische Welt so viel Bedeutung bekommt wie die reale, aller Wahrscheinlichkeit nach innerhalb der nächsten Generationen (Quelle: Edward Castronova „Synthetic Worlds"). Somit ist auch die zweite Stufe erfolgreich genommen worden.

Auf dem Weg zu einer realistischen Gegenwelt

Die **dritte Stufe** und damit letzte Hürde erfolgreich zu nehmen, daran arbeiten seit geraumer Zeit zahlreiche 3D-Weltenbauer, um die Version einer hochauflösenden und überzeugenden interaktiven Online-Welt eines Tages kommerziell etablieren zu können. „Der Hype um *SL* hat den Markt für virtuelle Welten nachhaltig verändert. Es ist deutlich geworden, dass die potentielle Zielgruppe viel größer ist, als ursprünglich angenommen und weit über die klassische Gaming Community hinausreicht. Deutlich wird auch, dass die User es lieben, selber an der Gestaltung ihrer Welt mitzuwirken," schreibt *Florian A. Schmidt* in seinem Beitrag „*Second Life & Co.*".

Dass sich heute immer mehr Menschen für virtuelle Welten interessieren, belegen die Zahlen der registrierten Anmeldungen in Online-Welten, wie *Second Life* (über 9,5 Mio. registrierte Anmeldungen, Stand September 2007) und *Cyworld* (über 15 Mio. registrierte User, Stand Juni 2007), sowie in Online Games, wie *World of Warcraft* (über 9,3 Mio. Spieler/innen, Stand Dezember 2007) und *Lineage 2* (über 14 Mio. Spieler/innen, Stand Juni 2007). Der Anteil von Frauen und Männern ist mit 41% zu 59% in Online-Welten ausgeglichener als in Online-Spielen, das Durchschnittsalter liegt bei 33 Jahren. Wenn schon so viele Menschen Online-Welten und -Spiele attraktiv finden, wie viele werden sich dann erst in die besser gemachten virtuellen Welten der Zukunft verabschieden? Diese Frage stellen sich immer häufiger an VR interessierte Psychologen und Fachjournalisten.

In Zukunft wird es eine dominierende Parallel-Welt geben sowie kleinere Ableger. Diese Parallel-Welten werden unserer realen Welt sehr ähnlich sein. Für *Philip Rosedale* von *Linden Lab* ist seine virtuelle Parallel-Welt *Second Life* bereits ein handfester Ort. „Wenn man Dinge verändern kann, wenn sie einen emotional berühren, dann sind sie auch echt." Zusätzlich wird es Alternativ-Welten und Online Games geben. Alternativ-Welten sind einem bestimmten Genre, wie SF oder Fantasy, gewidmet und haben mit der realen Welt nur wenig zu tun.

Die 2007 bereits zur Verfügung stehende Chip-Generation für sogenannte Hochgeschwindigkeitsberechnung (High-performance Computing), in Form von „*Cell*"-Prozessoren, *Multi-Core*-Architektur und „*Tesla*"-Grafikkarten, bieten die beste Grundlage für die ***Echtzeit***-Berechnung (*25 Bilder pro Sekunde*) von grafisch immer aufwendigeren virtuellen Welten (siehe auch 4.2.3). Auch Fotorealismus per Ray-Tracing kann mittlerweile mittels einer speziellen Grafikkarte in Echtzeit berechnet werden (siehe auch 4.2.4). Auf der Halbleiterkonferenz *ISSCC* Ende Januar 2008 in *San Francisco* war von *AMD* zu erfahren, dass man dort zwei Grafik-Chips zusammengepackt und über die mit *ATI* erworbene *Crossfire*-Technik gekoppelt hat. Resultat ist branchenweit der erste Gafik-Prozessor, der die Performance-Grenze von einer Billion Fließkommaoperationen pro Sekunde (Teraflops) überschreitet!

Die Rechenleistung kann zwar erfahrungsgemäß nicht groß genug sein, aber dieser Engpass ist sekundär. Primäres Problem ist vielmehr die allgemein zur Verfügung stehende geringe Bandbreite für die Datenübertragung. ***ADSL2+*** (*Asymmetrical Digital Subscriber Line*) bot 2007 nur 6,3 MBit/s, technisch möglich wären aber schon 16 MBit/s. Hier müssen in Zukunft unbedingt noch Entwicklungen stattfinden, da für Online-Welten große Datenmengen in Echtzeit übertragen werden müssen.

Dass trotz der exorbitanten Steigerung der Rechenleistung die Umsetzung noch nicht so weit ist, liegt (zum Glück) an der geringen Weitsicht von Geldgebern und Venture Capital-Firmen sowie an der Geldgier kapitalkräftiger Investoren, die lieber schnelles Geld im Wertpapierhandel verdienen möchten als langfristig zu investieren. Ein weiteres Problem, das unbedingt gelöst werden muss, ist die fehlende Erreichbarkeit der Besucher und Bewohner von virtuellen Welten über virtuelle Massenmedien. „Wer die Lösung dafür findet, wie man Millionen Bewohner gleichzeitig erreichen kann, wird definitiv reich," äußerte 2007 *Sebastian Küpers* von der Berliner Multimedia-Firma *Pixelpark*. Fernsehsender wie *CBS* und *MTV* investieren daher gerade Millionen US$ in die Grundlagenforschung auf diesem Gebiet.

„Nichts spricht gegen gelegentliche Fluchten. Selbstverständlich ist auch ein Buch eine Möglichkeit, eine Auszeit zu nehmen, die Welt durch die Augen eines anderen zu betrachten, gerne auch das zu vergessen oder zu verdrängen, was eine in der Realität gerade ärgert oder ermüdet. ... Es findet keine Auseinandersetzung mit der Wirklichkeit statt. Stattdessen wird versucht, die Wirklichkeit zu ersetzen," gibt *Oliver Stolle* in seinem Beitrag "Zweite Klasse" zu bedenken.

Ob die Kolonialisierungspläne für den Cyberspace Fiktion bleiben oder Wirklichkeit werden, wird sich in den nächsten acht Jahren zeigen. Ich bin sicher, dass wir gute Chancen haben, uns durch unser Handeln für eine lebenswerte und humanere Gesellschaft einer permanenten Manipulation unserer Wahrnehmung entziehen zu können und das Ziel der kompletten geistigen Kontrolle durch ein Vorhaben wie *CyberGate*, oder wie es dann auch immer heißen mag, zu verhindern.

Teil II

Fachliche Grundlagen für Virtual Entertainment

„Hochauflösende, naturgetreue und hochtechnische künstliche Wirklichkeiten werden immer nur so interessant und glaubwürdig sein wie ihr Inhalt!“

(*David Sturman*)

1. Flucht in virtuelle Welten

Nach dem mit Realität und Science-fiction gemischten ersten Teil dieses Buches, geht es im zweiten Teil rein fachlich zu. In diesem Part werde ich Ihnen neben einigen Begriffserläuterungen vorab erklären, wie es dazu kam, dass ich einen Buchauftrag zum Thema VR bekam, es aber niemals zu Ende geschrieben habe, weshalb meine Prognose von 1994 nicht veröffentlicht wurde.

In diesem Teil des Buches erfahren Sie auch, wo die Wurzeln der VR liegen und welche technischen Voraussetzungen notwendig sind, um in virtuelle Welten einzutauchen.

Des Weiteren wird über Aktivitäten im VR-Bereich in den 1990er Jahren und über die Entwicklungen im neuen Jahrhundert berichtet sowie eine einheitliche Wissensbasis geschaffen, die als Grundlage für die im Teil III aufbereiteten ersten Forschungsergebnisse für *Virtual Entertainment* dient.

Virtual Entertainment

Der Begriff „*Virtual Entertainment* (virtuelle Unterhaltung) wurde vom Autor dieses Fachbuchs 2003 geprägt und bezeichnet einen in naher Zukunft eigenständigen Zweig der digitalen, audiovisuellen, interaktiven Unterhaltungsindustrie auf Basis von interaktivem ***CGI*** Content (*Computer Generated Images*) und *Virtual Reality*-Technologie.

Erste Anwendungsbeispiele sind *Motion Rides,* rund 4,5-minütige Filme, die auf eine Großbildwand projiziert und auf einer Bewegungsplattform sitzend erlebt werden. Auch aufwendige Computer Games können seit 2003 dazugezählt werden.

Den Kernbereich für *Virtual Entertainment* wird allerdings die übernächste Computerspiel-Generation bilden, sogenannte Immersive Virtual Adventures (immersive virtuelle Abenteuer) für persönliche Simulatoren (*Personal Simulators*).

William R. Sherman und *Alan B. Craig* beschreiben in ihrem Buch „*Understanding Virtual Reality*“ (2003) die vier Schlüsselelemente, die das Fundament einer ***Virtual Reality Experience*** (VR-Erfahrung) darstellen:

- eine virtuelle Welt
  (ein computer-simulierter, imaginärer dreidimensionaler Raum),
- Immersion
  (geistig und körperlich),
- eine Rückkopplung (Feedback)
  über Sensoren entsprechend des Inputs des Anwenders,
- die Möglichkeit der Interaktion
  (Eingabe und Steuerung mittels Körperbewegungen, Reaktion auf das virtuelle Environment und das Auslösen von Aktivitäten).

1.1 Sensibilisierung des Marktes für VR

1989 gilt als das Jahr der Grundsteinlegung für die *Virtuelle Realität* (***VR***). Auf der *SIGGRAPH '89* in *Boston* wurden zum ersten Mal Hardware-Schnittstellen für den Eintritt in dreidimensionale virtuelle Welten vorgestellt. *AUTODESK* zeigte erste Anwendungsmöglichkeiten auf PC-Basis. Bei *SiliconGraphics* konnten die Anwender in Zusammenarbeit mit *VPL Research* auf Workstation-Ebene Besucher des Messestandes erste Erfahrungen in der virtuellen Realität sammeln. Ebenfalls wurde bei *Hewlett-Packard* ein Programm namens *SimGraphics* demonstriert, mit dem man interaktiv, mit Brille und Handschuh ausgestattet, einen synthetischen Roboter agieren lassen konnte. Der Spielzeug-Hersteller *Mattel* kündigte an, bis Weihnachten 1,2 Mio. Datenhandschuhe in Verbindung mit einem Videospiel zu produzieren.

Virtuelle Realität

„Virtual Reality" bedeutet übersetzt: scheinbar vorhandene Wirklichkeit. Die internationale Abkürzung lautet: ***VR***.

Der Begriff *Virtual Reality* wurde von *Jaron Lanier*, dem Mitgründer von *VPL Research*, in der zweiten Hälfte der 1980er Jahre geprägt und 1989 in der CGI-Branche salonfähig gemacht.

Barrie Sherman und *Phil Judkins* definierten 1992 die Virtuelle Realität in ihrem Buch „*Glimpses of Heaven – Visions of Hell*" als einen anspruchsvollen Begriff einer eigenständigen, mit technisch-wissenschaftlichen Mitteln erzeugten Realität.

VR hat sich als Oberbegriff für ein wissenschaftliches Forschungsgebiet, eine digitale Technologie und für einen CGI-Wirtschaftszweig durchgesetzt. Mit Hilfe von Hardware-Schnittstellen – beispielsweise Sichtsystem und Datenhandschuh – kann ein Anwender visuell und akustisch scheinbar in computer-generierte Umgebungen (*Virtual Environments*) eindringen, sich in ihnen bewegen und in Echtzeit interagieren.

Der Begriff „***Virtual Environment***" wurde in den 1980er Jahren von *Scott Fisher* (*NASA*) geprägt. Bewegt der Anwender seinen Kopf, bekommt er über sein Sichtsystem unmittelbar neue Computer-Bilder, die das sich verändernde Blickfeld der fiktiven Szene bietet, – genauso, wie er es auch in der physikalischen Welt gewohnt ist. Nach einer kurzen Eingewöhnungsphase kann der Anwender in dieser virtuellen Realität fast genauso agieren wie im realen Leben (RL).

Der VR-Künstler *Myron Krüger* nennt das Interagieren mit Computer-Bildern „***Artificial Reality***" (künstliche Wirklichkeit) und die japanischen VR-Forscher bezeichneten das Eindringen in VR-Welten Anfang der 1990er Jahre als „*Realistic Sensation*" (realistische Sinneswahrnehmung). VR gilt bei Vordenkern bis heute als die Kommunikationsebene des 21. Jahrhunderts.

Ich war begeistert von den in Aussicht stehenden Möglichkeiten, in computer-generierte dreidimensionale Räume visuell und akustisch einzudringen. Als ich zurück in Deutschland war, veröffentlichte ich den ersten deutschen Fachbeitrag über VR in meiner eigenen Fachpublikation *CGI Computer Grafik Info* unter dem Titel „*Virtuelle Realität – Flucht aus der Wirklichkeit*". Im gleichen Jahr erschien mein zweites Buch, der „*Leitfaden der Computer Grafik*", mit einem Kapitel über VR-Schnittstellen. Es wurde zum Standardwerk der deutschsprachigen CGI-Branche.

Immersion

Wenn ein hohes Maß an psycho-physischer Eingebundenheit in die virtuelle Umgebung existiert, wird dies als *Immersion* bezeichnet (Eintauchen).

Man unterscheidet zwischen einer mentalen (geistigen) und einer physischen (körperlichen) Immersion.

Das wichtigste Ziel bei einem Aufenthalt in einer virtuellen Welt ist, den Anwender visuell und akustisch so intensiv in die virtuelle Umgebung zu involvieren, dass er regelrecht mental in die 3D-Welt eintaucht und sein Gehirn diese als seine augenblicklich wahrgenommene Realität akzeptiert.

Eine physische Immersion erzielt man über die künstliche Stimulierung der Sinne. Beispielsweise kann mittels eines Datenhandschuhs mit Kraft-Rückkopplungs-Vorrichtung der haptische Sinn mit Informationen über die Beschaffenheit von virtuellen Objekten versorgt werden.

Ende November 1989 referierte ich auf einem Workshop der Gesellschaft für Informatik (**GI**) der Fachgruppe 4.1.4 „Animation und Graphische Simulation" in Wuppertal über „Schnittstellen für den visuellen und physischen Zugang in die simulierte Wirklichkeit".

CGI

CGI steht für *Computer Generated Imagery* (oder Images) und umschreibt mit dieser Kurzform alle 3D-konstruierten, computer-animierten, digital bearbeiteten und veränderten (compositing) sowie mit Paint-Software erzeugten Bildwerke.

Dieses Kürzel stammte aus dem Anfang der 1980er Jahre und stand zu dieser Zeit bereits für den gestalterischen Bildbereich. Die Abkürzung *CGI* wurde Mitte der 1990er Jahre wieder von den Japanern favorisiert, da der Begriff ***Computer Graphics*** als allumfassender Begriff zu stark auf Grafik ausgerichtet war. 1995 etablierte sich das Kürzel dann international endgültig als Synonym für die digitale Bilderbranche.

Die 1990er Jahre standen ganz im Zeichen des Aufbruchs in den Cyberspace, und ich schrieb, wie andere auch, die fantastischen Möglichkeiten der VR geradezu herbei. Während Autoren wie *Barrie Sherman* und *Phil Judkins* in ihrem Buch „*Glimpses of Heaven – Visions of Hell*" (1992) davon ausgingen, dass sich die VR-Technologie bis Mitte der 1995er Jahre durchsetzen würde, wusste ich, dass die computer-generierten Welten frühestens Anfang des neuen Jahrhunderts eine halbwegs passable Qualität für *Echtzeit*-Anwendungen erreichen würden. Aber auch ich habe mich getäuscht. Denn die VR setzte sich zuerst einmal in der Automobil- und Flugzeug-Industrie durch.

Im Unterhaltungsbereich dümpelten die VR-Anwendungen nach einem vielversprechendem Beginn in der ersten Hälfte der 1990er Jahre erst einmal nur vor sich hin.

Als Wissenschaftler habe ich von Anfang an die Zusammenhänge zwischen der technischen Entwicklung und möglichen Auswirkung auf die Gesellschaft aufgezeigt. Bis 1992 hielt ich rund 50 Seminare, Vorträge, Vorlesungen und Workshops bei Institutionen und Firmen, auf Fachtagungen und an Universitäten. Des Weiteren wurden zahlreiche Beiträge über VR-Schnittstellen, Design von virtuellen Welten und die zukünftige Entwicklung aus meiner Feder veröffentlicht.

1992 führte ich die fachliche Überarbeitung der deutschen Übersetzung des englischsprachigen Standardwerks „*Virtual Reality*" von *Howard Rheingold* im Auftrag des *Rowohlt Verlags* durch (deutscher Titel: *Virtuelle Welten – Reisen im Cyberspace*). Außerdem fungierte ich im selben Jahr als Herausgeber und Mitautor des Fachbuches „*Designer im Bereich Animation und Cyberspace*".

Im gleichen Jahr gründete ich das ***CYBERLINE Research Institute*** zur Erforschung und Generierung von computer-generierten künstlichen Wirklichkeiten, um die Entwicklung von geeigneten VR-Szenarien auf PC-Basis für den Ausbildungs- und Freizeitbereich zu erforschen und voranzutreiben.

1994 bekam ich vom Berliner *Trescher-Verlag* den Auftrag, ein Fachbuch über den Stand der Technik und die möglichen Auswirkungen der VR zu schreiben. In diesem Buchprojekt „*Leben im Cyberspace – Virtuelle Realität als Gegenwelt. Aufbruch in eine bessere Welt?*" begann ich die Hintergründe zu beschreiben, warum in naher Zukunft Millionen von Menschen in den Cyberspace abwandern werden. Es ging um die bevorstehende Erweiterung unserer physikalischen Realität durch dreidimensionale Bildwelten aus dem Rechner. Kernthema war der Übergang von Menschen in den Cyberspace, denn die Virtuelle Realität würde für viele in greifbarer Zukunft zu einer Art Gegenwelt werden. Ähnlich wie einst bei der Kolonialisierung Amerikas würden Kinder, Jugendliche und Erwachsene Anfang des nächsten Jahrhunderts über Datenleitungen mental in fremde Welten aufbrechen.

Cyberspace

Der Begriff *Cyberspace* ist ein Kurzwort und steht für *Cybernetic Space*, übersetzt kybernetischer Raum, – der Raum, der auf Einwirkungen von außen reagiert.

Die Wortschöpfung *Cyberspace* stammt von dem US-amerikanischen SF-Autor *William Gibson* und wurde durch seinen Kultroman „*Neuromancer*" (1984) weltweit bekannt gemacht.

Mit *Cyberspace* wird in der VR generell eine vom Rechner generierte dreidimensionale Umgebung oder auch ein komplettes virtuelles Universum bezeichnet, die/das man vorrangig über VR-Schnittstellen, wie VR-Brille und Datenhandschuh, visuell und akustisch erkunden und in ihm immersiv interagieren kann. Heutige Online Games und Online-Welten sind typische Beispiele für einen Cyberspace.

„Unsere Realität reicht nicht mehr aus," stellte *John Walker*, Chef von *AUTODESK*, zu dieser Zeit nüchtern fest. Auf der Suche nach der Glückseligkeit wollte die Unterhaltungsindustrie mit zig Millionen DM dem Konsumenten „helfen", indem sie in den nächsten Jahren virtuelle Welten präsentieren wollte, deren Qualität Anfang des nächsten Jahrhunderts bereits so berauschend sein sollten, dass Millionen Menschen im Cyberspace ein geistiges Zuhause nach ihren Vorstellungen finden werden. Die dabei entstehenden Gefühle im Körper, durch körpereigene Drogen erzeugt, wären absolut echt gewesen. Lediglich die Scheinwelt als Auslöser sollte aus dem Rechner kommen.

In meinem Vorwort zum Buch-Projekt *„Leben im Cyberspace"* schrieb ich 1994 unter anderem:

„Wenn Sie, liebe Leserin und lieber Leser, an die Geburt einer solchen Gegenwelt nicht glauben wollen, dann sollten Sie dieses Buch lesen und anhand der aufgeführten Fakten selbst urteilen, ob ein Leben im Cyberspace möglich sein wird. Der Grundstein für diese VR-Welten wurde bereits Ende der 1980er Jahre gelegt. Ende der 1990er Jahre sollen VR-Szenarien, wenn auch in primitiver Form, im Konsumbereich angeboten werden."

Sie werden sich vielleicht fragen, warum ich über dieses Thema geschrieben habe. Nun, ich habe lange darüber nachgedacht, ob ich meine Gedanken und Erkenntnisse zu dem bevorstehenden „Aufbruch in eine bessere Welt" niederschreiben und veröffentlichen soll. Die Brisanz dieses Themas von der „Virtuellen Realität als Gegenwelt" ist für mich aber so ungeheuerlich und deutlich erkennbar, dass ich mich als Kommunikationswissenschaftler und Fachjournalist geradezu verpflichtet fühle, die Gründe, die zur Entstehung einer solchen Gegenwelt führen werden, aufzuzeigen.

Wir müssen schleunigst aufwachen und damit beginnen, in unserer Gesellschaft wieder ethische und moralische Grundsätze zu formulieren und diese strikt einzuhalten. Eine Gesellschaftsordnung, deren Grenzen ungestraft überschritten werden können (einige verstehen hierunter Liberalismus), ist auf Dauer nicht geeignet, ein friedliches und soziales Miteinander zu gewährleisten.

Wenn wir nicht ganz schnell eine Kursänderung einleiten, um eine verlässliche, kontinuierliche Gesellschafts- und Wirtschafts-Politik mit Durchsetzungsvermögen zu etablieren, **dann werden sich in den nächsten zehn bis zwanzig Jahren Millionen Menschen immer stärker in die künstliche Welt aus dem Rechner zurückziehen und dort in virtuellen Gemeinschaften einen Teil ihres Daseins verbringen.**

Dieses Buch soll Anregungen bzw. eine mögliche Beweisgrundlage für diese kommende Flucht in eine bessere Welt bringen. Ob es gelingt, Millionen Menschen zu einer maßvollen Nutzung der VR zu bewegen, erscheint mir zweifelhaft. Daran habe ich den Glauben bereits verloren. Aber hin und wieder gibt es ja noch Wunder."

Leider stornierte der Verlag den Buchauftrag, nachdem ich bereits ein Drittel geschrieben hatte, weil schlagartig zu viele VR-Bücher auf den Markt kamen und für den Verlag die Gefahr bestand, das Buch nicht mehr gut vermarkten zu können. 1993 und 1994 waren immer mehr Bücher über VR, vorrangig in englischer Sprache, auf den Markt gekommen. Sinnigerweise trugen sie fast alle den Haupttitel „*Virtual Reality*". In der Regel waren es Publikationen für computer-erprobte Einsteiger, Hardware-Entwickler, Ingenieure, Programmierer und Wissenschaftler. Die deutsche Neuerscheinung vom Verlag *Addison-Wesley* „*Virtuelle Realität – Genese und Evaluation*" von 1994 beispielsweise war stellvertretend für den inhaltlichen Aufbau der meisten VR-Bücher: Historie, Beschreibung der Technik und Einsatzmöglichkeiten, kritische Anmerkungen über mögliche Auswirkungen sowie ein Anhang mit Firmenanschriften, Literatur-Verzeichnis und Glossar. Der Autor, *Sven Bormann*, war ein ehemaliger Student der *Freien Universität Berlin*, dem es gelungen war, seine bei mir geschriebene Diplomarbeit zu veröffentlichen.

Damit war meine VR-Karriere vorerst zu Ende. VR setzte sich vor allem in der Industrie durch. In der Unterhaltungsindustrie wachte man erst um die Jahrtausendwende auf, als das begann einzutreten, was ich in meinem nicht veröffentlichten Buch vorausgesagt hatte. Ich möchte Ihnen daher das erste Kapitel nicht vorenthalten, dass sich mit dem Thema Gesellschaft und Sozialisation beschäftigte, weil es die Grundlage für die Erklärung bildet, warum Menschen in unserer Gesellschaft sich mehr und mehr virtuellen Unterhaltungsangeboten zugewendet haben und noch zuwenden werden.

Mitte 2007 waren es mindestens 30 Millionen Menschen, die in Online-Spiele abtauchten, wie *World of Warcraft* (8,5 Mio. im Juli bzw. über 9,3 Mio. Spieler/innen Mitte Dezember) von *Blizzard Entertainment* und Parallelwelten wie ***Second Life*** von *Linden Lab* (mit über 5,5 Mio. Registrierungen im Juli bzw. 9,5 Mio. im September, davon rund 500.000 Aktivisten) sowie in Online-Welten wie ***Cyworld*** von *SK Communications* (über 15 Mio. Teilnehmer/innen). Auch meine Befürchtung, dass es bei Dauergebrauch zu einem hohen Abhängigkeitsrisiko kommen kann, wurde leider 2007 offiziell bestätigt (siehe 4.4.3).

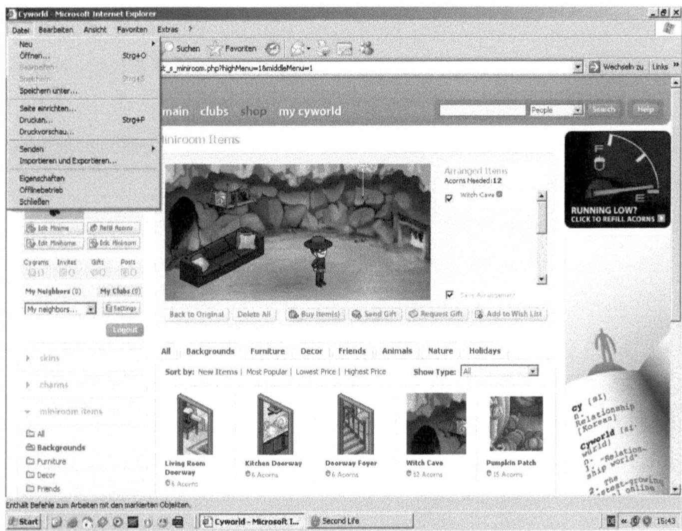

Cyworld-Seite © *SK Communications*

1.2 Gesellschaft und Sozialisation

Über das Zusammenleben von Menschen in sogenannten natürlichen Gesellschaften, wie Ehe, Familie und dörflicher Gemeinschaft, ist schon viel philosophiert worden. Der Sozialisation des Individuums, dem Prozess der Einordnung des Einzelnen in die Gemeinschaft, kommt dabei eine wichtige Rolle zu. Schwierig wird es, wenn eine Gesellschaft zu groß und unübersichtlich und damit anonym wird. Dann können nur noch gemeinsame Wertvorstellungen das Gefüge aufrechterhalten. Jede Gesellschaftsform baut auf bestimmten Werten auf. Sie dienen zur Orientierung des eigenen

Handelns. Verliert eine Gesellschaft diese Werte oder wird diese Moral untergraben, beginnt der Zerfall der Gesellschaftsordnung und damit das Ende der Grundlage für ein freies, zufriedenes und glückliches Leben.

Exkurs: Ohne Gesellschaftsordnung geht es nicht

Nach ***Aristoteles*** (394 – 322 v. Chr.) ist das Ziel eines guten, tugendhaften und glücklichen Lebens nur in der höchsten Gemeinschaftsform, der durch Recht und allgemein anerkannten Herrschaft eines Staates, erreichbar. Er prägte auch den Begriff der „bürgerlichen Gesellschaft". Aber erst als Folge der französischen Revolution 1789 erhielt die Konzeption einer Gesellschaft Verfassungsrang, maßgeblich beeinflusst durch den Gesellschaftsvertrag des Moralphilosophen und politischen Denkers ***Jean-Jacques Rousseau*** (1712 – 1778).

Das grundlegende Problem für *Rousseau* war: „Finde eine Form des Zusammenschlusses, die mit ihrer ganzen gemeinsamen Kraft die Person und das Vermögen jedes einzelnen Mitglieds verteidigt und schützt und durch die doch jeder, indem er sich mit allen vereinigt, nur sich selbst gehorcht und genauso frei bleibt wie zuvor." Seine Lösung stellt der **1762** entworfene Gesellschaftsvertrag dar.

Rousseau versteht die Gesellschaft als Resultat einer vertraglichen Übereinkunft der einzelnen Individuen. Erst in der Vereinigung und in der Artikulation des Gesamtwillens werden Recht und Gesetz bestimmt. Nach seiner Vorstellung muss sich das Individuum freiwillig und gleichberechtigt in das gesellschaftliche Ganze eingliedern können. Erst durch eine vertragliche Regelung zwischen den Individuen oder mit einer übergeordneten Macht wird eine gesellschaftliche Ordnung errichtet, um Frieden und Sicherheit zu gewährleisten.

Während es in den Bemühungen um eine für die Mehrheit akzeptable Gesellschaftsordnung ging, in der Recht und Freiheit des Einzelnen garantiert sind, ging ***Georg Wilhelm Friedrich Hegel*** (1770 – 1831) noch einen Schritt weiter. Er entwickelt den Gesellschaftsbegriff von der politisch-rechtlichen zur rein sozialen Bedeutung. Er definiert Gesellschaft als den Bereich der ökonomischen Privatsphäre, des Arbeitens, des Tausches und der individuellen Bedürfnisbefriedigung. In den Gesellschaftstheorien des 20. Jahrhunderts wird Gesellschaft als ein Bezugsbegriff in einem Gesamtsystem von menschlichen Beziehungen verstanden. Der Hauptvertreter der soziologischen Systemtheorie, der Deutsche ***Niklas Luhmann*** (geb. 1927), definiert zum Beispiel die Gesellschaft als selbstregulierendes und stabilisierendes Gefüge von Handlungsmustern.

Heutige demokratische Gesellschaftsordnungen könnte man auch mit der „Jagd nach Vorteilen, Geld und Macht“ beschreiben. An die Stelle des ehemaligen Wertesystems ist Mitte der 1970er Jahre eine der jeweiligen Situation genehme Moral getreten. Viele Bürger haben die ethischen Grenzen extrem niedrig angesetzt. Dieses Verhalten wird nicht nur von vielen Erwachsenen erkannt sondern auch von gut informierten Jugendlichen und sorgt für entsprechende Unsicherheit und Orientierungslosigkeit. Noch nie zuvor in der Menschheitsgeschichte haben breite Bevölkerungsschichten in westlichen Gesellschaftsordnungen so viel Einblick in die Funktionsweise staatlicher Ordnung bekommen, wie in der zweiten Hälfte dieses Jahrhunderts. Ermöglicht haben es unter anderem die Berichterstattungen in den zahlreichen Medien, die für eine relativ gute Transparenz sorgen. Dem Fernsehen kommt dabei vorläufig noch eine tragende informations-vermittelnde Rolle zu. Aber aufgrund des immer schlechter werdenden Programms und der inhaltlich äußerst flachen auf Effekt-Hascherei aufgebauten Magazine und Reality-TV-Sendungen, die vor allem im Auftrag von kommerziellen Sendern produziert werden, nimmt die Glaubwürdigkeit allmählich ab.

Der Verlust der Werte wurde in so gut wie jedem der letzten Jahrhunderte angemahnt und führte zu politischen Umwälzungen. Wertewandel ist für Menschen daher nichts Neues. Aber auf der anderen Seite war der Verlust von Werten in der westlichen Gesellschaft noch nie so extrem wie heute. Die *USA* haben hier eine klare Vorreiterrolle inne und Deutschland, das sehr stark Amerikaorientiert ist (war), liegt in Europa mit an der Spitze des Werte-Verfalls. Die Einflussfaktoren, die dazu führen, sind im Laufe der Zeit immer vielfältiger geworden. Gewalt als Lösungsmittel gegen Aggressoren einzusetzen, die ein gesellschaftliches System und die unter ihrem Schutz stehenden Bürger mit Waffengewalt angreifen, ist trotz der Gefahr für die Glaubwürdigkeit eines Staates in der westlichen Gesellschaft meist verpönt. Es wird viel geredet und wenig durchgesetzt. Man möchte es möglichst jedem recht machen. Und das ist leider nicht möglich.

Das hat unter anderem zur Folge, dass liberale Demokratien hilflos gegenüber Aggressoren agieren. *UNO* und *Nato* haben sich gerade in der letzten Zeit (gemeint waren die ethnischen Säuberungen in Ex-Jugoslawien) als aufgeblasene Verwaltungsapparate entpuppt, die mit Resolutionen und verbalen Drohungen hantieren, die die Aggressoren aber kaum beeindrucken. Das Gerechtigkeitsempfinden der durch die *UN* vertretenen Bevölkerungen wird durch solch ein schwaches Verhalten, wie man es von der *UNO* in punkto Ex-Jugoslawiens kennen gelernt hat, erheblich erschüttert und treibt zu resignierter Nichtbeachtung der Probleme. Der Einzelne kann nichts ausrichten, außer sich vom Informationsfluss abzukoppeln, wenn er es nicht mehr seelisch verkraftet. Die Wut und die Enttäuschung auf die laschen Reaktionen gesellschaftlicher Institutionen fördert die Abkehr dieser Menschen von der Beteiligung an der gesellschaftlichen Verantwortung.

Kann diese „Ellbogen“-Gesellschaft uns auf die Dauer überhaupt noch schützen und zufrieden stellen? Sicherlich nicht. Der desolate Zustand dieser marktwirtschaftlich orientierten Gesellschaftssysteme ist beängstigend. „Wenn aber die grundlegenden gesellschaftlichen Strukturen nicht mehr geachtet werden, dann verliert eine Gesellschaft ihre Wurzeln und verfällt," äußerte bereits 1993 *Lee Kuan Yew*, Staatsgründer und langjähriger Ministerpräsident von *Singapur*, in einer Rede über den Westen und die Bedeutung gesellschaftlicher Werte, im chinesischen *Chü Fu*.

In den altbewährten Demokratien haben sich verschiedene Berufsgruppen fest etabliert, die das friedliche Miteinander durch ihr Agieren stören, den Unfrieden schüren und die zum Teil die Gemeinschaft bis auf das Äußerste schröpfen. Es handelt sich dabei um Berufsgruppen, die sich im Laufe der Jahrzehnte geschickt durch ihre jeweiligen Lobbies mächtige Sonderpositionen innerhalb der Gesellschaft geschaffen haben. (Anmerkung aus 2007: Das war 2006 und 2007 bestens beim Nichtraucherschutz in Deutschland zu verfolgen, wie die Tabakindustrie die Bundesregierung beeinflusst hat.) Sie haben ihren Berufsstand innerhalb der Gesellschaft unabkömmlich gemacht und ihre Pfründe sowie sich selbst rechtlich abgesichert und geschützt. Sie verkaufen ihre bisweilen mangelhafte Arbeit für zum Teil übermäßig hohe Honorare. Fehler bleiben meist ohne Folgen. Eine immer größer werdende Zahl von Mitglieder verhält sich zudem wie Parasiten. Die vier wichtigsten dieser Berufsgruppen, die auch am häufigsten öffentlicher Kritik ausgesetzt sind: Politiker, Juristen, Banker und Ärzte.

Bei aller Kritik, Misswirtschaft und allem Machtmissbrauch durch Mitglieder dieser Berufsgruppen sei vorab betont, dass die Mehrheit ihrem Berufsethos alle Ehre macht und für die Bürger und Bürgerinnen gewissenhaft ihre verantwortungsvollen Aufgaben innerhalb der Gesellschaft mit gutem Einsatz erfüllt! Dennoch sind es gerade führende Mitglieder dieser Berufsstände, die das Vertrauen der Bevölkerung in das politisch/rechtliche Gesellschaftssystem der westlichen Welt durch die sehr oft ungestraften Aktionen erschüttert haben. Sie sind hauptverantwortlich für den drastischen Verfall des Wertesystems in den westlichen Gesellschaften.

Die derzeitige Situation und die in der nachfolgenden Bestandsaufnahme aufgeführten Schwachpunkte in westlichen Gesellschaftssystemen veranlassen mich, folgende Hypothese aufzustellen: **Im Laufe der nächsten zehn Jahre werden sich Millionen von Menschen in dem mit Sicherheit kommenden Cyberspace der Datennetze sehnsüchtig eine eigene Welt suchen, in der sie nach ihren eigenen Wertvorstellungen** (die bei der Mehrzahl eine relativ hohe Übereinstimmung aufweisen) **mentale Glückszustände erleben können.** Das bedeutet, dass sich Millionen von Menschen aus ihrer gesellschaftlichen Verantwortung resigniert zurückziehen und statt dessen versuchen werden, eine Gegenwelt aufzubauen, die sie der realen Welt vorziehen werden.

Der Autor dieses Buches 1992 im Cyberspace bei *W. Industries*. © *B. Willim*

2. Die Wurzeln der VR-Technologie – Historische Entwicklung und technisches Basiswissen

Jeder Mensch erlebt die Realität anders, denn er nimmt sie individuell wahr. Die Philosophie erkannte bereits sehr früh, dass Wirklichkeit nur in unserem Kopf stattfindet. Unser Gehirn ist der beste Weltenbilder, den wir kennen. Die physikalische Realität, gemeint ist die Welt außerhalb des Computers, bekam Anfang der 1990er Jahre als verbale Abgrenzung von der virtuellen Realität eine dienliche Bezeichnung: ***Real Life*** (***RL***), reales Leben. Sie ist nur ein Teil dessen, was Menschen mit ihren Sinnesorganen wahrnehmen und erleben. Wir können beispielsweise weder das komplette Farbspektrum sehen, Ultraschall hören noch schwache Energie- und Magnetfelder registrieren.

Scheinwelten entstehen in unserem Gehirn. Wenn Sie einen guten Roman lesen, beginnen Sie am Schicksal der Hauptpersonen teilzuhaben und in dieser Geschichte zu leben. In Ihrem Gehirn entstehen mit hoher Wahrscheinlichkeit aufgrund der Beschreibungen im Roman und der eigenen Fantasie dreidimensionale Bildwelten. Fehlendes fügt unsere Fantasie hinzu.

Spannende und dramaturgisch ansprechende Filme stehen für noch bessere künstliche Wirklichkeiten, allerdings wird die Fantasie hierbei nicht so stark beansprucht, wie beim Lesen eines Romans. Über die beteiligten Sinnesorgane, die vorrangig visuelle (70%) und auditive (20%) Informationen an die Synapsen weiterleiten, erlebt der Filmzuschauer diese zweidimensionale Scheinwelt während des Zuschauens als Wirklichkeit. Durch Interaktion mit einer virtuellen Umgebung und haptische (5%) Informationen wird dieser Immersionseffekt sogar noch verstärkt. Beim Rezipienten werden Emotionen und Reaktionen durch Interaktion ausgelöst, die ihn in diese dreidimensionale Welt eintauchen lassen.

Wenn bereits eine zweidimensionale Bildfläche mit Sound, was wir als Kino und Fernseher kennen, aufgrund des narrativen Inhalts dazu führen kann, dass wir uns scheinbar mitten im Geschehen befinden und die Filmhandlung hautnah miterleben, welch ungeahntem Einfluss unterliegen wir, wenn wir uns tatsächlich mitten im Geschehen befinden und die fiktive Welt auf unsere Anwesenheit reagiert?

Das ***SF***-(*Science-fiction*-)Genre hat erheblich zur Entwicklung und Verbreitung von Technologien für solche künstlichen Wirklichkeiten beigetragen. In den USA, dem Land zwischen *Hollywood, Disneyland* und Realität, überschritten in der zweiten Hälfte der 1980er Jahre Ideen aus dem SF-Bereich die Schwelle in unsere Wirklichkeit. Künstliche Realitäten aus dem Rechner beflügelten auf der ***SIGGRAPH,*** der weltweit bedeutendsten Konferenz für Computer Graphics & Interactive Technologies, schlagartig Tüftler, Techniker, Informatiker, CGI-Leute, SF-Fans und Fachjournalisten. Die *Virtual Reality* war in eine wissenschaftliche Anwenderwelt geboren worden, und viele Vordenker sahen bereits große Einsatzmöglichkeiten in der Unterhaltungsindustrie.

2.1 Zwischen Science-fiction und Realität

Schon vor Jahrzehnten schrieben einige SF-Autoren in ihren Romanen über dreidimensionale Scheinwelten, in denen die Sinne des Menschen mit Hilfe der digitalen Technik und von Drogen überlistet werden. Der Traum eine Maschine zu bauen, die uns eine zweite Wirklichkeit erschaffen lässt, in der wir sehen, hören und fühlen sowie riechen und schmecken können, zieht sich durch diese SF-Romane. Es sind abenteuerlich-fantastische Geschichten mit utopischem Inhalt, deren Ideen aber sehr häufig auf naturwissenschaftlich-technischen Grundlagen aufbauen.

„*Simulacron – 3*" von *Daniel F. Galouye* (1964), „*Sirius Transit*" von *Herbert W. Franke* (1979) und „*Neuromancer*" von *William Gibson* (1984) sind drei Beispiele dafür.

Viele SF-Autoren orientieren sich bis heute an aktuellen Forschungsprojekten und denken darüber nach, was passieren würde, wenn es diese Technologie oder Verfahren eines Tages geben würde. Einige Wissenschaftler/innen lesen Jahre später diese SF-Romane und beginnen daraufhin nachzudenken, ob man solche Visionen und Utopien mit der zu dieser Zeit vorhandenen Technik und den Erkenntnissen bereits umsetzen könnte. Offensichtlich findet hier eine gegenseitige Inspiration statt.

Die Beschäftigung mit künstlichen Wirklichkeiten hat im SF-Genre Tradition. So geht bereits 1961 der deutsche SF- und Fachbuchautor *Herbert W. Franke* in seinem SF-Roman „*Das Gedankennetz*“ der Frage nach: Was ist Realität? Er vermischt dabei auf verschiedenen Wirklichkeitsebenen Illusion und Wirklichkeit sowie Simulation und „wahre“ Realität mit manipulativem Eingriff und echtem Erleben. Zitat: „ ... Und wieder weigerte sich etwas in ihm, das Fantastische für Wirklich zu nehmen. Doch er sieht und hört, riecht und schmeckt, fühlt und empfindet. ...“

18 Jahre später beschreibt *Franke* in einem weiteren SF-Roman mit dem Titel „*Sirius Transit*“ einen kreisrunden Vorführraum mit grauweißen Projektionsflächen. Im sogenannten *Globorama*, einem Erlebnistheater, sitzt der Spieler auf einem gut gepolsterten Stuhl mitten im Raum und erlebt die perfekte Illusion eines Raumfluges. „Mit der Großprojektion und der Holografie war die Illusion noch wirklichkeitsnäher geworden. Längst glaubte niemand mehr an Vermittlung von Wissen, an Bildungsaufgaben. Man hatte erkannt, dass die einzige Funktion des Fernsehens darin besteht, den Menschen zum Ausleben latenter (verborgener) Emotionen, zur Erfüllung unterdrückter Wünsche, zur Verwirklichung geheimer Träume zu verhelfen – als Ersatz für das verlorene Abenteuer eines risikoreichen, dafür aber alles verheißenden Daseins. Auch die anderen Medien dienten im Wesentlichen dazu, den ungeheuren Bedarf an Erleben und Gefühl zu decken,“ beschreibt *Franke* die Zukunftsvision in „*Sirius Transit*“. „Was bedeutet schon Wahrheit? Wahr ist das, woran wir glauben.“

Die Initialzündung für viele VR-Pioniere löste allerdings **1984** *William Gibson* mit seinem SF-Roman „*Neuromancer*“ aus. In ihm beschreibt der Autor die zukünftige digitale Technik als einen künstlich geschaffenen, abstrakten Datenraum, der von einem weltumspannenden Datennetz (der ***Matrix*** = ein System, das zusammengehörende Einzelfaktoren darstellt) generiert wird. Da sich die Menschen in „*Neuromancer*“ mit ihrem Nervensystem direkt an diese Matrix andocken können, ist diese Technologie so etwas wie eine bewusstseinserweiternde Droge, die den absoluten Ausstieg aus der physikalischen Realität in den Cyberspace bietet. Ermöglicht wird dies durch eine neuronal-kybernetische Hardware-Schnittstelle, die hinter dem rechten Ohr implantiert ist. Durch eine Direktschaltung von Computer und Gehirn können nie da gewesene sinnliche Erfahrungen simuliert werden. *Marvin Minsky*, einer der Väter der *Künstlichen Intelligenz*, und andere Forscher befassten sich bereits seit den 1980er Jahren mit dieser Art der Mensch-Maschine-Synthese.

Das Kunstwort ***Cyberspace*** steht seit Erscheinen des *Gibson*-Romans für per Computer generierte 3D-Welten, in denen man sich mit Hilfe von Hardware-Schnittstellen bewegen und interagieren kann. Die vom Rechner erzeugte Virtuelle Realität basiert dabei auf drei Komponenten: Bild, Verhalten und Interaktion.

2.2 Auf den Spuren der VR-Pioniere (1955 – 1989)

Für die einen beginnt die Entwicklung der VR mit der ersten dreidimensionalen Computer-Grafik auf einem Bildschirm, für andere mit der ersten VR-Brille für den Unterhaltungssektor und für wiederum andere mit der ersten VR-Anwendung im wissenschaftlichen Bereich. Daher gibt es nicht nur einen Erfinder oder Visionär, sondern es existieren mehrere Väter der VR. Sie kommen aus den unterschiedlichsten Jahrzehnten und Anwendungsbereichen und haben durch ihre Entwicklungen die moderne VR-Technologie maßgeblich geprägt:

1960:	*Morton Heilig*	Unterhaltungsbereich erstes Patent für ein HMD
1970:	*Ivan Sutherland*	Wissenschaftliche Anwendung erstes HMD im Einsatz
1975:	*Myron Krueger*	Künstlerische Anwendung
1980:	*Scott Fisher*	Forschung erstes preiswertes HMD
1981:	*Thomas Zimmerman*	Entwicklung erster kommerzieller Datenhandschuh
1988:	*John Walker*	"*Cyberia Project*" erste VR-Version für PCs
1989:	*Jaron Lanier*	VR-Guru erstes komplettes VR-System

Der amerikanische Fachbuchautor *Howard Rheingold* stellte in seinem Buch „*Virtual Reality*" (1991) klar, dass die VR nicht erst mit der von *Ivan Sutherland* patentierten VR-Brille 1965 begann, sondern bereits zehn Jahre zuvor. *Morton Heilig*, ein Filmemacher, Fotograf und Erfinder von Projektoren und Kameras aus *Hollywood*, veröffentlichte bereits 1955 detaillierte Pläne für ein „Erfahrungskino" und ließ sich 1960 ein brillenartiges stereoskopisches Gerät auf Basis zweier Bildröhren patentieren. Er träumte zu dieser frühen Zeit bereits von den Möglichkeiten multisensorischer Erfahrungen, – in einer Zeit, in der aufgrund der Bedrohung durch das Fernsehen das Filmherstellungsverfahren *Cinerama* eingeführt wurde, dessen Panorama-Projektion das Gefühl der Zuschauer verstärkte, an der Spielhandlung teilzuhaben. *Heilig* hatte sehr schnell erkannt, warum *Cinerama* und *3D-Kino* so wichtig waren. Beim Fernsehen und im Kino befindet man sich sitzend in der physikalischen Realität und betrachtet gleichzeitig eine andere Wirklichkeit. Wird das Blickfeld ausgefüllt, bekommt man instinktiv das Gefühl vermittelt, sich persönlich mitten im Geschehen zu befinden. *Heilig* war davon überzeugt, dass die Zukunft des Kinos in Filmen liegt, die in der Lage sind, eine totale Wirklichkeits-Illusion zu vermitteln.

Im August 1962 ließ sich *Morton Heilig* ein Patent für einen sogenannten *Sensorama*-Simulator erteilen. Er baute zwar einen Prototypen, konnte aber eine Serienproduktion trotz vielfacher Versuche Geldgeber zu finden, nicht verwirklichen. *Sensorama* bot einen vibrierenden Sattel, stereoskopische Bilder, Geräusche und Musik über zwei Lautsprecher sowie Fahrtwind aus Ventilatoren. Zu bestimmten Szenen wurden außerdem noch künstlich Gerüche erzeugt. Zum Beispiel gab es Filme von einer rasanten Strandbuggy-Fahrt, einer Motorradfahrt durch *Brooklyn* und von einem Hubschrauberflug über *Kalifornien* zu sehen. Im Vergleich zu den Spielautomaten der 1960er Jahre war *Sensorama* ein Wirklichkeitssimulator mit erstaunlich realistischer Darbietung, die den Spieler mitten ins Geschehen zog. Der *Sensorama*-Simulator bot allerdings keine Interaktion zwischen System und Anwender. In *Hollywood* verkannte man allerdings die Bedeutung seiner Erfindung. Insofern blieb die Verbreitung des multisensorischen Erfahrungskinos ein unerfüllter Traum, dessen technische Realisierung erst in den 1990er Jahren mit Hilfe der Computer-Technologie und 3D-Computer-Animation ein zweites Mal versucht wurde.

2.2.1 Take-over von Wissenschaft und Militärs

Ein weiterer VR-Pionier, *Ivan Sutherland,* begann 1961 im Rahmen seiner Dissertation im *Lincoln Laboratory* des *M.I.T.* an einem „*TX-2*"-Computer mit dem Projekt, ein Computer-Zeichenprogramm zu entwickeln. Er nannte es „*Sketchpad: A Man-machine Graphical Communications System*" und hatte damit die erste grafische Anwenderschnittstelle der Welt (***GUI*** = *Graphi-*

cal User Interface) entwickelt. (Sketchpad bedeutet übersetzt Skizzenblock.) Mit diesem interaktiven Programm konnte *Sutherland* auf einem Bildschirm zeichnen, löschen und die Ergebnisse technischer Tests demonstrieren. Die einzelnen Befehle zur Grafik-Erstellung wurden mittels eines Lichtgriffels und einer Tastatur eingegeben. Sein erster Erfolg war die Entwicklung eines Fadenkreuzes, das er beliebig auf dem Bildschirm verschieben konnte.

Das *Sketchpad*-Programm wurde in Form eines Dokumentationsfilms im Frühjahr 1963 auf der „*Joint Computer Conference*" in *Detroit* der Öffentlichkeit vorgestellt. Wie es so vielen Pionieren vor und nach ihm ergangen war, so erkannten nur die wenigsten Besucher die Bedeutung und Reichweite dieser Erfindung. Der größte Teil der potentiellen industriellen Geldgeber hielt das Ganze eher für „elektronischen Unsinn". *Sutherlands* Film sorgte trotzdem für eine entscheidende Wende in der weiteren Geschichte der *CGI*. Während bis dahin allein die Militärs interessierte Abnehmer für dieses neue Einsatzgebiet der Computer-Technologie waren, wurde die Computer-Grafik in den 1960er Jahren zunehmend zur Unterstützung für technische Konstruktionen, vor allem in der Automobil- und Luftfahrt-Industrie, eingesetzt. Im Laufe der Zeit erkannten immer mehr Industrie-Unternehmen und -Zweige den Vorteil, Bauteile bei der Konstruktion isolieren und klar kennzeichnen zu können.

Ivan Sutherland gilt unter anderem aufgrund dieses Meilensteins der grafischen Datenverarbeitung bei den Wissenschaftlern als Vater der Virtuellen Realität, obwohl sein Konzept für eine VR-Brille erst 1965 in einem wissenschaftlichen Aufsatz auf dem Kongress *International Federation for Information Processing* präsentierte. Er nannte sie „*The Ultimate Display*", Spiegel in ein mathematisches Wunderland, wie er sich ausdrückte. Das Konzept beinhaltete neben der visuellen auch die haptische Stimulation. Die zu entwickelnde VR-Brille sollte dem Anwender ein einfaches räumliches Computer-Szenario, das sich mit seinen Kopfbewegungen unmittelbar räumlich verändert, präsentieren. Auf diese Weise sollte man sich in einem 3D-Szenario aus dem Rechner umsehen können. Der erste vollständig ausgetestete Prototyp eines solchen maskenförmigen Sichtsystems, „***Head-mounted Display***" (***HMD***) genannt, arbeitete auf Basis zweier Miniatur-Bildröhren und mit computer-generierten Drahtmodellen (Wire Frames). Er wurde 1968 in einem Labor in *Salt Lake City* in Betrieb genommen. *Sutherland* hatte im Gegensatz zu *Morton Heilig* ausreichend finanzielle Mittel für seine Forschungstätigkeit zur Verfügung gehabt und war sich über die Bedeutung seiner Entwicklung durchaus bewusst. Der Unterschied zu *Heilig* lag im Ansatz: Nicht die Unterhaltungsindustrie, sondern die Computer-Industrie mit ihren technischen Möglichkeiten stand nun Pate für den Vorläufer der ersten kommerziell erhältlichen VR-Systeme, die aber erst 19 Jahre später auf den Markt kommen sollten.

Während die erste Version eines Wirklichkeitssimulators noch friedlichen Unterhaltungszwecken dienen sollte, stiegen bei der zweiten Version bereits die Militärs mit ein. Ausgestattet mit riesigen

Budgets wurde nicht nur die Entwicklung von immer schnelleren Supercomputern vorangetrieben, sondern auch die Verbesserung der Registrierung von Kopfbewegungen und Blickrichtung durch sogenanntes ***Tracking,*** einer kontinuierlichen Standortbestimmung durch elektronische Verfolgung beweglicher Objekte mit Hilfe von Sensoren. Mittels Ultraschall oder niedrigschwingender Magnetfelder konnten innerhalb eines definierten Aktionsbereichs von einem als Empfänger dienenden Sensor die Signale eines am Sichtsystem befestigten Sensors empfangen und an den Rechner weitergeleitet werden. Dieser ermittelte daraus die Kopfposition innerhalb des 3D-Szenarios und lieferte automatisch die entsprechenden Bilder, die der Anwender in dieser Betrachtungsposition sah. Die Tracker der US-Firma *Polhemus* waren allerdings noch nicht „das Gelbe vom Ei". Sie hatten Nachteile, wie bisweilen starke zeitliche Verzögerungen, Interferenzen (elektromagnetische Überlagerungen) und einen sehr begrenzten Aktionsradius. Das 1986 gestartete *„Supercockpit Programme"* der US-Air-Force unter Leitung von *Thomas Furness* finanzierte zwei Jahrzehnte lang die ständige Weiterentwicklung von solchen Head-mounted Displays an der Luftwaffenbasis *Wright-Patterson AFB (Air Force Base)* bei *Dayton* (*Ohio*).

Exkurs: Entwicklung der ersten Flugsimulatoren

Ursprünglich war das wichtigste Anwendungsgebiet der ersten Flugtrainingssysteme das Üben von lebensechten Aktivitäten in einer simulierten Umgebung. Die erste Firma, die den Prototypen eines Flugsimulators konstruierte, war die *Link Company* des Gründers *Edwin Link* Ende der 1920er Jahre. Sein Simulator basierte auf Bewegungsrückkopplungen, während der Pilot in einem Cockpit Flugmanöver durchführte. Das Cockpit wurde entsprechend den Flugaktivitäten des Piloten hydraulisch bewegt. Spätere Simulatorversionen verfügten über ein sogenanntes *Cyclorama*, über Szenarien, die auf eine Wand vor dem Cockpit gemalt wurden, um wenigstens eine limitierte visuelle Rückkopplung zu bieten.

In der ersten Hälfte der 1940er Jahre wurde während des Zweiten Weltkriegs der im Auftrag der britischen Regierung gebaute *Celestial Navigation Trainer* mit projizierten Filmszenen ausgestattet. Natürlich konnte dieser Simulatortyp stets nur das zeigen, was während eines realen korrekten Fluges oder Start- bzw. Landemanövers zu sehen war. Auf Flugfehler des Piloten konnte filmisch nicht reagiert werden.

Erst die Entwicklung der graphischen Datenverarbeitung, die unter dem Oberbegriff ***Computer Graphics*** in den 1950er Jahren bekannt wurde, ermöglichte im Laufe der folgenden Jahre die Konstruktion und Entwicklung von wesentlich verbesserten Flugsimulatoren, vor allem im Bereich der Sichtsimulation. Die Anfänge der grafischen Datenverarbeitung waren Anfang der 1950er Jahre noch äußerst bescheiden. Auf dem ersten Echtzeit-Digitalrechner der Welt, dem *Whirlwind*-Computer, programmierte der Wissenschaftler *Jay Forrester* vom *M.I.T.* (*Massachusetts Institute of Technology*) 1951 die Bahn eines springenden Balls. Diese Bahn musste der Computer berechnen und gleichzeitig, also in Echtzeit, mit Hilfe eines Elektronenstrahls auf dem Bildschirm eines Oszilloskops wiedergeben. Diese Demonstration war gleichzeitig die erste bewegte Computer-Grafik, die erste Computer-Animation in der Geschichte und wurde in der Fernseh-Sendung „*See It Now*" aus dem *M.I.T.* übertragen. Im selben Jahr prägte der amerikanische „Vater der Computer Graphics", *John H. Whitney sen.*, den Begriff ***Creative Computer Graphics***.

Gleichzeitig begann die ***ARPA*** (*Advanced Research Projects Agency / Agentur für spezielle Forschungsvorhaben*) damit, für die Überwachung des Luftverkehrs ein System namens *SAGE* (*Semi-Automatic Ground Environment*) zu finanzieren. Dies war das erste System mit einer Art interaktiver Grafik-Software, das in einer größeren Stückzahl gebaut wurde. Im Sommer 1958 wurde das erste *SAGE*-Zentrum in Betrieb genommen. Als Rechner diente der *Whirlwind*-Computer. 1956 wurden in den USA die ersten visuellen Computer-Simulationen durchgeführt.

1958 startete in Deutschland *Konrad Zuse,* der Erfinder des ersten programmgesteuerten Rechners (die „Z3" aus dem Jahr 1941), mit der Automatisierung der Zeichenarbeit. Das erste Gerät, die „*Z60*", übernahm auf Kundenwunsch lediglich die Positionierung der wichtigsten Punkte einer Zeichnung. Die genaue Lage dieser Punkte sollte die manuelle Zeichenarbeit entsprechend erleichtern. Die „Z60" war der Vorläufer der späteren Plotter. 1959 begann die *General Motors Company* zusammen mit *IBM* ein Computer-Systems zu entwickeln, das mit Hilfe eines Grafik-Programms die Konstruktion von Autos erleichtern sollte. Sie nannten das Projekt *DAC-1* (*Design Augmented by Computers*).

In den 1960er Jahren wurden die ersten interaktiven Grafik-Systeme entwickelt, eine Grundvoraussetzung für die direkte Rückkopplung der visuellen Darstellung (Sichtsimulation) des Flugsimulators auf die Flugmanöver des Piloten. Dieses Jahrzehnt stand unter anderem ganz im Zeichen der Vektor-Grafik, die nur in der Lage war, Strichzeichnungen und Drahtmodelle von Körpern darzustellen. Raster-Systeme, mit denen man durch einzelne Bildpunkte flächig gestaltete Bilder darstellen konnte, waren zu dieser Zeit durch die hohen Speicherkosten für die meisten Interessenten indiskutabel.

Die *General Electric Company* (***GE***) konstruierte den ersten Flugsimulator für das *Apollo*-Programm zu dieser Zeit mit integrierter Echtzeitberechnung von Computer-Grafik-Szenen. 1965 brachte *IBM*, aufgrund des wachsenden Interesses, das erste frei erhältliche Computer-Grafik-Terminal auf den Markt. Generell konnte man zu dieser Zeit nur dann mit grafisch orientierten Programmen arbeiten, wenn man einen Großrechner zur Verfügung hatte.

Inspiriert durch die limitierten Kontrollmöglichkeiten des *Link Flight Trainers* begann der Elektro-Ingenieur *Ivan Sutherland* sich in der ersten Hälfte der 1960er Jahre darüber Gedanken zu machen, welche technischen Voraussetzungen geschaffen werden müssen, um dem Piloten in einem Trainingssimulator immersiv in eine projizierte interaktive Umgebung zu integrieren. Aus diesen Überlegungen heraus entstand 1965 die Beschreibung des „*Ultimate Display*“, die er auf vor der *International Federation for Information Processing* (***IFIP***) präsentierte. 1968 wurde *Sutherland* als Professor an die *Universität von Utah* berufen und gründete zusammen mit dem Informatik-Professor *David Evans* in *Salt Lake City* die *Evans & Sutherland Computer Corporation (**E&S**)*. Ziel war die Entwicklung von Grafik-Anwendungen für die Generierung von grafischen Umgebungen für Flugsimulatoren.

Die 1970er Jahre wurden in der Entwicklung der Computer Graphics durch den Durchbruch der Raster-Grafik geprägt. Anfang dieses Jahrzehnts waren Hochleistungsrechner bereits in der Lage, grob 20 Bilder pro Sekunde zu berechnen. Diese Bildrate war das Minimum für ein halbwegs wirkungsvolles Flugtraining.

1970 kam der erste ***RAM***-Chip (*Random Access Memory* = Speicher mit wahlfreiem Zugriff) mit einer möglichen Speicherkapazität von 1.024 Bit auf den Markt. In diesen Arbeitsspeicher konnte man Bilddaten hineinschreiben und wieder auslesen. Erst dieser 1-Kilobit-RAM brachte der Raster-Grafik den eigentlichen Durchbruch. Durch die starke Nachfrage nach diesen preiswerten Speicherplätzen wurden bis Ende der 1970er Jahre RAM-Chips mit der sechzehnfachen Speicherkapazität entwickelt, wobei die Preise je Speicherelement immer mehr fielen, je größer die Speicherkapazität wurde. 1972 lieferte ***GE*** ihren ersten Simulator an die *U.S. Navy* aus. 1975 waren diese Systeme in der Lage, simple 3D-Modelle mit einigen Hundert Polygonen auf Basis der Rastergrafik in Echtzeit zu berechnen.

Gegen Ende der 1970er Jahre kamen in militärischen Flugsimulatoren dann die ersten *Head-mounted Displays* (*HMDs*) zum Einsatz. Zu dieser Zeit wurden die Simulationen für das Training der Piloten per Video-Beamer auf Bildwände projiziert. Das Sichtfeld des Piloten war dabei in seinem Cockpit-Nachbau vollständig von Bildwänden umgeben. Die *McDonnell Douglas Corporation* bot einen Helm auf Basis von CRTs mit dem Markennamen *VITAL* an. Der Vorteil dieser HMDs war, dass sie wesentlich weniger Platz und Gewicht in Anspruch nahmen als auf Bildwände basierende Sichtsysteme. In den HMDs war unter anderem ein hochentwickelter ***Tracker*** (Bewegungsverfolger für eine kontinuierliche Standortbestimmung) eingebaut, der die Erfassung der Position der jeweiligen Kopfbewegungen des Piloten mit der computer-generierten Umgebung abglich und dabei auch seine Blickrichtung auf die Flugkontrollgeräte berücksichtigte.

In den späten 1970er Jahren begann der Elektro-Ingenieur *Thomas A. Furness* für die *U.S. Air Force* virtuelle Schnittstellen für Flugsimulatoren zu entwickeln. Er hatte seit den 1960er Jahren an Sichtsystemen und Cockpit-Instrumenten für die Luftwaffe gearbeitet. Die Größe und das Gewicht der Helme, die Probleme mit der Optik und nicht zuletzt die Kosten bildeten zu dieser Zeit die größten Herausforderungen für die Entwickler. 1982 präsentierte *Furness* seinen ersten Prototypen, den *Visually Coupled Airborne Systems Simulator* (***VCASS***), besser bekannt als *Darth-Vader*-Helm für den gepanzerten Erzfeind im populären Kinoepos „*Star Wars*" von Lucasfilm. Er hatte CRTs eingebaut, die bis dahin die höchste Auflösung von 2.000 Zeilen erreichten. Durch die Verwendung dieser hochauflösenden Kathodenstrahlröhren war die Herstellung dieses HMDs sehr teuer. Er kostete eine Million US$.

Von 1986 bis 1989 leitete *Thomas Furness* als Direktor das *Super Cockpit Program* der amerikanischen Luftwaffe (siehe hierzu auch 2.3.3). Das *Super Cockpit* verwirklichte im Endeffekt mit seinen virtuellen Umgebungen, in denen der Pilot interaktiv durch Daten flog, die Vision des Technologie-Propheten Dr. *Joseph C. R. Licklider*, Professor für Psychoakustik am *M.I.T*, aus dem Jahr 1960, der von einer Mann-Maschine-Symbiose träumte. „Es ist zu hoffen, dass menschliche Gehirne und Rechenmaschinen in nicht allzu ferner Zukunft auf das engste miteinander verbunden werden und dass die daraus resultierende Partnerschaft denken wird, wie noch kein Mensch gedacht hat, und Daten verarbeiten wird, wie es keine unserer heutigen informationsverarbeitenden Maschinen vermag."

Zielsetzung der Forschungsarbeiten im *Super Cockpit Program* war es, Lösungen für Probleme zu suchen, die auftraten, wenn Piloten mit ihren immer komplexeren Kampfflugzeugen interagieren mussten. Vor allem die Vielzahl an Informationen, auf die ein Kampfbomberpilot unmittelbar reagieren musste und zusätzlich noch die Kommandokommunikation waren eine sehr große Belastung. Die Lösung, war ein Cockpit zu entwickeln, das den Piloten mit 3D-sensorischen Informationen versorgt, wodurch er in die Lage versetzt wird, per Nicken und Zeigen seine Flugroute durch eine simulierte Landschaft zu dirigieren.

1987 setzte die *British Aerospace* (später zu *BAE Systems* gehörend) den HMD als Basis für einen ähnlichen Trainingssimulator ein, der als *Virtual Cockpit* bekannt wurde. Er kombinierte die Verfolgung von Kopf-, Hand- und Augenbewegungen sowie Spracherkennung. *VECTA* (*Virtual Environment Configurable Training Aids*) war eine konfigurierbare Trainingshilfe auf Basis eines komplett immersiven HMD, mit dem Nachteil, dass der Pilot seine richtigen Handbewegungen nicht sehen konnte. Die Weiterentwicklung *RAVECTA* (*Real and Virtual Environment Configurable Training Aids*) in den 1990er Jahren war ein auf Videobasis ausgestatteter HMD, der es durch ein transparentes Sichtsystem ermöglichte, auch in die reale Welt zu blicken und dabei auf eine Bildwand mit einer dargestellten Außenumgebung zu schauen. Dieses Verfahren wurde in der zweiten Hälfte der 1990er Jahre unter dem Begriff ***Augmented Reality*** (*verstärkte/erweiterte Realität* / das Verschmelzen virtueller Elemente mit physikalisch realen zu einem einheitlichen Bild. Die Realität wird dabei durch grafische Informationen ergänzt) bekannt.

Der Autor des Buches mit Computer-Pionier *Prof. Dr. Konrad Zuse* und seiner Frau in *Hünsfeld* 1988, vor der „Z1", die zu dieser Zeit für das *Museum für Technik und Verkehr* in Berlin mit Hilfe von Studenten zusammengebaut wurde. © *B. Willim*

Ivan Sutherland und *Thomas Furness* waren im Bereich der Flugsimulatorentwicklung eindeutig die Hauptakteure, die ihre Vorstellungen von Simulator-Technologie aus der realen Bildwelt in die virtuelle Welt übertrugen, die aus rein abstrakten Modellen und Daten bestanden, aber aufgrund ihres immer größeren Realismus in den 1980er und 1990er Jahren zu einer preiswerten und sicheren Trainings-Alternative wurden.

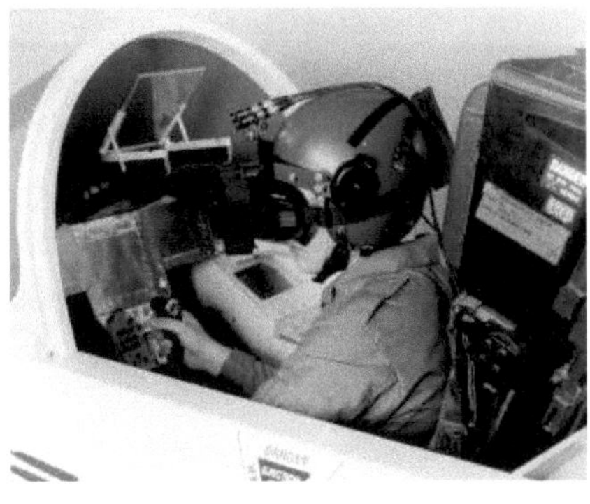

"Virtual Cockpit" © *British Aerospace*

2.2.2 Die *NASA* als Initiator der kommerziellen VR-Entwicklung

Im kalifornischen *Mountain View* entstanden Mitte der 1980er Jahre am *Ames Research Center* der amerikanischen Raumfahrtbehörde ***NASA*** (*National Aeronautics and Space Administration*) die eigentlichen technischen Voraussetzungen für den Einstieg in künstliche Wirklichkeiten. Die *NASA* war die erste Institution, die öffentlich eine Erkundung im Cyberspace unternahm. Ermöglicht wurden die Forschung und Entwicklung von VR-Schnittstellen für diese zukunftsweisende Mensch-Maschine-Kommunikation durch die ideale Synthese von Visionären, Ingenieuren, Geldgebern und neuen technischen Möglichkeiten. Aus der Zusammenarbeit mit einem Spezialisten für grafische Benutzeroberflächen, einem Kognitions-Psychologen und einem Programmierer für Videospiele sowie einer Reihe von Erfindern entstanden am *Ames*-Forschungszentrum die ersten bezahlbaren VR-Prototypen. „Dort setzte sich eine Generation von Cybernauten HMDs auf und zog Datenhandschuhe an, die als Eingabesysteme dienten, zeigte mit Fingern in den Raum und flog in primitiven Drahtkörper-Welten (wire frames) aus grünen Linien umher. Dann kehrten sie in ihre Labors zurück und träumten von der VR-Anwendung der 90er Jahre," beschreibt *Rheingold* in seinem Buch die Wiege heutiger VR-Aktivitäten.

Gründer und Leiter des *Virtual Environment Workstation Project* (***VIEW***) war *Scott Fisher*. Er arbeitete bis Anfang der 1980er Jahre im Rahmen seines Studiums am *MIT* in *Boston* an einem interaktiven stereoskopischen Sichtsystem für virtuelle Explorationen. Danach war er als Wissenschaftler am Forschungslabor von *Atari Corporation* in *Sunnyvale* tätig. Ziel des *VIEW*-Projekts der *NASA* war die Entwicklung einer multi-sensorischen Workstation für die Simulation von virtuellen

Raumstationen. Mit ihr sollten zukünftig Teleoperations-, Telepräsenz- und Automationsaktivitäten durchgeführt werden.

Die Idee, die hinter der ***Telepräsenz*** steckte, war genial. Ein Roboter sollte mit Hilfe dieser Technologie in einer Raumstation oder einem verstrahlten Atomreaktor Arbeiten erledigen, die normalerweise Menschen ausführen müssten. Ein *NASA*-Mitarbeiter würde den Roboter von der Bodenstation aus steuern. Hierzu trägt er ein stereoskopisches Sichtsystem, das auf das visuelle System des Roboters, bestehend aus zwei Video-Kameras, abgestimmt ist. Durch die Bewegung seines Kopfes kann der Mitarbeiter die Richtung der Kameras steuern. Auf diese Weise sieht er sich mit Hilfe des Roboters vor Ort um. Die Arme des Roboters werden über Datenhandschuhe gesteuert, die die Fingerbewegungen und Handpositionen des Mitarbeiters exakt auf die Greifer des Roboters übertragen. Anstelle von umständlichen Befehlen werden die Arbeitsschritte per Bewegungsübertragung intuitiv ferngesteuert. Das ganze Verfahren nennt sich in der Kurzform ***Telerobotik***.

Das erste kopfverbundene Sichtsystem, das Kernstück des *VIEW*-Projekts und spätere Vorbild für zahlreiche Weiterentwicklungen, wurde 1985 von *Scott Fisher*, *Michael McGreevey* und *James Humphries* im Forschungszentrum *Ames Aerospace Human Factors Division* entwickelt. *Humphries*, der Chef-Ingenieur des *VIEW*-Projekts, entwarf und entwickelte 1987 außerdem den ersten Prototyp des sogenannten ***BOOM*** (*Binocular Omni-Oriented Monitor*), der 1990 von den *Fake Space Labs* vermarktet wurde (siehe Exkurs Sichtsysteme unter 2.2.1).

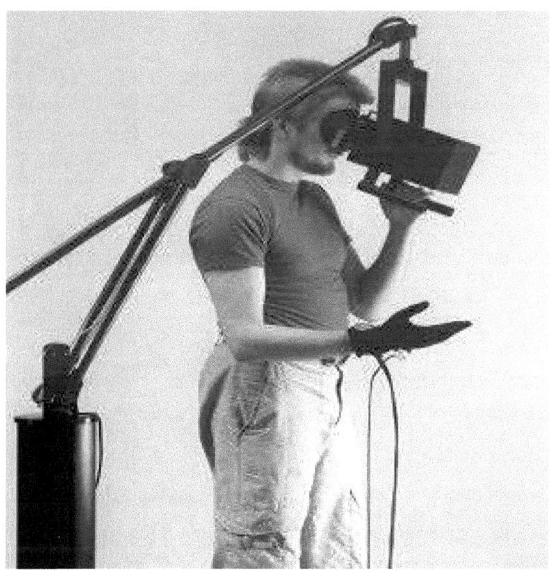

Der *BOOM* im Einsatz mit Datenhandschuh © *Fakespace Labs* 1992

Die Bildschirmmaske bestand aus zwei ***LCD***-(*Flüssigkristall-*)Bildschirmen mit jeweils rund 90.000 Bildpunkten Auflösung und einem Weitwinkel-Linsensystem für stereoskopisches Sehen, das in einer Tauchermasken ähnlichen Vorrichtung integriert war. Das optische Linsensystem stammte von dem Ingenieur und Erfinder *Eric Howlett*, der sein *LEEP System of Photography* in den frühen 1980er Jahren entwickelte und 1983 zum Patent anmeldete. ***LEEP*** steht als Abkürzung für: *Large Expanse, Extra Perspective* (große Weite, extra Perspektive). Es wurde in den 1990er Jahren zum Standard-Linsensystem in HMDs, weil die Linsen einen besonders weiten horizontalen Blickwinkel zwischen 90 Grad (direktes Blickfeld) und bis zu 140 Grad (dem Blickfeld der Hornhaut entsprechend) boten (siehe Zeichnung). Der im Englischen bezeichnete ***FOV*** (*Field of View*) kennzeichnet den sichtbaren Winkelbereich (Sichtfeld), der sich aus der Größe der Bildschirme und deren Abstand zu den Augen ergibt.

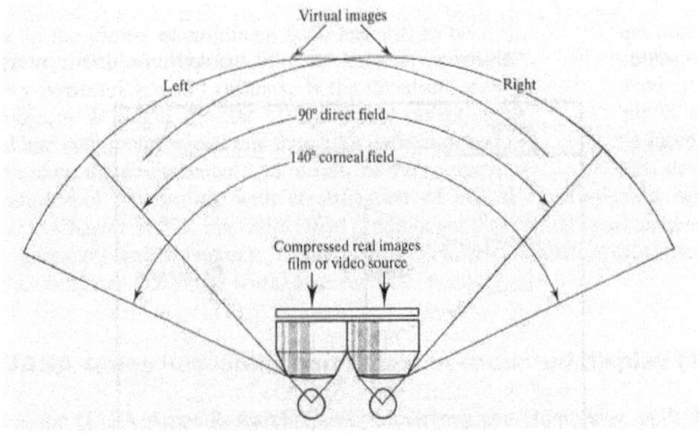

The Fields of View © John Hopkins Department of Computer Science

Dieses optische Linsensystem wurde auf die beiden kleinen Bildschirme aufgesetzt und sorgte in Verbindung mit Stereobildern, die jedem Auge eine Szene unter einem geringfügig anderen Blickwinkel zeigten, für einen räumlichen Eindruck. Der Betrachter schaute durch eine Weitwinkelvorrichtung, je nach Technologie bestehend aus Raster- oder holografischen Linsen, so dass sein gesamtes Sehfeld ausgefüllt war. War die Übertragungsgeschwindigkeit ausreichend hoch, ergab sich für den Betrachter ein räumlicher Eindruck.

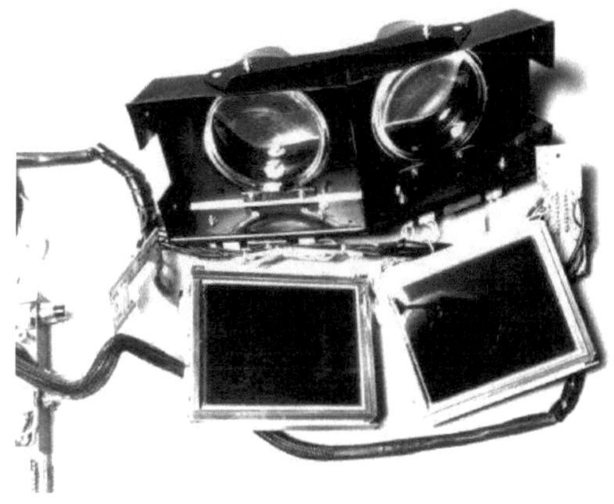

„CYBERFACE2“ (1991) LCDs mit Linsensystem © *LEEP Systems*

Kopfposition und Bewegungsrichtung wurden mittels eines Sensors (einem *Tracker*) registriert und an den Rechner weitergeleitet. Die mit diesem HMD ausgestattete Person bekam, abgeschirmt von der Außenwelt, durch die Bewegung ihres Kopfes den Eindruck vermittelt, dass sie ihren Blick innerhalb einer fiktiven Umgebung schweifen lassen konnte. Auf diese Weise war es möglich, sich in der computer-generierten Umgebung umzusehen. Da der Abstand zwischen den Augen bei jedem Menschen unterschiedlich ist, musste man die kleinen Bildschirme vor Beginn entsprechend darauf einstellen. Denn wenn man eine Kopfdrehung durchführt, bewegen sich die Augen an Objekten, die sich in unmittelbarer Nähe befinden, schneller vorbei als an entfernteren Gegenständen. Um diese sogenannte Bewegungsparallaxe zu simulieren, wurden die LCDs so eingestellt, dass sie zu einem bestimmten Zeitpunkt den beiden Augen nicht genau dasselbe, sondern ein leicht verschobenes Bild lieferten.

Es dauerte gar nicht lange, da gab es schon die zweite Generation. *„VIVED“* (*Virtual Environment Display*) nannte *Fisher* seinen verbesserten HMD, der aus einer Ultra-Weitwinkel-Spezialoptik von *Eric Howletts* Firma *Pop-Optix Labs* (Ende der 1980er Jahre in *LEEP Systems, Inc.* umbenannt) und einem Positionssensor von *Polhemus* bestand. In Verbindung mit einem präzisen Steuerungsinstrument würden sich nicht nur virtuelle Objekte manipulieren, sondern auch die bereits erwähnten und geplanten Teleoperationen durchführen lassen. Solche VR-Schnittstellen zu halbautomatischen Robotern könnten die einzige Möglichkeit sein, Raumstationen im Weltall vom Erdboden aus zu bauen, mutmaßte er zu diesem Zeitpunkt.

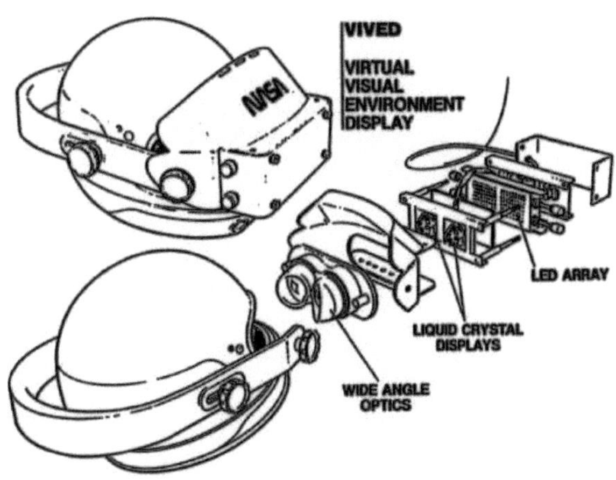

NASA „VIVED“ setzte 1985 das *LEEP*-Linsensystem ein © *LEEP Systems*

„Zwar ist der gegenwärtige Prototyp des *VIEW*-Projekts hauptsächlich als Laborgerät gedacht, doch die Bausteine sind so konstruiert, dass sie sich mit relativ geringen Kosten reproduzieren lassen. Da sich die Rechenleistung und die Bildwiederholungsfrequenz rasch erhöht, wird es bald auch tragbare PC-Systeme für virtuelle Welten geben,“ erklärte *Scott Fisher* mir 1990 in einem persönlichen Gespräch. *Fisher* verstand sich zu dieser Zeit sowohl als Künstler als auch als Wissenschaftler. Ihm gelang es Ende der 1980er Jahre den Beweis anzutreten, dass sich VR-Forschung auch in kleinerem Maßstab betreiben ließ. Das Interesse in Wirtschaft und Wissenschaft ließ nicht lange auf sich warten. Es entstanden in der ersten Hälfte der 1990er Jahre zahlreiche VR-Unternehmen, und einige Forschungseinrichtungen setzen die VR auf ihrer Prioritätenliste ganz nach oben. Im März 1989 war *LEEP Systems* aus Boston weltweit das erste Unternehmen, das in der Lage war, kommerziell einen HMD unter dem Namen *„Cyberface“* basierend auf schwarzweiß Bildröhren für VR-Anwendungen anzubieten, der im Wesentlichen mit dem HMD des *VIEW*-Projekts der *NASA* identisch war.

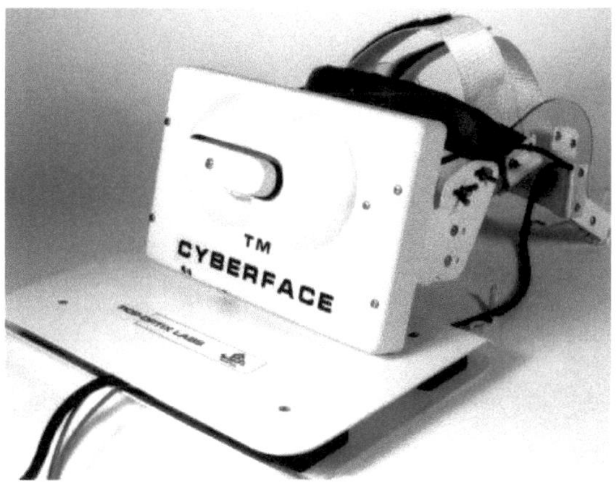

Der erste kommerzielle monochrome HMD © *LEEP Systems*

Das erste und auf dem Markt für Jahre das einzige HMD in Farbe basierte auf LCD-Bildschirmen und wurde von *VPL Research* kurze Zeit später unter dem Markennamen „*EyePhone*" vermarktet. Die beiden Monitore waren mit der Weitwinkel-Spezialoptik von *LEEP Systems* ausgestattet und befanden sich rund drei bis fünf Zentimeter von den Augen entfernt. Die Anwender mussten sich zu dieser Zeit allerdings noch mit einem äußerst limitierten FOV und einer geringen Auflösung von 360 x 240 Pixel zufrieden geben. 1990 hatte *VPL* weltweit bereits rund 500 Kunden. 1991 führte *VPL* auf der *SIGGRAPH* eine hochauflösende Video-Brille namens „*EyePhone HRX*" mit einer mathematischen Auflösung von 720 x 480 Bildpunkten vor, die eine wesentliche Verbesserung darstellte, aber natürlich immer noch nicht ausreichend in ihrer Auflösung war.

EyePhone war die erste HMD-Generation von *VPL* © *VPL Research*

Um die eigenen Körperbewegungen in den Cyberspace übertragen zu können, wurde bereits 1986 unter Leitung von *Lanier* von der Industrie-Designerin *Ann Lasko* eine Art Ganzkörperanzug mit integrierten Bewegungssensoren und auf Glasfaserkabelbasis entwickelt. Dieser „*DataSuit*" war das erste kommerziell erhältliche ***Motion Capture***-System zur Erfassung von Körperbewegungen und deren Übertragung auf einen computer-generierten Charakter. Der *DataSuit* und der *DataGlove* konnten 1989 mit einem *Mac II*-Rechner zusammen für einfache Bewegungsstudien eingesetzt werden. Je nach Ausführung und Messgenauigkeit kostete ein Datenanzug zwischen 35.000 und 90.000 US$.

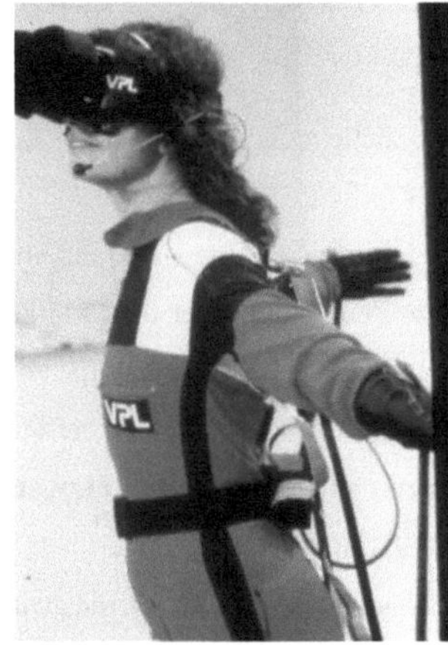

Der *DataSuit* war der erste Datenanzug der Welt © *VPL Research 1989*

VPL stellte auf der *SIGGRAPH 1990* in *Dallas* ein dreidimensionales Sound-Rendering-System namens *AudioSphere* vor. Mit Hilfe dieses Systems konnten Anwender innerhalb einer computer-generierten Umgebung hören, wenn sie über den Datenhandschuh ein Objekt berührten bzw. anfassten. Außerdem konnten Tonquellen den Anwender in seiner Richtung innerhalb einer computer-animierten Szene beeinflussen bzw. leiten. Des Weiteren wurde für die Kommunikation im Cyberspace die Software *RB2 – Reality built for Two* vorgestellt.

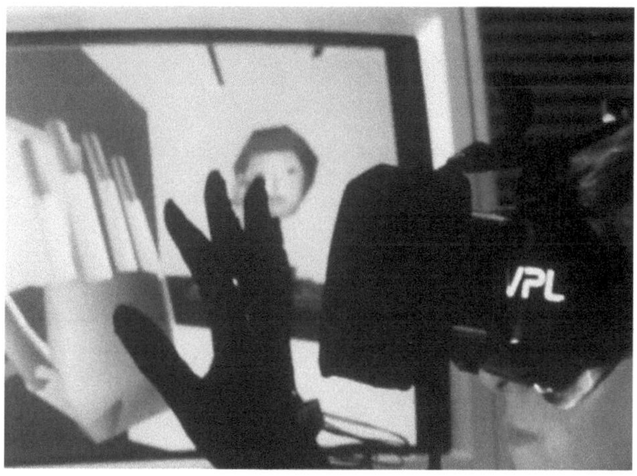

Die ersten VR-Welten waren grafisch äußerst dürftig. © *VPL Research*

***Exkurs*:** 3D-Sichtsysteme der 1990er Jahre

In der ersten Hälfte der 1990er Jahre gab es drei Typen von Sichtsystemen.

♦ **Head-mounted Display (HMD)**

bestehend aus
zwei LCD-Farbbildschirmen oder *CRT*-(Röhren-)Bildschirmen,
einem stereo-optischen Linsensystem,
einem Ortungssensor,
einer Kopfhalterung / Brille,
einem Stereo-Kopfhörer.

Beste Auflösung: LCD 756 x 244 Bildpunkte
CRT 1.280 x 960 Bildpunkte

♦ **Binocular Omni-Oriented Monitor (BOOM)**

von *Fakespace Labs,* bestehend aus
zwei monochromen Kathodenstrahl-Röhren mit synchronisierten Farbfiltern,
einem stereo-optischen Linsensystem,
einem Gehäuse mit Griffen (*Viewing Station* genannt),
einem mechanischem Arm mit Gegengewicht,
einem Stereo-Kopfhörer.

Höchste Auflösung: 1.280 x 960 Bildpunkte

♦ **Fiber-Optic Helmet-Mounted-Display (FOHMD)**

von *CAE Electronics,* bestehend aus
zwei Glasfasersträngen / Durchsicht,
einem Head- und einem Eye-Tracking-System,
einem Helm,
einem Stereo-Kopfhörer.

Höchste Auflösung: 1.024 x 1.024 Bildpunkte
FOV: 127° horizontal x 66,7° vertikal,
Abstand Auge zur Optik: 38 mm
Gewicht ohne Glasfaserkabel: 2,3 kg

Problembereiche:

Es gab zwei Problembereiche: die geringe Auflösung und der eingeschränkte Blickwinkel.

♦ **Auflösungsvermögen**

- PAL-TV 720 x 575 Bildpunkte = 414.000 Bildpunkte
- HDTV 1.920 x 1.250 Bildpunkte = 2,4 Mio. Bildpunkte

- Laser Micro Scanner 8.000 x 6.000 Bildpunkte = 48 Mio. Bildpunkte entspricht dem Auflösungsvermögen des menschlichen Auges

3D-Sichtsysteme im Überblick:

EyePhone HRX	LCD 720 x 480 Pixels	VPL Research	(1991)
VR4 ca. 10.226 €	LCD 742 x 230 Pixels	Virtual Research Systems	(1995)
Visette 2	LCD 756 x 244 Pixels	Virtuality Group	(1994)
VFX1 ca. 1.023 €	LCD 428 x 244 Pixels Gewicht : 1 kg	*Forte Technologies*,	(1994)
CYBERFACE3 14.660 US$	LCD 720 x 240 Pixels	*LEEP Systems*	(1993)
VIM 1000 PV ca. 7.670 €	LCD 800 x 225 Pixels	*Kaiser Electro-Optics*,	
FS 5 ca. 20.000 US$	CRT 800 x 600 Pixels	*Virtual Research Systems*	(1995)
BOOM3C 45.000 US$	CRT 1.280 x 960 Pixels	*Fakespace Labs*	(1996)
Datavisor	CRT 1.280 x 1.024 Pixels	*n-Vision*	(ca. 1990)

♦ **Sichtfeld / Blickwinkel** (Field of View)

Das Sichtfeld des menschlichen Auges beträgt: 150 Grad horizontal und 130 Grad vertikal. Beide Augen erzeugen dabei zwei sich überlappende Sichtbereiche von ungefähr 90 Grad horizontal

und 60 Grad vertikal. Der sich überlappende Bereich beträgt rund 120 Grad, in dem die räumliche Wiedergabe stattfindet.

Ein weites Sichtfeld verhindert, dass Symptome der Simulatorkrankheit auftreten. Wenn das Sichtfeld horizontal unter 90 Grad liegt, ist der Anwender gezwungen, häufiger seinen Kopf zu bewegen anstelle seiner Augen.

Sichtfeld ausgewählter HMDs:

60° horizontal	47° vertikal	(*Visette 2*)
100°	30°	(*VIM 1000 PV*)
100°	50°	(Sim Eye XL100A)
127°	67°	(Fiber Optic HMD)
176°	84°	(*piSight* P 177-73p)

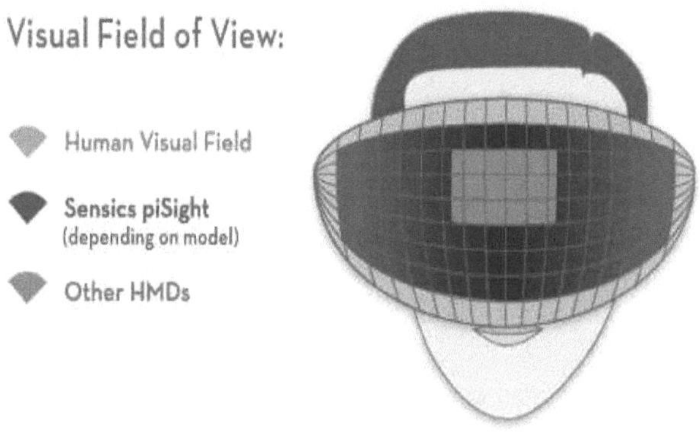

© Sensics, Inc. Boston

Heutige HMDs (Stand 10-2007):

Auf der Website www.VRealities.com des US-Händlers *VRealities* sind 28 verschiedene HMDs für den stereoskopischen 3D-Einsatz aufgeführt. Im folgenden nur ein paar wenige Beispiele:

hiRes 900 ST	LCD 800 x 600 Pixels Gewicht: 650 g	*Cybermind*
5DT HMD 800-40 (9.999 US$)	LCD 800 x 600 Pixels FOV: 28° horizontal, 21° vertikal Gewicht: 594 g	*5DT, Inc.*
VR 1280 (15.900 US$)	CRT 1.280 x 1.024 Pixels FOV: 60° diagonal Gewicht:	*Virtual Research Systems*

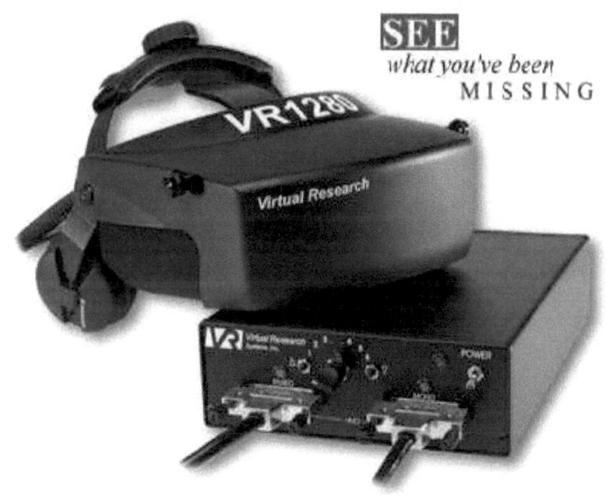

HMD *VR 1280* © *Virtual Research Systems*

WIDE5 (35.000 US$)	LCD 1.600 x 1.200 Pixels FOV: 150 h, ca. 88 v	*Fakespace Labs*

	Gewicht: unter einem Kilo	
piSight	OLED 2.394 x 1.680 Pixels	*Sensics, Inc.*
(rund 200.000 US$)	FOV: 176° h., 84° v., 177° diagonal	
	Gewicht: unter einem Kilo	
Sim Eye XL100A	CRT 1.024 x 768 Pixels	*Kaiser Electro-Optics*
(87.500 US$)	FOV: 100° horizontal, 50° vertikal	
	Gewicht: 2,5 kg	

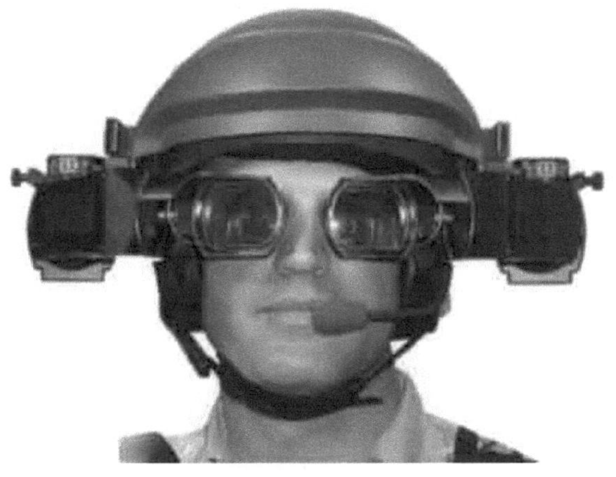

Der HMD Sim Eye XL100A © Kaiser Electro-Optics

Auf der *SIGGRAPH 1991* in *Las Vegas* hatte ich die Gelegenheit, den *BOOM 2* von *Fake Space Labs* aus *Menlo Park* (CA) auszuprobieren. Nach den ersten HMDs, die ich ausprobiert hatte, war dieser Virtual Environment Viewer das erste Sichtsystem, das mir von der Qualität her halbwegs gefallen hat. Mit dem *BOOM* kann man optisch in dreidimensionale Umgebungen eindringen und sich in ihnen umsehen. Er besteht aus einem Gehäuse mit zwei Kathodenstrahlröhren, auf denen sich das optische System für 3D-Sehen von *LEEP Systems* befindet. Durch die CRTs wurde eine

Auflösung von 1.280 x 960 Bildpunkten geboten, ein gewaltiger Qualitätsunterschied zu den LCD-HMDs. Das Gehäuse ist an einem hydraulischem Gelenk-Schwenkarm befestigt. Durch zwei Griffe an den Seiten des *BOOM* konnte man den Viewer vor die Augen halten und in jede beliebige Sichtposition bringen. Dadurch entstand der Eindruck, dass ich mich im virtuellen Raum umschauen konnte. Ich war in der Lage, ein 3D-Modell des amerikanischen Space Shuttle mitten in einem virtuellen Windkanal zu beobachten. Die Windströmungen wurden durch sich bewegende Linien und Pfeile dargestellt. Der große Vorteil gegenüber den herkömmlichen HMDs war, dass man den *BOOM* an jeder beliebigen Stelle im Raum verlassen und sich Notizen machen konnte. Probleme mit dem Gewicht und dem Auf- und Absetzen entfielen bei diesem innovativen Sichtsystem. Der *BOOM 2* kostete 1991 35.000 US$.

Der *BOOM2* bot einen großen Aktionsradius im Cyberspace, ohne dass man ein schweres HMD aufsetzen musste. © *Fake Space Labs* 1991

2.2.3 Der Datenhandschuh und seine Erfinder

Bei der Recherche nach der historischen Entwicklung des Datenhandschuhs, muss man einige Jahre zurückgehen, in die Zeit, in der *Scott Fisher* den ersten Prototyp eines stereoskopischen Sichtsystems entwickelt hatte. Es reichte ihm damals nicht aus, nur visuell in computer-generierte Umgebungen einzudringen. Er wollte im Cyberspace auch virtuelle Objekte greifen und bewegen können. Eine künstliche Hand, die sich simultan zur Hand des Anwenders bewegt, war für *Fisher* die natürlichste Lösung. Er brauchte daher einen Handschuh, ausgestattet mit einem Sensorsystem zur Übertragung der Bewegungsdaten von Hand und Finger an einen Rechner. Ein Programm musste die vom Datenhandschuh übertragenen Bewegungsinformationen auswerten, interpretieren und an eine für den Anwender sichtbare 3D-Hand im virtuellen Raum übertragen.

Fisher beschrieb detailliert, wie er sich das Zusammenwirken eines solchen Eingabegerätes mit seinem Sichtsystem vorstellte und schloss 1985 mit der Firma *VPL Research* einen Vertrag zur Herstellung eines solchen Datenhandschuhs mit geeigneter Software. *VPL* verkaufte zwar seit Kurzem einen Datenhandschuh, aber erst die *NASA*-Leute brachten die notwendigen finanziellen Mittel und den Weitblick mit, einen neuen Datenhandschuh zu entwickeln, der mit einem HMD kombiniert werden konnte.

Seit den 1950er Jahren erprobten Wissenschaftler und Ingenieure Mechanismen, um die menschliche Hand nachzubauen, um Bewegungen automatisch registrieren zu können. Sie waren aber alle zu schwer und unhandlich. 1983 hatte sich ein Forscher der *Bell Laboratories*, *Dr. Gary Grimes*, ein handschuhähnliches Computer-Eingabegerät patentieren lassen. Er bestückte einen Handschuh über jedem Fingergelenk mit kleinen Kontaktsensoren sowie taktilen Sensoren an den Fingerkuppen und Sensoren für die Orientierung und zur Positionierung am Handgelenk. Die Positionen der Sensoren seines „*Digital Data Entry Glove*“ konnten beliebig geändert werden. Der Datenhandschuh war für die Erzeugung von alphanumerischen Zeichen gedacht, indem Handpositionen überprüft wurden. *Grimes* Datenhandschuh sollte in erster Linie eine Alternative für Tastaturen sein. *Gary Grimes* kam mit dieser Erfindung zwar der Form und Arbeitsweise heutiger Datenhandschuhe bereits sehr nahe, allerdings spielte diese Erfindung keine weitere Rolle, da *Bell* diese Arbeit nicht fortsetzen ließ. Auch die Konstruktion von *Daniel J. Sandin,* einem international anerkannten Pionier der elektronischen Kunst und Visualisierung, vom *Electronic Visualization Laboratory* der *University of Illinois*, aus den 1970er Jahren fand keine Anwendung in der Praxis.

Erst der Amerikaner *Thomas Zimmerman* entwickelte 1981 den Vorläufer des Datenhandschuhs, den *VPL* zusammen mit einem Sichtsystem acht Jahre später zu vermarkten begann. *Zimmerman* bastelte aus einem Handschuh und Drähten ein erstes Eingabe-Instrument zur Kontrolle des eingebauten Synthesizers in seinem *Atari*-Computer, um virtuelle Musikinstrumente spielen zu können. Genauer gesagt, wollte er Luft-Gitarre spielen, ohne ein physikalisches Instrument und trotzdem dabei reale Töne erzeugen. Im Laufe seiner weiteren Experimente verwendete er einen alten Arbeitshandschuh und ein paar elektronische Bauteile. Zur Bewegungsübertragung setzte er dünne, flexible und hohle Kunststoffschläuche ein, die Licht leiten konnten. Wenn man an einen Ende von einer simplen elektronischen Lichtquelle Lichtstrahlen in einen Schlauch hineinschickte, konnte man am anderen Ende das ankommende Licht mit einem einfachen Fotosensor (einer Fotozelle) messen. Auf dem Handschuh war über jedem Finger ein solcher Schlauch angebracht. Wurden die

Finger bewegt, knickten die Schläuche entsprechend und weniger Licht kam am Ende an. Dadurch konnte *Zimmerman* grob die Veränderungen der Fingerpositionen messen. 1982 meldete er ein Patent für einen „optischen Biegungssensoren-Handschuh" an. Er arbeitete zu diesem Zeitpunkt bei *Atari*. Das Management wollte aber trotz zahlreicher erfolgreicher Vorführungen von dieser Erfindung für ihre Videospiele nichts wissen!

Jaron Lanier traf *Thomas Zimmerman* 1983 auf einer Tagung für Anwender von Musik-Synthesizern, die PCs einsetzten. Kurze Zeit danach begannen beide mit weiteren jungen Forschern eine Software-Schnittstelle für eine visuelle Programmiersprache zu entwickeln, die 1984 fertig wurde. Aus der französischen Computer-Industrie stieß *Jean-Jacques Grimaud* zu dem Team. Zusammen gründeten sie 1984 in *Palo Alto* mit Hilfe von *Thompson Avionics,* die zum wichtigsten Geldgeber wurde, die Firma ***VPL Research*** (*Visual Programming Language*). *VPL* übernahm die Patentrechte für den Datenhandschuh von *Zimmerman,* und *Young Harvill* erweiterte ihn um die technische Möglichkeit des Trackings mit sechs Freiheitsgraden (***6 DOF*** / siehe dazu 3.2.2).

Den Datenhandschuh tauften sie *DataGlove* und verkauften das erste Exemplar an den Supercomputer-Hersteller *Thinking Machines* in *Cambridge*. Aber erst der Vertrag mit der *NASA* 1985 zwang das *VPL*-Team die Technik zu verfeinern. Teure Glasfaserkabel wurden nach Monaten des Ausprobierens anstelle der Luftschläuche eingesetzt. Der erste kommerzielle *DataGlove* diesen Typs kam ein Jahr später auf den Markt und kostete 9.000 US$. *Zimmerman* zog sich später aus dem VR-Business zurück, da ihn die sozialen Folgen beunruhigten. „Ich glaube, dass uns diese Technik mehr maschinenähnlich und noch unmenschlicher macht," begründete *Zimmerman* seine Entscheidung.

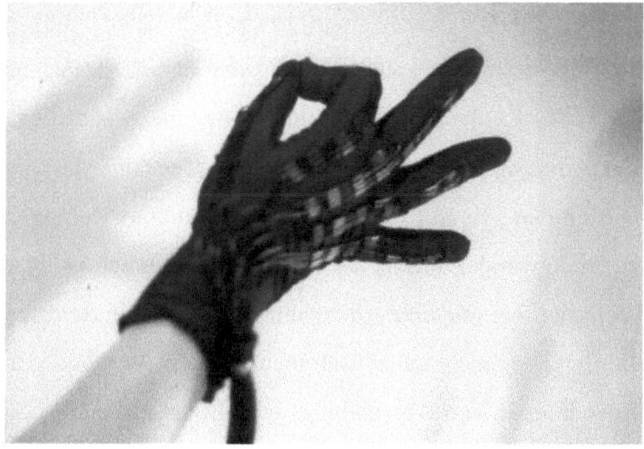

Der *DataGlove* basierte auf Glaserfasertechnologie. © *VPL Research*

Eine wesentlich verbesserte Version des Handschuhs wurde 1988 fertig. Er bestand aus einem schwarz glänzenden hochelastischen Kunstfasermaterial namens *Lycra*. Jeder Finger der Hand war an der Handoberseite mit zwei dünnen Glasfaserschleifen bestückt. An jedem Ende einer Glasfaserschleife befand sich eine *Leuchtdiode* (***LED***) und am anderen Ende ein Fototransistor, der das ankommende Licht der Diode in elektrische Signale umwandelte. Um die Krümmung der einzelnen Finger registrieren zu können, wurden die Fasern an den Fingergelenken speziell behandelt, indem kleine Schnitte längsseits des Kabels gemacht wurden, damit an diesen Stellen bei einer Biegung Licht entweichen konnte. Je mehr ein Finger sich krümmte, desto mehr Licht entwich, und desto weniger Licht kam beim Transistor an. *VPL* lieferte auch die Software, die es ermöglichte, dass die vom *DataGlove* übermittelten Bewegungsdaten vom Rechner verarbeitet und ausgewertet werden konnten. In Bruchteilen von Sekunden mussten ständig wechselnde Informationen von den 15 verschiedenen Gelenkwinkeln im Handschuh verarbeitet werden. Diese Werte wurden an den Rechner weitergegeben, der sie mit einer Tabelle verglich und auf die künstliche Hand im virtuellen Raum übertrug. Ein Positionssensor auf dem Handrücken lieferte Informationen über den Standpunkt der Hand innerhalb der dreidimensionalen Umgebung.

Problematisch war, dass jede Glasfaserschleife exakt an einem Knöchel liegen musste, um genaue Messergebnisse erhalten zu können. Es gab Anwender, die wesentlich größere oder kleinere Hände hatten, dann lagen die Schleifen nicht exakt auf den Fingerknöcheln. Dadurch passierte es, dass die Schleifen nicht korrekt mit den aktuellen Knöchelpositionen korrespondierten, und dadurch war der Anwender nicht in der Lage, präzise und fehlerfreie Gestiken zu erzeugen.

Noch während die eigene Entwicklungsphase lief, verkaufte *VPL* 1987 an *Mattel* eine Lizenz des Patents. *Mattel* plante die Entwicklung einer preiswerten Datenhandschuhversion für die *Nintendo* Spielkonsole ***NES*** (*Nintendo Entertainment System*) (mehr dazu siehe 2.3.6). Nach rund vier Jahren Forschungs- und Entwicklungsarbeit begann *VPL* 1989 den *DataGlove* zu vermarkten, obwohl es ein weiteres Problem gab: die Kalibrierung (Eichung). Für eine exakte Positionsbestimmung der Hand im Raum bzw. der Ausgangslage der Finger war es notwendig, dass der Handschuh mit der Hand des Anwenders zusammen „genullt“ wurde, das heißt an einer vorgegebenen Null-Linie ausgerichtet wurde. Bei jedem Anwender musste der Datenhandschuh neu kalibriert werden, das kostete Geduld und Zeit. Aber auch bei längerer Anwendung von ein und derselben Person war es notwendig, eine Nachjustierung vorzunehmen. Zusammen mit dem Problem der Ermüdung aufgrund der Unbeholfenheit in der interaktiven Anwendung, schaffte es diese Erfindung nicht, die an ihre Entwicklung geknüpften Erwartungen bezüglich der Vermarktung zu erfüllen.

Exkurs**:** Datenhandschuh-Typen

In der ersten Hälfte der 1990er Jahre gab es drei unterschiedliche technologische Entwicklungen für die Herstellung von Datenhandschuhen.

1)

Den „*DataGlove*" von *VPL Research* für 15.000 US$ auf Basis von Glasfaser und einem Positions-Sensor. Diese Technologie hat sich aufgrund der hohen Präzision bis heute gehalten.

2)

Den „*SpaceGlove*" von *W. Industries* (später in *Virtuality Group* umfirmiert) auf Basis von Positions-Sensoren an jedem Finger und auf der Handoberfläche.

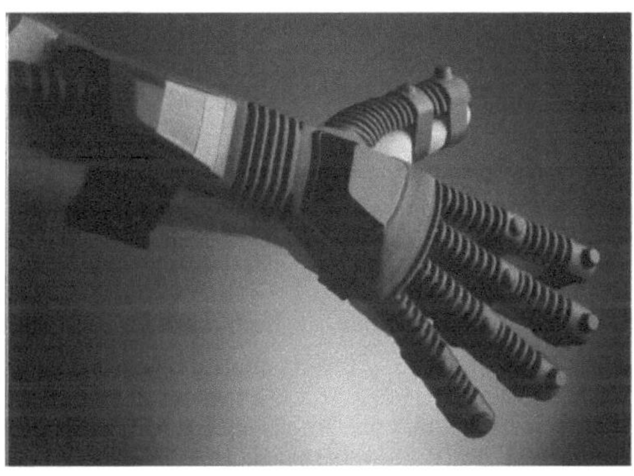

Der *SpaceGlove* mit seinem Exoskeleton-Sensoren eignete sich aufgrund seiner Empfindlichkeit leider nicht für VR-Spielinstallationen. © *W. Industries*

3)

Den „*PowerGlove*" von *AGE / VPL / Mattel* auf Basis leitfähiger Tinte.

Heutige Datenhandschuh-Modelle (Stand 07-2007):

Auf der Website www.vRealities.com des US-Händlers *VRealities* sind acht Datenhandschuhe aufgeführt. Im Folgenden vier Beispiele:

5DT Data Glove 5 Ultra von *5DT, Inc.* 999 bzw. 5.499 US$

Dieser Datenhandschuh basiert auf Glasfaser und verfügt über einen Sensor pro Finger. Die drahtlose Version bietet einen Aktionsradius von bis zu 20 Metern. Es gibt Handschuhmodelle für Links- und Rechtshänder. Das Material ist aus schwarzem dehnbarem Stretch Lycra. Die genauere Version arbeitet mit zwei Sensoren pro Finger.

ShapeHand von *measurand* 9.900 US$

Basiert ebenfalls auf Glasfasertechnologie, bindet allerdings den gesamten Arm mit ein.

CyberGlove II von *Immersion Corporation* 11.177 €
(2007)

Angeboten werden ein Datenhandschuh mit 18 und einer mit 22 Sensoren. Das 22-Sensoren-Model verfügt über drei Beugungssensoren pro Finger, vier Abspreizungssensoren, einen Handflächensensor und Sensoren, um Beugungen und Abspreizungen zu messen. Der Handschuh selbst ist elastisch und hat wenig Gewicht. Der große Vorteil ist, dass er ohne Verkabelung auskommt und mit *Bluetooth*-Technologie arbeitet. Zusätzlich muss man noch ein Tracking-System einkaufen, das die Software *VirtualHand* unterstützt.

X-IST Glove von *Olaf Schirm* 2.300 – 3.600 US$
je nach Anzahl der Sensoren

2.2.4 VR ohne Hardware-Schnittstellen – Kruegers künstliche Wirklichkeiten

Ein anderer VR-Pionier hatte in den 1960er Jahren die Vision von künstlichen Wirklichkeiten, in denen man interagieren kann, ohne das Überstülpen von lästigen Schnittstellen wie Video-Brille und Datenhandschuh. Der Künstler und Erfinder *Myron Krueger* träumte bereits zu dieser Zeit von einem Raum, der ringsherum mit 3D-Bildschirmen ausgestattet ist und in dem mittels sensibler Sensoren computer-gesteuert Position, Haltung und Bewegung einer Person registriert werden. Sogar Blickrichtung und Mimik sollten nach Möglichkeit als Informationsquelle herangezogen werden. In den 1960er Jahren experimentierte *Krueger* mit Installationen auf Basis reiner Video-Aufzeichnungen und -Projektion sowie Positionssensoren im Fußboden. Erst in den 1970er Jahren kam die Computer-Grafik hinzu. *Krueger* prägte 1973 den Begriff ***Artificial Reality*** (Künstliche Wirklichkeit), worunter er künstliche reaktionsfähige Umgebungen verstand, in denen der Spieler mit Bildern und Lichteffekten interagieren konnte. Seine bekannteste Installation stellte er im Herbst 1975 im *Milwaukee Art Center* vor: *VIDEOPLACE* arbeitete nicht nur mit Video, Computer-Grafik und Positionssensoren, sondern auch mit Sensoren zur Bewegungserfassung.

„Meine Idee war, keine Dinge tragen zu müssen. Der Zweck des Datenhandschuhs ist, seine Hand im virtuellen Raum zu sehen. Gleichzeitig weiß der Computer, was die Hand gerade tut. Ich hatte hingegen schon immer vor, ein System zur Mustererkennung zu verwenden, durch das der Computer wahrnimmt und feststellen kann, wo man gerade steht. Hierfür setzte ich Videokameras ein. Die agierende Person wird in Echtzeit, ohne Zeitverzögerung, digitalisiert, damit sie der Rechner überhaupt verstehen und auswerten kann. Wenn sie eine Hand ausstreckt, sieht der Computer die Hand. Er erkennt beispielsweise auch, dass sie einen Finger hochhält und reagiert dementsprechend. Ich verwende keine Videobrille. Daher kann man auch nicht in einem dreidimensionalen künstlichen Raum herumspazieren. Das ist zwar sehr aufregend, aber die Videobrille ist noch zu schwer. Stattdessen projiziere ich eine Silhouette des Akteurs auf eine große Bildwand. Man sieht sich also selbst. Wenn man zum Beispiel seinen Finger ausstreckt, reagiert der Rechner beispielsweise und lässt eine grafische Kreatur – ein *Critter* – erscheinen, das auf der Hand landet. Er klettert den Körper hinauf, gelangt auf den Kopf und beginnt dort einen kleinen Tanz oder baumelt an einer Fingerspitze. Wenn man das *Critter* fängt, explodiert es. Man braucht nichts Spezielles zu tragen, man geht einfach hinein und agiert," beschreibt *Krueger* seine künstliche Wirklichkeit.

VIDEOPLACE gilt als erstes öffentlich zugängliches VR-Spiel. *Krueger* machte die Beobachtung, dass sich die meisten Menschen sehr intensiv mit den Videobildern ihrer Person identifizieren, obwohl sie nur als Silhouette wiedergegeben werden. Die visuelle Präsenz von einem oder mehreren Kommunikationspartnern als Silhouette vermittelt jedem Akteur ein verstärktes Gefühl des Zusammenseins, obwohl die physischen Kommunikationspartner räumlich getrennt agieren. Einen ähnlichen Effekt kennt man vom Telefonieren her. Dieser wird durch die visuelle Präsentation bei *VIDEOPLACE* allerdings wesentlich verstärkt, indem der Gesichtssinn, die physische Dimension und ein neues Verständnis des Tastsinnes einbezogen werden. „*VIDEOPLACE* ist eine begriffliche Scheinwelt ohne psychische Existenz. Es vereinigt Menschen mit verschiedenen Aufenthaltsorten in einer gemeinsamen visuellen Erfahrung und gestattet ihnen, mittels des Mediums Video in unerwarteter Weise zu interagieren," so *Myron Krueger*. „In *VIDEOPLACE* gehen zwei Kulturkräfte von grundsätzlicher Bedeutung – das Fernsehen, ein Lieferant passiver Erfahrung, und der Computer, ein Symbol abschreckender Technik – eine Verbindung ein, aus der ein ausdruckstarkes Medium hervorgeht, das eine spielerische Grundhaltung vermittelt und zur Teilnahme animiert."

Mit der in Echtzeit berechneten Silhoutte kann der Spieler mit einem kleinen digitalen Wesen interagieren. © *Myron Krueger*

Im Sommer 1989 schickte Krueger zur Eröffnung der japanischen Wissenschaftsstadt *Kanagawa* neben *VIDEOPLACE* auch sein neuestes System *VIDEODESK* mit. Die erste PC-Version seiner Erfindung reagiert ebenfalls auf menschliche Gesten. Die Idee vom papierlosen Büro wurde hier wieder einmal aufgegriffen. *VIDEODESK* besteht aus einen halbdurchsichtigen Leuchttisch mit einer darüber angebrachten Video-Kamera, die mit dem PC verbunden ist. Über einen großen Bildschirm bekommt der Anwender die Schreibtischfläche und die Umrisse seiner Hände zu sehen. Eine künstliche Tastatur, auf der man schreiben kann, wird auf dem Schreibtisch projiziert. Man fängt beispielsweise an, mit den Fingern zu zeichnen oder formt unter Zuhilfenahme eines dreidimensionalen Grafik-Programms künstlichen Ton zu einer Vase. „Der papierlose Schreibtisch könnte bereits auf dem Markt sein", unterstreicht Krueger seine Idee. „Die Technologie hierfür existiert längst. Aber offenbar ist dieses Projekt für die großen Büro-Ausstattungsfirmen noch zu utopisch."

Als *Krueger* 1977 von einer neuen Form der Telekommunikation sprach, hielt man seine Vision für recht merkwürdig. Zehn Jahre später begannen die Japaner Millionen Dollar in die Erforschung der VR-Kommunikation zu investieren. *Krueger* war seiner Zeit stets weit voraus. Auf ihn trifft auch das Sprichwort **„Ein Prophet gilt im eignen Land nichts"** zu. Er schaffte es beispielsweise auch erst nach 70 schriftlichen Absagen, einen Verlag für sein Buch *„Artificial Reality"* zu finden, das 1983 erschien und 1991 neu aufgelegt wurde. Erst seitdem der VR-Markt 1989 aus der Taufe gehoben wurde, war er für einige Jahre geladener Stammgast auf allen möglichen internationalen VR-Veranstaltungen. 1990 wurden *VIDEOPLACE* und *VIDEODESK* beispielsweise auf dem *PRIX ARS ELECTRONICA* in *Linz* (A) vorgeführt, wo seine Erfindung mit der *Goldenen Nica* ausgezeichnet wurde.

Der amerikanische Fachjournalist *Howard Rheingold* schrieb in seinem Buch *„Virtuelle Welten – Reisen im Cyberspace"*: „Erst wenn die ganze Hard- und Software, die VR ermöglicht, sich soweit entwickelt hat, dass wir sie nicht mehr bemerken, werden sich die Menschen darüber klar werden können, was sie mit den Möglichkeiten des neuen Mediums anfangen wollen. Künftige VR-Forscher sind gut beraten, wenn sie sich eines Satzes entsinnen, den *Krueger* seit zwei Jahrzehnten predigt: ‚Die Reaktion ist das Medium´."

2.3 Technologische Entwicklungen zu Beginn der 1990er Jahre

Während die Amerikaner die Basis-Technologie für die Virtuelle Realität erfunden hatten, wurde sie von den Europäern optimiert, und die Japanern versuchten, die VR im Consumer-Bereich (Massenmarkt) gewinnbringend zu vermarkten. So stellte sich die Situation auf dem VR-Markt Anfang der 1990er Jahre dar.

1990 gründete *Scott Fisher* zusammen mit der Software-Spezialistin *Brenda Laurel* eine eigene Firma: *Telepresence Research* in *Palo Alto* (CA) für den Entwurf und die Entwicklung von VR-Equipment für Telepräsenz.

Die folgenden Kapitel geben einen Überblick über die wichtigsten Entwicklungen sowie über Ideen und Strategien. Im Endeffekt waren es vorrangig die Automobilindustrie (z.B. mit dem Einsatz von Workbenches in der Design-Entwicklung) auf der einen Seite und Forschungseinrichtungen (z.B. haptische Anwendungen in der Entwicklung von neuen Medikamenten) auf der anderen, die die VR-Entwicklung in den 1990er Jahren vorangetrieben haben.

2.3.1 Das Cyberia Project – AUTODESK steigt in den VR-Markt ein

Bereits im September 1988 ließ *John Walker*, Gründer von *AUTODESK*, ein firmeninternes Papier mit dem Titel: „*Through the Looking Glass: Beyond User Interfaces*" in Fachkreisen zirkulieren. Über E-Mail (elektronische Post über Datennetze) gelangten innerhalb von wenigen Stunden weltweit Kopien auf angeschlossene elektronische Arbeitsplätze. *Walker* hatte die Bedeutung der künstlichen Welt „hinter dem Bildschirm" erkannt. „Wenn Cyberspace tatsächlich die nächste Generation der menschlichen Interaktion mit dem Computer verkörpert, dann wird dies die tiefgreifendste Veränderung seit der Entwicklung des Personal Computers darstellen," postuliert *Walker* Ende der 1980er Jahre.

Inspiriert hatten ihn unter anderem Visionen aus verschiedensten SF-Romanen, was er auch unumwunden zugab. ***CAD*** (*Computer Aided Design* / Computer-unterstütztes Design) war nur der erste Schritt in diese dreidimensionale künstliche Welt. Er erkannte, dass die PC-Software-Produkte seines Unternehmens mehr als nur eine Methode zum Entwurf von Plänen waren. Mit ihnen konnte man zwar dimensional visualisieren und Objekte sowie Strukturen manipulieren, doch das Territorium hinter dem 2D-Bildschirm war unendlich größer als man vermuten konnte. Die bereits zu dieser Zeit vorhandenen *AUTODESK*-Produkte und existierenden Entwicklungen für 3D-Modelling konnten nach seiner Erkenntnis ohne Veränderung sofort zur Herstellung von VR-Welten benutzt werden. *Walkers* Idee war es, ein preiswertes System zu konzipieren, den „Cyberspace in der Aktentasche", mit dem *CAD*-Anwender während des Planungsprozesses durch Gebäudeentwürfe herumfliegen konnten. Das Team, das er zusammenstellte, wurde von *William Bricken* geleitet. Mit von der Partie waren unter anderem Freaks wie *Eric Gullichsen*, *Patrice Gelband* und *Randal Walser*.

Wichtigstes Ziel in der Entwicklung eines solchen VR-Systems war die Neukonzeption der Mensch-Maschine-Schnittstelle. Hierbei musste es grundsätzlich darum gehen, die Barrieren zwischen Computer-Anwendern und dem Rechner aufzuheben. Die Möglichkeit, eine zweidimensionale Grafik in einer dialogfähigen Weise zu manipulieren, also das Austauschen von Befehlen und Antworten mit dem Rechner, war noch weit von zukünftigen Dialogweisen im Cyberspace entfernt. Zuerst einmal mussten die Barrieren im Denkvorgang selbst beseitigt werden. „Ich glaube, der Dialog ist das falsche Modell für den Umgang mit dem Rechner – ein Modell, das unerfahrene Anwender in die Irre führt und selbst erfahrene Software-Schreiber dazu verleitet, schwer zu nutzende Systeme zu entwickeln. Wir haben Computern von Anfang an Attribute menschlicher Intelligenz zugeschrieben und Merkmale unterstellt, über die sie gar nicht verfügen. Wir haben uns große Mühe gegeben, sie so zu programmieren, dass sie sich entsprechend unseren Vorstellungen verhalten. Wenn Sie mit einem Computer interagieren, führen Sie keinen Dialog mit einem anderen Menschen, sondern erforschen eine andere Welt. Ich halte die Virtuelle Realität für die einzige Technologie, von der ernsthaft zu erwarten ist, dass sie die nächste Generation der Mensch-Maschine-Interaktion bestimmen kann," begründet Walken seinen Ansatz.

Das Kunstwort *Cyberspace* hielt er für den idealen Ausdruck, der treffend das Manövrieren durch künstliche Wirklichkeiten umschreibt. Ein übereifriger Anwalt überredete das *AUTODESK*-Team zu versuchen, den aus *William Gibsons* SF-Roman „*Neuromancer*" entlehnten Begriff als Produktnamen rechtlich schützen zu lassen. In diesem Zusammenhang wurde auch der Name des Mitarbeiters *Eric Gullichsen* erwähnt, worauf *Gibson* per Anwalt wissen ließ, dass er im Gegenzug prüfen lasse, ob er den Namen *Eric Gullichsen* rechtlich schützen lassen könne.

2.3.2 Die ersten Prototypen für den PC-Markt

Im März 1989 stellte Drahtzieher *Walker* firmenintern zum ersten Mal sein „*Cyberia Project*" vor. *Howard Rheingold* schrieb über dieses Ereignis in seinem Buch: „Seit *John Walker* die VR-Szene betreten hat, hat sie einen ernsthaften Anstrich bekommen, einen zugleich visionären und pragmatischen Charakter." Tatsächlich hatten sich, seitdem das rund eine Milliarde schwere Software-Unternehmen *AUTODESK* im Forschungs- und Entwicklungsbereich von VR tätig war, die Anfänge einer ernstzunehmenden Industrie herausgebildet.

Auf der *SIGGRAPH* 1989 in *Boston* demonstrierte die *AUTODESK Multimedia Division* neben *VPL Research* die ersten Software-Produkte für VR auf PC-Basis. Dass man bereits VR-Szenarien auch über PC-Leistung zur Verfügung stellen konnte, damit hatte zu dieser Zeit keiner gerechnet. Man konnte eine Art Cyber-Squash spielen oder in einem Büro herumspazieren. Die eigentliche Attraktion aber stand in einer Hotelsuite. Ich hatte das Glück, über *Eric Gullichsen*, mit dem ich zufällig einen Small Talk in einem Hotelaufzug führte, diesen Prototypen selbst auszuprobieren. Ein stationäres Fahrrad eines Heimtrainers war mit Sensoren und Elektronik präpariert worden. Auf dem sogenannten „*Hicycle*", das *Randal Walser* als Manager von *Spacemaking* (eines Projektteils des *Cyberia Project*) federführend entwickelte, konnte man aktiv mit einem Sichtsystem ausgerüstet, durch eine Landschaft radeln. Die Vorführversion was allerdings so sensibel, dass die Probanden ständig im virtuellen Acker landeten. Das Bild kippte richtig weg, obwohl man in der Realität noch fest im Sattel saß, – eine äußerst merkwürdige und unkomfortable sinnliche Erfahrung.

Erst einige Wochen nach der *SIGGRAPH* funktionierte dieser Trainingssimulator richtig. Die Besonderheit war weniger die visuelle Aufbereitung, die die Monotonie des Heimtrainers vergessen half, sondern die Überraschung, dass man ab einer Geschwindigkeit von ungefähr 30 Stundenkilometer scheinbar langsam abhob und wie der außerirdische Kinostar „*ET*" im gleichnamigen Spielfilm von *Steven Spielberg* über die Landschaft schweben konnte. Der Radfahrer konnte unter anderem im Cyberspace links und rechts unter sich ein kleines Dorf aus der Vogelperspektive betrachten, durfte allerdings vor Erstauen nicht das Treten der Pedale vergessen, sonst ging es rapide (visuell) bergab.

Gleichzeitig war die *SIGGRAPH* in *Boston* die Konferenz, auf der Insider alle Anzeichen einer beginnenden Kulturrevolution erkennen konnten. Sowohl Fachleute als auch die Massenmedien spürten, dass sich mit der VR etwas Wichtiges ankündigte. Die Umsetzung von *Walkers* Ziel, *AUTODESK* zum marktbeherrschenden Anbieter von Cyberspace-Design zu machen, musste allerdings noch auf sich warten lassen, denn bereits im Herbst 1989 begann das Projekt auseinander zu brechen. Die Forscher *William Bricken* und seine Frau *Meredith* kündigten nach einer Auseinandersetzung mit der Unternehmensleitung über die Ziele des Projektes. *William Bricken* war bereits zu diesem Zeitpunkt fest davon überzeugt, dass sie am Anfang der wichtigsten Entwicklung seit dem Alphabet, vielleicht sogar der gesprochenen Sprache standen. Er arbeitete danach als Chef des VR-Studienprogramms an der *University of Washington* gemeinsam mit Wissenschaftlern des *HITLab* an einem VR-Betriebssystem, genannt „***VEOS***" (*Virtual Environment Operating System*). *VEOS* war ein Systemprogramm, das jeden Rechner, der über ausreichende Leistung verfügte, in einen Wirklichkeits-Simulator verwandeln konnte.

Nach dem Weggang der *Brickens* verließen auch *Eric Gullichsen* und *Patrice Gelband* das Team und gründeten im Frühjahr 1990 ihre eigene Firma *Sense8 Corporation*. Auch *Randal Walser* gründete eine eigene Firma namens *Spacetime Arts, Inc*. Die Dynamik war damit weg. Erst im Spätsommer 1990 wurde die Zahl der Programmierer für das VR-Projekt wieder ausgebaut und im Herbst arbeitete man wieder intensiv an marktfähigen Produkten. Laut Insider-Informationen, begann *Walker* am Kernstück eines Betriebssystems für ein tragbares VR-System zu arbeiten. Keines der zu dieser Zeit entwickelten Betriebssysteme ist jemals auf den Markt gekommen.

2.3.3 Künstliche Realitäten auf die Netzhaut scannen

Im November 1989 gesellte sich zu *VPL Research* und *AUTODESK* eine weitere Forschungsinstitution hinzu. Das ***HITLab*** (*Human Interface Technology Laboratory*) an der *Universität von Wa-*

shington wurde von *Dr. Thomas A. Furness III.*, einem ehemaligen Forschungsdirektor der *US Air Force* in *Seattle* gegründet. Es arbeitete halb wissenschaftlich und halb kommerziell orientiert. Träger war ein Forschungs- und Entwicklungs-Konsortium, zu dessen Gründungsmitgliedern *Digital Equipment*, der Hafen von *Seattle*, *SUN Microsystems* und *US West Communications* gehörten. *Alias Research* und *VPL Research* kamen später hinzu. *Thomas Furness* gehörte zu den führenden VR-Forschern und war felsenfest davon überzeugt, dass VR eine bahnbrechende Technologie ist, die potentiell in der Lage war, die Welt so gründlich zu verändern, wie die Glühbirne oder der Transistor es geschafft hatten.

Diese Gründung und *Furness* selbst sorgten dafür, dass die Resultate einer VR-Forschungseinrichtung der Öffentlichkeit zugänglich wurden, die jahrzehntelang als streng geheim galten: ***Visionik*** wird dieser Bereich in Fachkreisen genannt. *Furness* hatte sich als Gründer und Leiter der Abteilung für visuelle Systeme am *Armstrong Aerospace Medical Research Lab* des Luftwaffenstützpunktes *Wright-Patterson* fast ein Vierteljahrhundert mit HMD-erzeugten Wirklichkeiten beschäftigt. Von 1986 bis 1989 leitete er dort das Forschungsprojekt „*Super Cockpit Program*", bei dem es um die Erhöhung der Überlebensrate von Kampfpiloten ging, die die hochtechnisierten Fluggeräte bedienten. Hierfür wurden unter anderem neue Helme entwickelt, die mit Hilfe von halbverspiegelten Glasscheiben in dem echten Cockpit virtuelle Bedienungsoberflächen simulieren. Flugsimulatoren waren entscheidend an der Entstehung von VR-Technologien beteiligt und hatten bis in die zweite Hälfte der 1990er Jahre auf die Fortschritte der auf Computer-Animation beruhenden Sichtsimulationen Einfluss.

Die beiden größten Probleme bei der Entwicklung von qualitativ hochwertigen HMDs sind nach wie vor das Auflösungsvermögen und der Umfang des Gesichtsfeldes. Selbst die modernsten Grafik-Bildschirme sind für das menschliche Sichtsystem viel grobkörniger als die Realität. Auch der eingeengte Blickwinkel in VR-Sichtsystemen entsprach nicht dem Gesichtsfeld des menschlichen Auges. Die Lösung, an der *Furness* mit seinem Team arbeitete war, die künstlichen Wirklichkeiten direkt auf die Netzhaut zu projizieren.

***Exkurs*:** Netzhaut (Retina)

Die Netzhaut besteht aus Millionen chemisch aktiver Zellen, Stäbchen und Zäpfchen genannt, die die eintreffenden Lichtstrahlen (Photonen) in elektrische Impulse umwandeln. Die Stäbchen reagieren äußerst sensibel auf Licht und Bewegung, während die Zäpfchen für das Farb- und Formsehen zuständig sind.

Im Zentrum der Netzhaut befindet sich eine hohe Konzentration von Zäpfchen, daher ist in diesem Bereich die Auflösung am höchsten bzw. die Wahrnehmung am schärfsten. Die Netzhaut kann bis zu zehn verschiedene Bilder pro Sekunde aufzeichnen. Die von den Augen aufgenommenen Reize werden auf der Netzhaut scharf dargestellt und von lichtempfindlichen Rezeptoren je nach Reizung als elektrische Impulse über den Sehnerv direkt ins Gehirn gesandt. Dort werden sie miteinander verknüpft und verarbeitet und sorgen so für ein ständig wechselndes Bild der Realität.

Thomas Furness war es gewohnt, auf Budgets zurückgreifen zu können, die wesentlich größer waren als bei der *NASA* und anderen VR-Institutionen. Er wusste daher, was die VR-Technologie zu leisten vermochte, wenn die Kosten keine Rolle spielen. Auch das *HITLab* verfügte im Gegensatz zu anderen amerikanischen VR-Institutionen über hohe finanzielle Mittel. *Furness* konnte es sich daher leisten, einen scheinbar undurchführbaren Lösungsweg für die Entwicklung eines preiswerten und qualitativ hochwertigen Sichtsystems für VR-Welten zu entwickeln.

Ein hochauflösender Laser-Mikroscanner sollte eines Tages die simulierten Wirklichkeiten mit einer Auflösung von 8.000 x 6.000 Bildpunkten direkt auf die menschliche Netzhaut projizieren. Erst diese hohe Auflösung würde dem Auflösungsvermögen des menschlichen Auges gerecht werden. Eine entsprechend hohe Rate ungefährlicher Laserstrahlen sollte dabei absolut exakt auf die Netzhaut gesandt werden, die auf die Bewegungen der Augäpfel synchron und in Echtzeit abgestimmt sein musste. Dabei geht es nicht wie bei der Bildschirmtechnik um die Aktivierung von Bildpunkten, sondern um die Reizung der Lichtrezeptoren im menschlichen Auge.

Rheingold, der sich mit *Furness* 1990 über diese futuristische HMD-Version ausführlich unterhalten hatte, schrieb in seinem Buch „*Virtuelle Welten*“: „Ein stereoskopischer Laser-Mikroscanner, ein fantastisches, aber bislang hypothetisches Instrument zur direkten Reizung der Lichtrezeptoren im menschlichen Auge, könnte die Wirklichkeitsähnlichkeit des Cyberspace erheblich steigern – was allerdings auch eine beträchtliche Verstärkung der Rechenleistung voraussetzen würde.“

Das Problem ist, das unsere physikalische Welt aus Atomen und Molekülen besteht, eine virtuelle Welt hingegen besteht aus Polygonen (Vielecken). Je mehr Polygone für diese 3D-Welt eingesetzt werden, desto feiner wird das Bild und desto realistischer seine Erscheinung. Doch je höher die Polygon-Anzahl ist, die pro Sekunde berechnet werden muss, desto mehr Rechenleistung wird benötigt.

Laut *Alvy Ray Smith* von *PIXAR* braucht man zur exakten Abbildung der realen Wirklichkeit rund 80 Millionen Polygone pro Sekunde. Die Anzahl der berechenbaren Polygone pro Sekunde ist gleichzeitig das Maß für die Leistungsfähigkeit einer Rendering-Maschine. Grafik-Super-Workstations schafften 1992 gerade mal eine Million Polygone pro Sekunde in Echtzeit zu berechnen. Für die Bewegtbild-Darstellung müssten die Szenen außerdem pro Auge wenigstens zwölfmal neu berechnet werden.

Rheingold berichtet weiter: „Das Grundelement der Mensch-Maschine-Schnittstelle wäre dann eine Lichtsinneszelle der Netzhaut, entweder ein Stäbchen oder ein Zäpfchen, und nicht mehr ein Bildpunkt. Vielleicht könnte eine hochvernetzte massiv-parallele Computer-Architektur der Zukunft jedem Stäbchen und Zapfen eines Augapfels einen eigenen Prozessor zuordnen: Dann wäre das Prinzip der totalen Kontrolle der visuellen Umgebung möglich."

Furness nannte seine Erfindung ***VRD*** (*Virtual Retinal Display*) und gründete 1991 am *HITLab* die *VRD Group*. Der in der Entwicklungsphase befindliche Retina-Scanner sollte neben einem optischen System für Stereobilder auch 3D-Sound, Spracherkennung und Verfolgungssensoren für Kopf- und Augenbewegungen bieten.
Vorteil dieses Verfahrens war, dass ein solcher Micro-Laser-Scanner kleiner und leichter ist als herkömmliche Sichtsysteme, die mit LCDs und CRTs ausgestattet sind. Den ersten Prototypen entwickelte *Thomas Furness* zusammen mit *Joel Kollin* und *Bob Burstein*. Er war im Herbst 1993 fertig. Im November startete dann die Start-up Firma *Microvision, Inc.* aus *Seattle* ein Entwicklungsprogramm mit dem Ziel, einen kostengünstigen virtuellen Bildschirm zu entwickeln: in Farbe, mit einem weiten Blickfeld und großer Auflösung sowie mit hoher Leuchtstärke. Sie übernahm im Endeffekt die Weiterentwicklung des *VRD* zu einem kommerziellen Produkt.

Auf der Konferenz *Virtual Reality World '95* in Stuttgart berichtete *Mike Tidwell*, zu dieser Zeit Wissenschaftler am *HITLab* der *Universität von Washington*, über die Fortschritte des Forschungsprojekts „*Virtual Retinal Display*". Im Sommer 1994 stand demnach ein zweiter Prototyp zur Verfügung. Er bot eine Auflösung von 640 x 525 Bildpunkten, allerdings nur in monochromer Ausführung (rot).

Ende 1995 wurde dann die erste funktionstüchtige Farbversion mit VGA-Auflösung (640 x 480 Pixel) und einer Bildaufbaurate von 60 Hertz sowie einem Blickwinkel von 40 Grad der Fachwelt vorgestellt. In den folgenden Jahren wurde die *VRD*-Technologie zwar weiterentwickelt, es kam aber kein entsprechendes Produkt auf den Markt, mit dem man Bildwelten direkt auf die Netzhaut des Anwenders hätte projizieren können. Es gab lediglich zwei marktreife Produkte: für den militärischen Einsatz als Informationsbildschirm am Kampfhelm und als tragbarer Minibildschirm integriert in einer normalen Brille für den privaten bzw. geschäftlichen Einsatz. Beide Entwicklungen waren aber meilenweit von einer immersiven Informationsdarstellung bzw. direkten Projektion auf die Retina entfernt.

Minibildschirm als Informationsauge © *Mikrovision, Inc.* 2007

Interessant aber nicht ungefährlich war eine neue technische Variante eines Retina-Scanners, der von *Thomas Furness III.* ursprünglich am *HIT Lab* der Universität Washington entwickelt wurde. Die Neuentwicklung kommt aus dem japanischen Osaka, aus den „Laboratories of Image Information Science and Technology". Mittels eines roten Schwachstrom-Lasers und eines holografisch-optischen Elements wurden geometrische Figuren direkt auf die Netzhaut des Betrachters projiziert. Die Neugierde auf das Ergebnis siegte bei vielen Besuchern über den Hinweis, dass die Forscher keine Haftung für Schäden übernehmen. Der Autor dieses Beitrages hatte nach der vielleicht dreiminütigen Laser-Projektion auf seine Retina mindestens 30 Minuten lang das Gefühl, geschwollene Pupillen zu haben. Die Vermutung liegt nahe, dass die Technik der Videobrillen vorerst noch große Zukunftspotentiale in sich birgt, sofern die Auflösung besser wird.

2.3.4 UNC – Die älteste VR-Forschungsstätte

Während sich *AUTODESK* und das *HITLab* erst Ende der 1980er Jahre mit VR befassten und versuchten kommerziell einsetzbare VR-Systeme zu entwickeln, begann bereits Ende der 1960er Jahre an der *University of North Carolina* (***UNC***) in *Chapel Hill* eine kleine Gruppe von Wissenschaftlern mit der Erforschung von virtuellen Welten. *UNC* verfügte Anfang der 1990er Jahre über eines der modernsten VR-Forschungszentren für pharmazeutische Chemie und Medical Imaging (medizinische Bildverarbeitung). Im Gegensatz zu den meisten neuen VR-Firmen ging es hier in erster Linie um die Entwicklung wissenschaftlicher Technologien und nicht um die Erfindung von VR-Spielen für die Unterhaltungsindustrie.

Nach der Auffassung von *Professor Frederic Brooks*, der seit den 1970er Jahren die VR-Forschung an der *UNC* leitete, lenkt das öffentliche Interesse an den spektakulären Aspekten der VR nur von der wichtigen Aufgabe ab, Denkhilfen und eine neue Kommunikationsebene für Wissenschaftler, Ärzte und Architekten zu konstruieren. Er arbeitete unter anderem mit dem legendären Computer-Grafik-Spezialisten *Henry Fuchs* zusammen, der an der *UNC* eine neue VR-Architektur entwickelte. *Fuchs* konzipierte eigene Chips und konstruierte einen Parallelrechner, den er *Pixel planes* taufte. Er basierte auf einem Netzwerk aus 250.000 preiswerten Prozessoren und das dazugehörige Display bestand aus 250.000 Pixel. Jeder Bildpunkt wurde über einen eigenen Mikroprozessor gesteuert. Die *UNC* setzte diesen Parallel-Rechner beim *GROPE-III*-Projekt (siehe 2.4.2) ein, um mit virtuellen Molekülen zu hantieren und sie mit einem taktilen Rückkopplungssystem in Echtzeit aneinander anzupassen.

Andere Forscher des *UNC*-Teams sind Fachleute für Sensorik, Rückkopplungssysteme, Computer-Architektur und Grafik-Programmierung – alles Bausteine eines VR-Systems. Auch *Fuchs* ärgerte sich über das starke Interesse der Massenmedien an der VR. Er gab zwar zu, dass die VR-Technologie sicherlich halten würde, was sie versprach, aber es seien noch eine Vielzahl von Problemen zu lösen, bevor man irgend eine dieser Möglichkeiten praktisch anwenden könne. Auf wirkliche technische Glanzleistungen müsse man nach seiner Einschätzung vorerst noch warten. Womit er recht behalten hat.

Ein weiterer Mitarbeiter von Rang und Namen an der *UNC* war *Warren Robinett*, ein ehemaliger Computerspiel-Programmierer, der Ende der 1970er Jahre bei *Atari Research* während des Video-Spielbooms arbeitete. *Robinett* träumte noch wie vor davon, eine virtuelle Welt zu entwickeln, in der Menschen umherstreifen, Abenteuer erleben und Neues lernen können. Er war davon überzeugt, dass der Reiz künstlicher Wirklichkeiten die gleichen Wurzeln hat wie die Faszinationskraft gut gemachter Video-Spiele. Dass *Brooks* einen ehemaligen Computer-Freak aus der Subkultur angeheuerte hat, stand keineswegs im Gegensatz zu den Zielen von *UNC*. *Brooks* hatte vielmehr erkannt, dass es sehr wertvoll ist, einen Veteranen aus der Blütezeit der Video-Spiele und aus dem *NASA-AMES*-VR-Projekt in seinem Team zu haben. *Robinett* war nämlich bekannt dafür, dass er sich an jede Software-Aufgabe wagte, auch wenn sie noch so aussichtslos erschien, – und davon gab es in der VR-Forschung genügend.

2.3.5 Neue VR-Sichtsysteme im Entwicklungsstadium

Die wohl spektakulärste Entwicklung, an der man Anfang der 1990er Jahre am *UNC*-Forschungsinstitut arbeitete, war die „Röntgenbrille" für Diagnostiker. *Stephen Pizer* entwickelte in Zusammenarbeit mit *Julian Rosenman* und anderen Medizinern die Laborvision einer VR-Brille, mit der Mediziner in die Lage versetzt werden sollten, scheinbar direkt in den Körper der Patienten zu schauen. Richtet beispielsweise ein Diagnostiker seinen Blick auf eine Körperstelle, werden ihm vom Rechner die visualisierten dreidimensionalen Organe mit allen notwenigen Daten sowie die Ultraschallbilder auf die halbdurchsichtigen Monitore der Brille projiziert. Der Arzt sieht sowohl die künstlichen Bilder als auch die Stelle des realen Körpers. Die Volumen-Modelle der Organe stammen von einer vorab vorgenommenen Volumen-Berechnung, den Schichtaufnahmen einer *Computer-Tomografie* (***CT***).

Allgemein zugängliche medizinische Geräte dieser Art würde es nach Schätzung von *Pizer* in ungefähr zehn Jahren geben. Diese Prognose ist leider nicht eingetreten. Eine Alternative zu dem Konzept des stereoskopischen Micro-LaserScanners wären elektronische Kontaktlinsen, die aus Millionen winziger licht-emittierender Elemente bestehen. Die Pupillen wären durch die Kontaktlinsen völlig bedeckt, so dass das gesamte Bild ausgefüllt ist. Als weitere Eigenschaft könnten die elektronischen Linsen halb durchsichtig sein, so dass sich im Blick durch die Linsen je nach Helligkeit der licht-emittierender Elemente die reale und virtuelle Umgebung miteinander vermischen würden. Um dem Auflösungsvermögen des menschlichen Auges wiederum gerecht zu werden, müsste jede Kontaktlinse rund 36 Millionen lichtaktiver Elemente enthalten. Problematisch bei diesem Verfahren sind die Helligkeit und Leuchtkraft der einzelnen Elemente, die für die Bildqualität mit ausschlaggebend sind, aber auf Dauer die Augen schädigen könnten. Niedrig-energetische Laser wären eine mögliche Lösung.

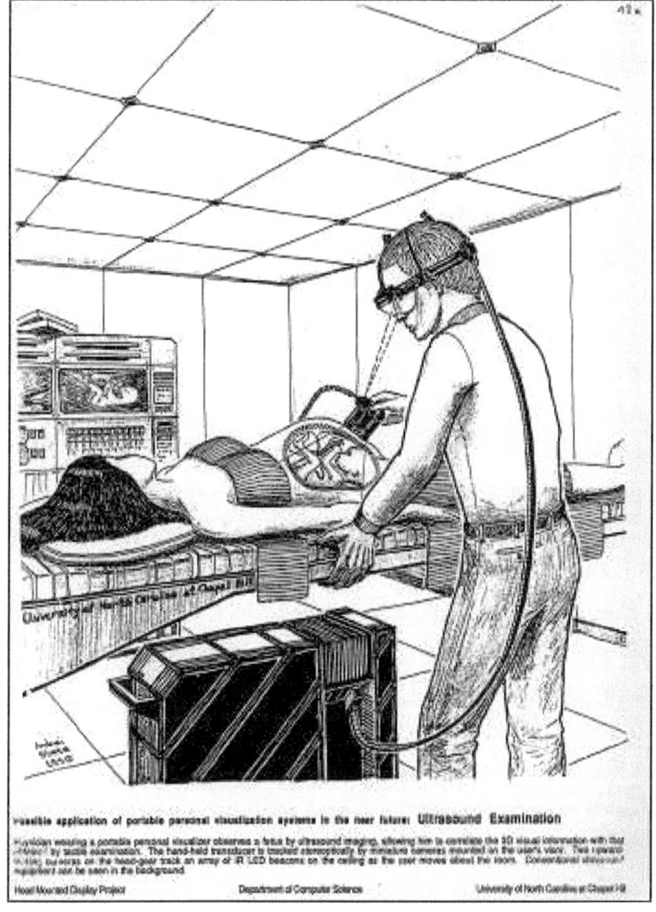

Schematische Darstellung der Röntgenbrille in der Praxis

© *UNC* 1990

Im Herbst 1991 gab *Chris Gentile* von dem amerikanischen Unternehmen ***AGE*** (*Abrams Gentile Entertainment, Inc.*) ein Joint Venture mit Chip-Hersteller *Texas Instruments* bekannt. Entwickelt werden sollte in dieser Kooperation ein Sichtsystem, das neue optische Chips verwendet, deren Auflösungsvermögen mit ***HDTV*** (*High Definition Television* / hochauflösendes Fernsehen) vergleichbar sein sollten. Diese Bildschirm-Chips hätten die Basis für Consumer-Sichtsysteme bilden sollen. Aber auch dieser Versuch schlug fehl.

1991 stellte *LEEP Systems* mit dem „*Cyberface2*“ die nächste HMD-Generation von *Eric Howlett* vor. Dieses HMD unterstützte RGB und hatte ein um 20 bis 30 Grad erweitertes Sichtfeld als die Vorgängergeneration. Als nächstes folgte der HMD „*Cyberface3*" und 1994 bekamen *Howletts* HMDs den Markennamen „*Videowrap Immersive Display Systems*".

2.3.6 Die erste preiswerte VR-Schnittstelle

Eine allgemein zugängliche Kommunikationsebene setzt nicht nur Schnittstellen für das passive Zuschauen und Zuhören voraus, sondern auch Schnittstellen für Interaktionen. Die zweitwichtigste VR-Schnittstelle ist daher der Datenhandschuh für das Berühren, Greifen und Bewegen von Gegenständen im Cyberspace. Des Weiteren muss das Preis-Leistungsverhältnis stimmen, damit sich solche Instrumentarien auch für den Consumer-Markt eignen. Genau dies war erstaunlich schnell geschehen. Schon im selben Jahr, in dem die ersten Software-Produkte für VR vorgestellt wurden, kam auch schon die erste VR-Schnittstelle für den Videospiel-Heimmarkt heraus. *Howard Rheingold* schreibt hierzu in seinem Buch „*Virtuelle Welten*": „Dieser Zweig der Unterhaltungsindustrie ist so groß und finanziell sowie wirtschaftlich so gewichtig, dass den VR-Spielen wahrscheinlich eine besondere Bedeutung für die künftige Entwicklung der VR-Forschung zukommt."

VPL plante beispielsweise für eines der weltweit bedeutendsten Unternehmen der Unterhaltungsindustrie öffentlich zugängliche virtuelle Vergnügungshallen zu entwickeln. Bereits 1987 ermöglichte das amerikanische Unternehmen *AGE (Abrams Gentile Entertainment) VPL* in den Spielzeugmarkt einzusteigen. *AGE* und *VPL* entwickelten in Zusammenarbeit mit den Ingenieuren Grant Goddard und Sam Davis eine Spielzeugversion des zu dieser Zeit 9.000 US$ teuren Datenhandschuhs. *Mattel* brachte diese als *PowerGlove* Weihnachten 1989 auf den nordamerikanischen Markt, die Firma *PAX* in Japan. Das Eingabegerät kostete 89 US$ und war speziell für die Spielkonsole *NES* von *Nintendo* konzipiert worden. Innerhalb von sechs Monaten verkaufte *Mattel* in Amerika 870.000 Exemplare des *PowerGloves*, Ende 1991 waren es bereits rund zwei Millionen nur in Amerika und Kanada.

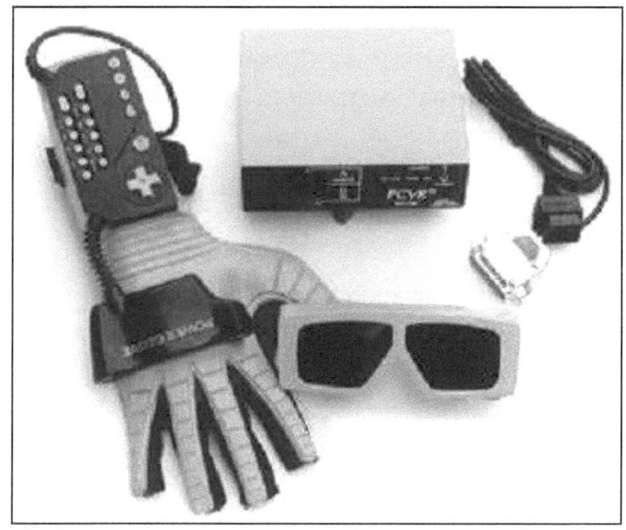

PowerGlove von *Mattel* für *NES*-Konsolen © *Mattel*

Anstelle der teuren Glasfaserkabel wurde ein Verfahren gewählt, bei dem man leitfähige Tinte einsetzte, die auf spezielles Kunststoffmaterial (mylar plastic) aufgedruckt wurde. Wenn man in einem solchen Handschuh seine Finger krümmte, wurden die Tintenstränge auf der Rückseite des Handschuhs gestreckt und verändern dabei ihren Widerstand im Niedrigspannungsfeld. Durch dieses Verfahren konnte die Anordnung der Finger festgestellt werden. Während die Glasfasertechnik des *DataGlove* eine Auflösung von 256 Positionen (8 Bits) pro fünf Finger bot, konnte der *PowerGlove* lediglich vier Positionen (2 Bits) pro vier Finger anbieten. Auf der anderen Seite war es dadurch möglich, alle Fingerbewegungen in einem Byte zu speichern. Die Position der Hand wurde per Ultraschall bestimmt. Vom Rahmen des Bildschirms wurden aus drei Schallquellen unhörbare lineare Impulse ausgesandt und von einem Sensor am Handschuh empfangen. Dieser berechnete daraus die jeweilige Position des Handschuhs im Raum. Auch wenn diese Art der Messung bisweilen ungenau war (zum Beispiel durch Hindernisse), war die Positionsortung doch außerordentlich preiswert.

Damit sich der Einsatz dieses preiswerten Handschuhs nicht nur auf Konsolen von *Nintendo* und Heim-Fernseher beschränkte, bot *AGE* 1991 einen Konverter für die Anbindung des *PowerGloves* an PCs an. Denn der PC war mittlerweile in Europa die Spielmaschine Nummer Eins. An einer preiswerten Version eines Sichtsystems wurde ebenfalls seit einiger Zeit gearbeitet. Allerdings wurde der Vertrieb des *PowerGloves* in der zweiten Hälfte 1991 eingestellt, da der Absatz aufgrund eines unzureichenden Software-Angebotes rapide gesunken war. Es gab nämlich nur zwei Spiele: „*Super Glove Ball*“ und „*Bad Street Brawler*“ unter dem Markennamen *Power Glove Gaming Series*. Zwei weitere Spiele, „*Glove Pilot*“ und „*Manipulator Glove Adventure*“ wurden angekündigt, kamen aber niemals in den Verkauf.

Im Herbst 1994 brachte die US-Firma *Forte Technologies* den HMD *VFX1* auf den Markt und ermöglichte mit dieser Home-Version für rund 1.000 € auch dem normalen PC-Besitzer das Eintauchen in die Virtuelle Realität (siehe auch 3.5.8). Die Auflösung lag bei 428 x 244 Bildpunkten und war damit besser als wesentlich teurere HMDs mit zu dieser Zeit nur 320 x 240 Pixel Auflösung. Im Helm waren auch Kopfhörer integriert, über die auch Raumklänge mittels einer separaten Sound-Karte simuliert werden konnten. Wer nur einen *486*er-PC zur Verfügung hatte, musste sich mit zweidimensionalen Darstellungen zufrieden geben. Wer schon einen *Pentium*-PC sein Eigen nennen konnte, war in der Lage, dreidimensionale Bilder zu verarbeiten.

Um die Bewegungen des Kopfes zu erfassen und die daraus resultierenden neuen Bilder überhaupt berechnen zu können, hatte *Forte Technologies* im Helm einen speziellen Sensor integriert, der ständig die aktuelle Position des Kopfes misst. Der *VFX1* benötigt dazu keine fixierte Basisstation, wie andere wesentlich teurere VR-Systeme, die über Infrarot den Abstand des Helmsensors und damit die Kopfposition messen. Der große Vorteil des *VFX1*-HMD war, dass man weder bestimmte Raumbedingungen benötigte noch eine bestimmte Position vor seinem eigenen PC einnehmen musste.

Angespornt durch den Verkaufserfolg des *PowerGlove* entwickelte *Nintendo* ein eigenes VR-System für seine Konsolenspiele. Der ***Virtual Boy*** kam 1995 in Japan und in den USA für 180 US$ auf den Markt, konnte aber die Kunden nicht begeistern. Seine Leistung war zu gering und die Grafik war zu schlecht, um auch nur annähernd immersiv zu wirken.

Die beiden kleinen Bildschirme im Sichtsystem waren in der Auflösung mit 224 LEDs pro Auge viel zu gering. Das Bild baute sich durch zwei sehr schnell rotierende Spiegel auf, indem mittels der rotierenden Spiegel eine eindimensionale Linie von Punkten in ein zweidimensionales Feld von Punkten transformiert wurde. Wenn man die beiden Bildschirme mit jeweils 384 x 224 LEDs ausgestattet hätte, wäre das mechanisch zwar leichter gewesen, aber das hätte sich auch auf die Größe des VR-Systems und den Kaufpreis negativ ausgewirkt.

© Nintendo

Hinzu kam, dass ausschließlich mit roten LEDs gearbeitet wurde. Ein mehrfarbiges Display wäre erst ein Jahr später möglich gewesen, als die Firma *Nichia* hocheffiziente blaue und grüne *InGaN-LE*Ds (Indium Gallium Nitrit) auf den Markt brachte. Durch die rote Bilddarstellung auf schwarzem Hintergrund bekamen die Spieler bereits nach wenigen Minuten Spieldauer Augen- und Kopfschmerzen. Onwohl es insgesamt 20 Spiele für diese erste VR-Konsole gab, musste *Nintendo* den *Virtual Boy* als größten Flop in der erfolgreichen Firmengeschichte abschreiben.

Im Herbst 2002 brachte die Firma *Essential Reality* eine weiterentwickelte Version des legendären *PowerGlove* auf den Markt. Der „*P5*“ ist ein Low-cost Datenhandschuh für 75 US$. Das Handschuhgestell musste man sich auf den Handrücken binden. Dabei lagen auf allen fünf Fingerrücken Gummistreifen mit integrierten Sensoren und mit jeweils einem justierbaren Ring am Ende eines jeden Fingers, durch die man die Fingerspitzen schob. Wenn man die Finger krümmte, wurden die Gummistreifen mitgebogen. Die Biegesensoren (***Flexsensoren***), eine Entwicklung von *Abrams Gentile Entertainment*, lieferten pro Finger etwa 30 Auflösungsstufen, was für ein differenziertes Zufassen ausreichte. Für die Positionsbestimmung und Haltung des Datenhandschuhs setzte *Essential Reality* acht Infrarot-Leuchtdioden ein. (Ein ausführlicher Praxistest steht in *c't* 2003, Heft 4 unter dem Titel „Aus der Luft greifen“ von *Jörn Loviscach*.)

2.3.7 VR-Equipment für Virtual Entertainment aus Europa

Während *VPL* bis 1992 noch rund eine halbe Million für ihr VR-System in Rechnung stellte, hatte es im Herbst 1990 eine Preis-Sensation gegeben, die wieder einmal zeigte, dass Insider, die Prognosen darüber wagen, wann etwas auf den Markt kommt, und wann es für den Consumer-Markt einsatzfähig ist, sehr häufig falsch liegen. Die Entwicklung verlief zu diesem Zeitpunkt beängstigend schnell. So schnell, dass Nichteingeweihte sie überhaupt nicht verfolgen konnten und mit den daraus folgenden Veränderungen eines Tages unerwartet konfrontiert wurden.

Die Rede ist von der britischen Firma *W. Industries Ltd.*, deren Gründer *Dr. Jonathan Waldern* 1988 einen nationalen Preis für die vielversprechendste Firmengründung des Jahres erhalten hatte. Diese Firma stellte Anfang Februar 1991 auf der CGI-Konferenz *IMAGINA* in *Monte-Carlo* ihr „*Virtuality System*" vor, das weltweit erste kommerzielle VR-System für Industrie; Militär und den Unterhaltungsmarkt. Für rund 50.000 DM (25.565 €) konnte man ein robustes und durchgestyltes System kaufen, das zwar auf der Software-Seite nicht mit dem von *VPL Research* mithalten konnte, aber im Preis-/Leistungsverhältnis *VPLs* VR-System um Längen schlug. Denn bei VPL kostete ein komplettes VR-System rund 450.000 DM (230.000 €).

Auf der IMAGINA hatte der dazugehörende Datenhandschuh *SpaceGlove* von *W. Industries* Premiere. Er übertrug die Finger- und Handbewegungen mittels Sensoren, wodurch der Anwender nur ein flexibles Gerippe auf der Handoberfläche tragen musste, das von fünf Kunststoffringen, durch die die Finger durchgesteckt wurden, gehalten wurde. Die Handunterseite blieb dadurch frei, was als sehr angenehm empfunden wurde. Fünf Jahre Forschungs- und Entwicklungsarbeit steckten in diesem System.

Jonathan Waldern brachte als erster VR-Installationen
für den Freizeitbereich auf den Markt. © *W. Industries*

W. Industries auf der *IMAGINA*-Ausstellung 1991. © *B. Willim*

Auch der Rechner war eine Eigenentwicklung, basierend auf *68030/40*-Prozessoren von *Motorola* und Grafik-Chips des Typs *TMS 34020/34082* von *Texas Instruments*.

Im Frühjahr 1991 hatte dann das erste Spielhallen-System, die *Virtuality 1000 SD* Premiere. Die SD-(Sit-Down)Version bot eine futuristische Sitzgelegenheit, eine Art Cockpit, von dem aus sich der Anwender bequem durch den Cyberspace manövrieren konnte. Gesteuert wurden die Systeme über einen PC mit zwei speziellen Grafikkarten.

Das *Virtuality SU* machte auf der *IMAGINA '91* viele auf den Cyberspace neugierig. © *W. Industries*

Die Sit-Down Unit für Spielotheken. © *W. Industries*

Am 26. Oktober 1992 reiste ich mit der britischen Bahn von *London* nach *Leicester,* zum Firmensitz von *W. Industries*, um mich vor Ort über das Potential und die zukünftigen Entwicklungen zu informieren. Natürlich nutzte ich die Möglichkeit die dort ausgestellten VR-Spielhallen-Versionen zu testen und gab meine Einschätzung an das Entwicklungspersonal weiter. Es musste unbedingt beim Gewicht des VR-Helms und der Passform etwas geändert werden. Auf Dauer zog das Gewicht des Helms den Kopf nach vorn, was durch Gegensteuern zu Nackenschmerzen führte. Des Weiteren drückte der Helm unangenehm auf die Schläfen, was bei vielen Anwendern bereits nach zehn Minuten Anwendung zu Kopfschmerzen führte. Wenn *W. Industries* hier nicht schnell eine verbesserte HMD-Version entwickeln würde, sah ich wenig Chancen, die VR-Systeme auf Dauer in den geplanten *Virtuality Cafés* erfolgreich zu vermarkten.

Der Autor inspiziert ein *Virtuality System* im Montagebereich. © *B. Willim*

Fabrikationshalle am Firmensitz in Leicester © *W. Industries*

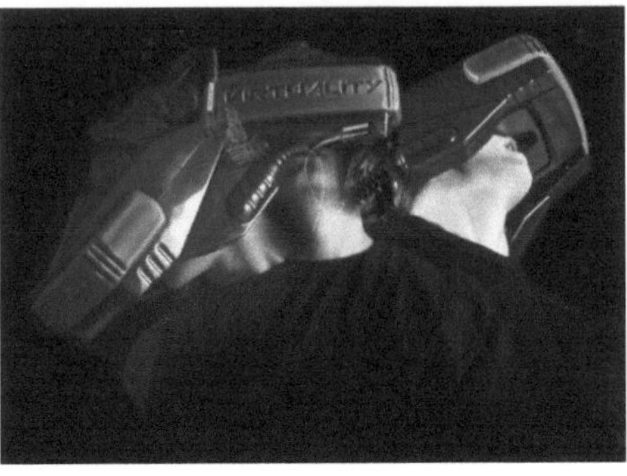

Das erste Sichtsystem war noch sehr schwer und unbequem.

© *W. Industries*

Die Entwicklung eines brauchbaren Sichtsystems kostete weiteres Investitionskapital und ließ den Absatz der verfügbaren VR-Systeme nur langsam ansteigen. Im Oktober 1993 änderte Unternehmensgründer *Jonathan Waldern* den Firmennamen in *Virtuality Group* und ließ das neue Unternehmen als Aktiengesellschaft eintragen, da *Waldern* (Informatiker und VR-Pionier) einen finanzkräftigen Partner gefunden hatte. Im Sommer 1994 gaben *IBM* und *Virtuality* in *Orlando* bekannt, dass seit geraumer Zeit eng zusammen gearbeitet würde. Die britische *IBM* hatte offensichtlich den VR-Markt entdeckt. Hilfreich war hierbei mit Sicherheit, dass der Vater von *Jonathan Waldern* ein Uraktionäre von *IBM* war. In Zusammenarbeit mit dem VR-Equipment-Hersteller *Virtuality* war das Projekt ***Elysium*** entstanden, das auf der *SIGGRAPH* zum ersten Mal der Fachwelt vorgestellt wurde.

Für rund 50.000 US$ bekam der Käufer ein komplettes VR-Entwicklungssystem. Neben einem *Value-Point tp*-Minitower von *IBM* (auf *i486 DX*-Basis) beinhaltete das *IVR3*-Paket das Sichtsystem *Visette2* von *Virtuality*, das Eingabe-Instrument *V-Flexor* sowie die beiden Software-Entwicklungssysteme *V-SPACE* und *V-PC*. Das gesamte System konnte in zwei Koffern kompakt verpackt und gut transportiert werden. Es war an jedem beliebigen Ort mit Stromanschluss installierbar.

Das HMD *Visette2* war in seiner Preis-Leistungsklasse 1994 das beste Sichtsystem, was auf dem Markt angeboten wurde. Die Auflösung eines LCD-Bildschirms betrug 180.000 Bildpunkte. Die stereo-optische Brille war in verschiedenster Weise individuell einstellbar. Zum einen für Brillenträger in der Weite, zum anderen konnte man für jedes Auge die Schärfe separat einstellen. Auch dem unterschiedlichen Augenabstand hatte man Rechnung getragen. Der Abstand konnte problemlos durch motorisches Verschieben der Monitore geändert werden. Das Gewicht der VR-Brille war mit 600 Gramm ebenfalls wesentlich erträglicher als das der ersten HMD-Generation von *W. Industries*. Auch die Passgenauigkeit am Kopf war so optimiert worden, dass keine Probleme mehr mit Druckschmerzen an den Schläfen auftraten, wie beim Vorgängermodell.

Die Software *V-SPACE* war für die Entwicklung von interaktiven VR-Umgebungen prädestiniert und lief unter *Windows*. Außerdem konnten Daten von *3D Studio* (von *AUTODESK*) und *Softimage* übernommen werden. Wer vorerst auf die VR-Schnittstellen Brille und Joystick verzichten konnte, dem bot *IBM* für 9.900 US$ einen *ValuePoint*-PC mit den beiden Software-Paketen zur Entwicklung von VR-Anwendungen. Bis Anfang 1995 hatte Waldern nach eigenen Angaben 800 VR-Systeme für den Freizeitbereich zum Preis von rund 100.000 DM (51.129 €) verkauft, obwohl die Grafik-Darstellung aufgrund der damaligen Grafik-Leistungen sehr dürftig war.

Zwei Jahre später präsentierte *Virtuality* auf der *SIGGRAPH '96* in der Jazz-Metropole *New Orleans* unter dem Titel *RiverWorld* zusammen mit *Philips*, dem *House of Blues* und *Motorola* ein VR-Szenario ganz besonderer Art. Im Ausstellungsteil *Digital Bayou* (digitales Feuchtgebiet) der *SIGGRAPH* demonstrierten diese vier Firmen live die weltweit erste online-vernetzte VR-Musik und Tratsch-Anwendung. *RiverWorld* stellte ein Beispiel dafür dar, wie Menschen, die voneinander entfernt wohnen, sich auf einem computer-generierten Raddampfer treffen, um sich dort miteinander zu unterhalten oder zu musizieren. Offensichtlich vom Kinofilm *Casper* inspiriert, tauchten die Spieler/innen in dem dreidimensionalen Szenario *RiverWorld* als kleine transparente Geister auf. An den verschiedenen Farben der Herzen konnten sich nach einer Vorstellung die Spieler/innen unterscheiden. Jede/r Spieler/in konnte sich zu jedem Zeitpunkt an jedem Ort auf dem Boot mit jedem Mitspieler unterhalten. Über den Joystick *V-Flexor* war es den Spieler/innen möglich, vier Gesichtsausdrücke zu aktivieren und damit zu kommunizieren: Ärger, Traurigkeit, Freude und Überraschung. Mit der von *Virtuality* aus England neu entwickelten Technik *Virtual Dynamic Orchestration* war ein Spieler/in in der Lage, mittels bestimmter Handbewegungen in der Luft ein Instrument in einer Jazzband zu spielen. Allerdings konnte er vorerst nur das Instrument auswählen und die Lautstärke dieses Musikinstruments innerhalb der Band hervorheben oder verringern. Wenn dies mehrere Spieler/innen gleichzeitig taten, konnte es eine spaßige und interessante musikalische Mischung ergeben.

Virtuality war 1996 mit über 1.400 verkauften VR-Systemen für den Freizeitbereich in 41 Ländern Marktführer im Bereich Virtual Entertainment. Trotz dieses Erfolges musste *Virtuality* ein Jahr später Insolvenz anmelden.

2.4 Künstliche Welten als neue Kommunikationsebene

Wie im Wurzelreich eines Baumes liefen in der VR die Fäden der unterschiedlichsten Disziplinen zusammen. *Nicholas Negroponte*, Leiter des *Media Labs* am *MIT Boston*, prophezeite bereits 1979 die Verschmelzung der Fernseh- und Filmindustrie mit der Druckindustrie und dem Verlagwesen mit Hilfe der Computer-Industrie. Bis zum Jahr 2000 werde sich dieses Konglomerat zu einem gestalterisch vielseitigen Kommunikationsmedium entwickeln. Die Ergebnisse und die Möglichkeiten der digitalen Bildbearbeitung im TV-Einsatz und die Multimedia-Anwendungen waren bekannte Beispiele.

Die Zusammenführung unterschiedlichster Bereiche setzte sich immer weiter fort. Wissenschaftliche Fragestellungen und Basis-Technologien, wie die grafische Datenverarbeitung, die Telekommunikation und Mensch-Maschinen-Schnittstellen, die bisher wenig miteinander zu tun hatten, fanden auf einmal in einem neuen und völlig anderen Kontext zusammen. Diese sich rasch entwickelnden Wissensbereiche verschmolzen allmählich zu einer eigenen neuen Wissenschaftsdisziplin – zur Kommunikationsebene des 21. Jahrhunderts, in der die Menschen über Satellit hautnah Kommunikation betreiben können sollten, ohne vor Ort physisch anwesend sein zu müssen. Zwar war die Kommunikation über Satellit und Internet bereits Mitte 1995, besonders durch die Kommerzialisierung des *World Wide Webs,* zum Alltagsgeschäft geworden. Von einer hautnahen Kommunikation, wie es sich Ingenieure der Universität in *Pisa* 1990 vorstellten, war man aber zehn Jahre später und auch bis zum Erscheinen dieses Buches noch weit entfernt.

2.4.1 Haptische Systeme – Der Wunsch nach Berührung

Das Berühren und Bewegen von Gegenständen im Cyberspace mit einer synthetischen Hand konnte Anfang 1990 nur mental nachvollzogen werden. Bei *VPL* gab es noch nicht einmal eine optisch korrekte Simulation für das Greifen eines virtuellen Gegenstandes. Der Anwender konnte zwar durch simulierte Wände hindurchspazieren. Aber beim Aufheben eines Gegenstandes musste er seine computer-animierte Hand mitten in das Objekt hineinstecken und zu einer Faust zusammendrücken. Dann erst konnte der Gegenstand bewegt werden, allerdings ohne dass seine echte Hand das Gefühl bekommt, etwas gegriffen zu haben. Das Objekt klebte wie Teig rund um die virtuelle Hand.

W. Industries aus Großbritannien war hier einen Schritt weiter. Mit dem *SpaceGlove* war der Anwender in der Lage den Gegenstand ganz „normal" zu greifen. Sobald die Innenfläche der animierten Hand die Oberfläche des künstlichen Gegenstandes berührte, konnte der Anwender das Objekt bewegen bzw. greifen. Im März 1991 stellte das Unternehmen eine weitere Verbesserung vor: den *Feedback Glove*. Durch aufgeblasene Druckpolster (Kapillare genannt) wurde ein Oberflächenkontakt in Form eines Tastgefühls beim Anfassen von virtuellen Gegenständen vermittelt. Diese Lösung hatte in England ihren Ursprung. Bereits 1935 entwickelte *Jim Hennequin* aus *London* Prototypen pneumatischer Handschuhe mit taktilen Rückkopplungs-Mechanismen für Flugsimulatoren. Einen anderen Weg gingen Entwickler in den USA. Unter der Leitung von *Thomas Furness* entwickelte die amerikanische Luftwaffe in der zweiten Hälfte der 1980er Jahre einen Handschuh, der mit piezo-elektrischen, vibro-taktilen Auslösern (Vibratoren) ausgestattet war – winzigen Kristallen, die auf Druck hin einen elektrischen Strom erzeugten.

Der Lehre von den Bewegungsempfindungen (***Kinästhetik***) kommt hier eine besondere Bedeutung zu. Sie befasst sich mit dem Tastsinn. Wie in der Realität versuchen Forscher, Informationen, die der Mensch beim Anfassen und Bewegen von Gegenständen normalerweise bekommt, zu simulieren. Beispielsweise wird die Form des Gegenstands durch Tasten erfahren. Beim Berühren eines Gegenstandes liefern vorrangig die Fingerkuppen Informationen über Temperatur, Oberflächenbeschaffenheit und Materialeigenschaft an das Gehirn. Nimmt man den Gegenstand auf, kommt die Information über das Gewicht hinzu. Um solche Berührungsinformationen möglichst exakt nachahmen zu können, experimentiert man auch mit so genannten Druckänderungs- und Temperatur-Sensoren.

Die innere Körperempfindung (***Propriozeption***) ist in Wirklichkeit wesentlich komplizierter. Zur menschlichen Propriozeption gehört ein System von inneren Sensoren in Gelenken, Muskeln und Sehnen, die Druck- und Lagerveränderungen registrieren. Ein höheres Verarbeitungssystem entdeckt aussagefähige Muster in den Nachrichten, die die Propriozeptoren des Körpers übermitteln. Es wird daher noch Jahre dauern, bis man dieses Informationssystem annährend simulieren kann. Dennoch reichen dem Gehirn oftmals sehr bruchstückhafte Informationen aus, um sich in einer Situation zurechtzufinden.

Feedback-Datenhandschuhe (Stand 10-2007)

Auf der Website www.vrealities.com des US-Händlers *VRealities* werden drei Datenhandschuhe mit taktilem Feedback des 1993 in *San José* (CA) gegründeten Unternehmens *Immersion Corporation* angeboten:

„*CyberTouch*" von *Immersion Corporation* 21.996 €

„*CyberTouch*" © *Immersion Corporation*

Basiert auf sechs kleinen vibro-taktilen Stimulatoren, die an den Fingern und der Handfläche des *CyberGlove* Systems angebracht sind. Jeder Stimulator kann separat programmiert werden, um die Stärke der Berührungsintensität einzustellen. Das Stimulatorenfeld ist in der Lage einfache Empfindungen wie Pulsieren oder anhaltende Vibrationen zu erzeugen.

„*CyberGrasp*" von *Immersion Corporation* 59.996 €
(1997 oder 1999)

Bei diesem System handelt es sich um ein Exoskeleton (ein von außen aufgelegtes, flexibles Skelett), das auf den Handrücken eines Datenhandschuhs montiert wird. Mit dem *CyberGrasp*-Kraftrückkopplungssystem ist der Anwender in der Lage, Größen und Formen von computergenerierten 3D-Objekten in einer simulierten virtuellen Welt zu fühlen. Die Greifkräfte werden über ein Netzwerk von mechanischen Sehnen erzeugt, die bis zu den Fingerspitzen reichen. Es gibt fünf

Aktoren, einen pro Finger, die elektronische Signale in mechanische Bewegung umsetzen. Sie können individuell programmiert werden, um die Finger des Anwenders davor zu schützen, in ein virtuelles Objekt einzudringen oder es zu zerquetschen.

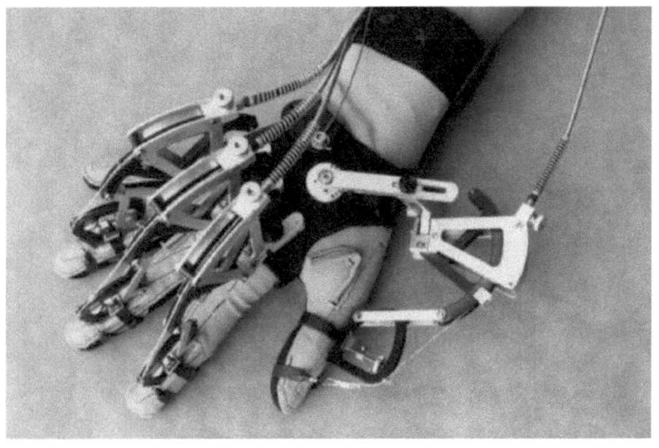

„CyberGrasp" © *Immersion Corporation*

„CyberForce" von *Immersion Corporation* 109.997 €

Das Kraftrückkopplungs-System *CyberForce* ist Bestandteil für eine schlüsselfertige Simulationsplattform, *Haptic Workstation* genannt. Über zehn Jahre Entwicklungsarbeit stecken in diesem Produkt. Zwei *CyberForce*-Systeme in Kombination, für die rechte und für die linke Hand, lassen sich aufeinander synchronisieren, so dass man beispielsweise auf einem physikalisch vorhandenen Autositz ein virtuelles Lenkrad steuern kann und dabei auf beide Hände entsprechende Kraftrückkopplungs-Informationen bekommt. Beide *CyberForce*-Handvorrichtungen sind in Säulen integriert, in denen sie nach oben und unten bewegt werden können und sowohl für Stand- als auch Sitzvorrichtungen einsetzbar sind. In Kombination mit einem HMD kann der Anwender ein immersives 3D-Erlebnis wahrnehmen. Eine solche Kombination eignet sich besonders gut für virtuelles Prototyping.

CyberForce © Immersion

2.4.2 Kraftrückkopplung – Von der Laborversion zum Verkaufsprodukt

Neben dem Berühren von Oberflächen gibt es in der Realität auch den spürbaren Widerstand. Um Hindernisse aus dem Weg zu räumen, muss Kraft eingesetzt werden. Aber auch der Akteur selbst kann physikalischem Druck ausgesetzt werden, indem dieser Realitätsbestandteil über ***Force-feedback***-(*kraftreflektierende Rückkopplung*-)Systeme simuliert wird.

Inspiriert von *Sutherlands Ultimate-Display*-Projekt startete *Frederick Brooks,* Professor an der *University of North Carolina* (*UNC*), 1967 das Projekt *GROPE* (= Tasten). Brooks arbeitete zuvor als Software-Spezialist bei IBM und leitete dort das Team, das das Betriebssystem für die legendäre 360er-Serie entwickelte.

GROPE I war ein 2D-System für kontinuierliche Kraftfelder. Ziel war es, eine haptische Schnittstelle für molekulare Kräfte zu entwickeln, ein einzigartiges molekulares Andock-Werkzeug für Chemiker. *Brooks* wollte die Wahrnehmung und das Verständnis von der Wechselwirkung eines Medikamentenmoleküls mit seiner Rezeptorstelle auf einem Protein darstellen, indem er ein Fenster in die virtuelle Welt der molekularen Andockkräfte konzipierte. Drug Designer (Entwickler von Medikamenten / Pharmazeuten) konnten anhand einer speziellen Handgriff-Vorrichtung dreidimensionale Drahtmodelle von Molekülen verschieben und dabei die Bindungsenergie der molekularen

Kraftfelder (anziehend oder abstoßend) spüren, die beim Andockprozess der Moleküle untereinander eine Rolle spielen. Durch die Möglichkeit dieses haptischen Systems, die molekularen Kombinationen zu fühlen, konnte der Drug Designer wesentlich schneller neue Anbindungsmöglichkeiten herauszufinden und damit gegebenenfalls ein neues Medikament im Cyberspace entwickeln. Das erste molekulare Manipulationssystem, das eine interaktive 3D-Computer-Grafik als Visualisierungshilfe für das Andocken von Molekülen nutzte, wurde von *Dr. Cyrus Levinthal* am *MIT* konstruiert und 1966 erstmals öffentlich vorgeführt.

Die nächste Generation dieses haptischen Systems von der *UNC* kam1976 zum Einsatz. *GROPE II* war zu einem sechs-dimensionalen System (6 DOF = Degrees of Freedom / Freiheitsgrade) ausgebaut worden. Aufgrund der damals noch geringen Rechenleistung konnte das *GROPE-II*-System nur Kräfte für sehr einfache Modellwelten in Echtzeit erzeugen und gleichzeitig den Greifer eines mechanischen Manipulatorarms bedienen.

UNC hatte an der Decke des Labors einen fernsteuerbaren Manipulatorarm befestigt, der „*ARM*“ (*Argonne Remote Manipulator*) hieß und von den *Argonne National Laboratories* entwickelt worden war. Der Manipulatorarm bestand aus einer mechanisch hydraulisch gelagerten Gelenkverbindung mit einem Griff, der an einen Rechner mit entsprechender Software angebunden war. Der Rechner hatte in einer Datei alle Informationen über Ladungseigenschaften von Atomen und chemischen Grundstoffen gespeichert. Dadurch konnten die molekularen Kraftfelder – anziehend oder abstoßend – über den *ARM* per Kraftrückkopplung simuliert werden. Mit Hilfe dieses Systems waren Chemiker und Pharmazeuten in der Lage, im Cyberspace anhand von dreidimensionalen grafisch simulierten Molekülwolken durch molekulares Andocken neue chemische Verbindungen zu schaffen und den Andockvorgang oder die abstoßende Reaktion durch die Kraftrückkopplung verstehen zu lernen. Die virtuellen Moleküle wurden über eine polarisierte Stereobrille räumlich sichtbar gemacht.

Für die Echtzeitberechnung von molekularen Kräften brauchte *Brooks* mit seinem Team nach eigener Einschätzung allerdings 100 mal mehr Rechenleistung. Daher wurde der *ARM* erst einmal eingelagert und das Projekt für zehn Jahre still gelegt. Erst als die legendären *VAX*-Computer von *Digital Equipment* (*DEC*) 1986 ausreichend Rechenleistung lieferten, wurde das *GROPE*-Projekt wieder aktiviert. 1988 nahm das *UNC Graphics Laboratory* unter Leitung von *Frederick Brooks* die Docking Station *GROPE III* in Betrieb, auch wieder ein komplett sechsdimensionales System. Allerdings waren die Bildaufbauraten für ein realistisches Modellieren immer noch sehr gering trotz des selbstentwickelten Parallelrechners *Pixel planes* (siehe 2.3.4) mit seinen 250.000 Prozessoren.

Parallel zu dieser Entwicklung begann die *UNC* 1985 mit Hilfe von Fördergeldern aus dem Nationalen Wissenschaftsfonds am sogenannten *Pixel-Planes*-Projekt zu arbeiten. Ziel diese F&E-

Projekts war die Entwicklung eines Bildgenerierungssystems, das in der Lage war, 1,8 Mio. Polygone pro Sekunde zu rendern und die Entwicklung eines head-mounted Displays mit einer zeitlichen Verzögerung von unter 50 Millisekunden. Dieses Projekt wurde mit dem *GROPE*-Projekt kombiniert sowie mit einem großen Projekt für mathematische Modellierung von Molekülen, menschlicher Anatomie und Architektur. Des Weiteren wurde es in das *VISTANET* eingebunden, einem Hochgeschwindigkeitsnetz, über das die UNC und verschiedene andere Mitwirkende Technologien testeten, um beispielsweise einen Radiologen mit einzubinden, der in seiner Klinik mit Hilfe eines virtuellen Weltensystem Krebstherapien plante.

Auf Basis von Pixel-Planes und der neuen Generation von HMDs entwickelte das *UNC*-Team um *Brooks* den Prototypen einer tragbaren VR-Workstation. Ein Chemiker setzte einen HMD auf und saß an einer Workstation. Vor ihm schwebten die Molekülen im Raum. Der Chemiker konnte die Moleküle aufnehmen, von allen Seiten untersuchen und sogar in Molekülwolken hineinzoomen. An Stelle eines *ARM*-Greifers verwendete der Chemiker ein Kraftrückkopplungs-Gerüst (ein sogenanntes ***Exoskeleton*** = ein von außen aufgelegtes, flexibles Skelett einer Interaktionsvorrichtung), das auf dem rechten Handrücken befestigt wurde, und mit dem es möglich war, die Bindungskräfte von Molekülen zu fühlen, wenn sie von der linken Hand verformt und manipuliert wurden. In den 1990er Jahren weitete *Brooks* die VR-Anwendung auf die Gebiete Radiologie und Ultraschall aus.

Kraftrückkopplung über künstliche Haut

Andere VR-Wissenschaftler träumten von einer mit Effektoren bestückten künstlichen Haut, die bestimmte Kräfte gegen die echten Hautstellen ausüben, wenn man im Cyberspace berührt wird oder an ein Objekt stößt. Dass dies keine reine Fiktion bleiben könnte, zeigten erste Forschungsergebnisse des italienischen Ingenieurs *Danilo De Rossi,* Professor an der Universität in *Pisa,* aus dem Jahr 1990. Er konstruierte nach dem Vorbild der menschlichen Haut ein Stück künstliche Haut, das sich aus mehreren Schichten aufbaute. Die sensibelste Laborversion einer solchen „intelligenten“ Haut, mit der man feine Einwirkungen auf die Oberflächenstruktur registrieren konnte, bestand aus einer epidermischen Schicht sensor-bestückter Plastikfolien, die zwischen zwei Gummihäuten lagen. Die Sensoren waren so groß wie Stecknadelköpfe und bestanden aus piezo-elektrischen Substanzen, die elektrische Ladungen abgaben, wenn sie Druck ausgesetzt wurden. Diese Scheiben konnten immerhin schon Texturen erfassen, die so fein waren wie die Höcker auf einem Blatt mit Blindenschrift.

„Mit Hilfe einer Technologie, die es noch nicht gibt, ist die Innenseite des eng anliegenden Anzuges mit Feldern intelligenter Sensor-Effektoren ausgestattet – einem Netz aus winzigen taktilen

Detektoren, die mit Vibratoren verschiedener Härtegrade gekoppelt sind. Mehr als hundert von ihnen pro Quadratzentimeter sorgen für ein realistisches Gefühl taktiler Präsenz," so könnte zukünftig nach Mutmaßung von Buchautor *Howard Rheingold* im Cyberspace gefühlsrecht kommuniziert werden. „Ihr(e) Partner können sich unabhängig im Cyberspace bewegen, Ihre virtuellen Körper können einander berühren, auch wenn Ihre physischen Leiber durch Kontinente getrennt sein mögen. Sie werden ins Ohr Ihres Partners flüstern und seinen Atem auf Ihrem Hals spüren. Sie lassen Ihre Hand über das Schlüsselbein Ihres Partner gleiten und in einer Entfernung von 9.000 km wird eine Anordnung von Effektoren in genau der richtigen Abfolge und mit der korrekten Frequenz aktiviert, so dass die Berührung in exakt der von Ihnen gewünschten Weise übermittelt wird."

Danilo De Rossi hat seine Forschung aus den 1990er Jahren offensichtlich nicht fortgesetzt. Seit 2006 forscht er an der Entwicklung von intelligenter Kleidung, die hilfreiche Informationen bereithält, während man sie trägt. Des Weiteren entwickelt er unter anderem künstliche Muskeln und befasst sich mit biometrischer Robotik.

Systeme mit Kraftrückkopplung für breite Anwendungen

Für den Massenmarkt wurde am *Machine Perception Research Department* der *AT&T Bell Laboratories* unter Leitung von *Kicha Ganapathy* an einem zukünftigen Steuerungsinstrument in Form eines drucksensiblen Joysticks gearbeitet. Das Projekt war im Bereich Telepräsenz angesiedelt und wurde auf der *IMAGINA '91* vorgestellt. Zwei Motoren im Gehäuse des Joysticks erzeugten einen Gegendruck, wenn der Cursor im Bildschirmfeld auf ein Objekt stieß (***collision detection***). Man konnte das Fadenkreuz hierbei nicht mehr wie gewohnt über die Bildschirmfläche bewegen, sondern musste es um das Objekt herummanövrieren. Berührte man das Objekt, bekam man zusätzlich zum physikalischen Widerstand am Hebel einen Signalton zu hören. Allerdings war diese Version mit dem kleinen Hebel beispielsweise zu sensibel für harte und abrupte Bewegungen beim Spielen von Computer-Games.

Eine robuste Marktversion eines solchen drucksensiblen Joysticks wurde 1996 als *Impulse Engine 2000* von *Immersion Corporation* der Fachöffentlichkeit vorgestellt. Kostenpunkt: 4.995 US$.

Eine recht abenteuerlich aussehende aber wirkungsvolle Konstruktion präsentierte 1994 auf der *SIGGRAPH* die *Nissho Electronics Corporation* aus *Tokio*. *HapticMaster* nannten die Konstrukteure ihr interaktives Kraftrückkopplungssystem für den Desktop-Bereich. Mit Hilfe eines Knaufs wurde die Handhabung in der Bewegung und im Druck, den der Anwender bei der Bewegungsausführung ausüben musste, über drei Scharnierkonstruktionen und Zahnradverästelungen gesteuert.

Auf diese Weise konnte der Anwender die Festigkeit und das Gewicht eines virtuellen Objekts erfahren. Die maximal simulierte Nutzlast lag bei 2,5 kg.
Wer im Cyberspace mit seinen Fingern Druck auf einen virtuellen Tennisball oder eine leere Cola-Dose ausüben wollte, der konnte in der Ausstellung auf der *Virtual Reality World '95* in *Stuttgart* den für mobile Kraftrückkopplung ausgerüsteten Datenhandschuh *Rutgers Master II* ausprobieren. Er wurde am *CAIP Center* der *Rutgers State University of New Jersey* entwickelt. Der erste Prototyp war 1992 fertig. *Dr. Grigore Burdea* präsentierte während seines Vortrags visuelle Ergebnisse von gequetschten virtuellen Objekten, auf die ein Proband mit seiner Hand über den Forcefeedback-Handschuh Kraft ausgeübt hatte.

Die neueste Version arbeitete mit kleinen Minikompressoren (Servo-Regulatoren), die an drei Fingern und dem Daumen befestigt wurden. Über Drucksensoren wurde durch Messung des jeweiligen Luftdrucks die Kraftausübung der einzelnen realen Finger des Probanten in die virtuelle Umgebung auf das Objekt übertragen. Da der Rechner über Daten der Materialbeschaffenheit verfügte, wie Oberflächenstärke und Elastizität, konnte er in Echtzeit die Krafteinwirkung simulieren. Für den Anwender bedeutete das, dass er tatsächlich das Gefühl vermittelt bekam, beispielsweise eine leere Cola-Dose in der Hand zu halten und diese zusammenpressen zu können. Durch die Stärke der Kraftausübung seiner Finger bekam er gleichzeitig eine Rückmeldung über die Stärke des Widerstands und die materielle Beschaffenheit des Objektes.

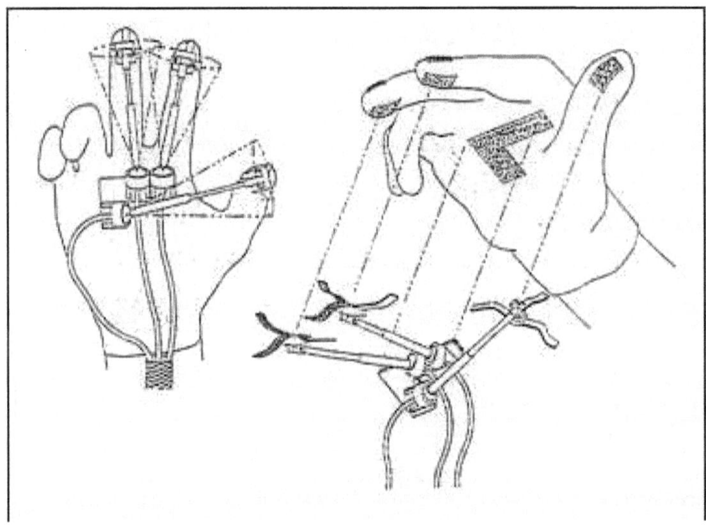

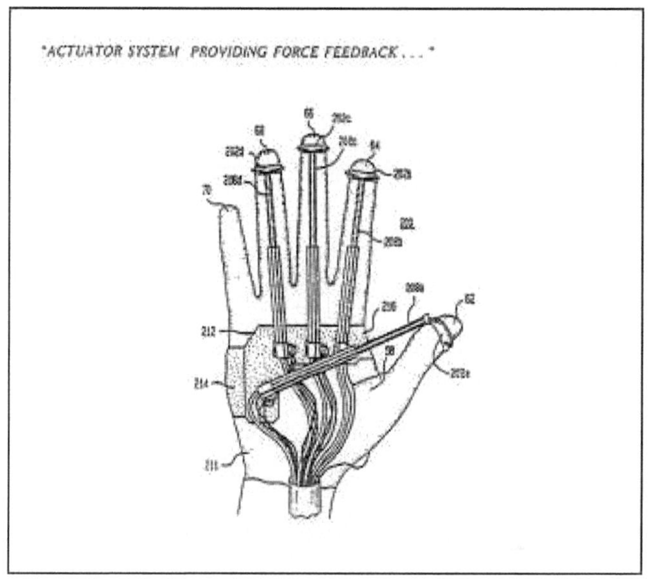

Haptic Master © Rutgers University

Formen ertasten im virtuellen Raum

Eine Erfahrung wert ist die haptische Schnittstelle *Phantom,* mit der Anwender in die Lage versetzt werden, im Cyberspace virtuelle Objekte realistisch über Kraftrückkopplungs-Informationen zu ertasten und zu fühlen, ohne sie dabei auf einem Bildschirm sehen zu können. Um die Form eines virtuellen Modells ertasten bzw. seine Oberflächenstruktur erfühlen zu können, muss man seinen Zeigefinger in einen Fingerhut stecken, der entsprechend der jeweiligen Fingergröße vorab eingestellt werden kann. Der Fingerhut ist an einem Führungsarm befestigt, der wiederum zwei weitere Gestänge aktiviert. Deren Bewegungsgrad und Bewegungsfreiraum werden von einem kleinen elektronischen Motor bestimmt. Mit diesem Apparat können sowohl die Bewegungsrichtung als auch der ausgeübte Druck des Anwenders auf das virtuelle Objekt übertragen werden. Auf der anderen Seite werden dem Anwender Form (rund oder eckig), Oberflächenbeschaffenheit (rau, hügelig, flexibel und glatt) und Widerstand des virtuellen Objektes vermittelt. Ideale Einsatzgebiete sind neben dem Training von Chirurgen und dem Experimentieren mit Molekülwolken Arbeiten im Bereich Telerobotik sowie künstlerische und unterhaltungsorientierte Anwendungen.

Entwickelt wurde diese Schnittstelle von *Thomas Massie* und *Dr. Kenneth Salisbury* am *Artificial Intelligence Laboratory* des *MIT* in *Boston*. Den Vertrieb übernahm die 1993 in *Woburn* (MA) gegründete Firma *SensAble Devices*.

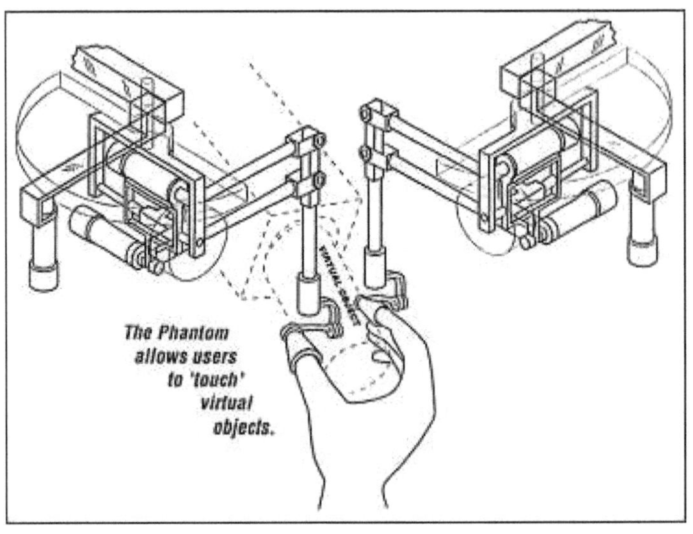

Funktionsweise des Tastvorgangs mit zwei älteren „*Phantom*"-Schnittstellen

Phantom © *SensAble Devices*

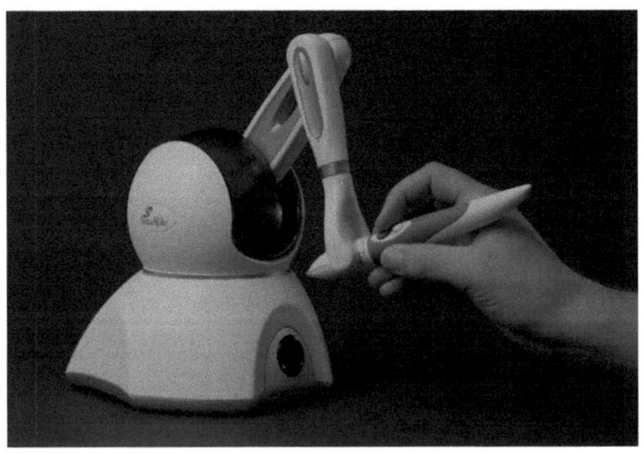

Phantom Omni Image © SensAble Devices

Phantom Premium 1.5 large © SensAble Devices

Die 2001 gegründete französische Firma *HAPTION S.A.* aus *Soulge sur Ouette*, eine Spin-off-Firma von *CEA* (French Nuclear Research Agency), bot auf der *SIGGRAPH 2007* in *San Diego* zwei Force-feedback-Systeme an. *Virtuose 6D35-45* ist nach Firmenaussage das einzige Produkt zu dieser Zeit, das Kraftrückkopplungsinformationen für alle sechs Freiheitsgrade innerhalb eines großen Arbeitsumfeldes von bis zu 450 mm bietet.

Eine kleinere Variante ist das Produkt *Virtuose 6Ddesktop*, das Arbeitsumfeld wird hier mit 120 mm angegeben. Vorrangiges Einsatzgebiet für beide Produkte sind VR-Anwendungen in der Automobilindustrie, z.B. unter *CATIA V5*.

Das Force-fedback-System Virtuose 6D35-45 © HAPTION S.A.

2.4.3 Fortbewegung und Agieren im Cyberspace

1988 war man bei der *NASA Ames* noch damit zufrieden, dass man sich mit bestimmten Fingerstellungen und -bewegungen mittels eines Datenhandschuhs programmgesteuert durch die ersten virtuellen Umgebungen manövrieren konnte. Für das *VIEW*-Projekt war diese Interaktionsweise völlig ausreichend. Dabei bekam der subjektive Blick des Anwenders durch die Zoomfahrten einer virtuellen Kamera visuell den Eindruck vermittelt, dass er sich interaktiv durch das Environment bewegt. Die Möglichkeit, sich im 3D-Raum umsehen zu können, war anfangs so beeindruckend, dass die Art der Fortbewegung in diesen einfachen dreidimensionalen Drahtmodellen des *NASA*-Labs und später auch in den farblichen Flächenmodellen von *VPL Research* erst einmal zufriedenstellend war. Man musste sich sowieso erst mal an die Möglichkeit gewöhnen, dass man sich inmitten einer Welt aus Bits und Bytes bewegen konnte.

Aber je detaillierter und komplexer, um nicht zu sagen realistischer, die Virtual Environments wurden, desto unbequemer und atypischer zur Realität wurde diese Art des Navigierens und der Fortbewegung. Hinzu kam, dass diese ersten Gehversuche im Cyberspace natürlich nicht den Vorstellung von der Simulation unseres Bewegungs- und Gleichgewichtssinns entsprachen. Um auch das Sich-Fortbewegen im virtuellen Raum möglichst aktiv zu gestalten, gab es parallel dazu verschiedene andere Entwicklungen. Eine Idee war, mit einem festmontiertem Fahrrad, dessen Radbewegungen auf sensorbestückte Rollen übertragen wurden, durch den Cyberspace zu lenken und zu radeln (siehe „Hicycle" von *Randal Walser* unter II, 2.3.2).

Um die Gehbewegung in den Cyberspace möglicht natürlich übertragen zu können, gab es zwei Entwicklungen. *Dr. Henry Fuchs,* Professor an der *University of North Carolina (UNC),* präsentierte im Februar 1992 auf der *IMAGINA* in *Monte Carlo* die Möglichkeit, den engen Bewegungsradius von zur Verfügung stehenden Tracking-Systemen zu erweitern. Der 1991 an der *UNC* entwickelte „*Ceiling Tracker*“ basierte auf einem opto-elektronischen Verfolgersystem. In einer Hallendecke waren aufgeteilt in Quadrate eine Vielzahl von ***LEDs*** (*Light Emitting Diode* = Leuchtdiode) fest montiert. Der Anwender bewegte sich mit seinem HMD und vier kleinen an der Maske montierten Kameras durch den Raum. Seine jeweilige Position wurde anhand der Positionen der von den Kameras erfassten LEDs berechnet. Nachteilig war, dass man viel Platz brauchte und man nicht unbegrenzt in eine Richtung laufen konnte. Insofern war der *Ceiling Tracker* ein interessantes Experiment, allerdings ohne Zukunft.

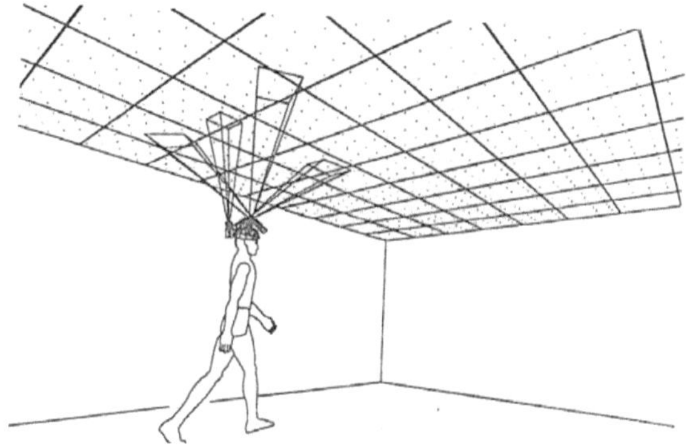

Ceiling Tracker der *UNC* von 1991 © *University of North Carolina*

Die zweite Entwicklung, die sich als Fortbewegungsmethode für bestimmte VR-Installationen durchsetzte, war ein umgebautes Laufband, das man zur sportlichen Ertüchtigung in Sportstudios einsetzte. Pfiffige Entwickler bauten aus diesen sogenannten Tretmühlen eine durchaus funktionstüchtige VR-Schnittstelle. Der *Cybernaut* (so nannten in der Euphoriephase einige den Anwender in einer virtuellen Umgebung) konnte auf der breiten Lauffläche aus Gummiband, das über sensorbestückten Rollen lief, richtig zu Fuß durch die künstlichen Wirklichkeiten laufen. Allerdings blieb die Bodenbeschaffenheit stets gleich.

1991 kam eine Force-feedback-Anwendung aus dem militärischen Anwendungsgebiet hinzu. Mittels zweier Steigevorrichtungen, in die man mit seinen Füßen trat, konnte man durch virtuelles Gelände laufen. Wurde es hügelig, musste der Soldat zum Ersteigen der Anhöhen mehr Kraft anwenden. Technisch wurde dies über einen erhöhten Druck in den Pneumatoren (Kolben mit Luft) realisiert, der das Treten in den Steigevorrichtungen anstrengender machte. Dieses Prinzip ent-

stammt ebenfalls Sportgeräten aus dem Fitness-Studio-Bereich, den sogenannten *Steppern*, die zum Trainieren der Bein- und Wadenmuskulatur eingesetzt werden.
Zwei weitere Prototypen wurden 1991 für den Kinofilm „*The Lawnmower Man*" (1992, *Allied Vision Entertainment*) gebaut. Zum einen eine bewegungsgesteuerte Liege mit integrierter VR-Brille und zum anderen ein 360-Grad-Simulator auf Basis einer kardanischen, nach allen Seiten drehbaren Aufhängung. Diese scheinbar ideale Möglichkeit, einem Anwender alle Bewegungsmöglichkeiten im Cyberspace zu bieten, bereitet allerdings große Probleme bezüglich Schwindel und Übelkeit (typische Symptome der sogenannten Simulatorkrankheit).

Die 1992 gegründete Firma *StrayLight Corporation* aus Warren (NJ) entwickelte für den Bereich Virtual Entertainment das *CyberTron*-System, eine kreiselförmige 180°-Bewegungsplattform mit einem HMD, in der es aber nicht leicht war, ruhig zu stehen. Man musste ständig gegensteuern, um die leichten Verschiebungen der Bewegungsringe auszugleichen, was nicht der Realität entsprach, außer wenn man sich auf einem schaukelndem Gegenstand, wie einem Schiff o.ä., befindet. Der Kaufpreis für ein solches VR-System lag bei 54.000 US$.

CyberTron © StrayLight Corporation

Im November 1993 installierte *StrayLight* nach einer vorangegangenen Testphase zwei *CyberTron*-Systeme im *Pleasure Island* des Freizeitparks *Walt Disney World* in *Orlando* (FL). Obwohl ein dreiminütiger VR-Trip 10 US$ kostete, waren die beiden Systeme von nachmittags bis zwei Uhr nachts und länger ununterbrochen im Einsatz. In anderen Locations mussten sich die Betreiber allerdings mit 5 US$ pro Trip zufrieden geben. Die Installationen im *Pleasure Island* boten drei verschiedene Spiele, die *StrayLight* selbst entwickelt hatte. „*Cozmik Debris*" beispielsweise war eine nervenaufreibende Hochgeschwindigkeitsfahrt, bei der Abenteuer und Schnellfeuer-Action wie in Spielhallen geboten wurden.

StrayLight begann mit dem Vertrieb des *CyberTron*-Systems im Herbst 1993 und konnte im Laufe der Zeit zahlreiche *CyberTron*-Systeme in den USA, Südamerika, Asien und in Europa installieren. Die VR-Systeme wurden vorrangig als Messe-Highlights und Eye-catcher (Hingucker) auf Special Events und Promotion Touren verkauft. Die Virtual Environments wurden auf Kundenwunsch angefertigt, und die Anwender konnten mit der Marketing-Botschaft im dreidimensionalen Raum interagieren.

Strayvr © StrayLight Corporation

Eine andere Idee war ein sensorbestücktes Trampolin, das man unter anderem im Kinofilm *Disclosure* („Enthüllung", 1994, *Warner Bros.*) mit *Michael Douglas* in Aktion sehen konnte, wie er sich mittels der Bewegungen auf einem Trampoline durch das per Computer-Animation visualisierte Archiv seines Unternehmens hindurchbewegt. Für den Film funktionierte diese Technik, in der Realität war sie aber aufgrund der zu geringen Bewegungsfläche und Standfestigkeit zu ungenau.

Rennwagensimulator von *NAMCO* 1992. © *B. Willim*

Andere erfolgreiche Entwicklungen zur Fortbewegung in virtuellen Umgebungen bezogen sich dann doch mehr auf Fahr- und Flugeigenschaften, was über Bewegungs-Simulatoren wesentlich einfacher und überzeugender zu simulieren war. Nicht nur die Militärs und zivile Einrichtungen nutzten die Möglichkeit der Simulatortechnik, auch für Spielhallen gab es neben den bewährten Fahr- und Flugsimulatoren sehr bald auch Ski-, Snow- und Skateboard-Simulatoren.

Besonders gelungen war der 360°-Flugsimulator von *SEGA*, der allerdings in Deutschland nicht zum Einsatz kam. Ausprobiert habe ich ihn 1992 im berühmten *Trocadero Centre* am *Piccadilly Circus* in *London*. Die kardanische Aufhängung der Cockpit-Kapsel war äußerst gelungen und ließ mich bei Loopings, richtig auf dem Kopf stehend und in den Sicherheitsbügeln hängend, manövrieren und mit meinen Bordkanonen auf angreifende Jagdflieger schießen. Es war – technisch und mental ein tolles Erlebnis!

*SEGA*s legendärer 360°-Flugsimulator 1992 im *Trocadero* in *London.* © *B. Willim*

Per Fahrrad und mit Hilfe einer *Onyx Reality Engine 2* von *SGI* wurde die auf der *VRW '96* vom *Max-Planck-Institut für Biologische Kybernetik* aus *Tübingen* generierte virtuelle Umgebung zum Leben erweckt. Zur Verfügung stand kein gewöhnliches Zweirad. Der Fahrradsimulator gehörte zu den merkwürdigen Straßenerscheinungen, die ihren Lenker hinter dem Sitz haben. Das virtuelle Szenario wurde auf eine 250 x 200 cm große Bildwand mit einer Auflösung von 1.280 x 1.024 Bildpunkten und mit Echtzeit-Texturierung projiziert. Der Lenkwinkel des Fahrrads und die Umdrehungsgeschwindigkeit der Pedale wurden über Sensoren gemessen, in einen PC eingelesen und von dort an den Grafikrechner weitergeleitet. Dadurch war es möglich, die Fahrten bergauf und bergab realistisch zu simulieren.

Ziel der Forschungsgruppe um *Professor Heinrich Bülthoff* und *Hartwig Distler* war, die Navigation und Orientierung in weitläufigen Arealen sowie die Steuerung der visuellen Aufmerksamkeit zu untersuchen. Zwar kann man in simulierten Szenarien nur einen Teil der im RL verfügbaren Informationsquellen darstellen, dennoch eignen sie sich aufgrund ihrer guten Kontrollier- und Manipulierbarkeit bestens zur Durchführung von Wahrnehmungsexperimenten.

Zusammenfassend kann man feststellen, dass nach all diesen Experimenten, das Navigieren mit dem Joystick oder einem Datenhandschuh bis heute die am weitesten verbreitete Methode ist, um sich preiswert in virtuellen Welten fortzubewegen.

2.4.4 Ziel ist die Simulation aller Sinne

Neben der Versorgung des visuellen und auditiven sowie haptischen Sinns mit Informationen aus der virtuellen Realität, forschten einige Labs auch daran, wie man den Geruchs- und den Geschmackssinn ebenfalls mit einbinden konnte.

Geruchssimulation

Der Geruchssinn arbeitet mit so genannten olfaktorischen Sensoren. Wir sind in der Lage, ein einziges Molekül eines Stoffes zu riechen. Während der Mensch über nur etwa zehn Millionen Geruchsrezeptoren verfügt, hat ein Hund beispielsweise eine Milliarde Sensoren. Da es bisher nicht möglich war, Gerüche aus einer Palette von Primärgerüchen künstlich herzustellen, dürfte die Erzeugung von Gerüchen im Cyberspace als Kommunikationselement sehr schwierig werden. Für jeden virtuellen Geruch müsste man auf ein chemisches Extrakt eines umfassenden Reservoirs zurückgreifen. Da der Geruchssinn von den übrigen Sinnen nicht beeinflusst wird, kann er auch als unabhängige Informationsquelle dienen.

Geruchssimulation kann ein VR-Erlebnis positiv beeinflussen, da ein weiterer Sinn angesprochen wird. Gerüche werden durch Verdampfung von Duftstoffen erzeugt, die auf unterschiedliche Weise zum Benutzer geleitet werden können. Dies kann beispielsweise durch Atemmasken geschehen, die für den Benutzer jedoch unangenehm sein können und das Gesamterlebnis negativ beeinflussen würden.

Andere Systeme verdampfen Duftstoffe ungerichtet in die Luft, wodurch das Synchronisieren des Geruchserlebnisses mit dem auslösenden VR-Ereignis erschwert wird. Eine viel versprechende Lösung, die *AirCanon*, wird zur Zeit in den *ATR Media Information Science Laboratories* der *Universität Tokio* entwickelt.

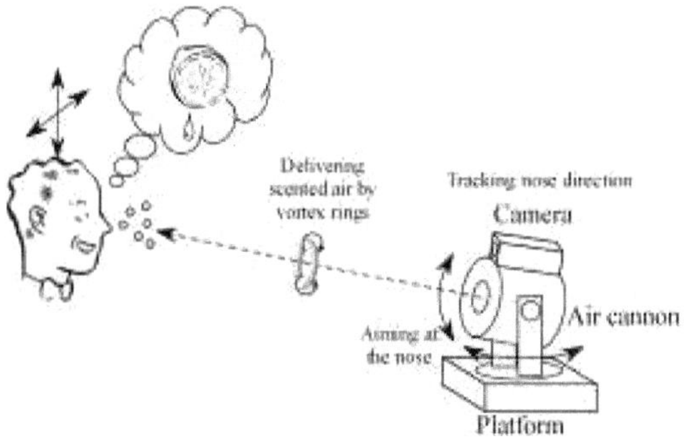

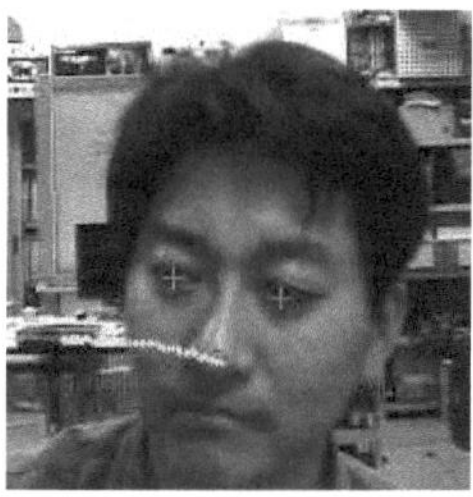

© *ATR*, Tokio

Die *AirCanon* besteht aus einem Verdampfer sowie einem einfachen Tracking-System, welches permanent ein Tracking der Nase vornimmt. Da die für das Tracking notwendige Kamera direkt auf dem Verdampfer montiert ist, werden die Tracking-Daten direkt in Bewegung umgewandelt. Die Duftstoffe werden in Form von Wirbelringen auf die Nase geschossen (siehe Abbildung). Ein weiterer Vorteil besteht darin, dass sich die Gerüche nach kurzer Zeit auflösen, wodurch die Synchronisation mit dem VR-Erlebnis gewährleistet ist.

Ein weiteres System, welches diese Vorteile besitzt, arbeitet mit einem Tracking-System, das direkt auf dem Kopf getragen wird. Es stammt aus dem *Hirose & Hirota Lab* der *Universität Tokio*, wo man sich unter anderem auch intensiv mit der olfaktorischen Simulation in VR-Umgebungen befasst. Es bietet sich für Systeme mit Head-mounted Displays an.

Geschmackssimulation

Der Sinn, der am schwierigsten nachzuahmen sein wird, ist der Geschmacksinn. Zwar reagiert der Geschmacksinn auch auf chemische Reize wie der Geruchssinn, aber er ist wesentlich empfindlicher. Die Geschmacksensoren sitzen alle auf der Zunge, eindeutig aufgeteilt in separate Bereiche, die für süße, saure, bittere und salzige Geschmackstoffe zuständig sind. Die meisten Nahrungsmittel stimulieren jedoch alle vier Zelltypen. In realer Nahrung nimmt die Zunge auch minimale Spuren wenig dominanter Geschmackstoffe wahr. Diese fehlen in den synthetisch hergestellten Aroma-Stoffen, daher wirken sie auch geschmacklich künstlich. Eine weitere Schwierigkeit besteht darin, dass man dem Anwender eine (bestimmt als störend empfundene) Vorrichtung auf die Zunge legen müsste, aus der die Geschmackstoffe austreten können. Da der Mundbereich aber bereits innerhalb des Körpers liegt, wird es schwierig sein, diese Reize realistisch zu stimulieren. *David Sturman* hat sich in dem Buch „*Cyberspace – Ausflüge in virtuelle Wirklichkeiten*" von *Manfred Waffender* (Hrg.) bereits 1991 in seinem Beitrag „*Spürbar real?*" (ab Seite 118 ff.) ausführlich damit auseinandergesetzt.

Nach Ansicht von *Jaron Lanier* ist das menschliche Nervensystem wirklich daran interessiert, dass der Mensch an die Realität, die er wahrnimmt, glaubt. *David Sturman*, ein ehemaliger *Media-Lab*-Forscher aus *Boston*, sieht die Schwierigkeitsgerade, das sensorische System zu überlisten, als nicht so kompliziert an. „Unser sensorisches System versucht ununterbrochen, seinem Input einen Sinn zu entlocken, ihn als real anzusehen. Wenn wir uns beispielsweise eine gefilmte Achterbahn ansehen, können wir tatsächlich fühlen, wie sich unser Körper bewegt, obwohl wir in einem unbeweglichen Raum sitzen. Unser Gehirn versucht, die sensorischen Lücken (Luftzug, Rütteln etc.) zu füllen, um alle Eindrücke mit seinem Modell von der realen Welt in Übereinstimmung zu bringen. Es hilft uns, so gut es kann. Das zweite Phänomen ist psychologischer Natur und bekannt als das ‚bereitwillige Aufgeben von Unglauben'. Es besteht in unserer Bereitschaft zu sagen: ‚Ich weiß, dass es nicht real ist. Aber lass es uns genießen, als ob es wahr wäre'. Diese menschliche Eigenschaft macht es überhaupt erst möglich, in die virtuellen Welten der Kunst und Literatur, des Films und Theaters sowie des Tanzes und der Musik einzutauchen." Des Weiteren gab *Sturman* zu bedenken: „Hochauflösende, naturgetreue und hochtechnische künstliche Wirklichkeiten werden immer nur so interessant und glaubwürdig sein wie ihr Inhalt. Und das ist der eigentliche Schlüssel zum sensorischen System des Menschen."

2.4.5 Japans VR-Strategie

Die Japaner hatten ihre VR-Strategie gründlich geplant, wogegen weder die amerikanische Regierung noch die großen US-Firmen bereit waren, viel Geld oder Vertrauen in langfristige Grundlagenforschung zu investieren. Die größte japanische Telefongesellschaft *NTT* (*Nippon Telephon Telegraph*) umschrieb die Technik des 21. Jahrhunderts mit dem Schlüsselbegriff „VI&P“ (visuell, intelligent und persönlich) und arbeitete emsig an Produkten und Konzepten im firmeninternen Labor für den Einsatz im Bereich visueller Medien.

Kernstück der japanischen Wissenschaftsstadt *Kansai* (bei *Kioto*) war das ***ATR*** (*Advanced Telecommunications Research*) Institute. Es bestand aus zusammenhängenden Labors, die sich unter anderem mit intelligenten Nachrichtensystemen, Übersetzungstelefonen, den Wahrnehmungsmechanismen des Menschen, optischen und funktechnischen Übertragungssystemen und Telekommunikationsgeräten der Zukunft befassten. Hier wollte man die nächste Generation der technischen Infrastruktur für das weltumfassende Kommunikationsnetz der Zukunft entwickeln. *Howard Rheingold* besichtigte das *ATR* vor Ort und stellte fest, dass man sich im VR-Labor dieser Denkfabrik die Massenproduktion der „drahtlosen VR“ zum Ziel gesetzt hat. Ermöglicht werden sollten dreidimensionale VR-Szenarien ohne HMDs, verknüpft mit Bewegungs-Input, der mit Hilfe von Kameras und bildinterpretierender Software aus der Distanz erfasst werden sollte, so dass man auf Datenhandschuhe und -anzüge verzichten konnte. Die japanischen Forscher wollten ein computergesteuertes Kommunikationsterminal entwickeln, das in der Lage war, den Anwender zu beobachten, seine Aufmerksamkeitsrichtung zu registrieren und entsprechend darauf zu reagieren. Diese Zielsetzung basierte auf der Auffassung der *ATR*-Forscher, dass das Gesicht ein Kommunikationsorgan ist. Jedes nonverbale Element menschlicher Kommunikation, wie Handbewegungen, Körpersprache, Gesichtsausdruck und Blickkontakt, bildet die Basis für eines oder mehrerer Forschungsprojekte, die die Grundlagen-Technologie für die „Kommunikation mit realistischer Sinneswahrnehmung“ (***Realistic Sensation*** – die japanische Umschreibung für künstliche Wirklichkeiten) schaffen sollen.

Howard Rheingold rechnet fest damit, dass die Japaner die kommende VR-Industrie beherrschen werden. Sie greifen das richtige Problem auf und bemühen sich mit Zehn-Jahres-Plänen und Millionen von Dollars um Lösungen. „Die Amerikaner werden wohl auch bei den hochauflösenden Fernsehgeräten verlieren, und auch in der VR werden wir wahrscheinlich den Kürzeren ziehen – nicht weil die Japaner besser sind, sondern weil es uns an der nötigen Initiative fehlt und an der Bereitschaft, genügend Zeit, Geld und Fachleute in das Projekt zu investieren. Zeit ist ein Bereich, in dem sich die japanische Methode unzweifelhaft als überlegen erweist: In Amerika will man die Ergebnisse nach Monaten oder Jahren. In Japan ist man bereit, Jahre und Jahrzehnte zu warten.“

In Europa sah es ähnlich aus. Während die amerikanischen Manager auf quartalsmäßigen Erfolg getrimmt wurden, orientierte man sich in Europa noch vorrangig am Jahresergebnis. Aber auch dies ist für den Einstieg in Milliardenmärkte eben zu kurzsichtig gewesen. Das bisweilen kleinkarierte Denken von Kreditabteilungen europäischer Banken, die schon zu dieser Zeit auf der einen Seite jegliches Risiko scheuen, auf der anderen Seite für den Laien unbegreiflich waghalsige Finanzengagements betrieben, war für die zukünftige wirtschaftliche Stellung auf dem Weltmarkt von großem Nachteil.

3. Virtuelles Leben entsteht – Technologische Entwicklungen ab 1991

Seit Urzeiten ist es der Wunsch zahlreicher männlicher Erfinder und Wissenschaftler, aus toter und auch lebender Materie menschliches Leben zu erschaffen. Ich hörte Anfang der 1980er Jahre von einem Buchautor, dessen Name mir leider entfallen ist, eine mir einleuchtende Erklärung dafür: diese Männer leiden unter einer Art Gebärmutterneid. Da sie selbst auf biologischem Wege kein eigenes Kind gebären können, befassen sie sich heute in den Laboren mit Gentechnik und Verfahren, beispielsweise Leben aus der Eizelle einer Frau und dem Samen eines Mannes zu erzeugen.

Eine andere Spezies sind Digital Artists und Pixel-Junkies, die digitale Frauen und Männer als 2D-Abbildungen oder 3D-Modelle in ihren Traummaßen erschaffen, in einem Realismus, dass es einem den Atem verschlägt. Das Buch *Digital Beauties* von *Julius Wiedemann* (Verlag Taschen GmbH) aus dem Jahr 2001 ist nur eine von vielen Publikationen, die auf 569 Seiten vorrangig Männerträume aus dem Rechner abbildet. Besonders das Fantasie-Genre lebt von diesen perfekten Frauen- und Männerkörpern.

Andere Informatiker, Künstler, Animatoren und Wissenschafter bemühen sich seit den 1980er Jahren wiederum, solche 3D-Gestalten als Virtual Humans zu einer animierten Rolle im Film und im Fernsehen zu verhelfen. Seit Mitte der 1990er Jahre gibt es ernstzunehmende Bestrebungen, autonom agierende Lebewesen für virtuelle Welten zu erschaffen, sogenannte Artificial Residents.

Bereits 1987 wurde von *Chris Langton* der KI-Forschungszweig *„Artificial Life“* (Künstliches Leben) gegründet (siehe auch 3.4.1). Da der Cyberspace ohne Kommunikation und ohne virtuelle Bewohner auf Dauer langweilig ist, arbeiten seit den 1990er Jahren zahlreiche Forschungsinstitute und Vordenker an den Grundlagen für das Leben im Cyberspace.

3.1 Cyberspace als Kommunikationsmedium

Kommunikation war längst nicht mehr allein die elektronische Übertragung von Nachrichten im physikalischen Sinne, sondern das interpersonelle Mitteilen von Ideen und Informationen. Da zum Beispiel der geistige Planungsprozess visuell abläuft und visuelles Denken alle abstrakten und theoretischen Aktivitäten bis hin zu praktischen und alltäglichen Beschäftigungen des Menschen durchzieht, wird die künftige Kommunikationsebene vorrangig visuell ausgerichtet sein.

Die Forschungsleiter japanischer Fernsprechgesellschaften arbeiteten in den 1990er Jahren ernsthaft daran, VR als Mittel zur Nachrichtenübertragung und zur Zusammenarbeit über größere Entfernungen einzusetzen. *Myron Krueger* und *Nicolas Negroponte* erörterten in den 1970er Jahren die Möglichkeit, den Cyberspace eines Tages als Kommunikationsmedium zu verwenden.

„Die Druckmedien und das Radio erzählen, Bühne und Film zeigen, der Cyberspace verkörpert“, umschrieb *Randal Walser* (Ex-Projektleiter beim *Cyberia Project*) die künstliche Wirklichkeit aus dem Computer. Er war der Meinung, dass die Fähigkeit des Cyberspace, das Gefühl körperlicher Anwesenheit mit großer Plastizität körperlicher Darstellung zu verbinden, möglicherweise tiefgreifende Konsequenzen haben würde. Auch *Brenda Laurel* und andere VR-Forscher waren davon überzeugt, dass der Cyberspace ein von Hause aus theatralisches Medium sei, in dem die Menschen an Ereignissen teilnehmen können, die dramatischen Zuschnitt haben und dramatische Gefühle auslösen können.

In einer wissenschaftlichen Abhandlung aus dem Jahr 1989 schrieben *Walser* und *Gullichsen*: „Mehr als irgendein bislang erfundener Mechanismus wird die VR die Selbstwahrnehmung des Menschen auf einer sehr grundlegenden und persönlichen Ebene verändern. Im Cyberspace besteht keine Notwendigkeit, dass Sie sich in dem Körper herumbewegen, den Sie in der Realität besitzen. Vielleicht fühlen Sie sich zunächst in einem Körper wie Ihrem eigenen am wohlsten, doch wenn Sie immer größere Anteile Ihres Lebens und Ihrer Gefühle im Cyberspace abwickeln, wird Ihre eingeschliffene Vorstellung von einem einzigen und unveränderlichen Körper, einem weit flexibleren Körperbegriff weichen. – Sie werden Ihren Körper als verzichtbar und im Großen und Ganzen einengend empfinden. Sie werden feststellen, dass manche Körper in bestimmten Situationen besser sind. Die Fähigkeit, das eigene Körperbild radikal und zwingend zu verändern, wird tiefgreifende psychologische Auswirkungen haben und die Vorstellung in Frage stellen, die Sie von sich selber haben.“

Für *Marvin Minsky* gehört *VPL*-Gründer *Jaron Lanier* zu den wenigen Informatikern, die auch für die größeren Zusammenhänge einen Blick haben. Für *Lanier* ist Information „entfremdete Erfahrung". Ihn störte beim konventionellen Arbeiten mit dem Rechner, dass man das Leben in binäre Fragmente zerhacken musste, um es vom Rechner modellieren zu lassen. Wie sich Welten mit dem Rechner modellieren lassen, darüber hatte *Lanier* bereits sehr früh nachgedacht. Er stellte sehr schnell fest, dass die Abbildungen auf dem Bildschirm aus vielen kleinen Wirklichkeiten bestanden, die sich verändern ließen. *Jaron Lanier* äußerte 1989:

„Wenn VR um die Jahrhundertwende allgemein verfügbar ist, wird man sie nicht als ein Medium innerhalb der physischen Wirklichkeit verstehen, sondern als zusätzliche Wirklichkeitsebene, die jeden begeistern wird."

Nachdem ich 1995 endlich begriffen hatte, warum die internationalen Telekommunikationsunternehmen sich so stark mit der VR auseinander setzten, war für mich absolut klar, **dass die VR die allumfassende Kommunikationsebene des 21. Jahrhunderts werden würde**. Anfang März 1996 hielt ich vor der *Generaldirektion der Deutschen Telekom* in *Bonn* einen langen Vortrag zum Thema „Telekommunikation im Jahr 2006 – Wie die Virtuelle Realität die Zukunft der Telekommunikation beeinflussen wird". Erst nach meinem Vortrag nahm die *Deutsche Telekom* die VR in die Liste der Top-Prioritäten auf. Leider versandeten in der Bürokratie des Molochs die guten Vorsätze, in diesen Bereich mehr Entwicklungsgelder zu investieren.

Die Kommunikation im Cyberspace findet auch 2007 immer noch vorrangig textbasiert über das Keyboard statt, ob in *Chat Rooms* (textbasierte Diskussionsforen im Internet), in ***MUDs*** (*Multi-User Dungeons*), in Online-Spielen oder selbst bei *Second Life*. Geschriebene Kommunikation ist zwar nachlesbar und in ihrer Form konzentrierter, aber sie entspricht nicht unserer täglichen Kommunikation untereinander. Die verbale Kommunikation ist wesentlich leichter und schneller im Umgang untereinander. Zwar gibt es seit Jahren Head-Sets (Kopfhörer und Mikrofon), aber online zu sprechen und sich gleichzeitig in computer-generierten Welten zusammen mit anderen Avataren zu bewegen, ist immer noch nicht weit verbreitet.

Auch die Möglichkeit, mit ***NPCs*** (*Non-playable Characters*) verbal zu kommunizieren, ist trotz Spracherkennung noch kein großes Thema in der Welt der Online Games, obwohl die optische Darstellung von *Virtual Humans* (siehe 3.1.1) wie sie im Fachjargon heißen, mittlerweile immer näher an die Realität herankommt. Lediglich die zu geringe Übertragungsgeschwindigkeit schränkt die Darstellungsqualität noch ein. Im Kinofilmeinsatz dagegen können virtuelle Darsteller seit rund zehn Jahren nahezu perfekt animiert und fotorealistisch dargestellt werden.

3.1.1 Bevölkerungsstruktur virtueller Welten

Die zukünftige Bevölkerung des Cyberspace wird vorrangig aus drei Arten von computer-animierten Charakteren bestehen: *Avataren, Artificial Residents* und *Digital Clones.* Sie können als ***Virtual Humans*** (virtuelle Menschen) bezeichnet werden, einem Sammelbegriff für verschiedene Arten von computer-generierten 3D-Charakteren, die sich je nach Einsatzbereich in den Anwendungsmöglichkeiten unterscheiden:

Avatar

Digitale Repräsentation eines realen Menschen, um im Cyberspace mit anderen kommunizieren zu können. Solche digitalen Repräsentationen werden mittlerweile allgemein als Avatare bezeichnet.

Salonfähig machte diesen Begriff der Schriftsteller ***Neal Stephenson*** mit seinem SF-Roman *Snow Crash* (*Goldmann-Verlag*, 1995). Das Wort Avatar wurde aus dem *Sanskrit* entlehnt, der Sprache der ältesten indischen Literatur. Avatar steht für das Hinübergehen eines höheren Wesens (einer Gottheit) in den Körper einer anderen Person (eines Menschen). Bezogen auf die VR entspräche das dem Hineinschlüpfen eines Menschen in einen 3D-Körper im Cyberspace.

Ein Avatar ist somit die synthetische Repräsentation eines Kommunikationspartners, dessen Bewegung und Verhalten in Echtzeit von dem Anwender gesteuert wird. Verlässt dieser das Netz, ist auch der Avatar in der Regel verschwunden. Das Aussehen dieser synthetischen Stellvertreter muss dabei nicht dem Original entsprechen. Grafische Schönheitskorrekturen oder gar Verwandlungen sind durchaus an der Tagesordnung.

Artificial Resident (AR)

Künstliche Bewohner einer virtuellen Welt, die nur im Rechner existieren und mit ***KI*** (Künstlicher Intelligenz) sowie ***VI*** (Virtueller Intelligenz, siehe 2.4.11.) ausgestattet sind. Die *NPCs* (Non-playable Characters) in Computerspielen sind im Prinzip die Vorläufer der *ARs* auf rudimentärster Entwicklungsstufe.

Artificial Residents sollen neben der Aufgabe, den Avataren als Kommunikations- und Aktionspartner zu dienen, nach Vorstellung von Forschern auch ein Eigenleben im Cyberspace führen.

Den Begriff *Artificial Resident* hatte ich zusammen mit dem Begriff ***SRs*** *(synthetische Repräsentationen* für die Verkörperung eines realen Menschen im virtuellen Raum) ungefähr 1992 geprägt. Mitte 1995 setzte sich dann aber der Begriff Avatar für digitale Repräsentationen realer Anwender im virtuellen Raum allmählich durch.

Digital Clones

Digitale Kopien (körperlich als auch geistig) von realen Menschen (siehe 2.4.9).

Personal Agent

Des Weiteren wird es noch eine spezielle Spezies geben, mit denen man kommunizieren kann: die *Personal Agents.* Das sind persönliche Agenten in Form von visualisierten Wissensrobotern, im Fachjargon Knowbots (Kunstwort aus den Begriffen: Know-how und Robot) genannt. Anfangs arbeiteten sie als reine Programme, ohne eine visualisierte Erscheinungsstruktur.

Dies soll sich aber im Laufe der Entwicklung eines 3D-Internets (Web 3.0) allmählich ändern. *Karl Klammer* vom *Microsoft Office-Paket* ist beispielsweise eine rudimentäre Form eines *Personal Agent*, wenn auch nicht so intelligent, wie Knowbot-Programme.

Ein *Personal Agent* ist ein persönliches Hilfsprogramm, dem man eine grafische Gestalt gegeben hat, aber in der Regel nicht in der Größe eines Avatars, sondern wie in SF-Filmen eher als kleiner Geist, als Zeichentrick-Vogel, als 3D-Elfe oder blinkender Stern (wie im Film *TRON* von 1982), der im Raum schwebt und ggf. nur für den Anwender sichtbar ist. Persönliche Agenten können – je nach Ausstattung und Auftrag – auch selbständig Aufgaben im Netz ausführen.

3.1.2 IMAGINA '92 wird zum Forum für virtuelle Welten

Die erste europäische Konferenz, die in den 1980er und 1990er Jahren in Europa thematisch in punkto computer-generierter Bilder stets up to date war, fand jeweils im Februar im Zockerparadies *Monte Carlo*, im *Fürstentum Monaco*, statt. Die 11. *IMAGINA* stand 1992 ganz im Zeichen virtueller Welten. Aus Deutschland waren *Monika Fleischmann* und *Edouard Bannwart* (Professor an der *Hochschule der Künste Berlin*) vom Berliner Verein *Art + Com e.V.* mit einem Vortrag über ihr „*CyberCity Project*" vertreten, einem virtuellen Rundgang durch zukünftige Berliner Architektur am neu zu gestaltenden Potsdamer Platz. Das Forscherteam um *Bannwart* gehörte zu den ersten Anwendern von VR-Equipment in Europa.

Virtuelles Szenario des U-Bahnhofs Potsdamer Platz © *Art + Com,* 1992

Psychologie ist die Physik der Virtuellen Realität

Auch VR-Forscher *William Bricken*, der bereits von 1988 bis 1989 beim *AUTODESK Cyberia*-Projekt stark involviert war, hielt einen Vortrag in *Monte-Carlo*. Es war von 1990 bis 1994 leitender Wissenschaftler am ***HITLab*** (*Human Interface Technology Laboratory*) der *Universität von Washington* in *Seattle*. In seinem Vortrag gab er einen Einblick in die dort stattfindenden Forschungs- und Entwicklungsprojekte dieser zur damaligen zeit höchst innovativen High-tech-Adresse für die Erforschung und Entwicklung von VR-Schnittstellen. Er zeigte zwei große Herausforderungen in der VR-Forschung auf: die kulturelle und die technische.

Bei der kulturellen Seite ginge es um die Erkundung von Informationsräumen, um ihre psychologische Wirkung auf den Anwender. Für *Bricken* lag es auf der Hand, dass man sehr bald die virtuellen Räume mit flachen 2D-Stand- und Bewegtbildern ausstatten wird. Seiner Ansicht nach würden Anwender zukünftig im Cyberspace auch mit einer virtuellen Kamera fotografieren und filmen sowie Geräusche, Musik und Gespräche aufzeichnen können. Zeit und Raum seien im Cyberspace interaktiv erlebbar, daher seien VR-Erfahrungen ganz anders einzustufen als die Erkenntnisse, die in der Realität von Fernsehen und Film vermittelt werden.

Im Laufe der Zeit hatten sich für ihn und sein Forscherteam wichtige Erkenntnisse herausgebildet. Zum Beispiel:

Psychologie ist die Physik der VR.

Die simulierte Scheinwelt kann noch so stark von der Realität abweichen, die empfundenen Gefühle und Sinnesreizungen sind echt. Unser Körper ist unsere Schnittstelle.

Wissen steckt in Erfahrung, – eine Erfahrung ist eine Billiarde Bits wert.

Das Virtuelle ist die Steigerung des Realen.

VR ist das erste empirische Werkzeug der Metaphysik.

Jeder hat in einer Mehrbenutzer-(Multi User-)VR-Welt den besten Platz.

Die technische Seite befasste sich mit der Entwicklung von möglichst einfachen Schnittstellen und reaktionsschnellen Bildsystemen.

Design als Orientierungshilfe im Cyberspace

„In einer virtuellen Welt befinden wir uns innerhalb einer Umgebung, bestehend aus reiner Information, die wir sehen, hören und fühlen können. Die Technologie selbst ist unsichtbar und sorgfältig auf das menschliche Handeln abgestimmt, so dass wir uns ganz natürlich in dieser künstlichen Welt verhalten können. Wir können jede vorstellbare Umgebung kreieren, und wir können in dieser Welt völlig neue Erfahrungen machen und Fähigkeiten ausprobieren. Eine virtuelle Welt kann informativ, nützlich und unterhaltsam sein. Sie kann genauso gut aber auch langweilig und beunruhigend sein. Der Unterschied liegt im Design," beschrieb *Meredith Bricken*, zuständig am *HITLab* für die Untersuchung von Wirksamkeit und Funktionalität von VR-Welten und -Systemen, in ihrem Vortrag „No Interface to Design" die Problematik. Nach ihrer Erfahrung gibt es drei Modelle für einen Cyberspace:

- Das Modell des Ingenieurs, dem es vorrangig um die Funktionalität der Technik geht.
- Das Modell des Anwenders, der sich vorrangig dafür interessiert, was man im Cyberspace machen kann.
- Das Modell des Designers, der sich der Zielsetzung verschrieben hat, virtuelle Welten so komfortabel und funktionell zu gestalten, dass sie die Wünsche und Absichten des Anwenders zufrieden stellen.

Der Cyberspace Designer muss für die wichtigsten Fragen, die sich der Anwender im Cyberspace stellen wird, eine gestalterische Hilfestellung bieten. Denn in virtuellen Welten kann der Anwender per Programm bestimmen, als was er sich wie wohin bewegt.

- Wo befinde ich mich?
  Orientierungshilfen sind notwendig.
- Wer bin ich? Selbstpräsentation
  (Wie sieht man selbst im virtuellen Raum aus? Was für eine Stimme hat man?)
  Kleidung und Körperformen müssen abrufbar sein.
- Was kann ich machen?
  Art der Fortbewegung, Manipulieren von vorhandenen Informationen, das Gestalten von neuen Informationsräumen, die Orientierung zwischen verschiedenen Welten (Szenarien). Anleitung, Entwicklung von virtuellen grafischen Bedieneroberflächen.
- Wer ist noch bei mir?
  Handelt es sich um einen Anfänger oder einen Experten? Wie präsentiert sich die Person mir gegenüber? Wie reagiert sie? Woran erkenne ich rechtzeitig ihre Absichten?

3.2 Der Realitäts-Begriff / Reality Crossing

Der Begriff *Realität* kommt aus dem Lateinischen und steht für Wirklichkeit und Tatsache. Unsere alltägliche Realität ist instabil. Die wahrgenommene Realität findet in unserem Gehirn statt, das erkannten schon die alten Philosophen frühzeitig. Das Gehirn fungiert dabei als eine Art Weltenbildner. Grundsätzlich kann man sagen, dass jeder Mensch die physikalische Realität, in der er sich gerade befindet, individuell und nur auszugsweise erlebt (siehe hierzu auch die Ausführungen unter 2.). Schon die Blickrichtung und Konzentration auf etwas Bestimmtes unterscheidet im Ergebnis unsere Realitätswahrnehmung von der Wirklichkeitsempfindung einer zur gleichen Zeit am selben Ort anwesenden anderen Person.

Nach Ansicht von *Jaron Lanier* ist das menschliche Nervensystem wirklich daran interessiert, dass der Mensch an die Realität, die er auszugsweise wahrnimmt, glaubt. „Die virtuelle Realität ist geteilt und, objektiv gesehen, real wie die physikalische Welt. Sie ist zusammensetzbar wie in Kunstwerk, radikal wie ein LSD-Experiment sowie unbegrenzt und harmlos wie ein Traum," beschrieb *Lanier* 1989 seine Forschungsaktivitäten.

Wenn eine Person, die beispielsweise mit einem HMD ausgestattet ist, in eine vom Rechner generierte virtuelle Umgebung eintaucht, befindet sich ein Teil ihrer Sinnesorgane, wie Gleichgewichts-, Tast- und Temperatursinn, in der physikalischen Realität. Die Sinne für das Visuelle und Akustische hingegen sind in der virtuellen Umgebung aktiv. Bereits dieses Abschneiden der beiden wichtigsten Sinne zur Informationsaufnahme ermöglicht es, dass für den Anwender die VR real existiert. Der Anwender befindet sich dadurch körperlich und geistig zur gleichen Zeit in zwei verschiedenen Welten, was zu Komplikationen in seiner gesamten Wahrnehmung führen kann. In der Fachterminologie spricht man daher von einer ***Zwei-Welten-Problematik.***

Ein gutes Beispiel war mein Erlebnis auf dem *Hicycle*-Prototyp von *AUTODESK Multimedia* 1989 in *Boston* (siehe 2.3.2). Während ich aufrecht im Sattel saß, war ich in dem virtuellen Szenario unfreiwillig in einen Acker gefahren und umgekippt. Mein Sichtfeld im HMD zeigte mir, dass ich optisch auf der Seite lag, mein Orientierungssinn signalisierte mir aber, dass ich immer noch aufrecht im Sattel saß.

Auch beim Übergang von der VR in die physikalische Realität kann es kurzfristig zu Verwirrungen bzw. Irritationen kommen. Denn beide Welten haben gleichermaßen Einfluss auf Emotionen und Reaktionen des Anwenders. Die simulierte Welt kann noch so von der physikalischen Realität abweichen, die empfundenen Gefühle sind echt! Wenn sich hierbei die Emotionen und Reaktionen aus zwei verschiedenen Welten vermischen, ohne dass es der Anwender im Moment der Handlung bewusst registriert, kann es passieren, dass der Anwender die absolute Kontrolle verliert. Ich habe dieses Phänomen 1990 ***Reality Crossing*** (*Realitätsvermischung*) getauft. Für mich war aufgrund eines persönlichen Erlebnisses sehr schnell klar, dass dies ein absolut wichtiger Bereich war, den es zukünftig zu erforschen galt! Denn beim *Reality Crossing* kommt es zu unbewusst ablaufenden körperlichen und geistigen Reaktionen, die sich in RL durchaus gefährlich auswirken können.

Das erwähnte persönliche Erlebnis, das mich bereits sehr früh auf dieses Phänomen aufmerksam machte, fand 1989 in *Frankfurt* auf der *Marketing Services* statt, einer schlecht besuchten Messe, auf der ich mein zweites Buch, den „*Leitfaden der Computer Grafik*" auf einem eigenen Stand dem Fachpublikum anbot. Gegenüber gab es den großen Messestand der wichtigsten deutschen Werberzeitung *W&V* (*Werben & Verkaufen*), für die ich auch schon manchen Fachbeitrag über CGI geschrieben hatte. Dort stand ein kleiner Fahrsimulator, in dem man Autorennen fahren konnte. Da kaum Publikumsverkehr am Nachmittag herrschte, langweilte ich mich an meinem Stand, auch der Simulator war kaum frequentiert. Eine gute Gelegenheit also, endlich einmal ausgiebig in einem Fahrsimulator Rennen zu fahren, ohne dabei viel Geld zu verlieren, denn der Spaß war ein Service-Angebot an die Kunden von *W&V*.

Ich muss zugeben, dass ich bis dahin aus Zeit- und Geldgründen nur sehr selten Autosimulatoren in Spielotheken ausprobiert hatte. Insgesamt bin ich an diesem Tag zusammengerechnet rund drei Stunden simulierte Rennen gefahren, mit Unterbrechungen, wenn mal ein anderer Besucher fahren wollten. Der Fahrsimulator war in der Lage, sich entsprechend meiner Lenkbewegungen auf der X-Achse nach links und rechts zu bewegen. Es gab ein Gaspedal und ein Bremspedal, ab 150 Stundenkilometer musste man rechts einen Hebel nach hinten ziehen, um auf Geschwindigkeiten von über 300 km/h zu kommen. Die Rennstrecke bestand aus einfacherer Grafik, die auf einem kleinen Farbmonitor in dürftiger TV-Auflösung ohne einen annähernd immersiven Effekts, wiedergegeben wurde. Über der Rennstrecke gab es die typischen Banderolen mit Werbung für *Dunlop*, *Pirelli* und *Michelin*. Im Laufe der Zeit lernte ich sehr schnell, wann ich wie viel Gas geben und vor welcher Kurve ich wie stark abbremsen musste, um nicht von der Rennstrecke zu geraten.

Nachdem ich mich einige Stunden mit den Möglichkeiten dieses Simulators befasst hatte, kam endlich mein Bekannter, um mich abzuholen. Der Verkauf meines Buches war an diesem Tag schlecht gelaufen, und ich war froh, endlich ein warmes Abendessen mit ihm einnehmen zu können. Zu dieser Zeit fuhr ich einen *Honda Accord* mit Automatik ohne irgendwelches Tuning oder sonstige technischen Mätzchen. Wer den Bereich der *Frankfurter Messe* kennt, weiß, dass es dort mehrspurige breite Fahrbahnen in beide Richtungen gibt, wo oftmals Banderolen über der Fahrbahn hängen. An diesem Tag wurde Werbung für *Panasonic, Sony* und andere Firmen gemacht. Wie Sie schon ahnen, eine ähnliche optische Situation wie auf der Rennstrecke des Fahrsimulators.

Ich fuhr an der Messe vorbei, als mein Bekannter fragte, ob wir es besonders eilig hätten. Ich verneinte verblüfft und registrierte, dass ich bereits über 90 km/h schnell war (und das in der Stadt!). Viel schlimmer aber war, dass ich, während ich die Geschwindigkeit reduzierte, plötzlich erkannte, dass ich bereits ausgeguckt hatte, welche der vor mir fahrenden Wagen ich links bzw. rechts überholen musste, um an die Spitze zu gelangen. Ich war außerdem kurz davor gewesen, den

Hebel meiner Automatikschaltung nach hinter zu ziehen (also runterzuschalten, völlig konträr zur Zielsetzung), um wie beim Autorennen auf höhere Geschwindigkeiten zu kommen. Dieses „Erwachen“ in der Realität war ein unbeschreiblich verblüffendes Erlebnis für mich.

Natürlich machte ich für diese rein subjektive Erfahrung meine ausgeprägte Fantasie verantwortlich, und konnte mir zu diesem Zeitpunkt überhaupt nicht vorstellen, dass dieses Phänomen amerikanischen Simulatorbetreibern längst bekannt war. Zehn Tage später erfuhr ich dann durch Zufall davon, dass es in den USA längst eine strenge Regelung gab: nach einer Stunde Simulator galt dort ein 24 Stunden andauerndes Fahr-/Flugverbot, das heißt für das persönliche Ausüben des Fahrens bzw. Fliegens. Offensichtlich war es zu Fehlreaktionen gekommen, wenn Piloten gefahrlos im Simulator riskante Manöver trainiert hatten, die dann ggf. im echten Gefährt, einige Zeit später, unbewusst wiederholt wurden.

Wenn bereits die schlechte visuelle Darbietung von vor 17 Jahren solch eine Wirkung bei mir hinterlassen hatte, welche Gefahren gehen dann erst von heutigen Fahrsimulatoren aus? Fahrsimulatoren der Generation 2006 bieten in den Arcades (Spielotheken) durch hohe Auflösung, einen Immersionseffekt über drei Bildschirme (seitlich-mitte-seitlich), taktile Informationen über die Bodenbeschaffenheit der Piste und hochkomplexe Grafik einen Realismus, der atemberaubend ist. Wer hier über eine Stunde fahren würde und danach auf sein eigenes Auto umsteigt, wird höchstwahrscheinlich erhebliche Anstrengungen unternehmen müssen, um sich andauernd zu vergegenwärtigen, dass er sich nicht mehr im Rennen befindet. Die Gefahr lauert ähnlich wie beim Sekundenschlaf in einer sich überlagernden Situation, in der es dann unbewusst zu einem Fehlverhalten kommen kann.

Nach diesem Erlebnis auf dem Messesstand von *W&V* hielt ich 1989 an meinem Geburtstag vor Sichtsimulations-Fachleuten einen Vortrag zum Thema *„Schnittstellen für den visuellen und physischen Zugang in die simulierte Wirklichkeit“* auf der *GI*-Fachtagung *„Sichtsysteme – Visualisierung in der Simulationstechnik“* an der *Bergischen Universität* in *Wuppertal*. Nach meinem Vortrag meldete sich ein älterer Teilnehmer und sagte mir, dass er selten einen solchen Blödsinn gehört habe, wie in meinem Vortrag. Natürlich war ich verdutzt und erschrocken über seine harte Kritik. Nach einigen Schrecksekunden fragte ich nach, was seiner Meinung nach nicht korrekt gewesen sei. Er bezog sich auf das Flugverbot und die angebliche Problematik des *Reality Crossings*. Es sei seit Jahren Chef eines großen deutschen Simulationszentrums und habe solche Probleme niemals feststellen können.

Zum Glück kam mir mein Fachgruppenkollege *Hermann Hattermann*, ein international versierter Sichtsimulationsexperte von *Atlas Elektronik* aus *Bremen*, zu Hilfe. Er bestätigte die Flugverbotsregelung der Amerikaner und machte einige Ausführungen dazu. In der Zwischenzeit konnte ich mich wieder fangen und erlaubte mir im Anschluss an die Ausführungen meines Kollegen folgende Fragen: „Haben Sie Untersuchungen durchgeführt, die ihre Aussage belegen und rechtfertigen? Wurde das Fahr- bzw. Flugverhalten ihrer Testpersonen nach dem Aufenthalt im Simulator studienbegleitend beobachtet?“ Der Simulatorbetreiber sah mich entgeistert an und fragte, wozu er solche Studien betreiben solle. Es habe ja keine Probleme gegeben. Damit hatte ich vor den über 100 Teilnehmern meine Reputation wieder erlangt, und er selbst hatte sich disqualifiziert. Im Endeffekt kam heraus, dass Simulatorbetreiber es zu diesem Zeitpunkt trotz der Erkenntnisse des amerikanischen Militärs nicht für notwendig befunden hatten, in Europa ebenfalls eine solche Sicherheitsregelung einzuführen. Das war für mich unbegreiflich!

Erst 1993 gab *OFA Dr. Schelder, GenArztLw,* in einem Artikel über „Flugmedizinische Aspekte des Simulatortrainings“ für die Fachpublikation *Flugsicherung* immerhin folgende Empfehlung: „In jedem Fall scheint vorläufig bis zur weiteren Ursachenerhellung der geschilderten Phänomene nach Simulatoreinsätzen eine Flugkarenz von zwölf Stunden angebracht.“

3.2.1 Simulatorkrankheit

Bei der *Simulatorkrankheit* (***Simulator Sickness***), in der Medizin auch als Bewegungskrankheit (***Motion Sickness***) bekannt, handelt es sich meist um kurzfristig auftretende Symptome in Form von Blässe, Übelkeit, Erbrechen, leichtes Schwindelgefühl, Würgereiz, Schweißausbruch, Muskelerschlaffung, Druck auf den Augen (*Eyestrain*) und Konzentrationsschwierigkeiten. Diese Symptome können aus medizinischer Sicht in Einzelfällen bis zu 24 Stunden nach Reizende anhalten, bei anhaltender Stimulation längstens zehn Tage (Quelle: Die Innere Medizin, 2000).

Außerdem wurden sogenannte Nachwirkungen (After-effects) festgestellt. Dabei handelt es sich um eigenartige Schwindel- und Lagemissempfindungen, die typischerweise erst zwölf Stunden nach einem Full-Mission-Simulatorflug auftreten.

Die ersten Erkenntnisse und Berichte über das Phänomen der Simulatorkrankheit sind über 50 Jahre alt. 1957 wurde erstmals ein festmontierter Schiffs-Trainingssimulator des Typs *2-FH-2* der US-Marine durch ein visuelles Szenario ergänzt. Dabei traten Widersprüchlichkeiten zwischen den Bewegungen in der visuellen Szene und den nicht wahrgenommenen Bewegungen im Cockpit auf, die zu Unwohlsein und Übelkeit bei den Testpiloten führten.

Nachfolgende Studien in den 1960er, 1970er und 1980er Jahren haben die Verzögerungen der Bewegungsreize (*cueing delayes*), die Bewegungsdynamik und die Einflussfaktoren des visuellen Systems untersucht. Beispielsweise wurden Experimente im Forschungssimulator für visuelles Training der *US-Marine* durchgeführt, indem Manöver so manipuliert wurden, dass sie Verzögerungen in der Reaktion des visuellen Systems erzeugten und eine Asynchronität (nicht übereinstimmende Bewegungen) bei den Geschwindigkeiten des visuellen und des mechanischen Systems verursachten, wodurch bei den Testpersonen Übelkeit hervorgerufen wurde.

Der größte Teil der Forschungsaktivitäten im Bereich Simulatorkrankheit hat sich im Laufe der letzten beiden Jahrzehnte auf die Auswirkungen des visuellen Systems konzentriert. Denn das Sehen ist der wichtigste Sinn des Menschen, weil dieser dazu eingesetzt wird, Bewegung wahrzunehmen und zu steuern. Der optische Fluss ist ein äußerst wichtiger Hinweis auf Geschwindigkeit, Richtung und Flugbahn. Die Simulatorkrankheit entsteht vor allem dann, wenn die visuellen Informationen, die der Benutzer über die Sichtsimulation erhält, nicht mit dem übereinstimmen, was sein Gleichgewichtssinn und die Nervenorgane wahrnehmen, die sich in Muskeln, Gelenken und Sehnen befinden.

Als aufgrund von Simulatorforschungsergebnissen der US-Marine die Verzögerungen sowohl im visuellen als auch im mechanischen System verringert werden konnten, wurden die Ermüdung der Augen und die Kopfschmerzen auf die geometrische Diskontinuität (Unregelmäßigkeiten), auf farbliche Unangeglichenheit zwischen den verschiedenen Sichtfenstern und auf ruckartige Bewegungen in den visuellen Darstellungen zurückgeführt. Die aufgeführten Bedingungen führen nicht automatisch zu Beschwerden. Die Anfälligkeit für die Simulatorkrankheit ist vielmehr von Mensch zu Mensch sehr unterschiedlich und von seiner Konditionierung abhängig.

Firmen, die Trainings- und Übungssimulatoren bauen, verfügen in der Regel über jahrzehntelange Erfahrung, wie man Simulator-Physik (z. B. Abmessungen und Hydraulik) und computergenerierte Sichtsimulation mit den Interaktionen des Piloten am besten in Einklang bringen muss, um solche unangenehmen Symptome zu vermeiden. Ein solcher firmeninterner Erfahrungsschatz bzw. die gefundenen Lösungsansätze werden meist wie ein Geschäftsgeheimnis gehütet, weil sie einen nicht unerheblichen Wettbewerbsvorteil gegenüber der Konkurrenz darstellen können.

Für die Konstruktion von Simulatoren und deren Einsatz sind fünf Bereiche für die Effektivität ihres Einsatzes maßgeblich: die Inhalte der simulierten Umgebung, die nicht visuell bezogene Sinneswahrnehmung, Bewegungszusammenhänge, der Realismus in der Darstellung und die Informationsaufbereitung.

Neuere Erkenntnisse zur Simulatorkrankheit lieferte die flugmedizinische / flugpsychologische Arbeitsgruppe des verbesserten *TORNADO*-Simulators im April 1993:
Augendruck entsteht im Zusammenhang mit der Anforderung, häufig zwischen Außensicht und Blick ins Cockpit wechseln zu müssen.
Es treten immer dann Probleme auf, wenn in der individuellen Verarbeitung der Vielzahl wahrgenommener Sinnesreize und im internen Vergleich zu gespeicherten Reizmustern aus dem Echtflug Verarbeitungstoleranzen überschritten werden.
Aus flugmedizinisch-ergonomischer Sicht ist eine weitere Verbesserung des Sichtsystems in den Bereichen

- höherer Detaillierungsgrad,
- größeres Sichtfeld und
- subjektiv verträglichere Leuchtdichte

für die zukünftige Entwicklung des Simulatortrainings wesentlich.

3.2.2 Problem der Vermittlung eines Präsenzgefühls

Das erste Mal traten Symptome der Simulatorkrankheit beim Einsatz der ersten Eisenbahn auf. Deren Pionier-Passagiere machten die Erfahrung, dass etwas mit ihrem Präsenzgefühl nicht stimmte. Denn obwohl ihr Körper dem Gehirn mitteilte, dass er im Zug sitzt, übermittelten ihm die Augen, auf Grund der vorbei ziehenden Landschaft, dass er sich schnell fortbewegt. In diesem Fall gab es ein erhebliches Problem beim Präsenzgefühl, denn die Informationen der beteiligten Sinne widersprachen sich und lieferten unterschiedliche Informationen an das Gehirn. Dadurch kam es bei vielen Passagieren zu Übelkeit und Schwindel. Heute tritt dieses Problem äußerst selten auf, da die meisten Menschen mit Bahn, Auto und Flugzeug aufgewachsen sind und unsere Sinne gelernt haben, damit umzugehen.

Vorraussetzung für ein Präsenzgefühl in einer virtuellen Umgebung ist, dass das Sichtsystem (HMD oder Bildschirm) mehr als 60% unseres Gesichtsfelds ausfüllt. Erst dann hat man das Gefühl, nicht mehr Zuschauer, sondern Akteur in einem Virtual Environment zu sein.

Ein Problem der VR-Technologie, das sich auch unabhängig vom Einsatz eines HMDs bemerkbar macht, ist auch hier die Simulatorkrankheit. Untersuchungen des britischen *Army Personell Research Establishment* und der US-Marine listen Schwindel, Unwohlsein, Orientierungsschwierigkeiten und Schweißausbrüche als mögliche Konsequenz eines längeren Aufenthaltes im Cyberspace auf.

Schon, wenn die Angleichungszeit nur eine Hundertstel Sekunde (0,01 s) übersteigt, merkt der Anwender, dass eine Differenz besteht, zwischen dem, was er sieht und dem, was er empfindet. Eine zeitliche Verzögerung (***Latenz*** = engl. ***Latency***) bei der Echtzeitberechnung der virtuellen Umgebung von über 350 Millisekunden (0,35 s) ist heute einem Benutzer nicht mehr zumutbar.

Es ist auch dann mit Irritationen zu rechnen, wenn die Frequenz schwankt, mit der die computergenerierten Bilder aufeinanderfolgen. Problematisch ist außerdem die Verzögerung, zu der es bei der Umsetzung von Bewegungen des Anwenders in der virtuellen Welt kommt. Die Berechnungen, die in diesem minimalen Zeitfenster erledigt werden müssen, sind erheblich. Die Pipeline (Arbeitsablauf), die für die Ermittlung der veränderten Kopfposition und die Darstellung des neu kalkulierten Bildes (1/25 Sekunde) verantwortlich ist, umfasst dabei folgende Arbeitsschritte:

- Tracking der Kopfposition,
- Neuanpassung der Positionsbestimmung im virtuellen Raum (innerhalb des kartesischen Koordinatensystems),
- Datenübertragung zum Hauptrechner (einer pro Auge),
- Aktualisierung des Rendering-Programms mit der neuen Position,
- Berechnung der neuen Blickrichtung,
- Berechnung des neuen Bildes (25 Bilder pro Sekunde).

Um das Präsenzgefühl in einer virtuellen Umgebung zu gewährleisten, müssen im Vorfeld unter anderem folgende Voraussetzungen erfüllt werden:

Exakte Angleichung der visuellen Parameter (Größe und Entfernung von Objekten).
Trägereigenschaft des Helmsystems und die Justierung der Optik müssen stimmig sein.
Fehlende Wahrnehmung von simulierten Drehungen und Beschleunigungen durch den Gleichgewichtssinn (Lösung: z.B. mechanisch/hydraulische Sitze) müssen möglichst ausgeschlossen sein.
Die *Hand-Auge-Koordination* ist im RL so selbstverständlich, dass man normalerweise gar nicht darauf achtet und ihre Bedeutung erst ermessen kann, wenn sie ausgeschaltet ist. Daher müssen sie zwangsläufig in der VR simuliert werden, um eine entsprechende Präsenz zu erzielen.
Eine exakte Anpassung von mechanischer Bewegung und bewegter visueller Darbietung, d.h. die Anzahl der zur Verfügung stehenden Freiheitsgrade in der Bewegung müssen bei beiden Systemen (visuell und mechanisch) identisch sein.

Zusammenspiel zwischen optischen und mechanische Bewegungen

Bereits Anfang der 1980er Jahre hatten *Gert Dörfel* und *Helmut Distelmaier* vom *Forschungsinstitut für Anthropotechnik* aus *Wachtberg-Werthhoven* die Zusammenwirkung von optischen und mechanischen Bewegungsinformationen bei der Fahrzeug-Simulation untersucht. Denn ein mit allen Raffinessen ausgestatteter Full-Mission-Simulator ist unglaublich teuer. Daher sucht man seit den 1950er Jahren Wege, wie man die wahrnehmungspsychologischen Eigenschaften des Menschen so weit als möglich ausnutzen kann, um mit Hilfe von kostengünstigen Lösungen die für die Durchführung von bestimmten Aufgaben erforderlichen Wahrnehmungen hervorzurufen. So arbeitet man unter anderem an der Verringerung des technischen Aufwands und damit der Kosten durch eine bewusste Erhöhung des subjektiven zu Lasten des objektiven Realismus.

Unter dem Begriff *„Physikalischer bzw. objektiver Realismus“* (*objective fidelity*) versteht man die reale Übereinstimmung zwischen Simulator und Echtfahrzeug. Dabei bezieht sich diese Übereinstimmung nicht nur auf Aufbau und Ausstattung des Cockpits sondern auch auf die Darstellung von Geräusch, Bewegung und Außensicht.

Unter dem Begriff *„Wahrgenommener bzw. subjektiver Realismus“* (*subjective fidelity*) versteht man die Übereinstimmung des Fahrzeugführers bei der Durchführung einer bestimmten Aufgabe im Simulator bzw. im Echtfahrzeug. Diese Übereinstimmung bezieht sich auf alle Bereiche des menschlichen Wahrnehmungsvermögens, die bei der geforderten Mission angesprochen werden und bewusst nicht die Frage berücksichtigen, wie dieser subjektive Realismus erreicht wird.

Dörfel und *Distelmaier* referierten auf dem *DGLR-Symposium „Schulung mit Flug- und Taktiksimulatoren“* 1981 in *Köln-Porz* darüber, dass neben der Sichtsimulation (Außensicht) die mechanische Bewegung eine wesentliche Informationsquelle beim Simulator-Training (egal ob für Fahrzeugführer oder Flugpiloten) zur Durchführung von Aufgaben darstellt. Im Gegensatz zu den verfügbaren Möglichkeiten zur Außensichtdarstellung ist der mechanische Bewegungsraum eines Simulators aus konstruktiven Gründen stark eingeschränkt. Dabei seien Rotationsbewegungen – zumindest für Land- und Wasserfahrzeuge sowie Transportflugzeuge – noch am ehesten reproduzierbar, da diese Bewegungen auch beim Echtfahrzeug nur in begrenzten Bereichen stattfinden.

Die vollakrobatischen, mit hohen Beschleunigungen ausgeführten Rotationsbewegungen von leistungsfähigen Kampfflugzeugen hingegen bringen nach wie vor auch modernste Simulatoren sehr schnell an den Rand ihrer Bewegungsmöglichkeiten. Das Gleiche gilt für die Darstellung länger anhaltender, translatorischer (gradliniger) Beschleunigungen bei allen Fahrzeug-Simulationen.

Beide Referenten befassten sich auch mit der Frage, ob und inwieweit technisch aufwendige mechanische Bewegungsinformationen für die Durchführung bestimmter Missionen im Simulator erforderlich sind und ob diese teilweise objektiv nicht realisierbare Bewegung eines Simulators nicht nur unterstützt, sondern sogar teilweise oder ganz durch relevante visuelle Informationen ersetzt werden kann.

Voraussetzung für die Durchführung einer derartigen Simulation sind fundierte Kenntnisse über die Zusammenhänge der Wahrnehmung und Bewertung visueller und mechanischer Bewegungsinformationen. Dabei geht es insbesondere um die Auswirkungen der vestibulären (das Gleichgewicht betreffenden) und somatischen (den Körper betreffenden) Bewegungsinformationen.

Möglichkeiten zur Kompensation der eingeschränkten Bedingungen des Bewegungsbereichs eines Simulators werden seit Jahrzehnten auf verschiedenen Ebenen versucht. So wird zum Beispiel die fehlende kontinuierliche, unbeschleunigte Bewegung akustisch durch Fahr- und Antriebsgeräusche dargestellt.

Einen solchen Ersatz des objektiven Realismus, aufgrund unserer Wahrnehmungsmöglichkeit als Fahrzeugführer durch subjektiv analoge Eindrücke, kennen viele aus eigener Erfahrung im Umgang mit Mofas, Motorrädern oder Autos. Je besser und lauter der Sound der Auspuffanlage ist, desto schneller kommt einem die gefahrene Geschwindigkeit vor. Im legendären VW-Käfer war der unmanipulierte Geräuschspegel des Heckmotors bei 110 km/h im Innenraum so laut, dass man sich wie in einem Sportwagen vorkam und die Geschwindigkeit richtig fühlen und miterleben konnte. Eine gefahrene Geschwindigkeit von 160 km/h in einem gut schallisolierten Wagen der Oberklasse mit leisem Motor und unfrisierter Auspuffanlage hingegen nimmt man kaum wahr. Erst, wenn man plötzlich eine Notbremsung durchführen muss, wird einem am Bremsweg bewusst, dass man wesentlich schneller war als subjektiv empfunden.

In einem Simulator kann man mit sogenannten ***G-Suits*** (Anzügen) und ***G-Seats*** (Sitzen) (***g*** steht für die Fallbeschleunigung = 9,80665 m/s^2) zusätzlich ebenfalls die subjektive Empfindung von Beschleunigungen hervorgerufen. Dabei wird der Bewegungseindruck jeweils durch die Darstellung einer relevanten Außensicht unterstützt.

Exkurs: Beschleunigung

Mit Beschleunigung (*Acceleration*) bezeichnet man in der Physik die zeitliche Änderung der Geschwindigkeit in Betrag und Richtung. Beschleunigungsvorgänge spielen in allen bewegten Systemen, wie Fahr- und Flugzeugen oder bemannten Raketen eine wichtige Rolle und sind aufgrund der dabei auftretenden Trägheitskräfte für die mitfahrenden bzw. mitfliegenden Personen meist deutlich spürbar. Beschleunigungskräfte (g-Kräfte) treten zum Beispiel bei einem engen und schnellen Kurvenflug auf.

Wenn keine Beschleunigung im Spiel ist, führt dies zu einer gradlinigen Bewegung mit konstanter Geschwindigkeit. Um einen Körper zu beschleunigen, benötigt man immer einen Kraftaufwand. Die **SI**-Einheit der Beschleunigung ist **m/s²** (**S**ystème **I**nternational d´Unités / steht für: Internationales metrisches Einheitssystem).

Ein Körper erfährt eine gleichförmige Beschleunigung, wenn in gleichen Zeitabschnitten Δt stets die gleiche Geschwindigkeitsänderung $\Delta \upsilon$ eintritt, $a = \Delta \upsilon / \Delta t$. Sie beträgt beim freien Fall im Schwerefeld der Erde in Richtung Erdmittelpunkt **1 g = 9,80665 m/s²**. Damit wird (ohne Luftwiderstand) eine Geschwindigkeit von 100 km/h in 2,8 Sekunden erreicht. Ein ***g*** bezeichnet die Normalmasse, das g-Vielfache die zusätzliche Belastung.

Der menschliche Körper erträgt über längere Zeit ca. 10 g, ohne in Ohnmacht zu fallen, bei Autounfällen wirken kurzzeitig wesentlich höhere Belastungen. Die ohne Schäden überstehbare Beschleunigung ist umso größer, je kürzer die Zeitdauer der Beschleunigung ist. Ein Mittelklassewagen kann Beschleunigungen bis zu 3 m/s² und Autos höherer Klasse sogar mehr als 4 m/s² hervorbringen. Beim Bremsen eines Autos treten negative Beschleunigungen von bis zu 10,5 m/s² auf.

Ein sogenannter *G-Seat* ist ein mit Luftpolstern ausgestatteter Sitz, bei denen man den Luftdruck dynamisch kontrollieren kann. Auf diese Weise lässt sich das „in den Sitz gedrückt“ werden bei Beschleunigungen mittels der Luftpolster simulieren.

Der britische Simulatorspezialist *EDM Ltd.* aus *Oldham Lancashire* produziert neben hochwertigen Simulations-Trainings-Lösungen für das Militär auch G-Sitze. Das Modell *E-Cue 304* beispielsweise hat vier bewegliche Elemente: das Sitzfundament, die Sitzschale und ein Rückenpolster, das sich auf und ab bewegt sowie ein schnelles nach vorne drücken ermöglicht, um verschiedene Beschleunigungen zu simulieren. Unterstützt werden diese vier Elemente noch von einem Sicherheitsgurt-System, welches bei Bedarf ebenfalls Druck auf den Piloten ausübt. Das *Cueing*-System ist darauf ausgelegt, Beschleunigungen auf den drei Translationsachsen zu erzeugen. Mit diesem G-Seat kann dem Benutzer ein Beschleunigungsgefühl der zwei- bis neunfachen Erdanziehungskraft vermittelt werden!

Exkurs: Gleichgewichtssinn

Der Gleichgewichtssinn (auch vestibulärer Sinn genannt) sorgt für die Regulierung des Gleichgewichts und steht als Synonym für den Schwerkraftsinn. Das Gleichgewichtsorgan befindet sich beim Menschen im Innenohr, in Form eines kleinen, bogenförmigen Gebildes, Dieser Vestibular-Apparat dient zur Wahrnehmung von Beschleunigungen und zur Richtungsbestimmung der Erdanziehung. Außerdem dient es zur Wahrnehmung der Lage des Körpers bzw. der einzelnen Körperteile im physikalischen Raum. Eine weitere wichtige Rolle spielt es bei der präzisen Steuerung der Körperbewegungen. Für die bewusste Orientierung im Raum sind neben dem Gleichgewichtssystem auch das *visuelle System* und das *propriozeptive System* (Tiefensensibilität) verantwortlich.

Das ***Gleichgewichtsorgan*** besteht aus zwei Vorhofsäckchen (Kammern) und drei Bogengängen. Die beiden Vorhofsäckchen (*Utriculus* und *Sacculus*) enthalten Sinnesfelder mit den Gleichgewichtszellen, die die lineare Beschleunigung des Körpers im Raum registrieren. Sie stehen senkrecht zueinander, so dass der *Sacculus* auf vertikale und der *Utriculus* auf horizontale Beschleunigungen anspricht. Die Gleichgewichtszellen ragen mit ihren Fortsätzen, den Sinneshärchen (vor allem Stereozilien), in eine Gallertschicht mit kleinen Kalkkörnchen (*Otolithen* = Schwererezeptoren aus Kalziumkarbonat-Kristallen), welche die Dichte der Membran erhöhen, so dass die Erfassung linearer Beschleunigungen überhaupt erst ermöglicht wird.

Die drei Bogengänge dienen der Registrierung von Winkelbeschleunigungen. Die mit einer Flüssigkeit (Endolymphe) gefüllten Bogengänge bilden das Drehsinnorgan. Mehrere tausend Sinneszellen mit feinen Härchen stehen nahezu senkrecht zueinander und erfassen so die Drehbeschleunigungen des Kopfes im Raum. Bei Bewegungen des Kopfes drückt die Endolymphe auf Grund ihrer Trägheit gegen eine Gallertkuppel im Bogengang. Die Gallertkuppel wird dabei entgegen der Bewegung des Kopfes abgelenkt. Das Sinnesorgan spricht somit nicht auf Bewegung als solche an, sondern nur auf Änderungen der Geschwindigkeit (Beschleunigung). Die Stärke der Beschleunigung bestimmt das Ausmaß der Ablenkung der Gallertkuppel. Die drei Bogengänge stehen entsprechend den drei Dimensionen des Raumes rechtwinklig aufeinander. Aus der Kombination der erregten Gallertkuppeln der verschiedenen Bogengänge wird die Richtung der Bewegung festgestellt.

Die Verschaltung des Gleichgewichtsorgans mit den Augenmuskeln über Leitungsbahnen ermöglicht im übrigen die visuelle Wahrnehmung eines stabilen Bildes während gleichzeitiger Kopfbewegungen. Wenn man den Kopf bewegt, dann wird diese Veränderung der Kopfstellung sofort durch unwillkürliche, schnelle Augenbewegungen in die Gegenrichtung korrigiert. Auf diese Weise wird die Raumorientierung gesichert, damit die Umgebung nicht vor den Augen „verschwimmt".

Gleichgewichtsprobleme stören das Präsenzgefühl

Der britische CGI- und VR-Pionier *John Vince* beschreibt in seinem Buch „*Introduction to Virtual Reality*" (2004), wie es zu Symptomen der Simulatorkrankheit kommen kann, wenn eine Bewegungsplattform (*Motion Base*) dem Anwender zu wenig Freiheitsgrade in ihren mechanischen Bewegungsmöglichkeiten bietet. Die Bewegungen der Plattform werden über ein sogenanntes ***Motion-Cueing***-Programm gesteuert.

„Beschleunigungen, die durch Bewegungen des Simulators Kräfte auf den Körper ausüben und so dem Testpiloten den Eindruck einer realen Fahrt vermitteln, werden als ***Motion Cues*** bezeichnet. Dieser in der Flug- und Fahrsimulation verwendete Begriff, bedeutet soviel wie Bewegungshinweis oder Bewegungsreiz. Analog dazu werden die bewegungserzeugenden Algorithmen, die die Steuersignale für die Plattform generieren als *Motion Cueing Algorithmen* bezeichnet," beschreibt *Prof. Dr.-Ing. Heinz Ulbrich* am *Lehrstuhl für Angewandte Mechanik* auf der Website der *Technischen Universität München* diesen Fachterminus.

Notwendig sind auf alle Fälle sechs uneingeschränkte Freiheitsgrade (6 DOF), um die Bewegungen eines Simulators mit dem Sichtsystem so exakt abstimmen zu können, dass es zu keinen Wahrnehmungskomplikationen im Gleichgewichtsorgan kommt.

Wenn die Bewegungsplattform nur 3 DOF bietet, sind Anwender, die empfindlich auf Bewegungsstörungen reagieren, die ersten, die die fehlenden Bewegungsgrade vermissen. Wenn beispielsweise eine Low-cost-Plattform mit 3 DOF für eine Simulatorfahrt eingesetzt wird, deren visueller Inhalt auf 6 DOF ausgelegt ist, dann würde während der simulierten Fahrt folgendes passieren: Der Gleichgewichtssinn des Anwenders registriert nur einen Teil der mechanisch erzeugten linearen und rotierenden Bewegungen, während seine Augen aber auch die fehlenden rotierenden und linearen Bewegungen registrieren. Dementsprechend reagiert der Magen auf diese Diskrepanz mit Übelkeit etc.

Der Konflikt zwischen den vom Gleichgewichtsorgan im Ohr erfassten und zur Verfügung gestellten Signalen sowie den visualisierten Bewegungsrichtungen des Sichtsystems verursacht beim Anwender eine entsprechende Desorientierung im Gleichgewichtsorgan.

---

6 DOF

DOF steht für ***Degrees of Freedom***. Mit den sechs Freiheitsgraden werden Standort und Bewegungsrichtung eines 3D-Objektes im virtuellen Raum beschrieben.

Zum einen gibt es drei Freiheitsgrade für die ***Rotation*** (***rotational DOF*** = *kreisförmige Umdrehung* entlang der x-, y- und z-Achse). Diese Umdrehungsbewegungen werden im Englischen als *roll* (seitwärts), *yaw* (gieren [entlang der Hochachse] und scheren) und *pitch* (rauf und runter) bezeichnet.

Die anderen drei Freiheitsgrade definieren die ***Translation*** (***translational DOF*** = *gradlinige Bewegung* zur Standortveränderung entlang der drei Raumachsen). Diese linearen Bewegungen bezeichnet man im Englischen als *surge* (vorwärts, schnelle Bewegung nach vorn), *heave* (aufwärts, nach oben schießen) und *sway* (seitwärts, hin- und herschaukeln).

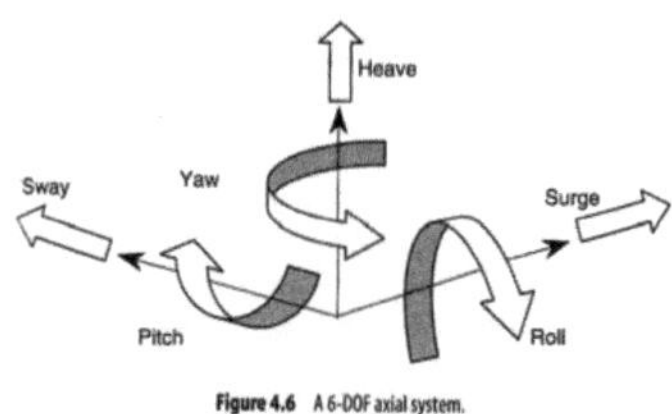

A 6-DOF axial system © John Vince

In mechanischen Geräten, wie den Bewegungsplattformen von Simulatoren können diese Freiheitsgrade miteinander kombiniert werden, um mehr Manövriermöglichkeiten zu erzielen. Allerdings muss man durch die mechanischen Begrenzungen immer noch mit einigen Einschränkungen leben. Es gibt Bewegungsplattformen mit zwei bis sechs DOF.

Motion-Base des Typs *Series 2000E* mit 6 DOF © *Moog Systems Group*

Um den Symptomen der Simulatorkrankheit vorzubeugen, sollte man eine Bewegungsplattform mit sechs Freiheitsgraden bevorzugen (siehe auch 3.2.1).

3.3 Erste eigene Konferenz für Virtual Humans

Die ersten computer-animierten Darstellungen von Menschen gab es in der zweiten Hälfte der 1980er Jahre von *Jeff Kleiser* und *Diana Walczak* von der Hollywood-Firma *Kleiser-Walczak Construction. Nestor Sexton* (1987) und *Dozo* (1989) hießen ihre *Barbie*-Puppen-ähnlichen 3D-Darsteller. Ihr Ziel war es, diese 3D-Charaktere für die Produktion von Werbespots und Filme auszuleihen.

Michael Wahrman und *Brad deGraf* präsentierten 1988 auf der *SIGGRAPH* „*Mike the talking Head*", einen in 3D modellierten Kopf, der in Echtzeit mit entsprechenden Lippenbewegungen sprechen konnte.

Im Laufe der nächsten zwölf Jahre wurde intensiv am realistischen Aussehen und der Mimik, Gestik und Fortbewegung von Virtual Humans gearbeitet. Vor allem der Bereich der Computerspiele war Motor für diese Entwicklung.

Die von *James Cameron*, *Stan Winston* und *Scott Ross* 1993 gegründete CGI-Schmiede ***Digital Domain*** produzierte 1994 für *Nike* einen witzigen VR-Werbespot, in dem ein virtueller Tennisschiedsrichter namens *Virtual André* mit einem ungewöhnlich realistischen Gesicht agierte.

Im Sommer 1996 fand in *Los Angeles* die erste *Virtual Humans Conference* statt.
Die Entwicklung von computer-animierten und mit KI ausgestatteten virtuellen Menschen hatte durch Software-Lösungen aus der Robotics einen neuen Entwicklungsschub erhalten. Nicht nur der Einsatz im Spielfilmbereich als *Digital Actors*, wie in „*Jurassic Park*“ (1994, *Universal*) und besonders häufig in „*Titanic*“ (1998, *Twenty Century Fox*) als Ersatz für reale Stuntmen war eine wesentliche Erweiterung der Möglichkeiten in der digitalen Filmproduktion. Vor allem in der Echtzeit-Berechnung für die immer aufwändiger werdenden Computerspiele wurden Virtual Humans als NPC (Non-playable Characters) und Avatare (digitale Stellvertreter der Spieler) immer wichtiger.

Der Begriff ***Digital Actor*** kommt aus der Robotics und bezeichnet digitale Darsteller für den Spielfilm- und Game-Bereich, die von einem Regisseur bzw. über ein Programm gesteuert werden können, je nach Drehbuchvorgabe.

Unter dem Motto „*Populate your Virtual Environment*“ wurde 1996 die ursprünglich am *MIT Artificial Intelligence Lab* entwickelte Software vermarktet. Ohne die Kenntnisse und Fähigkeiten eines Animation Designers oder eines Programmierexperten ließen sich digitale Charaktere interaktiv bewegen. Die digitalen Akteure reagierten in Echtzeit auf einfache Kommandos und ließen sich durch ein entsprechendes Szenario dirigieren. Die Bevölkerung von virtuellen Realitäten wurde auf diese Weise wesentlich vereinfacht.

1998 war die programmgesteuerte Kontrolle (***Crowd Control***) von digitalen Lebewesen schwer im Trend. Beispielsweise wurde bei *Pacific Data Images* (***PDI)*** für den komplett in 3D produzierten Film „*ANTZ*“, der 1999 ins Kino kam, für die Animation von Hunderten bzw. Tausenden von Ameisen zwei Systeme für Crowd Control programmiert. Das eine setzten die Animatoren für Ansammlungen bis 50 Insekten ein. Die Mischung aus Körpertypen und Bewegungen konnte vom Animator direkt beeinflusst werden. Das zweite System war ein auf Regeln basierender Simulator, der Animatoren nur strategischen Einfluss gestattete, wohin und in welchen Formationen sich Tausende von Ameisen beispielsweise in Kampfsequenzen bewegen bzw. wie sie agieren sollten, wenn eine bestimmte Situation eintritt.

Dieses verhaltensorientierte Simulationsprogramm basierte auf *Craig Reynold*'s *Flocking System* aus dem legendären computer-animierten Kurzfilm *Stellar & Stanley* (*Symbolics / Whitney/Demos Productions*) aus dem Jahr 1987. 60.000 CG-Ameisen waren der absolute Rekord in einer Szene. Die einzige Limitierung sei die Pixel-Auflösung gewesen, so *Jonathan Gibbs*, Effects Animator von *PDI*.

Auch bei *Pixar* wurde für den zweiten vollständig computer-animierten Kinofilm des Hauses entsprechende Software geschrieben. In dem unter der Regie von *John Lasseter* und *Andrew Stanton* entstehenden Film *A Bug's Live* versucht die Ameise Flik mit eine Gruppe von Zirkusflöhen die

Ameisenkolonie vor einer gefräßigen Grashüpferbande zu schützen. Der Film soll sich nach Aussage von Producer *Darla Anderson* total vom Look des ersten Films *Toy Story* unterscheiden. Produziert wurde im Cinemascope-Format und gezeigt wird eine hyperrealistische organische Welt, in der Wind bläst und dabei Bäume und Grashalme in Bewegung versetzt. 1.600 verschiedene Einstellungen wurden generiert, 400 davon in der Ameisenkolonie mit bis zu 1.000 Ameisen. In einigen Einstellungen wurden die CG-Insekten so groß gezeigt, dass sie die Hälfte der Leinwand einnahmen, in anderen Szenen waren sie nur zehn Pixel groß. Für die Massenszenen wurde ebenfalls ein eigenes *Crowd-Control*-System geschrieben. Eine Menge hat ihr Eigenleben, sie tut immer etwas und ist niemals regungslos, so CGI-Pionier *Bill Reeves*, der für die Programmierung zuständig war.

Waren die menschlichen Charaktere im ersten abendfüllenden 3D-animierten Kinofilm „*Toy Story*" (1995, *Pixar/Walt Disney*) noch weit entfernt von einem Realismus, so bot nur sechs Jahre später der komplett 3D-animierte Kinofim „*Final Fantasy: The Spirit Within*" (2001, *Square Pictures*) virtuelle Darsteller in einer bisher nicht erreichten Perfektion in punkto Animation und Aussehen. Willkommen im 22. Jahrhundert, dem Zeitalter der Virtuellen Realität, schrieb ich in meinem *SIGGRAPH*-Beitrag für *PROFESSIONAL PRODUCTION*.

Ohne die Grafikleistung des SGI-Equipments würde es den rund 115 Mio. US$-teuren Kinofilm *Final Fantasy* nicht geben, denn die vierjährige Produktionszeit wäre ins Uferlose ausgeartet, so *Kazuyuki Hashimoto*, der Senior Vice President und Chief Technology Officer von *Square Pictures* in den USA. Der 107-minütige Action- & SF-Film *Final Fantasy* war ein Meilenstein der CGI-Entwicklung. Er bestand aus 1.300 komplett computer-generierten Einstellungen, in den acht digitale Hauptdarsteller und 15 Nebenrollen-Charaktere agieren. Den Machern war es gelungen, fotorealistisch aussehende virtuelle Darsteller mit einer höchst authentischen Gestik und Mimik zu kreieren, die sich in zahlreichen Szenen von echten Schauspielern kaum noch unterschieden. Jeder Charakter wurde bis ins Detail, bis zu den Sommersprossen und Poren seiner Haut, gestaltet. Um Natürlichkeit und „Menschlichkeit" zu unterstützen, wurden kleine Mängel, wie leichte Asymmetrien oder eine fleckige Haut, eingearbeitet. „Neben dem realitätsnahen Fließen, Fallen und Wehen von Haaren sowie der Nachahmung, wie Kleidung bei Bewegung Falten bildet, über Körperformen fällt oder stoffgetreu mitschwingt, war das Nachbilden der flüssigen menschlichen Bewegungen die integrale Herausforderung des gesamten Produktionsprozesses" erläuterte *Hashimoto*. Darüber hinaus führte jeder der acht digitalen Hauptdarsteller im Verlauf der Geschichte die gesamte Palette von menschlichen Bewegungen aus und zeigte sogar Emotionen. Um diese hochgesteckten Ziele realisieren zu können, hatte *Square Pictures* rund 200 CGI-Artists und Animatoren sowie 30 Programmierer aus den USA, Asien und Europa zusammengezogen. Insgesamt wurden für den komplett per

CGI generierten Spielfilm unter anderem 167 *Octane2*-Grafik-Workstations, vier *Onyx2*-Grafik-Supercomputer und vier *SGI 2000*-Hochleistungsserver eingesetzt.

Dass qualitativ hochwertige CGI-Produktionen zukünftig immer häufiger aus dem Game-Bereich kommen werden, zeigten 2000 auch die ausgewählten Beiträge für das *Electronic Theater* der *SIGGRAPH* in *Orlando*. Ausschnitte aus Eröffnungsfilmen für Computerspiele, wie „*Tekken Tag Tournament*" (mit drei Beiträgen) und „*Onimusha*", waren für CGI-Fans in punkto Realismus synthetischer Darsteller ein Augenschmaus. Das aufwendige Opening Movie für die *PlayStation 2* wurde von *Links DigiWorks, Inc.* unter anderem mit der neuen Version von „*Character Studio 3*" von *Discreets* Software „*3D Studio MAX*" produziert. Hunderte von Samurai-Kriegern stürmten in dem Opening auf ein Schlachtfeld, um zu kämpfen.

Nur sechs Darsteller dienten beim Motion Capturing als Referenz für die Bewegungen der zahlreichen Krieger im Film. Diese visuelle Darbietung, das Motion Capturing und fotorealistische Rendering überraschte die Jury, wie auch die Zuschauer, so dass das Opening zum „Best of Show" gekürt wurde und den Abschluss des „Computer Animation Festival 2000" bildete.

3.3.1 Software-Tools für Virtual Humans

Auf der *SIGGRAPH* 2001 in *Los Angeles* war ein deutlicher Trend hin zu immer realistischer aussehenden Virtual Humans zu erkennen. Die Generierung von realistischen Gesichtern und menschlichen Körpern war geradezu eine Herausforderung für viele Digital Artists und Software-Experten zu dieser Zeit. Das zeigten zahlreiche Messestände.

Die 1998 gegründete kanadische Software-Firma *Singular Inversions Inc.* bot für 495 US$ das Programm *FaceGen Modeller 2.0* für die Generierung von Gesichtern. Anhand von Software-Reglern konnte der Animator verschiedene Morphings an einem Ausgangskopf vornehmen. Es bestand die Möglichkeit, per Schieberegler das Alter des Gesichts zu verändern, das Geschlecht und die Rasse. Der Animator konnte durch das Verändern von Parametern beispielsweise bestimmen, ob die Person mehr männliche oder weibliche Züge hat, und ob sie europäische Gesichtszüge mit einem asiatischen Einschlag bekommt. Die Veränderungen wurden alle in Echtzeit dargestellt. Die Software arbeitet mit jedem polygonalen Netzwerk (Mesh) und ermöglicht auch die Kreierung von Köpfen mit Hilfe von Fotos.

Für *LightWave*, *Maya* und *3ds max* gab es von *Joe Alter* das Rendering-Programm *Shave and a Haircut* zur Generierung von fotorealistischen Haaren für virtuelle Menschen, Tiere und sonstige

Charaktere. Des Weiteren demonstrierte das Unternehmen das Programm *Lip Service*, mit dem Animatoren ein komplettes Modelling- und Animations-Paket für Lip-sync und Gesichtsanimation zur Vergnügung stand. Die *Worley Laboratories* aus *Menlo Park* in Kalifornien boten für *LightWave*-User das Programm *Sasquatch* für die Erzeugung von Gras, Haaren und Fell. Für 10.000 US$ verkaufte die Firma *LifeMode Interactive Inc.* aus *Belmont* in Kalifornien das Programm *Life Studio: Head* für Gesichtsanimation. In Zukunft sollte außerdem noch *Life Studio: Body* auf den Markt kommen, eine Engine für realistische Skelett-Animation.

Eine vielversprechende Vorführung gab es auf dem Stand der kanadischen Software-Firma *Reflex Systems Inc.* aus *Montreal.* Das Unternehmen bot für 17.000 US$ eine 3D-Human-Animation-Software mit der Bezeichnung *Reflex/DRAMA*. Sie war das Resultat jahrelanger Entwicklungsarbeit, unter Einbeziehung von Ideen aus den Bereichen Biomechanik, Genetik, Symbol-Programmierung und CGI. Zu diesem Zeitpunkt gab es einen männlichen Charakter, der beispielsweise in seiner Größe und seiner Schädelform beliebig verändert werden konnte. Augen, Ohren, Nase und Mund sowie der Haarschnitt und die Pigmentierung der Haut konnten individuell festgelegt werden. Der Körper des virtuellen Menschen war nicht etwa leer, wie bei bisherigen CGI-Modellen. Er bestand vielmehr aus einem Skelett, Muskeln, Fettschichten und war mit einer Haut überzogen. Veränderte der Animator die Größe des Skeletts, passte sich der Rest automatisch an. Per Paint-Funktion konnte man auch Fettschichten andeuten. Die Software füllte darauf hin die Zellen mit Fett auf. Ein weiblicher Charakter war in Vorbereitung.

Auch MoCap-Daten konnten für die Animation integriert werden, wenn der synthetische Mensch fertig war. „Mit *Reflex/DRAMA* kann man einen 3D-Menschen innerhalb von einem Tag modellieren“, versicherte mir *Jean Nicholson Prudent*, President von *Reflex Systems*, in einem Interview. „Im Vergleich dazu braucht ein

Animator mit einem herkömmlichen Programm bis zu drei Monate, um einen wesentlich einfacher aufgebauten 3D-Menschen zu modellieren.“ Die fotorealistischen Modelle konnten außerdem durch die Manipulation der wichtigsten Eigenschaften der biologischen Beschreibung geklont oder reproduziert werden. Diese einzigartige Software sollte Ende 2001 zum Verkauf bereitstehen. Leider kam sie nie auf den Markt.

Im belgischen *Leuven*, am Hauptsitz von *Eyetronics,* wurden seit 1998 zahlreiche Programme entwickelt. Die *L.A.*-Niederlassung präsentierte auf ihrem Stand beispielsweise das Programm *ShapesSnatcher 3.0*, mit dem ein Animator schnell ein 3D-Modell von einem physikalischen Vorbild kreieren konnte. Die Software ermöglichte dem Anwender aus 2D-Videobildern oder Fotografien 3D-Patches zu generieren, aus denen ein 360-Grad-3D-Modell zusammengebaut werden konnte.

Mit dem Programm *Liquid Faces* konnte man dann relativ einfach und schnell reale Gesichter auf die 3D-Gesichtsmodelle mappen. Da es sich bei *ShapesSnatcher* um ein portables System handelte, ermöglichte es beispielsweise auch im Bereich Archäologie Keramik, Mauerbrüstungen und Statuen zu vermessen und mit einer digitalen Videokamera festzuhalten.

VR-Guru *Jaron Lanier*, Ex-Chef von *VPL Research*, war wieder aus der Versenkung aufgetaucht als Chief Scientist für *eyematic interfaces Inc.* aus *Inglewood* in Kalifornien. Das Unternehmen präsentierte auf einem ungewöhnlich großem Messestand unter anderem die *Eyematic FaceStation*, das weltweit erste System für Gesichtsanimation, das ohne Marker im Gesicht des Probanden auskam. Trotzdem ermöglichte die *FaceStation* dem Animator in Echtzeit Facial Animation zu generieren. Dahinter steckte ein High-end-PC mit mindestens einem Giga-Hertz Rechenleistung und einer Video-Capture-Karte. Mit einer Standard DV-Kamera wurde die Gesichtsmimik und die Stimme einer Person aufgezeichnet und mittels der Computer-Vision-Software von *eyematic* in Echtzeit analysiert. Die Ergebnisse, also die Bewegungen und der Ton in 3D-Qualität, wurden in Echtzeit auf den 3D-Kopf übertragen. Der integrierte Plug-in *Eyematic FaceDriver* integrierte die Daten direkt in Anwendungen von *3ds max* und *Maya.* Das Ergebnis war erstaunlich, hatte aber auch seinen Preis: rund 25.000 US$ musste man investieren. „Die ungewöhnlichen Fähigkeiten der *FaceStation* beruhen auf patentierten Software Engines aus den Bereichen Biometrie und Computer-Vision (Bereich der Robotik/Maschinensehen), in denen über 20 Personenjahre Forschung und Entwicklung von führenden Wissenschaftlern und Programmierern auf diesen Gebieten stecken", erläuterte mir *Lanier* in einem Interview. Die Computer Vision-Technologie stammte von dem deutschen Institut für Neuroinformatik der *Ruhr-Universität Essen. Professor Dr. Christoph von der Malsburg*, *Dr. Hartmut Neven* und *Orang Dialameh* hatten eyematic 1997 in *Los Angeles* gegründet und verfügten außerdem über Niederlassungen in *San Francisco* und *Tokio*.

Zusammenfassend konnte man festhalten, dass der Trend in der Entwicklung der Charakter-Animation dahin geht, Tools zu entwickeln, die es ermöglichen, qualitativ hochwertige virtuelle Darsteller, wie sie in *Final Fantasy* zu sehen waren, in einem Bruchteil der Zeit entwickeln zu können. Denn in rund fünf Jahren werden solche hochauflösenden Darsteller im Game-Bereich Standard sein, prognostizierte ich und voraussichtlich in zehn Jahren (2011) im 3D-Internet (Web 3.0), dem ***CyberNet,*** wie ich es nenne, ein zu Hause finden, schätzte ich den Entwicklungsverlauf im *SIGGRAPH*-Bericht 2001 für *PROFESSIONAL PRODUCTION* ein.

3.3.2 Verbesserung der Kommunikation mit Virtual Humans

Norman Badler, Direktor vom *Center for Human Modeling and Simulation* an der *Universität von Pennsylvania*, berichtete auf der *IMAGINA* 2002 über seine Forschungsarbeiten in den Bereichen Gesichtsmimik, Körperhaltung und Gestik für Virtual Humans. Nach seiner Erkenntnis sollte ein synthetischer Mensch seine Augen nicht starr auf den Kommunikationspartner richten, sondern die Pupillen müssen sich auch bewegen. Dann wirkt die Kommunikation erst echt.

Auch *Barbara Hayes Roth*, Senior Research Scientist an der *Stanford University*, befasste sich mit Virtual Human. "Virtuelle Menschen werden unser Erlebtes und unsere Gefühle mit uns teilen," erläuterte sie eines ihrer Forschungsziele. "Sie erinnern sich daran und stellen ihre Emotionen und Reaktionen darauf ein." Sie stellte einen Virtual Newscaster vor, eine virtuelle Nachrichtensprecherin, die einen individuellen News-Überblick gab. Über eine Tastatur konnte man mit der 3D-Frau kommunizieren, der Text wurde analysiert und sie antwortete verbal mit Gestik, Mimik und Gefühlen. Sie verfügte außerdem über eine Persönlichkeitsstruktur, über eigene Träume (nach denen man sie fragen konnte), und sie war in der Lage zu flirten, sowie Gefühle, wie Ärger, Trauer und Freude als Reaktion auf Ereignisse zu zeigen.

Paul Kruszewski, President der Firma *BGT BioGraphic Technologies* aus Kanada, hatte eine Autonomous Charakter Engine entwickelt, mit der man autonom operierende Charaktere erzeugen und kontrollieren konnte, die in einer 3D-Welt agieren und reagieren. "Der Animator wird auf diese Weise zum Regisseur," stellte *Kruszewski* fest. "Künstliche Intelligenz ist das nächste Ziel in der Animation." Circa 2007 soll es seiner Einschätzung nach die ersten intelligent agierenden Virtual Humans geben.

Auf der CGI-Konferenz *fmx03* in *Stuttgart* präsentierte *Stephan Trojansky* von *CA Scanline* aus Geiselgasteig (bei München) zusammen mit Lead Animator *Christoph Sprenger* unter anderen die Inhouse-Entwicklungen *Sheep*, eine Software für *Crowd Animation.* In detailreichen Erläuterungen vermittelten sie, wie man 15.000 digitale Statisten in einer römischen Arena in Echtzeit dirigieren kann. Immerhin bestand jeder Statist aus 20.000 Polygonen und die Größe eines Files umfasste 1,5 MB. Die Bewegungsdaten für die Referenzstatisten wurden über ein Motion Capture-System in die *Filmbox* eingelesen. Über Slider (Schieberegler) konnte man in Echtzeit den Aufgeregtheitsgrad des digitalen Publikums steuern. So erhoben sich beispielsweise ganze Gruppen, wenn sie ins Visier der vorbeifahrenden Kamera kamen, klatschten oder rissen die Arme hoch, allerdings jeder scheinbar individuell.

All diese Entwicklungen waren Vorbereitungen für die ersten animierten Avatare in Online Games und zur Bevölkerung für virtuelle Welten, die rund acht Jahre später in einer halbwegs akzeptablen Qualität zaghaft begann.

3.3.3 Ohne glaubhaft wirkende virtuelle Darsteller geht nichts mehr

Ein Leitthema der *fmx07* waren glaubhafte virtuelle Charaktere. Dazu gab es eigens ein *Virtual Humans Forum*. Auch andere Vorträge hatten digitale Darsteller zum Thema. *Tim Webber*, VFX Supervisor bei *Framstore CFC,* erläuterte beispielsweise die Herstellung der vierminütigen Geburtssequenz für den SF-Film „*Children of Men*". *Framestore* in *London* war 2007 mit 20 Jahren Erfahrung und über 620 CGI-Spezialisten das größte VFX- und 3D-Studio Europas und hatte bereits für über 200 Kinofilme sowie für unzählige Werbespots Animation und VFX produziert.

Der neueste Film des französischen Star-Regisseurs *Luc Besson*, „*Arthur and the Invisibles*" (2007), bestand aus einem Drittel Live-action und zwei Dritteln 3D-Animation. *Disney's* „*Peter Pan*" war etwas Vorlage für die Atmosphäre des Films. Das Drehbuch hatte *Besson* 2001 das erste Mal gelesen. Drei Jahre später war Produktionsbeginn. *Geoffrey Niquet*, Technical Director bei *BUF* referierte über die Produktion, an der 100 Fachleute 27 Monate lang für 60 Minuten Animation gearbeitet haben. Er demonstrierte, wie sie aus einem einzigen 3D-Körper mit Skelett, Muskeln und Haut durch Deformation vier verschiedene Charaktere (Elfen) erzeugten. Über *MoCap* wurden Bewegungs-Sets generiert, die dann auf alle Charaktere übertragen werden konnten. *Luc Besson* konnte dadurch die virtuellen Darsteller per Regie beliebig steuern.

Im Spielfilm sind virtuelle Darsteller (*Digital Actors*) längst ein Alltagsgeschäft, im Echtzeitbereich der Computer-Spiele sind Virtual Humans ein zentraler Einsatzbereich mit ständig wachsender Perfektion und Realismus. Daher gab es auch zahlreiche Vorträge über virtuelle Charaktere im Games-Bereich. Denn in den Computerspielen, nicht selten Adaptionen von erfolgreichen Kinofilmen und deren Leinwandhelden, hängt alles von ihrem Realismus ab. Je menschlicher die Figuren wirken, desto stärker können sich die Spieler/innen mit ihnen identifizieren und umso größer ist die Spannung und die Erzeugung von Emotionen. Bis der Realismus der digitalen Darsteller aus den Kinofilmen des Jahres 2007 auch in Computerspielen möglich ist, wird es aufgrund der notwendigen Echtzeitberechnung noch einige Hardware-Generationen dauern.

3.4 Überleben im Cyberspace

Der KI-Papst *Professor Marvin Minskey* vom MIT hatte bereits in der zweiten Hälfte der 1980er Jahre einen Wunschtraum. Er wollte, dass der Inhalt seines Gehirns nach seinem Tod für die Nachwelt erhalten bleibt und in Neuro-Computern überlebt. Ihn ärgerte die Vorstellung, dass sein ganzes Wissen und seine wertvollen Erfahrungen in den Windungen seines Gehirn verborgen bleiben und von den Würmern aufgefressen werden, wenn er eines Tages stirbt.

Sein langjähriger Doktorand *Hans Moravec* beschrieb 1990 in seinem Buch *Mind Children* (*Kinder des Geistes*), dass es spätestens 2040 möglich wäre, den Inhalt von Gehirnen zu scannen und auszuwerten. Nach der Lektüre dieses Buches sah ich mich veranlasst, darüber nachzudenken, wie man technisch ein Leben im Cyberspace nach dem natürlichen Tod bewerkstelligen könnte.

Ich recherchierte, ob es schon zu dieser Zeit möglich war, eine mentale sowie visuelle, akustische und taktile Präsenz im Cyberspace mit den zur Verfügung stehenden digitalen Technologien ansatzweise umzusetzen. Ich kam zu dem Ergebnis, dass folgende Schritte notwendig waren, um von einer Person zu Lebzeiten einen digitalen Klon (Kopie) zu erstellen:

- Der Körper und das Gesicht müssen per Scanner digitalisiert werden.
- Erfassung von typischen Bewegungsdaten der Person.
- Mimik nach typischen Reaktionsmustern analysieren.
- Sprachanalyse / Interpretation.
- Gefühle analysieren und in verbale oder optische Reaktionen übersetzen. (wäre über die Analyse der Menge und persönliche Auswirkung der körpereigenen Drogen möglich (siehe *SERA*-Projekt unter 2.4.9).

Der daraus entstandene digitale Klon müsste über das Internet, an das Wissen der Welt angedockt werden. Bereits vor der Einführung des *World Wide Webs* 1995 war klar, dass viele Kräfte das Internet im Laufe der kommenden Jahrzehnte zu einem riesigen Wissenspool ausbauen würden.

Mit Hilfe von Mikro-Chips, spekulierte ich, könnte man das reale Leben der Originalperson ausschnittsweise aufzeichnen und im Gedächtnisspeicher des digitalen Klons als Erinnerung ablegen. Menschen könnten sogar über Video-Kameras und Laserprojektion im RL mit dem digitalen Klon kommunizieren und im Cyberspace (Avatar mit Klon) „zusammenleben".

Nach der Kommerzialisierung des Internets 1995 und den unaufhaltsamen Anstrengungen, virtuelle Gemeinschaften im Netz aufzubauen, entwickelte ich 1998 am *CYBERLINE Research Institute* die konzeptionellen Grundlagen für ein Forschungsprojekt zum Thema ***Digital Cloning***. Die Zielsetzungen waren:

- Digitales Weiterleben im Cyberspace nach dem natürlichen Tod.
- Mentale sowie visuelle, akustische und taktile Präsenz im Cyberspace.

Fotos, Dias und Super-8-Filme sowie Videos aus unserer Kindheit oder von unseren Eltern und Großeltern sind visuelle Speichermedien zur Erinnerung. Sie stellen Momentaufnahmen im Leben von realen Personen dar, schrieb ich. Die Zukunft ist nicht mehr nur analog, sondern auch digital. Ein großer Teil des zukünftigen wirtschaftlichen und gesellschaftlichen Lebens wird im sogenannten *CyberNet* stattfinden – dem dreidimensionalen Nachfolger des heutigen Internets. Wenn Menschen in der Lage sind, mit Fotos Erinnerungen in ihren Gehirnen lebendig werden zu lassen, dann wird es für die neuen Generationen möglich sein, mit digitalen Klonen zu kommunizieren, auch wenn sie wissen, dass die physikalischen Pendants längst tot sind.

Neben den Avataren und Artificial Residents wird es daher eine dritte Spezies geben, sogenannte **Klone**, die als digitale Kopie reale Menschen verkörpern und autonom agieren können. Zu Lebzeiten einer Person wird von ihr eine digitale Kopie modelliert, Verhaltensweisen übertragen, eine Persönlichkeitsstruktur entworfen und der Aufgabenbereich des Klons vom Eigentümer festgelegt sowie mit persönlichen Daten „gefüttert". Der mit künstlicher Intelligenz ausgestattete Klon wird sein aktuelles Wissen über Ereignisse im weltwirtschaftlichen Geschehen aus dem Netz beziehen und wesentlich besser mit diesen Datenmengen umgehen können als sein physikalischer Meister.

Diese digitale Kopie kann für ihren Meister in naher Zukunft im Netz agieren und ihn dort sogar überleben lassen. Das heißt, wenn die physikalisch reale Person stirbt, kann der Klon im Netz automatisch aktiviert werden. Er lebt dort selbständig weiter, agiert, macht Geschäfte und ist für die Kinder oder Nachfahren erlebbar, kann Ratschläge erteilen und mit Hilfe einer privaten digitalisierten Datenbank, bestehend aus Urlaubsvideos, Fotos etc., seine Ausführungen visualisieren.

Der Unterschied zur Konservierung einer Person auf Fotos und Videos ist, dass der Klon ein Eigenleben – ganz nach dem Willen seines Herrn / seiner Herrin – führen kann. Mit diesen technischen Möglichkeiten stand meiner Meinung nach die Menschheit an der Schwelle zum digitalen Leben! Mein Slogan dazu lautete: „*Digital Survival – Forever young*". Natürlich war der Markt dafür noch nicht reif. Meine Überlegungen kamen 20 Jahre zu früh. Aber ich befand mich ja in guter geistiger Gesellschaft.

Damit die Kommunikation im Cyberspace möglichst realistisch und gefühlsbetont ablaufen kann, war es nach meiner Auffassung notwendig, ein intelligentes Visualisierungsverfahrens zu entwickeln, mit dessen Hilfe sich *Artificial Residents*, aber auch Klone, in ihrer Körpersprache unterscheiden, aus dem Erlebten individuell lernen und ihr Verhalten danach ausrichten. 1993 definierte ich an meinem Institut die Forschungsziele für den Entwurf und die Generierung spezieller Software Engines für gefühlsorientierte Kommunikation im Cyberspace. Ich nannte das Forschungsprojekt „***SERA*** – *Synthetic Emotion and Reaction Analysis for Artificial Residents*“. Es sollte einen Grundpfeiler darstellen, um autonomes virtuelles Leben zu erzeugen.

3.4.1 Synthetische Gefühle für virtuelle Menschen

Das Forschungsvorhaben *SERA* (*Synthetic Emotion and Reaction Analysis for Artificial Residents*) ist im *KI*-Zweig „*Artificial Life*“ einzuordnen. Insider wussten bereits in der zweiten Hälfte der 1980er Jahre, dass dieser Forschungszweig der *Künstlichen Intelligenz* zukünftig zu einer tragenden Säule für Virtual Humans werden würde. Erklärtes Ziel einiger Forscher in den USA und Japan war es seit Anfang der 1980er Jahre, den Cyberspace durch künstliche 3D-Bewohner zu bevölkern, die sich autonom verhalten, ein Eigenleben führen sowie selbständig Informationen suchen und Aufgaben abarbeiten.

Im Sommer 1996 fand hierzu in *Los Angeles* die erste *Virtual Humans Conference* statt. Die Entwicklung von computer-animierten und mit KI ausgestatteten virtuellen Menschen hat 1996 durch Software-Lösungen aus der Robotics einen neuen Entwicklungsschub erhalten.

Wesentlich problematischer gestaltet sich die Kommunikation im Cyberspace zwischen Avataren. Anwender sind derzeit nicht nur gezwungen, mit diesen primitiven visuellen Repräsentationen der einzelnen Kommunikationspartner zu kommunizieren, sondern müssen auch auf erlerntes nonverbales Kommunikationsverhalten verzichten. Gestik und Mimik sowie das unmittelbare nonverbale Reagieren innerhalb eines Gespräches oder einer Handlung sind aber wesentliche Kommunikationsbestandteile, die eine gefühlsorientierte Kommunikation mit einem möglichst hohen Informationswert untereinander ermöglichen. Zur Erfassung dieser äußeren Faktoren Motion Capture-Techniken einzusetzen, wäre zu aufwendig, zu teuer und für die Anwender zu unbequem.

Noch schwieriger wird es, wenn zukünftig User im CyberNet als Avatare oder ihre Klone mit autonom operierenden Artificial Residents kommunizieren sollen. Damit der Anwender mit solchen künstlichen Bewohnern eine intensive und für ihn möglichst natürliche Konversation betreiben kann, kommt es vor allem auch auf eine gefühlsorientierte Wirkung an – welchen Eindruck der virtuelle Mensch beim physikalischen Menschen hinterlässt und umgekehrt. Im alltäglichen Leben gibt es zahlreiche einfache Verhaltensmuster von der sprachlichen Äußerung bis hin zur non-verbalen Kommunikation. Meist macht man sich darüber gar keine Gedanken, ob das Verhalten der anderen Personen intelligent, ehrlich oder zweckorientiert ist. Man agiert in den meisten Fällen unbewusst und gefühlsorientiert. Trotz unterschiedlicher Intelligenz und Interessen können sich Wissenschaftler mit weniger gebildeten Menschen über alltägliche Dinge in der Regel ohne Schwierigkeiten verständigen.

Die Art und Anzahl der Filter beider Personentypen, durch die die Informationen geschleust werden, sind unterschiedlich komplex und zahlreich. Sie beeinflussen indirekt gezielt das meist unbewusst ablaufende Reaktionsverhalten ihrer Körpersprache. Das Regelwerk, das hinter der menschlichen Kommunikation steckt, ist somit äußerst komplex und basiert schwerpunktmäßig auf der Ausschüttung körpereigener Drogen, die Gefühlszustände erzeugen und steuern.

Ein wesentlicher Bestandteil des Forschungsprojektes ist es, zu untersuchen, durch welche Grundfaktoren, wie Mimik, Körperhaltung und Information, der Ausstoß von bestimmten körpereigenen Drogen verursacht wird und wie diese Faktoren in einer Tabelle (Raster) aufgelistet werden könnten. Des Weiteren muss untersucht werden, wie virtuelle Menschen in einer bestimmten Situation (beim Vorliegen bestimmter Faktoren und dem daraus resultierenden Ausstoß bestimmter Mengen von körpereigenen Drogen) in punkto Mimik, Körperhaltung und verbaler Äußerung individuell gesteuert werden können.

Ziel dieses Forschungsvorhabens ist es unter anderem, spezielle Software Engines für gefühlsorientierte Kommunikation im virtuellen Raum zu entwerfen und ein intelligentes Visualisierungsverfahren zu entwickeln, mit dessen Hilfe sich virtuelle Menschen (Artificial Residents) in ihrer Körpersprache unterscheiden, aus dem Erlebten individuell lernen und ihr Verhalten danach ausrichten.

Ein Lösungsansatz wäre die Analyse von natürlichen Gefühlen und Schmerzen sowie deren Synthetisierung und Umsetzung in verbale und non-verbale Reaktionen für digitale Klone und Artificial Residents.

Simulation von Körperhaltung und Körpersprache

Um Körperhaltung und Körpersprache von Virtual Humans darstellen und von Avataren korrekt interpretieren zu können, müssen zwei Programme geschrieben werden. Das eine für die grafische Darstellung von emotionsgesteuertem Verhalten bei Virtual Humans in ihrer Körperhaltung, Gestik und Mimik als Reaktion auf die Körpersprache von Avataren. Das zweite Programm muss Virtual Humans in die Lage versetzen, non-verbale Reaktionen von Avataren zu erfassen und korrekt zu interpretieren.

1)

Ein möglicher Lösungsweg ist die Mengenmessung ausgeschütteter körpereigener Drogen (Botenstoffe), die Analyse der Auswirkung auf das Verhalten von verschiedenen realen Testpersonen sowie die Übertragung dieser Daten auf ein digitales Verhaltensraster.

Dadurch könnte beispielsweise ein digitaler Klon einer Testperson in simulierten Situationen auf ähnliche Schlüsselreize mit seiner Mimik, seiner Körperhaltung und seinen inhaltlichen Äußerungen annähernd genauso reagieren, wie sich die Testperson in einer solchen Situation verhalten würde.

Es müsste des Weiteren untersucht werden, welche äußerlichen Verhaltensmerkmale in der Körpersprache durch die Wirkungsweise von körpereigenen Drogen ausgelöst werden. Sogenannte Zufallsgeneratoren könnten die jeweilige Verhaltensweise noch etwas differenzieren (scheinbar individualisieren). Im Rahmen dieser Forschungsarbeit müssen auch Unterlagen für eine Mess- und Analyse-Einheit auf Mikrobasis erarbeitet werden, mit der Ärzte und Wissenschaftler die wichtigsten ausgeschütteten Botenstoffe beim Menschen mengenmäßig erfassen können.

2)

Ein weiterer Lösungsweg, der erarbeitet werden muss ist, wie solche gefühlsorientierten Daten zur grafischen Generierung der Körpersprache von Virtual Humans möglichst schnell über die heute zur Verfügung stehenden Datennetze übermittelt werden können. Ein Lösungsansatz wäre, nur bestimmte Parameter zu übertragen.

3.4.2 Intelligenz für Virtual Humans

In der Lexikonreihe von *DIE ZEIT* (Ausgabe 2005, S. 96) wird der aus dem Lateinischen kommende Begriff ***Intelligenz*** wie folgt beschrieben:

„Im allgemeinen Verständnis die übergeordnete Fähigkeit (bzw. eine Gruppe von Fähigkeiten), die sich in der Erfassung und Herstellung anschaulicher und abstrakter Beziehungen äußert, dadurch die Bewältigung neuartiger Situationen durch problemlösendes Verhalten ermöglicht und somit Versuch-und-Irrtum-Verhalten und Lernen an Zufallserfolgen entbehrlich macht.

Ein in der Psychologie häufig verwendetes Intelligenz-Modell umfasst folgende Intelligenz-Faktoren: sprachliches Verständnis, Assoziationsflüssigkeit, Rechengewandtheit, räumliches Denken, Gedächtnis, Auffassungsgeschwindigkeit und schlussfolgerndes Denken. Neuere Ansätze berücksichtigen Aspekte wie praktische, soziale und emotionale Intelligenz."

In der Lexikonreihe von *DIE ZEIT* (Ausgabe 2005, S. 379) wird der Begriff ***Künstliche Intelligenz*** wie folgt beschrieben:

„Abk. KI, interdisziplinärer Zweig der Computerwissenschaften mit dem Ziel, bestimmte abstrakte, berechenbare Aspekte menschlicher Erkenntnis- und Denkprozesse auf Computern nachzubilden und mit Hilfe von Computern Problemlösungen anzubieten, die Intelligenzleistungen voraussetzen.

Interdisziplinär geprägt ist die KI z.B. durch die Informatik, Mathematik, kognitive Psychologie, Neurologie, Linguistik und Philosophie.

Die Idee der vollständigen oder weitgehenden Ersetzung des menschlichen Geistes durch die Maschine ist begleitet von ... kontroversen Diskussionen.

Teilgebiete der KI sind: Spielprogrammierung, ... Verarbeitung von natürlicher Sprache ..., Bildverarbeitung ..., die Entwicklung autonomer Roboter.

... Die größte praktische Relevanz besitzen auf absehbare Zeit Expertensysteme, d.h. automatische Problemlösungen der KI für Spezialgebiete, ... sowie Systeme mit gemischter Architektur, wie Kombinationen von Expertensystemen und künstlichen neuronalen Netzen.

Eine alle KI-Systeme berührende Technik ist das automatische Lernen."

Der Forschungszweig ***Künstliche Intelligenz*** (***KI***) ist in den vergangenen 50 Jahren kaum über die Generierung von Expertensystemen und einfachen KI-Routinen hinausgekommen. Es sei daran erinnert, wie engstirnig KI-Wissenschaftler bis in die 1980er Jahre hinein auf der formalen Logik, basierend auf „ja oder nein", beharrten. Dabei gab es längst einen Lösungsansatz. Der amerikanische Mathematiker *Professor Lofti A. Zadeh*, der seit 1959 an der Elite-Universität von Kalifornien in *Berkley* lehrte und auf dem Gebiet der Systemtheorie forschte, stellte 1965 in einer wissenschaftlichen Arbeit erstmals seine Theorie von der *unscharfen Logik* (***Fuzzy Logic***) vor, basierend auf „ja, vielleicht oder nein". Damit hatte er einen Weg aus der Sackgasse der klassischen Logik gefunden. Statt dessen wurde *Zadeh* aber von fast der ganzen Wissenschaftslobby geschnitten und seine Theorie für unseriös und verrückt erklärt.

Erst als japanische Firmen 1980 begannen auf Basis seiner Arbeit Fuzzy-Logic-Chips zu entwickeln und in regeltechnischen Anwendungen, wie für die intelligente Steuerung von Industrie-Robotern, Aufzügen, U-Bahnen, Waschmaschinen, Videokameras und Staubsauger sowie Laufkatzen im Container-Bereich einsetzten, wachten jüngere KI-Forscher endlich auf.

Das menschliche Gehirn verbraucht insgesamt rund 20 Prozent der mit der Nahrung aufgenommenen Energie, 15 Prozent des Sauerstoffs und 40 Prozent des Blutzuckers. (Quelle: Bild der Wissenschaft 8/2002, S. 30) Das zeigt, wie wichtig und komplex dieser weltenbildende Apparat ist. Hirnspezialisten und KI-Experten wissen, dass wir mit unserer eigenen Intelligenz das Phänomen der menschlichen Intelligenz nicht exakt analysieren können. Daher sind wir auch derzeit nicht in der Lage, natürliche Intelligenz mit dem Rechner zu simulieren. Einen neuen und vielversprechenden Weg schlug 1987 *Chris Langton* am *Santa Fé Institute* ein, als er den KI-Zweig *„Artificial Life“* (*Künstliches Leben = KL*)) gründete. Der Leitsatz des Wissenschaftszweigs KL lautet: „Leben ist keine Eigenschaft der Materie, sondern die Organisation dieser Materie.“

Humane Intelligenz ist zu einem Teil angeboren und kann durch Erfahrungen trainiert und ausgebaut werden. Nichtfachleute machen sich nicht so viel Gedanken darüber, wie Intelligenz funktioniert. Für die meisten von ihnen sind Menschen mit viel Wissen intelligent. Das heißt, sie setzen Wissen mit Intelligenz gleich.

Ein Zusammenhang zwischen Wissen und Intelligenz ist durchaus gegeben. Nur ist dieser maximal eine Stufe über dem eines Expertensystems anzusiedeln. Denn ein Expertensystem stellt lediglich geeignete Fachinformationen für ein Problem bereit. Es trifft aber selbst keine Entscheidungen, sondern stellt ausgesuchtes Wissen zur Verfügung und unterbreitet Vorschläge.

Ein Mensch hingegen trifft aufgrund seiner Erfahrung und seines vielseitigen Wissens selbst Entscheidungen. Manchmal fragt er vorher noch andere Menschen um Rat. Die werden ihm vielleicht aufgrund ihres individuellen Wissenstandes etwas anderes raten als das, wozu der Fragende selbst hin tendiert. Oftmals werden Entscheidungen auch aus dem Bauch heraus (vom sogenannten Zweithirn) getroffen, die mit Logik nur wenig zu tun haben. Andere Menschen lassen sich wiederum von ihrem „Riecher“ oder dem „7. Sinn“ bei ihrer Entscheidung leiten.

Aber was macht beispielsweise ein Mensch in einer verzwickten Situation, wenn er auf keine Erfahrungswerte und kein Hintergrundwissen zurückgreifen sowie keinen anderen Menschen um Rat fragen kann? Genau hier zeigt sich sein Intelligenzgrad, die Kreativität und Flexibilität seines Geistes, eine Lösung für diese für ihn ungewohnte Situation zu finden. Und genau dies ist die bisher nicht erreichte Stufe in der KI. Hier scheiterte bisher jede Simulation.

Da es auch weiterhin enorme Schwierigkeiten gibt, zufriedenstellende Software-Produkte für Virtual Humans auf KI-Basis zu entwickeln, habe ich 2001 an der *Elstaler Filmhochschule für digitale Medienproduktion* (*GERMAN FILM SCHOOL*) einen neuen Forschungszweig definiert und ein Jahr später für die Ausstattung von digitalen Kreaturen und Artificial Residents mit künstlicher Intelligenz ein Lab für ***Virtual Intelligence*** gegründet.

Meine Zielsetzung war, die Grundlagen für die Entwicklung einer ***VI***-Engine (*VI* = Virtual Intelligence) zu erarbeiten. Diese Engine sollte aus einem Sprach- und einem Bildverarbeitungs-Modul bestehen, die scheinbar vorhandene menschliche Intelligenz für Virtual Humans simulieren. Zum einen reagiert der virtuelle Charakter auf Sprache. Antworten und Entscheidungen werden auf Basis des zur Verfügung gestellten Wissens und einfachen Erfahrungen getroffen. Zum anderen sollte die VI-Engine in der Lage sein, die Körpersprache von Menschen zu analysieren. Denn eine solche Fähigkeit kann Entscheidungen maßgeblich beeinflussen.

Virtual Intelligence

Bei *Virtueller Intelligenz* handelt es um die Simulation von scheinbar vorhandener Intelligenz, die eine autonom agierende digitale Kreatur zur Verfügung hat, um in einer bestimmten Situation einfache Entscheidungen treffen zu können.

Virtual Intelligence basiert auf vorgegebenem Wissen und selbst gemachter, einfacher Erfahrung. Der *Virtual Intelligence*-Forschungszweig ist dem KI-Bereich „Künstliches Leben" zuzuordnen.

Aufgrund der bisherigen Forschungsergebnisse sollte man zwischen drei Arten von Intelligenz unterscheiden: zwischen menschlicher, virtueller und maschineller Intelligenz.

3.4.2.1 Die drei Arten der Intelligenz

- **humane Intelligenz** (menschliche Intelligenz)

Entscheidungsfindung aufgrund von Erfahrung, erlerntem und angeborenem Wissen,
bei Entscheidungen spielt des öfteren auch der sogenannte 7. Sinn (Instinkt) eine Rolle,
Kreativität und Flexibilität im Denkprozess,
die Fähigkeit, Lösungen zu finden,
paralleles Denken auf mehreren Ebenen.

- **virtuelle Intelligenz** (scheinbar menschliche/vorhandene Intelligenz)

Automatische Spracherkennung,
Entscheidungen werden auf Basis des zur Verfügung gestellten Wissens und einfachen Erfahrungen getroffen,
die Analyse von Körpersprache kann eine Entscheidung maßgeblich beeinflussen.

- **künstliche Intelligenz** (maschinelle Intelligenz)

rudimentäre Formen,
natürliche Spracherkennung,
Bildverarbeitung,
automatisches Lernen,
Wissensfundus in Form eines Expertensystems.

Da Menschen des öfteren Entscheidungen treffen, die für andere Artgenossen nicht nachvollziehbar sind, oder gar dumm erscheinen, sollte man auch nicht versuchen, allgemeingültig festzulegen, wie sich eine KL-Kreatur in einer bestimmten Situation entscheidet. Eventuell muss der Anwender auch hier mit ihr argumentieren, um eine andere Entscheidung herbeizuführen. Mit Logik lassen sich nicht alle Probleme lösen.

Bei den Entscheidungen, die beispielsweise aus dem Bauch heraus getroffen werden, spielen körpereigene Drogen eine große Rolle. Deshalb erforscht *CYBERLINE* die Möglichkeit, synthetische Gefühle für virtuelle Menschen zu erzeugen (*SERA*-Projekt). Dazu soll ein intelligentes Visualisierungsverfahren entwickelt werden, mit dessen Hilfe sich Artificial Residents in ihrer Körpersprache unterscheiden, aus dem Erlebten individuell lernen und ihr Verhalten selbständig danach ausrichten.

Um besser verstehen zu können, was ein Virtual Human, der mit virtueller Intelligenz ausgestattet wurde, einem Besucher aus dem RL zukünftig vortäuschen kann, folgt die Beschreibung einer Beispielsituation:

Stellen Sie sich vor, Sie machen im RL einen Museumsbesuch. In einem bestimmten Raum stehen zahlreiche Vitrinen mit Utensilien einer bestimmten Epoche. Sie würden gerne mehr darüber wissen oder haben Verständnisfragen und wenden sich an einen Museumswärter, der am Eingang des Raumes steht und alles überwacht. Sie stellen Ihre Frage und erwarten eigentlich eine Antwort darauf. Entweder sagt er Ihnen, dass er keine Ahnung hat oder dass er nur aushilfsweise hier arbeitet und Ihnen nicht weiterhelfen kann. Sie sind etwas enttäuscht.

Wenn Sie Glück haben, weiß der Museumswärter Bescheid und freut sich, endlich mal wieder sein Wissen weitergeben zu dürfen. Er beantwortet auch Ihre weiteren Fragen und kann Ihnen vielleicht sogar noch Literaturhinweise geben sowie die Uhrzeit sagen und die Schließungszeiten des Museums. Sie sind von ihm also bestens mit Informationen ausgestattet worden und machen sich vermutlich null Gedanken darüber, ob dieser Wärter intelligent ist oder nicht. Vielleicht sind Sie aber auch angenehm überrascht, wie viel Wissen er angehäuft hat. Wenn man Sie in dieser Situation fragen würde, ob dieser Mann intelligent ist, würden Sie diese Frage mit hoher Wahrscheinlichkeit mit „ja" beantworten. Denn er hat Ihre Fragen verstanden und vermutlich korrekt beantwortet.

Stellen Sie sich vor, Sie besuchen im Internet der Zukunft (***Web 3.0***) ein dreidimensionales Museum mit einer hohen Bildauflösung und großer Detailgenauigkeit. An der Verbindungstür zum nächsten Ausstellungsraum steht ein virtueller Museumswärter, in der Funktion eines *Personal Agent*. Er ist mit Sicherheit in der Lage, Fragen zum Thema der Ausstellung und zu den ausgestellten Utensilien zu beantworten. Er kann Ihnen auch die Uhrzeit sagen und erläutern, warum das Museum rund um die Uhr zugänglich ist. Sie könnten ihn sogar nach den Lotto-Zahlen fragen. Wenn er blitzschnell online gehen kann, könnte er auch hierauf antworten. Ob er intelligent ist oder nicht, diese Frage würden Sie sich vermutlich gar nicht stellen. Denn durch die Beantwortung aller Fragen scheint auch dieser virtuelle Museumswärter intelligent zu sein. Denn Wissen wird, wie bereits oben erwähnt, oft unbewusst mit Intelligenz gleichgesetzt. Somit ist es wesentlich einfacher, Virtual Humans mit der abgespeckten KI-Variante in Form einer *Virtual Intelligence Engine* auszustatten als mit einer aufwendigen KI-Engine. Für Computerspiele und Online Games würden diese rudimentäre Stufen einer scheinbar vorhandenen Intelligenz in den meisten Fällen völlig ausreichen.

3.4.2.2 Das *ELIZA*-Phänomen

An dieser Stelle sei an die enorme Wirkung des Sprach-Analyse-Programms *ELIZA* von *Professor Joseph Weizenbaum* erinnert, das er vor über 40 Jahren (1966) veröffentlichte. *ELIZA* war so programmiert, dass es möglich war, jedes spezifische Skript einzugeben, um die Übernahme einer Gesprächsführung zu erzielen.

Auf dem *Prix Ars Electronica* in *Linz* (A) hatte ich die Gelegenheit, mit *Joseph Weizenbaum* persönlich zu sprechen und sein Programm auszuprobieren. Er war 1936 vor den Nazis in die USA immigriert und half nach dem Krieg an der *Wayne University* in *Detroit* als wissenschaftlicher Assistent einen Computer zu entwerfen, herzustellen und Programmiersprachen hierfür zu erfinden. 1963 wurde er als Professor für Computer-Wissenschaften an das *Massachusetts Institute of Technology* in *Boston* berufen. 1976 erschien sein kritisches Buch *„Die Macht der Computer und die Ohnmacht der Vernunft*“.

ELIZA sollte einen Psychiater simulieren und nach *Weizenbaums* Vorstellung aufzeigen, dass ein textbasiertes Psychiaterprogramm keinen echten Psychologen ersetzen kann. Für sein Experiment gab *Weizenbaum* ein Skript ein, das es *ELIZA* ermöglichte, die Rolle eines Psychotherapeuten zu spielen bzw. zu parodieren, der mit einem Patienten das erste Gespräch führt. „Ein solcher Therapeut ist verhältnismäßig leicht zu imitieren, da ein Großteil seiner Technik darin besteht, den Patienten dadurch zum Sprechen zu bringen, dass diesem seine eigenen Äußerungen wie bei einem E-cho zurückgegeben werden,“ erläutert Weizenbaum die Arbeitsweise in seinem oben genannten Buch.

In den 1970er Jahren führte er einen öffentlichen Test durch, um seine These zu beweisen, dass Computerprogramme menschliches Denken nicht ersetzen können. In einer psychologischen Beratungskabine befand sich hinter einer Wand ein echter Psychotherapeut, der über einen Bildschirm und eine Tastatur mit verschiedenen Versuchspersonen kommunizierte. In einer zweiten Kabine gab es ebenfalls einen Bildschirm mit Tastatur, nur dass sich hinter der Wand als Gesprächspartner das Programm *Eliza* befand. Zum Entsetzen von *Professor Weizenbaum* gab die Mehrheit der Versuchspersonen, die in beiden Kabinen psychologischen Rat gesucht hatten, an, dass sich der echte Psychotherapeut in der zweiten Kabine befunden habe. In den USA begann man daraufhin begeistert darüber nachzudenken, ob man einen Teil der psychotherapeutischen Arbeit nicht von einem solchen Programm erledigen lassen könnte. *Weizenbaum* wurde zu einem großen Computer-Kritiker und veröffentlichte zahlreiche Publikationen, in denen er vor der Diktatur der Technik warnte.

Wie konnte es sein, dass ein Sprach-Analyse-Programm Menschen zu einem intensiven Gesprächsaustausch über eine Tastatur animierte? Auf der kleinen Installationsausstellung des *Prix Ars Electronica*, dem weltweit zu dieser Zeit einzigen Computer-Kunst-Wettbewerbs, entdeckte ich einen Bildschirm auf dem der Satz: „Wie geht es Dir?“ aufblinkte. *Eliza* lud mich zur Kommunikation ein. Ich tippte meine Antwort ein: „Mir geht es nicht so gut.“ *Eliza* fragte nach: „Warum geht es Dir nicht gut?“ Ich antwortete: „Ich habe zu viel Stress.“ *Eliza*: „Wieso hast Du soviel Stress?“ Ich erwiderte: „Ich muss so viel Fachartikel schreiben und weiß nicht wann.“ *Eliza*: „Wozu schreibst Du so viel Fachartikel?“ ...

Das Programm griff also stets signifikante Satzbestandteile auf und formte mit ihnen eine Frage bzw. suchte anhand der Eingabe nach Schlüsselworten und stellte den Eingabetext so um, dass es eine passende Antwort ergab. Dadurch begann man immer weiter zu antworten und konnte immer tiefer zu dem Problem vordringen. Wenn es zu kompliziert wurde oder wenn man zusammenhangloses oder für das Programm unverständliches Zeug eingab oder *ELIZA* gar beschimpfte, antwortete es stets mit Aussagen wie : „Ich kann Dich nicht verstehen." oder „Das verstehe ich nicht, kannst Du mir das bitte erklären?" Natürlich gab es auch andere vorgegebene Fragestellungen, die Eliza einbrachte, wenn es das Gespräch erforderte, damit der Gesprächspartner bei der Stange blieb.

Im Grunde genommen eignete *ELIZA* sich für einsame und kontaktarme Menschen. Ein wichtiger Teil der therapeutischen Arbeit ist, dass die hilfesuchenden Menschen jemand haben, der ihnen zuhört. Sich etwas von der Seele reden können ist ein wichtiger Bestandteil einer Therapie.

Wenn also dieses Programm, das vor über 40 Jahren geschrieben wurde, einen solch suggestiven Effekt hat, dann dürfte es heute nicht allzu schwer sein, Artificial Residents mit virtueller Intelligenz auszustatten. *ELIZA* war das erste Programm, das eine scheinbar vorhandene Intelligenz simulieren konnte! Es war auch der erste Prototyp für moderne textbasierte Dialogsysteme im Internet (sogenannte ***Chatbots***), die Anfang der 1990er Jahre immer besser wurden. Der erste Internet-Chatbot war „Julia". Sein Erfinder *Michael Mauldin*, gilt als Vorreiter für Internet-Chatbots. Die meisten Chatbots sind mit einem grundlegenden Wissen ausgestattet, bzw. besitzen eine eigene Datenbank und können zusätzlich bei Nichtwissen auf das Internet zugreifen (siehe auch http://www.chatbots.de/chatbot-links.html).

3.5 Technologische Entwicklungen ab 1991

Die 1990er Jahre waren in der VR-Entwicklung geprägt von der allmählichen Akzeptanz und Etablierung in den verschiedensten technischen und wissenschaftlichen Einsatzbereichen, wie in der Fahr- und Flugzeugbau-Industrie, in der Chirurgie und in naturwissenschaftlichen Forschungsbereichen, wie Biologie, Physik und Pharmazie, sowie in der Unterhaltungsindustrie. Dabei ging es um die Entwicklung bedienerfreundlicher Programmierwerkzeuge zur Generierung von Virtual Environments und um eine Standardisierung. Auch die VR-Peripherie, wie HMDs und Datenhandschuhe sowie alternative Eingabegeräte, mussten technisch wesentlich weiterentwickelt werden.

3.5.1 Neuerungen vom *VE Viewer*, *CAVE* bis zum *WorldToolKit*

Auf der *SIGGRAPH '91* in *Las Vegas* wurde der *BOOM2* präsentiert, ein sogenannter *Virtual Environment Viewer*, mit dem man optisch in dreidimensionale Bildwelten eindringen und diese betrachten konnte. Allerdings war dieses weiterentwickelte Sichtsystem von *NASA* Chef-Ingenieur *James Humphries,* der 1987 den ersten Prototypen baute, lediglich ein Art Fenster in die VR. Es bot keine wirklich echte Präsenz. Der *BOOM2* kostete 35.000 US$ und wurde von *Fakespace Labs* hergestellt, das 1988 von *Mark Bolas* in *Menlo Park* (CA) gegründet worden war.

Eric Gullichsen, Gründer von *Sense8 Corporation*, stellte die erste verkaufsreife Version 1.0 von seinem *WorldToolKit* vor, nachdem es von zahlreichen Beta-Kunden getestet worden war und alle Fehler beseitigt waren. Der Software-Preis lag bei 3.500 US$.

Dr. Henry Fuchs, Professor an der *University of North Carolina (UNC), präsentierte* im Februar 1992 auf der *IMAGINA* in *Monte Carlo* Bilder aus einem absolut neuen Anwendungsfeld. Premiere hatte die erste öffentliche Vorstellung des *Nano-Manipulator-Projekts.* Unter einem Rasterelektronen-Mikroskop machten *Stan Williams* und *Eric Snyder* die atomare Kristallstruktur von Graphit sichtbar. Sensationell war die Nachricht über die Möglichkeit, die Oberfläche der Atome mit Hilfe eines mechanischen Manipulatorarms berühren zu können. Der Manipulatorarm bekam durch Magnetfelder die entsprechenden Informationen über die Oberfläche der Atome, die vom Rechner in mechanische Kraftwiderstände übersetzt wurden. Dadurch konnte die menschliche Hand scheinbar über die Oberfläche der Atome streichen.

Henry Fuchs beschrieb zum Abschluss seines Vortrags die Ziele der *UNC* wie folgt: „*Edison* stellte sich einst die Frage: Kann Elektrizität jemals so preiswert werden, dass jeder Bürger sie nutzen kann? Sein Ziel war es, Elektrizität so preiswert zu machen, dass nur die Reichen sich Kerzen erlauben können. Unser Ziel ist es, VR so preiswert zu machen, dass sich nur die Reichen in Zukunft Fernsehapparate leisten werden.“

1992 wurde auf der *SIGGRAPH* in *Chicago* erstmalig der Öffentlichkeit die ***CAVE*** (*Cave Automatic Virtual Environment*) vorgestellt. *Daniel Sandin* entwickelte diese VR-Installation zusammen mit seinen Kollegen *Thomas DeFanti* und *Carolina Cruz-Neira.* Jeden Tag standen hier lange Menschenschlangen an, um diese Weltneuheit aus dem Reich der 3D-Welten persönlich zu erfahren. Sie betraten nach langer Wartezeit einen kleinen abgeschirmten Raum (3 x 3 x 2,5 m), eine Art 3D-Theater mit Rückprojektion, in dem auf drei Bildwände und auf den Boden Stereobilder projiziert wurden. Die neugierigen Besucher (jeweils nur vier bis fünf Personen) konnten die computeranimierten räumlichen Projektionen mittels sogenannter *Shutter Glasses*, kompakter Aktiv-Stereobrillen der Marke *CrystalEyes* von *Stereographics,* räumlich erleben und mitten in einem projizierten VR-Szenario agieren.

Die Projektoren stellten auf der jeweiligen Bildwand leicht versetzte Bilder für das linke und für das rechte Auge dar. Im gleichen Rhythmus wurden auch die beiden aus Flüssigkristallen bestehenden Brillengläser zwischen *durchsichtig* und *undurchsichtig* umgeschaltet. Auf diese Weise entstand der Eindruck einer dreidimensionalen Darstellung. Am Brillengestell waren als Tracking-System reflektierende Kugeln befestigt, über die exakt die Position des Anwenders innerhalb der *CAVE* festgestellt wurde. Die Hochleistungsrechner konnten dadurch die zu projizierenden Bilder stets in der passenden Perspektive berechnen, sobald die Position der Stereobrille ermittelt war. Allerdings waren nur 50% der Stereo-Effekte effektvoll umgesetzt worden. Die Interaktion mit der virtuellen Umgebung wurde über ein Eingabegerät mit drei Drucktasten ermöglicht. Die Anwender konnten sich mit diesem 3D-Steuergerät beliebig um die frei im Raum schwebenden virtuellen Objekte herumbewegen.

Innenbereich der CAVE der *Universität Aachen © rhtw Aachen*

Bereits dieser Grad der 3D-Visualisierung wurde von den Veranstaltern als *Virtual Reality Theater* bezeichnet. Der räumlich immersive Bildschirm (*Spatially Immersive Display*) war am *Electronic Visualization Lab* der *University of Chicago* entwickelt worden. Die virtuelle Umgebung wurde in Echtzeit von einer *SGI „Onyx"* mit drei Prozessoren berechnet. Die ***CAVE*** (übersetzt: Höhle) eignet sich besonders gut für Navigationsaufgaben. Die Anschaffungskosten lagen fünf Jahre später (1997) zwischen 375.000 bis 600.000 DM (191.735 bis 306.775 €).

Außenbereich der CAVE mit Beamern © *rhtw Aachen*

Neben den üblichen Soft- und Hardware-Demonstrationen gab es auf der *SIGGRAPH*-Ausstellung zahlreiche Präsentationen von Scheinwelten: aus dem Simulator, über VR-Sichtsysteme und über Stereobrillen. Überhaupt war auf der Ausstellung alles mögliche unter dem VR-Begriff zu finden, was die Aufmerksamkeit erwecken sollte. Oftmals waren dies aber nur platte Werbeversprechungen. Eine Steigerung des Stereo-Theaters gab es auf einem Stand von *SUN Microsystems*. Hier konnten Besucher einzeln zusammen mit einem Konstrukteur in ein computer-animiertes Szenario eintauchen. In dieser Generation reagierte die computer-generierte Scheinwelt auf Kopfbewegungen des Betrachters. Bewegte man beispielsweise seinen Kopf in Richtung Bildwand, näherte sich der dort auftauchende modellierte Kopf ebenfalls und gab Urlaute von sich. Auch dieses *Virtual Portal* von *SUN* war ein Besuchermagnet. Ebenfalls die Prototype-Demo von *SUN's* sogenannter *Virtual Holographic Workstation* hatte großen Zulauf. Hier konnte der Anwender, ausgerüstet mit einer Stereobrille, vor dem Bildschirm dreidimensional-heraustretende Objekte begutachten und mit der fliegenden Maus (3D-Eingabegerät) an einem computer-generierten Werkstück fräßen. Die Hardware-Konstellation bestand aus einer *SUN SPARCstation 2GT* und der auf Ultraschall basierenden 3D-Tracking-Technologie von *Logitech*.

Gleiches Interesse konnte bei den „echten" VR-Präsentationen festgestellt werden. Kaum ein Besucher der Ausstellung schien sich der VR entziehen zu können. So konnten die VR-Enthusiasten zum Beispiel auf dem Stand von *Division, Inc.* erste akustische und visuelle Erfahrungen im Cyberspace sammeln. Dieses Unternehmen wurde Anfang Juli durch den Zusammenschluss von drei kleineren VR-Anbietern gegründet: *Division Ltd., Crystal River Engineering* und *Fakespace Labs*. Mit Hilfe des von *Fakespace Labs* produzierten 3D-Sichtsystems *BOOM*, einem VR-Sichtsystem in Verbindung mit einem hydraulischen Schwenkarm, konnte sich der Anwender interaktiv durch einen computer-generierten Raum bewegen, indem sich verschiedene Musikinstrumente befanden. Je nach Richtung und Entfernung von dem jeweiligen Instrument wurde der Sound (über Kopfhörer) entsprechend von der 3D-Audio-Workstation *The Acoustetron* gesteuert. Näherte man sich zum Beispiel dem Saxophon, wurde der Sound lauter. Schaute man mit dem Sichtgerät rechts vorbei, verlagerte sich der Ton zum linken Ohr. 45.000 US$ kostete diese 3D-Audio-Workstation von *Crystal River*. Für den PC-Bereich gab es eine Low-cost-Version für rund 2.000 US$.

Hinter *Provision 200 VTX* verbarg sich ein VR-System mit einem Vollfarben-Texturing in Echtzeit: 35.000 Gouraud-schattierte Polygone pro Sekunde in Stereo. Mit einer angenehm leicht zu tragenden VR-Brille (HMD) von *Virtual Research* bewegte man sich in einer texturierten Küche und konnte mit Hilfe eines Joysticks sehr viel einfacher als mit einem Datenhandschuh Schubladen herausziehen und Schränke öffnen sowie Objekte bewegen. *Provision 200 VTX* war ein überzeugendes VR-System, das in der Handhabung andere VR-Systeme auf Workstation-Basis in den Schatten stellte.

Vom Marktaufbereiter und VR-Pionier *VPL Research* war auf der Ausstellung keine Spur zu sehen. *VPL* hatte, wie aus Insiderkreisen zu erfahren war, kurz vor dem Exitus gestanden. Ein virtuelles Küchenprojekt für ein japanisches Kaufhaus war nicht zur Zufriedenheit des japanischen Auftraggebers *Matsushita* ausgefallen, daher zahlte dieser die Entwicklungskosten nicht. *VPL* hatte über ein halbes Jahr Arbeit und Geld in diesen Auftrag investiert. Zur Hilfe kam der französische Multi *Thomson*. Mit einer kräftigen Finanzspritze wurde *VPL* wieder auf die Beine gestellt und Ende 1992 sollten wieder VR-Systeme lieferbar sein.

Aber die Konkurrenz schlief nicht. Anstelle der schweren VR-Brille von *VPL* und *W. Industries* schien sich durch die Aktivitäten von *Sense8* der *Flight Helmet* von *Virtual Research* aus *Aptos* (CA) immer mehr durchzusetzen. Dieser kompakte und in Leichtbauweise hergestellte HMD kostete rund 6.000 US$.

Der PC-VR-Spezialist *Sense8* verkündete auf der *SIGGRAPH* stolz den Verkauf seines *WorldToolKits* an die *NASA*, die mit dieser VR-Software zukünftig Echtzeit-Simulationen und spezielle VR-Anwendungen im Telepräsenz-Bereich generieren möchte. *Tom Coull*, President von *Sense8*, wertete diese Kaufentscheidung als eine weitere Bestätigung für die Rolle von *WorldToolKit* als Standard für die Entwicklung von VR-Anwendungen. Die Software war mittlerweile nicht nur für PCs verfügbar, sondern auch auf der *SPARCstation* von *SUN* und auf *IRIS Indigo* von *SiliconGraphics*.

„*The Lawnmower Man*" von *Allied Vision Entertainment,* nach einer Story von *Steven King*, kam 1992 ins Kino, mit den ersten Cybersex-Szenen in der Filmgeschichte. Außerdem glänzte der Film mit absolut innovativen VR-Simulatoren, einer bewegungsgesteuerten Liege mit integrierter VR-Brille sowie einem 360-Grad-Simulator auf Basis einer kardanischen, einer nach allen Seiten drehbaren Aufhängung. Als eine japanische Firma die VR-Liegen nachbaute und zum Einsatz brachte, wurde es den Anwendern reihenweise schlecht. Die sogenannte *Simulatorkrankheit* (siehe auch 2.4.8), in Kreisen der professionellen Simulator-Hersteller seit Jahrzehnten bekannt, machte den Probanten schwer zu schaffen.

Auf der *SIGGRAPH '93* in *Anaheim* (CA) gab es trotz 20-jährigen Bestehens der Konferenz in punkto VR keine Neuigkeiten. Interessant war lediglich, dass *E&S* zum 25-jährigen Firmenjubiläum einen kompakten Bildgenerator mit der Bezeichnung *Liberty* vorstellte. Dieser bot für unter 100.000 US$ die Berechnung von komplexen Sichtsimulationen in Echtzeit. E&S vermarktete *Liberty* als ersten Personal Simulator (persönlichen Simulator).

3.5.2 Es kommt Bewegung in den amerikanischen VR-Markt

Nachdem sich zahlreiche Pionierfirmen die „Hörner abgestoßen" und sich die Füße für Investment-Kapital „wundgelaufen" hatten, waren 1994 auf der *SIGGRAPH* in *Orlando* erste Anzeichen für das Interesse der sogenannten „Big Boys" am VR-Markt zu erkennen. Ohne großes Aufsehen stiegen sie als Kooperationspartner bei VR-Firmen ein, um zu sondieren, wo man sich zukünftig etablieren könnte. Die Big Boys, damit bezeichneten Insider in den USA die großen Elektronik-, Computer- und Telekommunikationsunternehmen, wie *General Electric* (*GE*), *IBM* und *AT&T*. Sie schienen sich nach rund vier Jahren abwartender Haltung dem zukünftig vielversprechendem VR-Markt nun endgültig zugewandt zu haben. Das amerikanische Marktforschungsinstitut *Find/SVP* bezifferte das Marktvolumen im Jahr 1992 auf rund 35 Millionen US$. Bis 1997 erwartete man, dass dieses Volumen um 81% jährlich auf 500 Millionen US$ ansteigt.

Der neue VR-Equipment-Anbieter *SDI Virtual Reality Company* aus *Nevada* operierte hingegen mit ganz anderen Zahlen. Nach eigenen Recherchen hatte der VR-Markt 1992 bereits ein Volumen von 150 Millionen US$. Die Einnahmen auf dem Unterhaltungssektor für computer-basierte Bildpräsentation (2D- und 3D-Games, also nicht nur VR-Spiele) hätten 1993 2,5 Milliarden US$ betragen und würden bis 1995 auf 5 Milliarden ansteigen. Die Wahrheit wird, wie so oft, irgendwo in der Mitte liegen.

Die amerikanischen VR-Pioniere hatten sich in den letzten Jahren stets über das Desinteresse ihrer Regierung und der inländischen Investoren beklagt. Es sah zu diesem Zeitpunkt alles danach aus, dass die VR in den USA zwar erfunden wurde, aber von japanischen Firmen vermarktet und von europäischen Institutionen optimiert und in ihren Anwendungsauswirkungen beurteilt werden würde. Nichts schien diese Entwicklung mehr aufhalten zu können. 1994 schien aber das Eis offensichtlich gebrochen zu sein. Die *VR Technology Task Group*, ein Ausschuss der von Präsident *Bill Clinton* ins Leben gerufenen *Commission for High Performance Computing (HPC), Communications and Information Technologies*, sprach Ende 1993 die Empfehlung aus, Grundlagenforschung an Universitäten und führenden firmeneigenen Forschungslabs staatlich zu unterstützen.

Das Unterhaltungsgeschäft mit simulierten Fahrten durch computer-animierte Fantasiewelten boomte nun schon seit zwei Jahren. Und es konnte damit gerechnet werden, dass Motion Rides auch noch die nächsten Jahre ein lohnendes Geschäft war, denn bis die ersten Systeme auf VR-Basis in vergleichbarer Qualität für den Heimbereich auf den Markt kommen, das würde noch einige Jahre dauern.

Der Spielkonsolen-Hersteller *SEGA* beispielsweise plante bis 1997 in Japan 50 neue Vergnügungsparks mit VR-Attraktionen aufzubauen. Die Bilderzeugungssysteme hierfür wurden bei *General Electric* in den USA bestellt. In den Vereinigten Staaten von Amerika hatte die kalifornische Firma *Visions of Reality* aus *Irvine* vor, noch im selben Jahr mit dem Aufbau von 50 Zentren zu beginnen, in denen das VR-Spiel *Cybergate* vermarktet werden sollte. Jedes dieser Zentren sollte mit sechs Simulatoren ausgestatte werden, die von je einem Grafik-Supercomputer des Typs *ONYX* von ***SGI*** (*Silicon Graphics Inc.*) mit Rechenleistung versorgt werden.

Sowohl der Simulatorhersteller *Evans & Sutherland* (*E&S*) als auch der Workstation- und Grafik-Supercomputer-Hersteller *SGI* profitierten von der großen Nachfrage nach interaktiven 3D-Szenarien für Themenparks. Gerne steuerte man daher in den vergangenen Monaten Hardware und Know-how bei, wenn es darum ging, aufmerksamstarke Spielszenarien zu entwickeln. Auf dem *SGI*-Stand der *SIGGRAPH* in *Orlando* konnten Besucher beispielsweise auf einem alten Segelschiff eine wertvolle Ladung „Cutty Sark Scotch“ in Echtzeit über die raue See nach Long Island manövrieren. Mit einer Laserkanone musste sich der Steuermann außerdem noch gegen Flugzeuge, Motorboote und Personen wehren, die ihm die Ladung wegnehmen wollten. Auf dem Messestand wurde das Spektakel auf eine große Bildwand projiziert. Zukünftig soll man nur über VR-Sichtsysteme Zugang bekommen. Das Szenario wurde für eine Promotion Tour der *Hiram Walker Corporation* von *Horizon Entertainment* in Zusammenarbeit mit *GreyStone Technology* und *Spinnaker Design* entwickelt.

Bei *Evans & Sutherland* gab es ein interaktives Gruppenabenteuer für sechs Personen, die gemeinsam ein Unterwasserfahrzeug durch Loch Ness steuern mussten und Dinosaurier-Eier von Nessie einsammeln sollten. Das ganze Abenteuer dauerte acht Minuten, wurde über 3D-Brillen konsumiert und war aufgrund der Aufgabenteilung und visuellen Darbietung äußerst attraktiv. Das virtuelle Abenteuer „*Loch Ness Expedition*" wurde von *Iwerks Entertainment* und *E&S* gemeinsam entwickelt.

Disney kreiert eigene VR-Attraktionen

Auf dem Stand der *Walt Disney Company* konnte man die Vorführung einer *Disney*-eigenen VR-Demonstration beobachten, die Insider für die zu dieser Zeit beste visuelle Darstellung hielten. Auf Aladdins fliegendem Teppich (Magic Carpet) konnte der Spieler durch die Stadt Agrabah aus *Disneys* Zeichentrickfilm *Aladdin* schweben. Visuell erlebte der Teppichreisende den Flug über ein HMD mit Weitwinkel-Bildschirmen. Zur Steuerung der Flugrichtung musste er die Kanten des fliegenden Teppichs ergreifen und sie entsprechend bewegen. Dieses immersive Abenteuer wurde von den *Walt Disney Imagineering Labs* (*WDI*) gemeinsam mit *SGI* für den neuen Innovations-Pavillion im *Epcot-Center* für *Disney World* in Florida entwickelt. Des Weiteren bot das Pavillion eine computer-animierte Kopie der Zeichentrickfigur *Iago* aus dem *Aladdin*-Kinofilm, die sich in Echtzeit bewegen konnte, die Besucher empfing und auf ihrer Reise durch die Stadt begleitete. *Iago* konnte über 100 verschiedene Bewegungen ausführen, Winken, Lachen und Weinen. – Eine Art persönlicher Agent für den Besucher der VR-Welt, der auf dem Gebiet der Echtzeit-Charakter-Animation derzeit zu den besten Darbietungen gehört. Die Rechenleistung hierfür liefern *ONYX*-Grafik-Supercomputer von *SGI*.

90 Minuten Wartezeit für einen Motion Ride

Motion Simulator Rides, simulierte Abenteuerfahrten auf Bewegungsplattformen, sind seit ungefähr zwei Jahren der Renner in amerikanischen, japanischen und auch in einigen europäischen Themenparks. Auf der *SIGGRAPH* wurden zwei der neuesten Produktionen präsentiert: *Cosmic Pinball* und *Seafari*. Erstgenanntes Abenteuer produzierte *Talent Factory* zusammen mit *Showscan*. Animiert wurde das futuristische Szenario von *Jos Claesen* und *Toon Roebben*, den Inhabern der belgischen Firma *TRIX*. In *Cosmic Pinball* erlebte der Zuschauer auf einer Motion-Plattform die rasante Fahrt einer Flipperkugel (in Form eines Oldtimers mit Düsenantrieb), die sich durch eine futuristische Flipperautomaten-Szenerie bewegt. *Seafari* von *MCA/Universal* bot dem Zuschauer eine rasante Reise durch eine atemberaubende Unterwasserwelt, geführt durch einen sprechenden Delphin. Das animierte Abenteuer stammte von *Rhythm & Hues* aus *Los Angeles*.

Wie solche Bildwelten in Verbindung mit einer Großprojektion und einer darauf abgestimmten Bewegungssimulation wirken, konnte man zum Beispiel in den *Universal Studios* in *Orlando* am eigenen Leibe erleben. „Back to the Future" sollte der beste Motion Ride sein, der zu dieser Zeit im Einsatz war, – Pflichtprogramm für jeden VR-Redakteur. Bis zu 90 Minuten standen in den Sommermonaten täglich über 2.000 Besucher an, um diesen 4,5-minütigen Kick zu erleben. Geschickt wurden die Menschenmassen in Warteschlangen verschachtelt und über Monitore auf das bevorstehende Abenteuer eingestimmt. 24 Simulator-Fahrzeuge mit je acht Sitzplätzen standen in dem Gebäude zur Verfügung. Saß man in einem Gefährt im Randbereich der halbkugelförmigen Bildwand, wurde allerdings die Sichtweise beeinträchtigt. Außerdem war die Lichtstrahlung so hell, dass man sich nicht auf die Mitte des Bildgeschehens konzentrieren konnte. Dennoch waren die Fahrtbewegungen an sich und die optischen Darbietungen sehr gut gelungen.

John Pennie wieder aktiv

Plötzlich war er wieder da, der Napoleon der Computer-Animation aus den 1980er Jahren. Mit Investitionen in Millionenhöhe hatte *John Pennie* bereits Mitte der 80er Jahre des vergangenen Jahrhunderts von sich Reden gemacht. Er war der Mann, der 1981 *Omnibus Computer Graphics* in *Toronto* gründete und zur weltweit größten CGI-Produktionsfirma machte. Seine Spezialität war es, dieses Unternehmen über Aktienkapital zu finanzieren. 1986 kaufte *Pennie* die legendäre digitale Bilderschmiede *Digital Production* in *Los Angeles* und einige Monate später *Robert Abel & Associates*. *Omnibus* ging bekanntlich im April 1987 in Konkurs. Zwei Superrechner und strategische Fehler waren zuviel.

1994 präsentierte sich *John Pennie* zum ersten Mal wieder auf der *SIGGRAPH*. Diesmal war es eine neue Kapitalgesellschaft, die *SDI Virtual Reality Corporation* mit Sitz in *Nevada* und Tochtergesellschaften in *New York* und *Toronto*. Mit einigen Millionen Dollar und gut renommierten Kooperationspartnern (entsprechend aufwendig trat auch das neue VR-Unternehmen auf) wollte der ehemalige CGI-Napoleon und heutige *SDI*-President der VR-Branche zeigen, was man mit ausreichend Kapital anstellen kann. *Pennies* Strategie war, Technologie und Know-how einzukaufen, die für leistungsfähige VR-Systeme geeignet waren und zusammenpassten. *SDI* sollte in kürzester Zeit einer der führenden VR-Equipment-Anbieter werden.

Börsen- und Aktienspezialist *Pennie* schmiedete sein neues Konsortium geschickt aus der Umstrukturierung zweier Aktiengesellschaften, der *Simulation Devices, Inc.* aus *Toronto* und der *Nite and Day Technologies, Inc.* (*NDT*) aus *Nevada*. *NDT* wurde Ende Oktober 1993 in *SDI Virtual Rea-*

lity Corporation umbenannt. Noch im gleichen Monat übernahm er in *Toronto* die Aktien der *Simulation Devices*, einem Unternehmen, das bis dahin von privaten Investoren finanziert und vom kanadischen *National Research Council* und der *Innovation Ontario Corporation* gefördert wurde. Im März 1994 schloss er mit *Celestica, Inc.*, einer Tochtergesellschaft von *IBM Canada,* ein Abkommen, zukünftig gemeinsam VR-Simulatoren zu entwickeln. Hierzu zog die neu erworbene Entwicklungsgesellschaft von *SDI*, die *Simulation Devices*, zu *IBM* nach *North York* in Ontario um. Entwickelt werden sollte ein eigener VR-Hochgeschwindigkeits-Bildgenerator und ein Steuerungssystem für das Simulator-Projekt *VR-2000*. Hierfür wurde außerdem ein Technologieabkommen mit *DEC* (*Digital Equipment Corporation*) geschlossen.

Als nächstes erwarb *SDI* für 5,5 Millionen US$ im Mai 1994 in *San Diego* die „Imaging Products"-Abteilung von *Ball Aerospace and Communications* aus Indiana. Diese Abteilung entwickelte und baute hochwertige Simulatoren für das Militär, für die Flugsicherung und die Automobilindustrie. Sie wurde in *SGI Simulation Group, Inc.* umbenannt. Der Plan war, von dem *944-High-end-Simulator* eine preiswerte Low-cost-Version für den Unterhaltungsmarkt zu entwickeln. Als nächstes schloss *Pennie* im Juni 1994 mit dem japanischen Spieleproduzenten Taito *Corporation* einen Vertrag über die gemeinsame Entwicklung von 3D-Spielen für die interaktive Unterhaltungsindustrie.

SGI sollte in Zukunft nicht nur schnelle Hardware für hochauflösende 3D-Echtzeit-Grafik liefern, sondern auch die rechnergesteuerten Kontrollsysteme für die Steuerung der interaktiven Aktionen zwischen zwei und mehr Simulatoren. Das erste Produkt mit dem Namen *F1-Netrace*, ein Formel-1-Simulator, war auf dem Messestand allerdings noch nicht sehr überzeugend. Die Übertragung der Lenkbewegung war absolut unrealistisch, so dass selbst routinierte Schnellfahrer aus der realen Welt in diesem Rennen wie erbärmliche Anfänger aussahen. Die breitwandige visuelle Präsentation hingegen war eindrucksvoll. Eine Einheit mit drei Rennwagen-Simulatoren wurde für 225.000 US$ angeboten.

Kooperation zwischen *Division* und *HP*

Die *Hewlett-Packard Company* (***HP***) und *Division, Inc.* gaben bekannt, dass sie zur gemeinsamen Entwicklung und Vermarktung ihrer Produkte ein Abkommen geschlossen hatten. Geplant war, zukünftig gemeinsam Lösungen für VR-Anwendungsbereiche anzubieten, wie CAD, Training und Medizin. Auf der *SIGGRAPH* konnten Besucher mit einem HMD von *Division* einen virtuellen Spaziergang (***Walk-through***) durch ein zweistöckiges japanisches Haus im Cyberspace machen und dabei Türen und Schränke öffnen.

Die Rechenleistung für die erstaunlich realistischen und ausführlich texturierten Räume lieferte eine *HP*-Workstation, die bis zu 300.000 Gouraud-schattierte Polygone pro Sekunde berechnete. Das in der gebotenen visuellen und akustischen Qualität beeindruckende Szenario stammte aus einem interaktiven Design-Experiment von *Matsushita Electric Works*, das zusammen mit *Division* entwickelt worden war. Neben der eindrucksvollen Beleuchtung und der unerwartet hohen Detailgenauigkeit gab es auch Beschränkungen für den Walk-through, die den Realismus der interaktiven Besichtigung erheblich steigerten. Wie in so vielen anderen VR-Szenarien konnte man hier nicht einfach durch Wände oder Objekte hindurchlaufen. Der für die Bewegung zuständige Joystick musste beispielsweise regelrecht um einen im Weg stehenden Tisch herumbewegt werden, damit man den Raum wieder verlassen konnte.

Neue Sichtsysteme für den Heimgebrauch

Gleich drei *Personal Display Systems* (*PDS*) für VR-Anwendungen verkündete die 1993 in *Seattle* gegründete Firma *Virtual I/O* für den lukrativen Unterhaltungsmarkt liefern zu wollen. *Logitech International* und *TCI Telecommunications, Inc.* beteiligen sich im April 1994 finanziell an diesem neuen Unternehmen. Für das erste Quartal 1995 war geplant, einen HMD für unter 250 US$, den *PDS Gamer*, auf den Markt zu bringen. Das Sichtsystem sollte mit Kopfhörer und zwei LCD-Bildschirmen sowie sogar einer Stereooptik ausgestattet sein. Die Auflösung sollte bei nur 104.000 Bildpunkten liegen, rund einem Viertel der PAL-Auflösung. Zielgruppe für diese rund 450 Gramm schwere VR-Brille waren vorrangig amerikanische Videospieler, die auf dem geplanten amerikanischen *SEGA*-Kabelkanal zukünftig rund 50 Spiele abrufen können sollten. Dieser Kanal befand sich zwar noch in der Testphase, sollte aber in naher Zukunft in über 31 Millionen verkabelten US-Haushalten zu empfangen sein.

Die nächst bessere Version der *PDS*-Serie von *Virtual I/O* bot 138.000 Pixel Auflösung und sollte dafür schon knapp 400 US$ kosten. Die dritte und beste VR-Brille des Sortiments war allerdings mit CRTs ausgestattet und lieferte daher 307.200 Bildpunkte (640 x 480) Auflösung pro Kathodenstrahlröhre (**CRT**). Dafür war sie wesentlich schwerer und der Preis war zu diesem Zeitpunkt auch noch nicht klar. Vorteil aller *PDS*-HMDs war die hohe Kompatibilität. Sie konnten an alle Standard-Video-Ausgänge und TV-Systeme sowie PCs mit VGA-Standard angeschlossen werden. Neben 2D- und 3D-Videospielen konnten VHS-Bänder, Filme von Laser-Platten und TV-Programme über diese VR-Brillen konsumiert werden. Eine Besonderheit war die Möglichkeit, dass der Anwender nach dem Abschalten der Bildquelle durch die VR-Brille seine reale Umgebung sehen konnte.

Auch *SEGA* hatte natürlich für seinen *SEGA-Channel* eine eigene VR-Brille entwickelt und kündigte den Prototyp bereits im Herbst 1993 in einem Werbespot an. Geplant war, die VR-Brille für unter 200 US$ auf den Markt zu bringen. Das Vorhaben scheiterte nicht nur an der schlechten Bildqualität, sondern vor allem an einem unverständlichen technischen Fehler. Normalerweise waren japanische Entwickler bekannt dafür, weltweit Neuerungen einzukaufen, sie auseinander zu bauen und dann akribisch zu untersuchen. In diesem Fall setzten *SEGA*-Ingenieure Millionen Yen in den Sand, weil sie nicht verstanden hatten, warum man in den teuren HMDs die kleinen Monitore auf der Horizontalen verschieben konnte.

Da der Augenabstand bei jedem Mensch unterschiedlich ist, muss man die Monitore auf den jeweiligen Abstand einjustieren können. Diese Option hatten Spieler bei der *SEGA*-VR-Brille nicht. Die Folge davon war, dass den meisten Test-Anwendern sehr schnell übel wurde, sie Kopfschmerzen bekamen oder es ihnen schwindelig wurde. Das sind alles Phänomene, die Hersteller von Simulatoren längst kennen und unter dem Begriff Simulatorkrankheit einordnen.

Die Multimedia-Division von *AUTODESK* präsentierte die neueste Version ihres *CDK Cyberspace Developer Kit´*s, Release 2, die unter *Windows 3.1* und *Windows NT* lief. Mit dieser Version war der Anwender endlich in der Lage, auch Dateien von der *AUTODESK*-Software *3D Studio* einzulesen sowie Daten über statische und animierte Kameras und Lichtquellen zu verwenden. Die neue *CDK*-Version erlaubte es des weiteren Texturen in jeder beliebigen Szene einzusetzen. Der Preis für das *CDK* Release 2 lag bei 1.995 US$.

Die *Sense8 Corporation* aus *Sausalito* gewann zum dritten Mal den von der Fachpublikation *CyberEdge Journal* vergebenen Preis „Product of the Year“. Mit der ausgezeichneten *WorldToolKit*-Version für *Windows 3.1* und *Windows NT* gehörte *Sense8* qualitativ gesehen zu den führenden Software-Gesellschaften, mit deren Programmpaket in Echtzeit VR-Szenarien, grafische Simulationen und Schnittstellen entwickelt werden konnten. Der US-Preis für das Windows-Entwicklungspaket lag bei 795 US$.

Immersive Workbench

Eine weitere Neuheit wurde 1994 wurde auf der *SIGGRAPH*-Ausstellung gezeigt: die *Responsive Workbench* von der ***GMD*** (*Gesellschaft für Mathematik und Datenverarbeitung*) aus *Birlinghoven* bei *Bonn.* Dieses VR-System besteht aus einem Tisch mit einer große Projektionsfläche, auf der hochauflösende stereoskopische Bilder von einem Videoprojektor über einen Spiegel auf der Tischoberfläche dargestellt werden können. Die Workbench ermöglicht Teams von Designern, Ärzten und Ingenieuren mittels Stereobrillen, in einem Raum gemeinsam an einem stereoskopischen dreidimensionalen ***CAD***-Objekt (*Computer Aided Design*) zu arbeiten, indem sie es auseinandernehmen, verändern und zusammensetzen konnten.

Über eine Datenleitung können zwei Workbenches an zwei verschiedenen Standorten miteinander vernetzt werden, so dass Designer in zwei verschiedenen Orten gemeinsam (an ein und dem selben Modell arbeiten und planen können. Besonders in der Automobilindustrie hat sich diese Erfindung bestens bewährt.

Die Möglichkeit, dass mehrere Personen interaktiv in einer virtuellen Arbeitsumgebung auf einander abgestimmt agieren können, bezeichnet man in Fachkreisen auch als ***Collaborative Environment.***

Das VR-System war von *Dr. Wolfgang Krüger* (Ex-Senior Scientist von *mental images* in *Berlin*) und *B. Fröhlich* 1993 entwickelt worden. 1995 entwickelte das System *Fakespace Labs* zusammen mit *SGI* weiter und vermarktet es unter dem neuen Namen *Immersive Workbench.*

Entwicklung von virtuellen Kreaturen

„Evolving virtual creatures“ (sich entwickelnde virtuelle Kreaturen) nannte *Karl Sims* sein Forschungsprojekt, an dem er als Gastkünstler beim Computer-Hersteller *Thinking Machines* arbeitete. Es gehörte zu dem jungen Forschungszweig *„Künstliches Leben“* (KL), den *Chris Langton* im September 1987 in *Los Alamos* mittels einer Konferenz etabliert hatte. *Langton* sieht KL als Nebenzweig zur klassischen KI-(Künstliche Intelligenz-)Forschung, die versucht, die Logik zu verstehen, die dem Leben zugrunde liegt. *Langton* und seine KL-Mitstreiter suchen nach einfachen Grundprinzipien, indem sie Natur im Computer entstehen lassen und diese Strukturen studieren. *Langton*: „Die meisten natürlichen Systeme sehen viel komplexer aus, als sie es in Wirklichkeit sind.“

In seinem Vortrag auf der *SIGGRAPH* referierte *Karl Sims* über die Erschaffung einer elektronischen Evolution, einer dreidimensionalen, simulierten Welt mit einfachsten geometrischen Objekten, die grüne Futterklötze ergattern müssen, um zu überleben. Wie die Körper der Kreaturen und das Nervensystem zur Kontrolle der Muskeln aufgebaut sind bzw. sich entwickeln, hängt von der jeweiligen Umweltsituation ab. Sie werden unter Einsatz von genetischen Algorithmen automatisch generiert. Der „Klügere“ macht im Endeffekt das Rennen.

Karl Sims programmierte nur die Ausgangsregeln des Systems, der Rest entwickelte sich von alleine. Jeder Arm und jedes Bein einer Kreatur hat Muskeln, zu deren Kontrolle ein genetisches Programm ein passendes Nervensystem entwickeln muss. Zu Beginn sind die künstlichen Nervenzellen noch zufällig miteinander verknüpft. Im Laufe des Überlebenskampfes entwickeln sich dann die Nervensysteme. Die Kreaturen können sich fortpflanzen, sofern sie genügend Nahrung ergattern. Nach einigen Stunden Rechenzeit des massiven Parallelrechners *CM 2* von *Thinking Machines* sind etwa 100 Generationen entstanden, die dann durch Selektion zu cleveren Wesen geworden sind, bezogen auf die Überlebensregeln in dieser fiktiven Welt.

Wenn beispielsweise eine Kreatur sich darauf spezialisiert hat, die Futterklötzchen mit starken Greifern zu umklammern, muss sein Gegner einen Fangarm entwickeln, der das Futter blitzschnell wegschnappen kann, bevor es der andere umklammert. Sims war zu diesem Zeitpunkt davon überzeugt, dass er eines Tages nachweisen kann, dass je komplizierter die Aufgaben werden, die die künstlichen Wesen lösen müssen, ihr Verhalten immer mehr dem ähneln wird, was der Mensch als Intelligenz bezeichnet.

Indirekt haben die Ergebnisse der KL-Forschung nachhaltigen Einfluss auf die geplante Bevölkerung des Cyberspace, schrieb ich in meinem *SIGGRAPH*-Bericht für *PROFESSIONAL PRODUCTION* (10/94). Denn neben *synthetischen Repräsentationen* (***SRs*** = meine Bezeichnung für Avatare, bevor der Begriff Avatar populär wurde) von realen Menschen, die im Cyberspace über Netze kommunizieren, wird es zukünftig auch noch künstliche Bewohner (***Artificial Residents* = *ARs***) geben, die nur im Rechner existieren und mit KI ausgestattet sind. Sie sollen neben der Aufgabe, den SRs zu dienen, nach Vorstellung der Forscher auch ein Eigenleben im Cyberspace führen.

Ich prognostizierte: SRs und ARs werden im nächsten Jahrhundert die Bevölkerungsstruktur virtueller Welten bilden, die man als ***CCs*** (***Cyberspace Citizens***) oder ***Cyberianer*** bezeichnen könnte. Je intelligenter die ARs werden würden, desto schwieriger würde es für einen *Cybernauten* aus der realen Welt sein, zu erkennen, ob vor ihm eine synthetische Repräsentation eines real existierenden Menschen steht oder ein im Rechner generierter künstlicher Bewohner. Aber bis dahin hätten wir ja noch etwas Zeit, uns mit diesem Gedanken vertraut zu machen.

3.5.3 Forschungsergebnisse zum erstmaligen Aufenthalt im Cyberspace

1994 führte ich mit meinem Institut *CYBERLINE Research* in *Berlin* zusammen mit der *Cyberspace GmbH* und Studierenden der *Hochschule der Künste Berlin* eine der ersten Untersuchungen, wenn nicht sogar die erste überhaupt, über den ersten Aufenthalt im Cyberspace durch. Die Ergebnisse wurden unter dem Titel: „*The First Feeling – Forschungsergebnisse zum erstmaligen Aufenthalt im Cyberspace*" in der Fachpublikation *DIGI MEDIA* (Nr. 4, 1995) vom *Verlag Gerhard Spiehs* veröffentlicht. Im Folgenden der Originaltext.

1. Einleitung

Die Kommunikation und das Arbeiten in virtuellen Umgebungen werden zu Beginn des nächsten Jahrhunderts durch die stark voranschreitende Vernetzung immer mehr an Bedeutung gewinnen. Nachdem zahlreiche VR-Komponenten, die in den USA entwickelt worden sind, 1989 zum ersten Mal als kommerzielle Version vorgestellt wurden, hat erst vier Jahre später die amerikanische Regierung finanzielle Mittel für dringend notwendige Grundlagenforschung angekündigt. Ziel dieser Forschung sollte nicht nur die Verbesserung der VR-Schnittstellen sein, sondern vor allem die Untersuchung der psychologischen und physiologischen Auswirkungen von längeren Aufenthalten im Cyberspace. Dass es negative Auswirkungen gibt, beweisen zahlreiche Tests aus dem Bereich der Flug-Simulation.

Die vorliegende Untersuchung ist der Beginn einer Forschungsreihe, in der die Wirkung auf Anwender untersucht wird, die sich zum ersten Mal im Cyberspace aufhalten. Im Folgenden wird die Ausgangssituation beschrieben sowie die Auswertung der Befragung von 42 Testpersonen, die sich über ein kommerzielles VR-System in den Cyberspace begeben haben.

2. Ausgangssituation

Basierend auf den bisherigen Erkenntnissen der Flug- und Fahrsimulation kann davon ausgegangen werden, dass durch VR-Systeme im Unterhaltungsbereich sehr bald ähnliche Auswirkungen, wie „Simulator Sickness“ und „*Reality Crossing*“ (*Realitäts-Vermischung*), bei Spielern auftreten können. Auch wenn heutige VR-Systeme in Spielotheken und Cyber-Cafés noch nicht an die Qualität von High-tech-Simulatoren und komplexen Computerfilmen heranreichen, so dauert es sicherlich nicht mehr all zu lange, bis VR-Szenarien, wie sie der Grafik-Supercomputer „*ONYX*“ von *SiliconGraphics* in Echtzeit berechnen kann, auch im Unterhaltungsbereich Einzug halten.

Die *Simulatorkrankheit* basiert auf dem Zwei-Welten-Problem, bei dem sich der Anwender im physikalisch existenten Simulator bzw. Raum und in einer vom Rechner generierten Umgebung befindet. Neben den unangenehmen, aber auf Dauer sicherlich behebbaren Folgen der Simulatorkrankheit, treten vor allem Probleme beim Übergang von der VR in die physikalische Realität auf. Beim *Reality Crossing* (eine meiner ersten Begriffsprägungen) vermischen sich die Emotionen und Reaktionen aus zwei verschiedenen Welten, ohne dass es der Anwender im Moment der Handlung bewusst registriert. Verantwortlich hierfür ist, dass die in der simulierten Welt empfundenen Gefühle des Cybernauten echt sind, egal wie stark diese von der physikalischen Realität abweichen. Realität ist für das menschliche Gehirn bekanntlich das, was es selektiv wahrnimmt und woran es glaubt. Allein das subjektive Erleben ist von Bedeutung, nicht die Frage, ob etwas „wirklich" existiert oder nicht.

3. Forschungspartner

Federführend bei der Ermittlung des „First Feeling" ist das *CYBERLINE Research Institute* aus *Berlin*. Das Institut zur Erforschung und Generierung von computer-animierten künstlichen Wirklichkeiten wurde Anfang 1992 gegründet. *CYBERLINE* beschäftigt sich mit der Entwicklung von geeigneten konsum-orientierten VR-Szenarien auf Desktop-Basis für den Ausbildungs- und Freizeitbereich. Um geeignete virtuelle Umgebungen (Virtual Environments) zu gestalten, werden Forschungsergebnisse benötigt, die Auskunft über das Verhalten von Personen (Cybernauten) im virtuellen Raum geben, aber auch Erkenntnisse über die Auswirkungen bieten. Nach Abschluss der Grundlagenforschung sollen Kommunikationshilfen und Leitpläne für das Design von VR-Welten entwickelt werden.

Ein weiteres Ziel ist die Unterstützung der Öffentlichkeitsarbeit in punkto Aufklärung über die möglichen Folgen für die Gesellschaft. *CYBERLINE* hat bereits damit begonnen, die Öffentlichkeit mit Seminaren, Vorträgen und Fachveröffentlichungen gezielt über die positiven und negativen Auswirkungen der VR-Technologie zu informieren und zu sensibilisieren.

Unterstützt wurde diese erste Forschungsarbeit von der *Cyberspace GmbH* aus *Berlin*, die sich auf den Vertrieb von VR-Equipment und den Betrieb von *Virtuality Cafés* spezialisiert hat. Sie stellte das Test-Equipment zur Verfügung und finanzierte die notwendigen Maschinenstunden. Das Unternehmen ist 1993 mit drei Millionen Grundkapital gegründet worden. Anfang 1994 wurde mit der britischen Firma *Virtuality Entertainment Ltd.* ein Distributionsvertrag für Deutschland und Österreich für deren im Unterhaltungsbereich marktführende VR-Produkte abgeschlossen. Im Herbst 1994 erfolgte die Übernahme eines großen Teils der Aktien des amerikanischen Unternehmens *CYBER-MIND Corporation* aus *San Francisco*. Dieses Unternehmen betreibt Virtual-Reality-Center in den USA und Kanada und verkauft außerdem Produkte für VR-Entertainment. Die *Cyberspace GmbH* selbst betreibt in *Berlin, Erfurt* und *Wien* die ersten europäischen *Virtuality*-Cafés und entwickelte mit geeigneten Partnern neue VR-Unterhaltungssysteme.

4. Test-Equipment

Zur Verfügung standen vier Stand-up-Units vom Typ „*2000 SU*" des britischen Herstellers *Virtuality Entertainment Ltd.*, dem weltweit führenden Anbieter von VR-Equipment für den Freizeitmarkt. Die Spieler befinden sich stehend in Spielgeräten, die jeweils mit einem Schutzring umgeben sind, damit sich die Spieler gefahrlos in virtuellen Welten bewegen und agieren können.

Die Geräte sind für Spielotheken und Entertainment Parks konzipiert worden, in denen sie vorzugsweise paarweise eingesetzt werden. Alle Geräte können miteinander vernetzt werden, damit die Spieler untereinander kommunizieren, aufeinander reagieren und zusammenspielen können. Eine VR-Einheit kostet je nach Ausstattung zwischen 63.700 und 72.800 DM (32.570 und 37.222 €).

Als Rechner dienten PCs mit „*i486er*"-Prozessoren und Grafikkarten mit „*Motorola RISC*"-Chips des Typs „*88110*", mit 200 MIPS Rechenleistung, 8-MB-DRAM und 4-MB-VRAM.

Um in den Genuss der Immersion zu kommen, setzte sich der Spieler das Sichtsystem *Visette 2* auf. Diese 650 Gramm schwere VR-Brille gehört zur zweiten HMD-Generation, die die schweren VR-Helme im Sommer 1994 abgelöst hat. Dieses Headset besteht aus einem Sichtsystem, – zwei Aktiv-Matrix-LCDs mit einer Auflösung von rund 184.000 Bildpunkten pro Bildschirm –, einem optischen Linsensystem mit der Option, Stereobilder zu sehen sowie einem Audio-Head-Set, bestehend aus Kopfhörern und Mikrophon.

Zur Steuerung im Cyberspace diente der „Space Joystick". Mit der oberen Drucktaste bewegte der Spieler sich durch das künstliche dreidimensionale Szenario. Mit der unteren Taste, ähnlich dem Abzughebel einer Pistole, konnte er die Waffe bedienen. Um zielen zu können, musste er seinen Arm entsprechend ausstrecken, da er aufgrund des eingeschränkten Blickwinkels seine Waffe sonst kaum sehen konnte.

Derzeit gibt es sieben verschiedene Spielerlebnisse. Für die Forschung wurde der Klassiker „*Dactyl Nightmare*" eingesetzt, da es sich bei diesem Erlebnisspiel um ein Game der zweiten Generation, also eine weiterentwickelte und optimierte Variante handelt, die vor allem mit bis zu vier Spielern gleichzeitig gespielt werden kann. Die Spieler befinden sich in einer computer-animierten Welt, bestehend aus mehreren Schachbrettmuster-artigen Ebenen mit Objekten, wie Spiegel, Gittertore und Säulen. Ziel ist es, mit einer Waffe in der Hand, die Mitspieler zu entdecken und abzuschießen. Wie in Computer-Spielen üblich, hat man mehrere Leben. Aus der Waffe wird ein Pfeil abgeschossen, dessen Flugbahn berechnet wird, wodurch man erst einmal ausprobieren muss, wie hoch man zielen muss, damit das Geschoss auf einer weiter entfernt liegenden Ebene auch sein Ziel trifft. Wird ein Mitspieler getroffen, zerspringt er in rund Hundert kleine Teile. Einen Schwierigkeitsgrad weiter kommt noch ein Flugsaurier mit ins Spiel, der versucht, einen bestimmten Spieler zu greifen. Hat er dies geschafft, sieht der Spieler, wie er sich vom Boden immer weiter entfernt. Dann lässt ihn der Saurier fallen, – für den jeweiligen Spieler ein überraschendes optisches Erlebnis bis zum Touch-down.

5. Zielsetzung der Befragung

Zielsetzung der Befragung war zu untersuchen, ob es bereits bei diesen VR-Systemen der ersten Generation, mit im Vergleich zu aufwendigen Computerfilmen einfachen virtuellen Umgebungen, mögliche psychologische und physiologische Auswirkungen bei der Informationsverarbeitung während des Aufenthaltes im Cyberspace gibt.

Die befragten Spieler hatten in der Regel alle Vorkenntnisse über die Virtuelle Realität, vorrangig durch Vorträge mit Bildmaterial. Über die anschließende Befragung, nach ihrem Cyberspace-Aufenthalt, wurden sie nicht vorab informiert, um sie nicht während des Aufenthaltes in eine Prüfungssituation zu bringen. Etwas abgelenkt wurden die Testpersonen höchstens durch die im Café, laufende Hintergrundmusik, wenn die Kopfhörer nicht korrekt auf den Ohren saßen sowie durch Personen, die sie beobachteten. Dieser Zustand wurde aber in der Regel nach wenigen Minuten vergessen, da die Teilnehmer am Spiel sehr schnell in die virtuelle Umgebung eintauchten.

Eine weitere Zielsetzung war, herauszufinden, inwieweit sich das eingeschränkte Blickfeld: 60 Grad horizontal, 47 Grad vertikal, im Vergleich zum Blickwinkel des menschlichen Auges (150 Grad horizontal, 130 Grad vertikal) negativ auf den Aufenthalt im Cyberspace auswirkt.

6. Auswertungsergebnisse

Profil der befragten Spieler:

Insgesamt wurden über einen Zeitraum von drei Monaten 42 Teilnehmer/Spieler befragt, je zur Hälfte männlich (m) und weiblich (w). Die Altersstruktur lag zwischen 15 bis 35, wobei das Gros der Befragten zwischen 15 und 25 Jahren alt war.

Zur Schulbildung sei angemerkt: 14% waren auf der Realschule und 86% besuchten bzw. haben ein Gymnasium besucht und mit Abitur abgeschlossen.

Bei 96% der männlichen Teilnehmer waren Computer-Kenntnisse vorhanden, bei den weiblichen Teilnehmern lag die Quote bei 86%. Die Kenntnisse verteilen sich auf folgende Bereiche:

w ->	94%	Anwender-Programme	100%	<- m
	6%	Programmierung	35%	
	72%	Computer-Spiele	70%	

Eine eigene Spiel-Konsole bzw. einen Desktop-Rechner hatten knapp 60% der Teilnehmer:

w ->	57%	PC	45%	<- m
	7%	Mac	27%	
	29%	Amiga	27%	
	14%	Sega	18%	
	21%	Nintendo	-	

Bei der Befragung der über 18-jährigen, ob sie Spielotheken besuchen, antworteten 84% mit nein. Lediglich 16% gingen ab und zu in eine Spielothek (alles männliche Teilnehmer).

Vorwissen über VR gab es lediglich bei 40%, das sie vorrangig aus dem Fernsehen, der Tagespresse und PC-Zeitschriften sowie über Freunde und Bekannte gesammelt hatten. Weitere 38% konnten sich erst durch Seminare und Vorträge des Forschungsinstituts *CYBERLINE* Wissen aneignen.

Die Spieldauer betrug vier bzw. sechs Minuten pro Durchgang. Bis zu fünf Durchgänge waren möglich. Die weiblichen Teilnehmer gingen über die dritte Runde nicht hinaus. Der durchschnittliche Aufenthalt eines Spielers im Cyberspace betrug rund elf Minuten.

9% hörten nach einem Spiel auf
43% brachten es auf zwei Spiele
38% erreichten drei Durchgänge
10% der männlichen Teilnehmer blieben für ein viertes oder fünftes Spiel (davon 75 Prozent im Altersbereich 21-25)

Beurteilung der Körperhaltung der Cybernauten:

durch Forschungspersonal:

w ->	66%	verkrampft	14%	<- m
	34%	gelockert	76%	
	-	locker	10%	

Bei der Beurteilung der eigenen Körperhaltung konnten über 33% der Befragten keine Einschätzung abgeben. Die Mehrzahl stufte sich als "verkrampft" ein. Während die weiblichen Teilnehmer in der Lage waren, ihre eigene Körperhaltung eher an den tatsächlichen Gegebenheiten einzuschätzen, wichen die Angaben der männlichen Teilnehmer wesentlich von ihrer tatsächlichen Körperhaltung ab. Die Einschätzung der verkrampften Körperhaltung lag mit 72% und bei der lockeren Haltung mit 50% über der Einschätzung des Forschungspersonals.

Generell konnte man feststellen, dass sich der größte Teil der Anwender beim zweiten Spiel in der Körperhaltung um eine Kategorie steigerte, also lockerer wurde.

Kommunikation untereinander:

Die Möglichkeit der verbalen Kommunikation im Cyberspace (über das eingebaute Audio-Head-Set in der VR-Brille) wurde wie folgt genutzt:

m: 50% ja, 50% nein
w: 81% ja, 19% nein

Das heißt, dass bei dieser Untersuchung, die weiblichen Spieler wesentlich kommunikationsfreudiger waren als die männlichen Spieler. Bei den weiblichen Teilnehmern gab es verbale Reaktionen zu folgenden Kategorien:

Begeisterung: 41%, Staunen: 29%,
Orientierung: 43%

Demgegenüber standen bei den männlichen Teilnehmern:

Begeisterung: 80%, Staunen: 30%,
Orientierung: 10%

Reaktionsgeschwindigkeit:

Was die Reaktionsgeschwindigkeit im ersten Spiel anbetrifft, gab es zwischen weiblichen und männlichen Teilnehmern keine großen Unterschiede. 40% waren insgesamt zu langsam bzw. übervorsichtig, 53% erreichten eine mittelmäßige Beurteilung und 7% eine sehr gute Bewertung.

Beim zweiten Durchgang verschob sich das Verhältnis in der Regel. Besonders bei den männlichen Anwendern konnte eine überaus hohe prozentuale Steigerung (50%) der Reaktionsgeschwindigkeit festgestellt werden. Generell muss man festhalten, dass diese Beurteilung rein subjektiv erfolgte, nicht nach einem kompletten Kriterienkatalog.

Orientierung:

Einige Teilnehmer guckten anfangs nur geradeaus und beobachteten das Geschehen. Andere hatten durch die Aufteilung in mehrere Ebenen und die Möglichkeit durch Spiegel auf eine andere Ebene zu gelangen, Probleme mit der Orientierung.

Interessant war die Nutzung der freien Orientierungsmöglichkeit. Trotz verbaler Einführung und dem Hinweis, den Kopf ruhig mal in alle möglichen Richtungen zu bewegen, um sich umzusehen, schauten nur 29% nach oben und 21% nach unten. Nach links schauten immerhin 74% und nach rechts 76%. Rund 24% der weiblichen und männlichen Teilnehmer bewegten ihren ganzen Körper, um sich umzusehen. Ihr Kopf wurde zur Orientierung kaum bewegt.

Handhabung des Equipments:

Aufgrund einer ausführlichen Einführung durch das Personal des *Virtuality*-Cafés haben 95% der Teilnehmer ihr Sichtsystem selbst justiert.

Die Passform der VR-Brille wurde des öfteren bemängelt. So drückten die harten Kopfhörer zu sehr auf die Ohren und eine individuelle Lautstärkenregelung fehlt. Die Brille wurde von mindestens 20% der Teilnehmer mit einer Hand während der Spiele nach oben gedrückt, um den unangenehmen Druck auf die Nase zu vermindern. Einigen war die Brille vom Gewicht her zu schwer. Auch die Verkabelung, die über den Rücken geführt wurde, erwies sich für mehrere Teilnehmer als Eindrehfalle. Andere mussten während der Spiele diesen Missstand aus der Außenwelt stets bei ihren Reaktionen im Cyberspace berücksichtigen.

Über die Hälfte der Teilnehmer beklagten sich außerdem darüber, dass es ihnen unter der Brille zu warm wurde. Hier sollte von Seiten des Herstellers über eine kleine Belüftungsanlage nachgedacht werden.

Die Handhabung des Joysticks war hingegen schwieriger als erwartet: Zum Zielen musste man den Arm etwas ausstrecken, da er ansonsten nicht im Blickfeld (aufgrund des eingeschränkten Blickwinkels) gesehen wurde. Hiermit hatten rund 30% der Teilnehmer Schwierigkeiten. Des Weiteren hatten viele Teilnehmer zu Beginn Probleme, sich zu merken, welche der beiden Drucktasten für die Fortbewegung und welche zum Abschuss der Pfeile aus der Handwaffe gedrückt werden musste.

Beurteilung der Benutzerführung:

Insgesamt gesehen, beurteilten die Teilnehmer die Verständlichkeit der Benutzerführung wie folgt:

10% sehr gut
61% gut
19% gewöhnungsbedürftig
10% schlecht

Allerdings muss man berücksichtigen, dass das Ergebnis nur deshalb so positiv ausgefallen ist, weil das Personal des *Virtuality*-Cafés vorweg eine deutsche Einführung gibt, worum es geht. Die englische Einführung allein wäre ansonsten nicht ausreichend. Eine wesentliche Erleichterung würde eine Einführung in der Landessprache bieten.

Qualitative Beurteilung des visuellen Bereichs:

Äußerst interessant war die spontane Beurteilung des Blickfelds. Sowohl männliche als auch weibliche Teilnehmer kamen zu einem ähnlichen Ergebnis. 50% der Teilnehmer gaben an, keine Einschränkung wahrgenommen zu haben. Die andere Hälfte hatte die Einschränkung deutlich wahrgenommen. Allerdings muss man dazu sagen, dass sie zu einem großen Teil deshalb mit ja geantwortet haben, weil sie direkt darauf angesprochen wurden. Während des Spiels haben die meisten nach eigenen Angaben diese Einschränkung nicht bewusst wahrgenommen!
Obwohl die Auflösung pro Bildschirm (244 x 756 Bildpunkte) weit unterhalb der PAL-Fernsehnorm (sichtbar: 575 x 720 Bildpunkte) liegt, wurde die Qualität besser beurteilt als erwartet:

w ->	48%	gut	28%	<- m
	38%	mittelmäßig	48%	
	14%	schlecht	24%	

Gefühl der Immersion:

Das Gefühl des Eintauchens hatten

w ->	38%	sehr deutlich	24%	<- m
	43%	ein bisschen	33%	
	19%	überhaupt nicht	43%	

Gefühl der Räumlichkeit:

Hier gab es ebenfalls ein überraschendes, wenn auch für den Hersteller bereits bekanntes Phänomen. Obwohl in dieser Spielversion keine stereo-optische Bildpräsentation erfolgte, gaben rund 40% der befragten Spieler an, sehr deutlich den Eindruck der räumlichen Wahrnehmung gehabt zu haben:

w ->	48%	sehr deutlich	33%	<- m
	33%	ein wenig	43%	
	19%	überhaupt nicht	24%	

Körperlicher Zustand:

Untersuchungsgegenstand war die Frage, wie Teilnehmer den Aufenthalt in einer virtuellen Welt körperlich, aufgrund der Zwei-Welten-Problematik, verkraften.

- Auffälliges Verhalten zeigten nur 5%, indem sich bei ihnen eine deutliche Nervosität nach den Spielen bemerkbar machte.
- Über Konzentrationsschwierigkeiten nach den Spielen klagten immerhin 17%.
- Bedenklich hoch war allerdings die Quote derjenigen, denen es schwindelig oder gar übel geworden war bzw. die Kopfschmerzen und Augenschmerzen bekommen hatten:

w ->	52%	hatten keine Probleme	86%	<- m
	38%	hatte ein wenig Probleme	14%	
	10%	hatten deutliche Probleme	-	

Insgesamt gesehen, war der Aufenthalt für rund 31% mit unangenehmen Folgeerscheinungen verbunden, weshalb sie vereinzelt bereits mitten im ersten Spiel oder spätestens nach dem zweiten Spiel ausgestiegen sind.

Beurteilung des VR-Spiels *„Dactyl Nightmare“*:

Gestalterische Qualität des Szenarios:

31% fanden sie gut, 62% mittelmäßig und 7% schlecht.

Die interaktiven Spielmöglichkeiten:

17% fanden sie sehr gut, 48% gut, 28% mittelmäßig und 7% schlecht.

Spielidee:

5% stuften sie mit sehr gut ein, 26% mit gut,
26% mit mittelmäßig, 17% mit langweilig,
7% beurteilten sie als nicht gut sowie weitere

12% als nicht gut, da es sich um ein „Baller"-Spiel handelt.

Rund 10% der Teilnehmer äußerten von sich aus, dass sie deutlich verspürt hätten, wie sie einen starken Adrenalin-Schub während des Spiels erfahren hätten.

Auf die Frage, ob sie während der Spielzeit bestimmte Gefühle oder Gedanken gehabt hätten, gab es vereinzelt Aussagen wie:

Weibliche Spieler:

- grausam, bei einem Treffer in Einzelteile zerlegt zu werden,
- lieber gemeinsam auf den Drachen schießen, als auf Mitspieler,
- Angst vor Schwindelgefühl,
- Problem mit Handhabung der Waffe und Zielen,
- hoffentlich kann ich den anderen erwischen.

Männliche Spieler:

- in Ruhe Umschauen, was gibt es zu sehen?
- der Drang zu gewinnen,
- nicht auf Mitspieler schießen wollen, besser wären
- Roboter als Gegner,
- gut, dass in der Realität der Schutzring zum Halt da ist,
- schlecht einschätzbar, wie schnell sich der Gegenspieler bewegen wird.

Auf die Frage, mit welcher Erwartung die Teilnehmer gekommen seien, gaben 72% an, keine Erwartungen gehabt zu haben. Die übrigen führten an:

- Neugierde,
- schnellere und bessere Bildqualität erwartet,
- technische Möglichkeiten testen,
- im Raum bewegen,
- sich selbst im Cyberspace zu sehen,
- positiv überrascht über das Sichtsystem.

Was den Unterhaltungswert anbetrifft, konnten 31% keine konkrete Aussage treffen. 69% machten auf die Frage, ob es für sie spannende, überraschende oder enttäuschende Augenblicke im Cyberspace gab, folgende Angaben (Mehrfachnennungen waren möglich):

spannende Augenblicke	64%
überraschende Momente	67%
lustige Situationen	50%
enttäuschende Momente	11%
langweilige Augenblicke	7%

Einige Spieler, die nicht vom Flugsaurier in die Luft gehoben wurden, zeigten sich beispielsweise enttäuscht, da sie nicht in den optischen Genuss des sich immer weiter Entfernens und des plötzlichen Falls kamen.

7. Zusammenfassung / Abschlussbewertung

Sicherlich müssten für die Zukunft wesentlich genauere Untersuchungen durchgeführt werden, aufgeteilt in Altersgruppen, Schulbildung und Kulturkreis sowie Computer-Spieler und Nicht-Spieler etc. Dennoch haben die vorliegenden Ergebnissen zu gewissen Erkenntnisse und Bestätigungen geführt. Interessant war vor allem, dass trotz der technischen Einschränkung bzw. des fehlenden Stereo-Effekts bei über zwei Drittel der Spieler, der Eindruck der Räumlichkeit und Immersion erzielt wurde. Dieser Eindruck ist bei den weiblichen Spielern mit 48% erheblich ausgeprägter gewesen, als bei den männlichen Teilnehmern (14%).

Auch der eingeschränkte Blickwinkel behinderte offensichtlich nicht. Selbst die geringe Auflösung der Bildschirme von rund 184.000 Bildpunkten wurde immerhin von 38% der Spieler mit gut bewertet.

Bedenklich hingegen war das Ergebnis in punkto *Simulator Sickness*. Über 30% der männlichen und weiblichen Spieler hatten nach ihrem Aufenthalt im Cyberspace ein Schwindelgefühl oder gar Kopfschmerzen. Fälle von *Reality Crossing* konnten nicht nachgewiesen werden. Das hängt vermutlich damit zusammen, dass es zwischen diesem Spiel und der physikalischen Realität der Spieler keine Parallelen gibt, wie zum Beispiel bei einem simulierten Autorennen und dem Autofahren im realen Straßenverkehr.

Zum Abschluss sei folgendes angemerkt: Für zukünftige Testergebnisse wäre es von großem Vorteil, wenn das computer-animierte Szenario komplexer wäre und anstelle der Short-time Trips von vier bzw. sechs Minuten pro Spiel längere und kontinuierliche Aufenthaltssequenzen möglich wären."

3.5.4 *Virtual Reality World '95* – Erste gemeinsame europäische VR-Konferenz

1991 startete in *Ludwigsburg* (nördlich von *Stuttgart*) die *Filmakademie Baden-Württemberg,* unter anderem mit der Ausbildung im Bereich 3D-Animation, Visual Effects (VFX) und digitalem Compositing. Im selben Jahr wurde in *Stuttgart* ein *„VR-Beratungs- und Demonstrationszentrum"* eröffnet. Drei Jahre später begannen die Schwaben 1994 mit der *Film- und Medienbörse* (später in ***fmx-Konferenz*** umbenannt) die ***CGI Community*** einmal pro Jahr zum Informationsaustausch einzuladen. 1995 begannen sie auch noch die europäische ***VR Community*** in die Landeshauptstadt zu holen.

Vom 21. bis 23. Februar fand in *Stuttgart* erstmals eine europäische VR-Konferenz, die *Virtual Reality World,* statt. Die bisherigen nationalen VR-Konferenzen in *Wien*, *London* und *Stuttgart* waren sinnvoller weise zusammengelegt worden. Mitveranstalter der Konferenz waren die VR-Abteilungen der beiden *Fraunhofer Institute IPA* (*Institut für Produktionstechnik und Automatisierung*) und das *IAO* (*Institut für Arbeitswissenschaft und Organisation*), die sich bereits 1991 ein VR-System angeschafft hatten und seitdem Forschung in diesem Bereich betreiben. Der Leiter der IPA-VR-Gruppe (1995), *Ralf Däinghaus*, war davon überzeugt, dass VR ein Breitenmarkt werden wird, weil die Technik intuitiv sei und einfach funktioniert.

Rund 700 Kongressteilnehmer waren gekommen, um sich von 50 Referenten, unter ihnen waren sehr viele bekannte VR-Experten, über den technologischen Stand der VR-Forschung und -Entwicklung informieren zu lassen. Die Fachausstellung zählte über 2.000 Besucher. Rund 2.500 Personen besuchten außerdem den *Experience Park*, in dem sie hautnah Ausflüge in den Cyberspace erleben konnten. 30 Prozent der Kongressteilnehmer kamen aus dem Ausland. Für eine gute deutsch/französisch/englische Simultanübersetzung war gesorgt.

Seitdem 1989 die ersten VR-Systeme und Programme vorgestellt wurden, ist im Laufe der Zeit, trotz der zu Recht bemängelten Bildqualität und Unhandlichkeit des VR-Equipments, eine breite Anwenderschicht entstanden, die VR-Anwendungen für Bereiche wie virtuelle Produktentwicklung, Architektur, Robotik, Medizin und Unterhaltung entwickelt. Gleichzeitig wurden die Rechner immer schneller, und die neuesten stereo-optischen Sichtsysteme gehörten bereits zur zweiten Entwicklungsgeneration. Durch die in den Industriestaaten euphorisch gepuschten Datenautobahnen bekam die VR zusätzlich ihre wichtigste Existenzberechtigung frei Haus geliefert. Denn die zu dieser Zeit mögliche Geschwindigkeit und Bandbreite für die Übertragung von Texten und zweidimensionalen Bildern im Netz war nur der Anfang der Netzkommunikation. 1995 war das Jahr, in dem durch das *World Wide Web* (***WWW***) das Internet kommerzialisiert wurde. Der eigentliche Run auf die Netze durch breite Bevölkerungsschichten sollte erst mit den dreidimensionalen computergenerierten Bildwelten kommen. Voraussetzung dafür war, dass dieser Cyberspace eine Qualität liefert, die die Konsumenten zu dieser Zeit von erfolgreichen und berühmten Motion Ride „*Cosmic Pinball*“ (von *LBO*) und „*Seafari*“ (von *Rhythm & Hues*) zu bieten hatten. Außerdem müssen dem Konsumenten/Anwender ansprechende Inhalte geboten werden und keine Konserven oder alte Verhaltensweisen in neuer Verpackung (wie etwa Teleshopping).

Auf diesen Zeitpunkt – einer breiten Anwendung – spekulierten Unternehmen und Institutionen Mitte der 1990er Jahre und investierten fleißig in VR-Technologie. Keiner wollte den Anschluss verpassen, denn der Startschuss zum Aufbruch in eine Welt der unbegrenzten Möglichkeiten war längst gefallen. Wann exakt dieser herbeigesehnte Zeitpunkt für den qualitativ großen Sprung kommen wird, wagte kaum einer exakt vorauszusagen. Experten rechneten mit einem Zeitraum von unter fünf Jahren, in dem die notwendige Rechenleistung zur Verfügung stehen sollte. Wobei es dann noch einige Jahre dauern konnte, bis die Hardware für den Endverbraucher entsprechend preiswert geworden ist. Wann aber die gewaltigen Massen von 3D-Bilddaten problemlos auf den Infobahnen transportiert werden können, darüber gab es kaum verlässliche Angaben. Ein weiteres Problem war, das wurde auf dieser Konferenz wieder deutlich, das Fehlen geeigneter Inhalte, da es unter anderem an Grundlagenforschung über das Verhalten von Menschen im Cyberspace und an VR-erprobten Gestaltungsrichtlinien fehlt.

Auch die Umsatzprognosen, die das Marktvolumen betrafen, waren mit Vorsicht zu genießen. Sie waren sicherlich mit einer gehörigen Portion Optimismus gestreckt. Trotzdem eigneten sie sich zumindest zur Abschätzung der Tendenz, wie sich in den nächsten Jahren Umsätze und Zuwachsraten im VR-Markt entwickeln dürften. Markbeobachter der *4th Wave Inc.* aus *Alexandria* (*USA*) rechneten alleine in den USA mit einer Verdreifachung des Umsatzes der VR-Technologie in den nächsten drei Jahren. Für 1995 wurden rund 190 Mio. US$ Umsatz erwartet, 1998 sollte dieser Umsatz auf 570 Mio. US$ ansteigen. Insider schätzten, dass bis zum Ende des Jahrhunderts weltweit pro Jahr durchschnittlich rund 100.000 VR-Systeme verkauft werden können.

Die ***Infobahn*** (so bezeichneten Politiker das Web zu dieser Zeit) und die Möglichkeiten der VR wurden von weitsichtigen Politikern langfristig als für die Umstrukturierung innerhalb der Industriegesellschaft von enormer Bedeutung eingestuft. Denn in *Deutschland* sollte sich die Prognose bewahrheiten, dass in den bestehenden industriellen Wirtschaftszweigen in den nächsten Jahren noch ein Drittel der vorhandenen Arbeitsplätze wegfallen, um zwei Drittel erhalten zu können. Laut Prognosen der *EU* sollten in den nächsten zehn Jahren allein in Europa 40 Millionen neue Arbeitsplätze im Bereich *Informationstechnologie* (***IT***) entstehen. Aufgrund der Kompetenz in Sachen Technologie-Entwicklung rechnete der damalige baden-württembergische Wirtschaftsminister *Dieter Spöri* (FDP) damit, dass *Deutschland* eine reelle Chance hätte, davon fünf Millionen neuer Stellen im eigenen Land zu schaffen.

VR zum Schutz von Kulturgütern

Pierre Berger, stellvertretender Chefredakteur von *Le Monde Informatique*, berichtete über französische VR-Aktivitäten unter anderem vom sinnvollen Einsatz der VR bei der Präsentation und Erhaltung von Kulturgütern. *Frankreich* wurde Mitte der 1990er Jahre von über 60 Mio. Touristen jährlich besucht. Da sei es beispielsweise sinnvoll, so *Berger*, wenn man das Gemälde der *Mona Lisa* an mehreren Orte gleichzeitig zeigen könne. Oder ein anderes Beispiel: Die berühmte Höhle von *Lascaux* mit ihren Felszeichnungen aus der Steinzeit wurde aus Gefahr vor Beschädigungen durch Touristen längst für die Öffentlichkeit verschlossen. Die Touristen werden durch einen Nachbau aus Beton, „*Lascaux II*“ genannt, geschleust. Als nächstes soll „*Lascaux III*“ entstehen, auf VR-Basis. Auch die zu dieser Zeit neu entdeckte Höhle „*Chauvet*“ soll von der Öffentlichkeit in naher Zukunft nur per VR besichtigt werden können. Für *Pierre Berger* war hier ein klarer Trend abzulesen. Für ihn wird die materiell Welt im Laufe der Zeit immer mehr durch Software ersetzt werden.

3.5.5 Die schwere Geburt der VR-Software

Wer zum ersten Mal ein Hands-on-Tutorial mitgemacht hat, in dem es um die Einführung und den Einsatz von VR-Software ging, der wunderte sich im Nachhinein nicht mehr über das gestalterisch bisweilen fade Erscheinungsbild von virtuellen Szenarien. Ohne Kenntnisse in der Programmiersprache „C“ ging es beispielsweise bei dem führenden PC-VR-Programm *WorldToolKit* der *Sense 8 Corporation* überhaupt nicht. Damit blieben die meisten Gestalter vorerst ausgeschlossen. Eine einfach zu bedienende grafische Bedieneroberfläche (***GUI*** = *Graphical User Interface*) fehlte beim *WorldToolKit*-Programm gänzlich. *Pat Gelband* von *Sense8* aus *Mill Valley* (Kalifornien) äußerte in einem Interview für *PROFESSIONAL PRODUCTION* mir gegenüber, dass das Software-Unternehmen noch 1995 eine geeignete grafische Bedieneroberfläche vorstellen werde.

Einen Schritt weiter war man bei dem britischen VR-Unternehmen *Division* aus *Bristol. Pierre duPont* präsentierte in einem Hands-on-Tutorial *dVISE* ein Programm zur Erzeugung von virtuellen Anwendungen und Umgebungen, das bereits eine nachvollziehbare Benutzerführung hatte, die man von etablierten 3D-Animationsprogrammen her gewohnt war.

Auf den ersten Blick hin war es für viele erfahrene CGI-Anwender unverständlich, dass diese beiden und auch andere VR-Software-Produzenten das Rad im wahrsten Sinne zum zweiten Mal erfanden. Sämtliche Features, die ausgereifte Programme für 3D-Animation zu dieser Zeit boten, wurden von diesen VR-Software-Entwicklern neu programmiert, anstatt Schnittstellen zu schreiben, um bereits erstellte Szenarien und Objekte aus den gängigen 3D-Paketen übernehmen zu können. Es war daher kein Wunder, dass es so lange dauerte, gute und aufwendige VR-Szenarien zu erstellen, denn die VR-Software war von den gestalterischen Möglichkeiten noch gar nicht so weit ausgereift. Auf der anderen Seite fehlte es den etablierten Software-Firmen für 3D-Animation zu dieser Zeit noch an einem geeigneten Echtzeit-Modul für die Interaktion des Anwenders innerhalb eines computer-animierten Szenarios, der virtuellen Umgebung. Eine sehr frühe Ausnahme stellte die US-Firma *AUTODESK* dar, die bereits Ende der 1980er Jahre damit begonnen hatte, für den PC-Bereich ein geeignetes Echtzeit-Modul zu entwickeln und ihre CAD- und Animations-Programme zu integrieren.

Die auf VR spezialisierten Newcomer-Firmen begannen hingegen ganz von vorne, Programme für die Generierung von dreidimensionalen Bildwelten zu schreiben. Außerdem mussten sie gleichzeitig für ihre unterschiedlichen Zielgruppen geeignete Echtzeit-Module entwickeln. Dabei standen sie vor dem Problem (besonders im PC-Bereich), dass die zur Verfügung stehende Rechenleistung aufgeteilt werden musste: zum einen für die Bildberechnung in Echtzeit, zum anderen für die Berechnung des Blickfelds, das aus den Bewegungsdaten und der Blickrichtung des Anwenders vom Programm ermittelt werden musste. Der Schwerpunkt bei den VR-Programmen lag ganz klar auf der Interaktion in Echtzeit. Die Bildqualität stand dabei erst an zweiter Stelle. Und eben dieses Know-how im Umgang mit der Kollisions-Ermittlung (***Collision Detection***), bei der der Anwender, wenn er mit virtuellen Objekten kollidierte, vom System eine Reaktion bekam (zu dieser Zeit vorrangig akustisch oder visuell), war sehr wichtig für eine realistische Interaktion. Nur wenige Objekte innerhalb eines Szenarios konnten zu dieser Zeit für eine Kollisions-Ermittlung bestimmt werden, da das Verfahren viel Rechenzeit beanspruchte.

Während die neu entstehenden VR-Software-Firmen sich mühten, konzentrierten sich die Marktführer für 3D-Animations-Software auf die Optimierung ihrer Programme. Die Interaktion wurde aufgrund der komplexen Bildgestaltung und der zu dieser Zeit noch fehlenden Rechenleistung als vorerst unwichtig eingestuft. Diese Einstellung änderte sich aber im Laufe der Zeit, spätestens als *SiliconGraphics* mit ihrem Grafik-Supercomputer *Onyx* und *Evans & Sutherland* mit ihren Zahlenfressern (Number Cruncher) *Liberty* (1993) und der *Freedom Series* (1995) auf den Markt kamen.

Für Techniker und Programmierer mochte eine VR-Software wie *dVISE* dennoch besser geeignet sein, da sie speziell auf die Belange der jeweiligen technischen und wissenschaftlichen Anwendungsbereiche abgestimmt war. Das Gleiche galt für PC-Besitzer, die mit komplexen 3D-Programmen nichts anfangen konnten. Hier hatten VR-Programme, wie das *WorldToolKit*, gute Marktchancen, wenn sie entsprechend bedienerfreundlich sind. Hingegen werden gestandene 3D-Programme wie von *Wavefront*, *Softimage* und *Alias* oder *ElectroGIG* zukünftig sicherlich eher für VR-Szenarien im Unterhaltungs- und Schulungsbereich eingesetzt.

3.5.6 *SIGGRAPH '95* voller VR-Neuerungen und Highlights

Im *Electronic Theater* der *SIGGRAPH* in *Los Angeles Downtown* waren 1995 Ausschnitte aus der ersten Verfilmung einer SF-Story von *William Gibson* zu sehen: *Vernetzt – Johnny Mnemonic* (*Tri Star*). Sehenswert waren die in CGI umgesetzten Designer-Vorstellungen, wie man mit Datenhandschuhen sich in Zukunft in das weltweite Netz einwählt und visuell telefoniert.

Für den Heimbereich hatte *Virtual I-O* aus *Seattle* einen HMD entwickelt, den sie *i-glasses* tauften. Mit diesem aus Kunststoff bestehenden VR-Head-set wollte das Unternehmen Spielern von Computer Games ein Sichtsystem bieten, mit dem sie komplett in die 3D-Zielumgebung eintauchen konnten, ohne von der Außenwelt abgelenkt zu werden. Die Bildschirmauflösung lag bei 180.000 Pixel pro LCD-Monitor. Laut Aussage von *Virtual I-O* war dieses Sichtsystem, seitdem es im März 1995 auf den Markt angeboten wurde, das am meisten verkaufte Headset im Consumer-Bereich. Im Mai wurde das Produkt auf der *VR World '95* in *Stuttgart* ausgezeichnet. Trotz allem, wer Profi-Equipment kennt, der war enttäuscht, als er zum ersten Mal das 240 Gramm leichte Head-set in die Hand nahm und aufsetzte. Eine lange Haltbarkeitsdauer in Kinderzimmern traute ich dieser VR-Brille nicht zu. Außerdem hatte dieses Sichtsystem ein erhebliches Manko. Genau wie die VR-Brillen von *Kaiser Optics* musste der Anwender mit erheblichem Lichteinfall von unten leben. Warum dieses Manko nicht durch eine dunkle Filzmaske behoben wurde, war für mich unverständlich. Das Head-set war kompatibel mit PCs und allen gängigen Spielkonsolen. Es konnte darüber hinaus an Fernseher und Videorecorder angeschlossen werden. Der Preis für die PC-Version lag bei 799 US$.

Weltweit führend auf dem Markt für Profi-HMDs war zu dieser Zeit *Systems* aus *Santa Clara* in Kalifornien. Das neueste Sichtsystem auf Basis von Kathodenstrahlröhren (800 x 600 Bildpunkte Auflösung), das „*FS 5*“, kostete jetzt unter 20.000 US$, für den High-end-Markt ein überaus günstiger Preis. Für den Einsatz in Freizeiteinrichtungen gab es eine abgespeckte Version des Typs „*VR4*“, das „*VR4000*“, ebenfalls auf LCD-Basis (742 x 230 Bildpunkte Auflösung).

Ein weiteres HMD-Produkt kam von *General Reality Company* aus *San José*. „*CyberEye*“ kostete knapp 2.000 US$ und bot pro LCD-Einheit eine Auflösung von 420 x 230 Pixel. Auf dem Messestand konnte auch ein Low-cost-Datenhandschuh, der „*5th Glove*“ von *Fifth Dimension Technologies* aus *Pretoria* (Süd-Afrika), ausprobiert werden. Er kostete 495 US$. Die Reaktionszeit und Genauigkeit in der Übertragung der Fingerbewegungen konnte aber noch nicht überzeugen.

Auf Basis des erfolgreichen *WorldToolKit* stellte *Sense8 Corporation* aus dem kalifornischen *Mill Valley* endlich eine anwenderfreundliche neue Software-Generation vor. Die Software hieß *World Up* und ermöglichte dem Designer mit simplen Point-and-Click-Operationen zu arbeiten.

Die bisherige Programmierung in „C“ gehörte damit der Vergangenheit an. *World Up* war eine interaktive Entwicklungsumgebung, in der Änderungen vorgenommen werden konnten, während die Simulation lief. Die Veränderungen waren sofort auf dem Bildschirm sichtbar. Bis auf *Mac*-Rechner lief die Software auf PCs unter den verschiedenen *Windows*-Versionen und auf den gängigen Grafik-Workstations unter *Unix*. Der Preis lag bei 3.500 US$.

Superscape VR war zu dieser Zeit einer der führenden VR-Software-Entwickler. Das Unternehmen gab auf der *SIGGRAPH* bekannt, dass ihr „*Superscape Visualizer 4.0*“ (99 US$) seit 1995 auch unter *Windows NT* und *Windows 95* lief.

Immer noch wurde der Audiobereich aufs schändlichste vernachlässigt. Einfallslos ertönte bei den meisten VR-Demos auf der Ausstellung Musik aus den Kopfhörern der HMDs. Kaum ein VR-Anbieter schien die Bedeutung des Sounds für VR-Szenarien begriffen zu haben. *Crystal River Engineering* führte auf der *SIGGRAPH*-Ausstellung erstmals ein interaktives Sound-System für Raumsimulation vor, das *AudioReality RS*. Die Software beinhaltete 3D-Sound-Algorithmen und Verfahren zur Raumsimulation, um eine komplette Akustik in virtuellen Umgebungen zu erzeugen. Der Anwender konnte interaktiv schall-reflektierende Wände und Oberflächen sowie schall-absorbierende Objekte in seiner virtuellen Welt einsetzen. Ob Teppich, Holz, Marmor oder Glas, das System errechnete und simulierte jeweils den physikalisch korrekten Klang, egal ob der Schall reflektiert wurde oder eine Fläche durchdrang. Das Resultat war ein immersives Raumklang-Erlebnis. Die Software konnte auf PCs unter *Windows 95* sowie auf Workstations unter Unix eingesetzt werden.

3.5.7 Interaktive Unterhaltung – Location-based Entertainment

Auf der *SIGGRAPH* gab es auch 1995 wieder eine eigene Ausstellung unter dem Motto *„Interactive Communities & Interactive Entertainment"*. Hier demonstrierten Forschungseinrichtungen und Entwickler zahlreiche interaktive Installationen, die vom Publikum meist selbst ausprobiert werden konnten. So gab es unter anderem eine VR-Installation, die zunächst vielversprechend aussah: das *3D Virtual Theater* von *StrayLight Corporation* aus *Warren* (*New Jersey*). Auf Sitzschalen und mit einem VR-Sichtsystem ausgerüstet, bekamen die Besucher den komplett computer-animierten Kurzfilm „*U.F.O. Upon Further Observation*" in stereo-optischer Qualität vorgeführt.

Der aufwendig und mit guten Effekten gemachte Kurzfilm wurde durch dramaturgisch eingesetzte Musik unterstützt, die an bestimmten Stellen über dröhnende Bassboxen unter dem Sitz für einen wirkungsvollen Vibrations- und Spannungseffekt sorgte. Allerdings war dies eben keine Motion-Seat-Darbietung (wie angekündigt) und auch kein immersiver Trip in den Cyberspace, weil der Film wie beim TV-Konsum auf den beiden kleinen Sichtsystem-Monitoren ablief, ohne dass man den Blickwinkel innerhalb des Szenarios per Kopfbewegung hätte verändern können.

Zu den Hauptattraktionen der interaktiven Unterhaltung gehörten die beiden Installationen *Venturer S2* und das *Tesla System*. Der *Venturer S2* von *Thomson Training & Simulation* aus Großbritannien war ein futuristisch designter Simulator für *Motion-based Entertainment* (Unterhaltung auf einer bewegten Plattform). Im Inneren dieses Prototyps läuft auf einer Bildwand ein computer-animierter *Motion Ride*-Film. Das ganze Spektakel dauert rund fünf Minuten. Die Kabine bewegte sich synchron zu den Kamerabewegungen über eine Hydraulik. Die Standbesatzung hatte mit dem Simulator erhebliche Probleme. Während der simulierten Fahrt ging beispielsweise ständig die Schiebetür auf. Es sei ein Prototyp, versicherte *William Lantrip* von *Thomson*. Die zukünftigen Systeme in den Freizeitparks würden solche Kinderkrankheiten nicht mehr aufweisen. Nach zwei Tagen konnte ich dann selbst den Simulator testen, ohne technische Panne. Es hat wirklich Spaß gemacht! Eine Zweisitz-Version kostete 56.000 US$, eine 14-Sitz-Einheit für Freizeitparks lag bei 235.000 US$.

Der Höhepunkt und die beste Darbietung der Ausstellung zum Schlagwort *Location-based Entertainment* wurde von *Virtual World Entertainment, Inc.* aus *Chicago* geboten. Das neue *Tesla System* gehörte zur dritten Generation dieser Art von Unterhaltungssystemen. Bis zu acht futuristisch gestylte Flugkabinen (allerdings ohne Bewegungshydraulik) konnten miteinander vernetzt werden. Jeder Spieler saß nach einer ausführlichen Einführung in seiner Kabine und steuerte über einen mit mehreren Drucktasten ausgestatteten Joystick einen virtuellen Minenkreuzer auf dem Mars. Es ging um Geschwindigkeit, um ein illegales Rennen in den Minenschächten unter der Marsoberfläche. Eingebettet in eine futuristische Story beginnt ein rasantes Rennen durch die unterirdischen Schächte mit zahlreichen Hindernissen. Die Steuerungsdaten wurden ohne Zeitverzögerung visuell und akustisch umgesetzt und auf den Bildschirm (800 x 600 Pixel Auflösung) übertragen. Der PC mit dem neuen *Pentium*-Chip-Generation (mit 166 MHz) von *Intel* lieferte eine Bildqualität, die zu dieser Zeit die beste auf dem Markt war, wenn es um Spielhallen-Simulatoren auf PC-Basis ging. Das optische Bildsystem innerhalb der Kabine basierte auf der Technologie, die zu dieser Zeit in *F-16*-Flugsimulatoren eingesetzt wurde. Zwölf Lautsprecher mit Quadro-Sound-Qualität sorgten mit einem äußerst realistisch angelegten Sound-System für auditiv authentische Anwesenheit in dem computer-animierten Szenario des roten Planeten.

Tesla-Simulatorkabine © *Virtual World Entertainment*

Um das Spiel „*Red Planet*" richtig auskosten zu können, brauchte man allerdings einige Übungsstunden. Über 100 Kontrollfunktionen konnten in diesem Cockpit angesteuert werden. Beispielsweise konnte der Virtual World-Testpilot mit einem extra Steuerhebel Gas geben oder abbremsen. Per Joystick konnte er einen Bremsfallschirm auslösen, Raketen abschießen, die elektronische Hinterraum-Überwachung (eine Art Rückspiegel) auf den Monitor holen und durch Raketenzündung seine Geschwindigkeit vervielfachen. Obwohl es kein VR-Sichtsystem gab, wirkte das Environment so gut, dass man sich nach einer Weile daran gewöhnt hatte, unter der Marsoberfläche einen

Minenkreuzer oder einen Minentransporter zu steuern und mit anderen Spielern (Minenfahrzeuge) zu interagieren. Neben dem Hauptmonitor als Frontscheibe in die virtuelle Außenwelt gab es sechs weitere Displays mit Angaben zur Navigation, über den Maschinenzustand, über Waffensysteme und mit Hinweisen auf kritische Situationen. Allein das geschickte Manövrieren machte enorm viel Spaß. Für die außen wartenden Spieler wurde das Rennen der „Speed Seekers" auf einer großen Bildwand per Rückprojektion übertragen. Mehrere installierte synthetische Kameras, die den Spielverlauf automatisch verfolgten, lieferten einen spannenden Bildbericht über den Verlauf des Rennens – ein aufgrund der damals hohen optischen Qualität überaus überzeugendes Freizeitabenteuer. Als nächstes Spiel wurde „*Voyage to Atlantis*" angekündigt, eine Unterwasserreise in einem Mini-U-Boot zum versunkenen Atlantis, das in die *Virtual World Center* kommen sollte, von denen es 1995 weltweit 22 gab.

Exkurs: *Virtual World Entertainment, Inc.*

Angefangen hatte alles in Chicago 1990 mit dem ersten *BattleTech Center*, in dem die Spieler in futuristische Einzelkabinen (Pods) nach einem reißerisch aufgemachten Einführungsfilm in den Roboterkampf auf *Solaris VII* geschickt wurden. An diesem ersten kommerzielle ***Virtual Entertainment*** Schauplatz trafen sich begeisterte Fans der über 60 populären *BattleTech*-SF-Romane, von denen bis zu 16 Spieler in vernetzten Pods saßen und sich zusammen mit den von Rechnern gesteuerten Kampfrobotern virtuelle Schlachten lieferten.

In der Anfangszeit war diese Art von Multiplayer Game so populär, dass sich vor dem Center riesige Warteschlangen bildeten. Erst Jahre später gab es ein vergleichbares Angebot im Internet. Erfinder und Franchise-Geber war die Firma *Virtual World Entertainment LLC*. Im Sommer 1992 wurde in *Yokohama* und 1993 in *Tokio* jeweils ein *BattleTech Center* auf japanischem Boden eröffnet. 1993 kam dann das erste Multiplayer Game in die Center, das nichts mit *BattleTech* zu tun hatte. Es hieß „*Red Planet*" (siehe Ausführungen weiter oben).

Durch die in der Interaktion immer besser werdenden Spielangebote in den Arcades und die aufkommenden Online Games in der zweiten Hälfte der 1990er Jahre verloren die *BattleTech Center* immer mehr Kunden, so dass bis 2000 in Japan alle *BattleTech Center* geschlossen werden mussten.

Virtual World Entertainment (*VWE*) musste sich nach neuen Geldgebern umsehen und schloss sich mit dem 1994 gegründeten Unternehmen *FASA Interactive Technologies* zur *Virtual World*

Entertainment Group zusammen. 1999 wurde die Gruppe dann von der *Microsoft Corporation* aufgekauft und wieder auseinander dividiert. *FASA Interactive* wurde in den Microsoft Game Studios integriert, während *VWE* weiterverkauft wurde. *VWE* entwickelte die BattlerTech-VR für die *Tesla-II*-Plattform weiter und taufte sie *BattleTech: Firestorm.*

Im August 2005 unterzeichnete *MechJock.com*, der längste private Eigner von *Virtual World BattleTech* VR-Systemen, einen Vertrag mit *VWE* zur Vermarktung der *Tesla-II*-Cockpits für den Heimbereich. Außerdem wurde damit begonnen, an einer Vernetzung über das Internet zu arbeiten. Im Dezember 2005 übernahm der Unterhaltungsindustrie-Insider *Nicholas Smith*, der Gründer von *MechJock.com*, das komplette Unternehmen *VWE* von den drei Inhabern *James Garbarini, Ted Keenan* und *Bill Ettelson* und verlegte den Firmensitz von *Chicago* nach *Kalamazoo* in Michigan.

Für 2008 ist ein neues Release von *Red Planet* für die *Tesla-II*-Pods geplant.

3.5.8 Die Entwicklungsschübe werden langsamer

Nach einem vielversprechenden Start im vergangenen Jahr fand die zweite europäische VR-Konferenz *VRW '96* wieder in *Stuttgart* statt. Die Veranstalter äußerten, dass Deutschland im internationalen Vergleich eine Spitzenstellung bei der Entwicklung dreidimensionaler, voll interaktiver computer-generierter Simulationen einnehmen würde. Von deutschen Unternehmen würden zu dieser Zeit mehr VR-Projekte umgesetzt werden als in jedem anderen Land, so die *VRW*-Initiatoren.

Erstmalig war es mir gelungen, bei den Tutorials auch den Gestaltungsbereich thematisch abzudecken. Das mit Unterstützung des *IDG Verlags* und unter Leitung meines Instituts *CYBERLINE Research* von der Fachgruppe „*Graphische Simulation und Animation*" (deren stellvertretender Sprecher ich zu dieser Zeit war) der *Gesellschaft für Informatik e.V.* veranstaltete Tutorial „Design von virtuellen Welten" fand guten Anklang. Der Kongress selbst zeigte, wie dringend es notwendig war, dass Gestalter mit in den Entstehungsprozess von virtuellen Welten eingebunden werden. Schwerpunktthemen waren 1996 wirtschaftliche und wissenschaftliche Anwendungen in Industrie, Architektur, Unterhaltung und neuen Medien.

Der deutsche Distributor *EDV Systeme Thoma* von *Sense8*-Software demonstrierte die neue Beta-Version des Nachfolgers von *WorldToolKit*, der jetzt endlich anwenderfreundlichen VR-Software *World Up*. Im Gegensatz zur ersten Generation benötigte der Anwender jetzt keine Programmierkenntnisse mehr. Über Fenster konnte man in verschiedene Anwendungsbereiche gelangen und Prototypen sowie virtuelle Umgebungen konstruieren.

Die *Human Interfaces AG* aus *Luzern* präsentierte mit *DIGIHOM 3D* den ersten interaktiven Anatomie-Atlas für die Aus- und Weiterbildung von Ärzten. Die medizinisch-wissenschaftliche Lernsoftware wurde vom Stuttgarter Fraunhofer Institut IPA im Auftrag der Schweizer Aktiengesellschaft entwickelt. Basierend auf Original-Datensätzen aus Computer-Tomografien konnte der Anwender beispielsweise den Kopf eines Skeletts in Echtzeit verändern, indem er Geschlecht, Alter und Rasse per Programm vorgab. *DIGIHIM 3D* war voll VR-fähig und lieferte für die Betrachtung mit stereoskopischen Spezialbrillen entsprechende räumliche Bilder. Eine Lizenz für das interaktive 3D-Skelett kostete 4.750 DM (2.429 €). Als nächstes sollte ein komplettes Gehirn fertig sein, danach standen die Augen, ein Ohr und die Leber im Auftrag.

Ein recht eigenwilliges Ortungssystem hatte sich der Hersteller *Forte Technologies* für sein HMD *VFX1* einfallen lassen, das von *Cyber World* aus *Sennfeld* demonstriert wurde. Es lokalisierte die jeweilige Position des Anwenders anhand des Erdmagnetfeldes. Für den Einsatz des HMD musste zu Beginn eine Installations-Diskette auf die Festplatte des Rechners kopiert werden. Sie enthielt für alle Länder dieser Erde und die wichtigsten Städte die Werte des dort vorherrschenden Magnetfeldes. Wenn das Sichtsystem über ein Kalibrierungsprogramm ausgerichtet worden war, ermittelte das Programm das von einem integrierten Sensor ermittelte Magnetfeld vor Ort und verglich es mit den gespeicherten Werten. Dadurch konnte die jeweilige Position des Anwenders errechnet werden.

Auch der *Cyberpuck* von *Mindflux* aus *Roseville* in Australien, ein Eingabegerät mit drei programmierbaren Funktionstasten, arbeitete mit einer eigenwilligen Technologie. Zwei gewölbte Quecksilberröhrchen steuerten virtuelle Objekte über die Schwerkraftauswirkung bei den jeweiligen Neigungen des Pucks.

Nachdem zwei Jahre zuvor *IBM* in das VR-Business eingestiegen war und seitdem die Produkte der *Virtuality Group* aus Großbritannien mit vermarktete, unterzeichnete Big Blue nun auch mit der britischen Firma *Superscape VR plc* einen Vertrag. *Superscape VR* galt zu dieser Zeit als Marktführer im Bereich VR-Software. Über 150.000 Lizenzen konnte das Unternehmen seit 1986 in 26 Ländern verkaufen. IBM wollte sich mit diesem Deal am Verkauf der preisgekrönten VR-Software *VRT V 4.0* beteiligen. Die Software lief auf PCs (ab *486*er-Prozessoren von *Intel*) und wurde in drei verschiedenen Ausführungen angeboten, als *Superscape Visualiser* (8.950 DM / 4.576 €), als *SDK* (*Superscape Developers Kit*) für „C"-Programmierer (13.430 DM / 6.867 €) und als *Superscape Networks* (6.710 DM / 3.431 €) zur Kreierung von virtuellen Welten, in denen bis zu 25 User gleichzeitig miteinander interagieren konnten. Der schnellste 3D-Viewer für das Internet kam zu dieser Zeit ebenfalls von *Superscape*. *VisNet* war kostenlos über das Internet erhältlich. Der interaktive 3D-Viewer basierte auf der Super *VRML*-Technologie von *Superscape*. Den Entwicklern war es dabei gelungen, den auf dem 1996 in das Internet portierten Industrie-Standard ***VRML*** (*Virtual Reality Modelling Language*) für die Beschreibung von virtuellen Welten basierenden 3D-Viewer *VisNet*, durchschnittlich fünf bis zehnmal schneller zu machen, als die erste Generation der 3D-Viewer. Spezielle Hardware, wie ein Sichtsystem, war für den Einsatz des Viewers, der mit *Netscape* und *Microsoft Web Browser* arbeitet, nicht notwendig. Mit *VisNet* ließen sich auch „intelligente" Objekte, wie virtuelle Taschenrechner, Uhren und Autos kontrollieren.

Die Ausstellung war auf dieser zweiten Konferenz um 100% gewachsen, allerdings war der *Experience Park* mit VR-Geräten zum Ausprobieren erheblich geschrumpft und auch die Vorträge waren eher mittelmäßig. Hinzu kam, dass es nicht in jedem Jahr große Innovationsschübe gab. Daher hätte man diese Veranstaltung besser alle zwei Jahre organisiert. Leider war die *VRW '96* die letzte ihrer Art auf deutschem Boden.

3.5.8.1 SIGGRAPH '96 – Der Desktop-Bereich gewinnt an Bedeutung

Auf der *SIGGRAPH* 1996 in *New Orleans* war die VR-Technologie und -Thematik in Kursen und Vorträgen zwar vertreten, aber die Entwicklung verlief nicht mehr so spektakulär wie in den Jahren zuvor. Dafür wurde die Qualität der Peripherie und Anwendungen stetig optimiert. Durch die Etablierung des Betriebssystems *Windows NT* im Profi-Bereich auf Desktop-Rechnern (PCs) wurde deutlich, dass die Qualität von zukünftigen Virtual Environments erheblich durch die Entwicklungen im 3D-Animationsbereich und den Computer Games vorangetrieben wird.

In punkto VR-Peripherie-Entwicklung gab es zwei interessante Weiterentwicklungen: *Immersion Corporation* aus *San José* demonstrierte zwei Kraftrückkopplungs-Joysticks, den *„Scenario 312"* für den Heimbereich und die *„Impulse Engine 2000"* (4.995 US$) für Spielotheken, Telerobotics, Medizin-Simulation und Design-Entwicklung. Über diese Joysticks bekam der Anwender die Möglichkeit, im virtuellen Raum Widerstände zu spüren und ausgeübte Kraft wahrzunehmen bzw. einzusetzen. *Fakespace Labs* war bei mehreren Ausstellern mit seinem neuen Desktop-VE-Viewer *PUSH* vertreten. Dieses bot die hohe optische Qualität des *„BOOM3C"*-Systems und drei Freiheitsgrade (x, y, z) für die Bewegung durch virtuelle Szenarien. Anschaffungspreis 1996: 45.000 US$.

Über den VR-Viewer *PUSH* konnte man auf dem Stand von *Boston Dynamics* sogenannte Interactive Humans in einem räumlichen Szenario betrachten, die sich in einer hervorragenden Qualität als Infanterie-Soldaten durch ein Gefechtsfeld robbten und in geduckter Stellung fortbewegten. Unter dem Motto „Populate your Virtual Environment" wurde die am *MIT Artificial Intelligence Lab* ursprünglich entwickelte Software vermarktet. Ohne die Kenntnisse und Fähigkeiten eines Animation Designers oder eines Programmierexperten ließen sich diese digitalen Charaktere interaktiv bewegen. Die digitalen Akteure reagierten in Echtzeit auf einfache Kommandos und ließen sich durch ein entsprechendes Szenario dirigieren. Die Bevölkerung von virtuellen Realitäten wurde auf diese Weise wesentlich vereinfacht.

Das erste deutsche High-end-VR-System stellte die *Realax Software GmbH* aus *Karlsruhe* auf der *SIGGRAPH* vor. *Realax* war ein komplettes Software-Angebot für die Workstation-Flotte von *SiliconGraphics*. Es bestand aus dem VR-Modeler und Szenen-Editor *RX/scene* und der interaktiven Echtzeit-Umgebung *RX/world*. Der Radiosity-Renderer *RX/shader* war erst für das vierte Quartal 1996 vorgesehen. Neben Echtzeit-Simulation im Konstruktionsbereich, Virtual Prototyping und Scientific Visualization eignete sich diese Software auch für die Generierung von architektonischen Gebäuden und Szenarien für den Unterhaltungsbereich.

Kommunikation mit künstlichen Delphinen

Am *Central Research Lab* der japanischen Firma *Hitachi* hatte *Tsuneya Kurihara* die ersten computer-animierten Delphine entwickelt, die auf gestikulierende Menschen reagieren und mit ihnen durch verschiedene Bewegungen im virtuellen Wasser agieren konnten. Das ganze unglaublich klingende Szenario lief dazu noch in Echtzeit ab. Das System bestand aus einer Bildwand, einem Leuchtstab, Videokameras zur Gestik-Erkennung, einem 3D-Sound-Generator und Echtzeit-Computer-Grafik, autonomen Agenten und einem Partikelsystem für die Generierung des Wassers, der Luftblasen und Schaumkronen etc. Der Proband sah auf der Bildwand einen Delphin mit realistischen Schwimmbewegungen und in hoher Auflösung. Mit Hilfe eines gebündelten Lichtstrahls aus einer entsprechend präparierten Taschenlampe konnte er verschiedene (vorgegebene) Bewegungen auf der Bildwand ausführen. Das System erkannte diese und ließ den Delphin entsprechend reagieren. So konnte er etwa aus dem Wasser springen, abtauchen oder sich um die eigene Achse drehen. Die Art und Weise war jedes Mal anders, da sie von der jeweiligen Ausgangsposition des Delphins abhängig war und neu berechnet werden musste. Mit dem Projekt war im Februar 1995 begonnen worden. Zehn Mitarbeiter waren involviert. Zielsetzung war, eine virtuelle Umgebung zu schaffen, in der Menschen mit künstlichen Lebensformen kommunizieren können.

Höhenangst bekämpfen

Aus dem Bereich der Medizin konnte man ebenfalls eine erfolgreich funktionierende VR-Anwendung ausprobieren. Ein Team von amerikanischen Therapeuten und Informatikern aus Atlanta entwickelte ein VR-Szenario, in dem Patienten, die unter Höhenangst litten, in einem virtuellen transparenten Aufzug etagenweise mit optischer Anzeige des Stockwerkes nach oben befördert wurden. Der Blick mit einer VR-Brille nach unten war für diese Menschen sehr gewöhnungsbedürftig. Sie wurden etappenweise darauf trainiert, ihre Höhenangst zu verlieren. An einem realen Geländer konnten sie sich festhalten, während sie sich völlig sicher über das Geländer beugen konnten, um in die Tiefe zu blicken. Die Höhe bestimmten sie selbst. Natürlich habe ich auch diese VR-Installation selbst getestet!

Microsoft dringt in *Unix*-Hochburgen ein

Mit dem Aufkommen von *Windows NT* und *Direct3D* von *Microsoft* und der *N64*-Spielkonsole von *Nintendo* sowie den neuen Chip-Generationen, wie beispielsweise dem *Pentium Pro* von *Intel* und dem *Alpha AXP* von *DEC*, wurden Bildwelten auf PC-Basis möglich, von deren visuellen Qualität und Interaktionsmöglichkeiten die VR Community nur träumen konnte. Spätestens auf der *SIGGRAPH '96* wurde klar, dass die Spielebranche eines Tages auch die Möglichkeit der Immersion integriert und bis dahin Entwicklungsmotor für immer bessere Grafik-Chips für komplexe Bildwelten in Echtzeit sein wird. Erst wenn ausreichend guter ***Content*** (Inhalt in Form von Unterhaltungs-Software) vorhanden ist und der Massenmarkt für eine geeignete VR-Brille für Computerspiele reif ist, wird es eine technologische Lösung geben.

Die *Microsoft Corporation* präsentierte auf der *SIGGRAPH*-Ausstellung in *New Orleans* die erste lieferbare Version des *Direct3D-**API*** (*Application Programming Interface*). *Direct3D* für *Win-95*-Plattformen war die Antwort auf das plattform-unabhängige 3D-Grafik API ***OpenGL*** (*Open Graphics Library*) von *SGI*. Dieser Standard verfügt über rund 250 Befehle, welche die Darstellung komplexer 3D-Szenen in Echtzeit erlauben. Die Implementierung der *OpenGL*-Anwendungs-Programmierungs-Schnittstelle wird in der Regel als Teil der Grafikkarten-Treiber ausgeliefert.

Direct3D sollte laut *Microsoft* eine eigene Next Generation-Hochleistungstechnologie sein, die einen de facto Entwicklungsstandard für das Rendering von 3D-Grafik in Echtzeit darstellt. In einem Vergleichstest auf dem Messestand liefen die beiden Grafik-Schnittstellen *OpenGL* und *Direct3D* jeweils auf einer 166-MHz-*Pentium*-Plattform unter *Windows 95*. Das Ergebnis: Mit *Direct3D* wurde das dargestellte Objekt fünf bis zehn Prozent schneller gerendert.

Weitsichtige Hersteller für Rechner auf Basis des Betriebssystems *Unix* begannen sich aufgrund des stabil laufenden *Microsoft*-Betriebssystems *Windows NT* (New Technology) ein zweites Standbein aufzubauen. Denn die *Unix*-Bastion geriet immer mehr ins Wanken. Und das, obwohl *Alias Research* und *Wavefront Technologies* im Frühjahr 1995 von Workstation-Spezialist *SGI* aufgekauft worden waren, der sich damit zu einem einzigartigen Hard- und Software-Giganten entwickelt hatte. Der Grund dafür war, dass *Microsoft* 1993 *Softimage*, den kanadischen Software-Produzenten für 2D- und 3D-Anwendungen, für 130 Mio. US$ gekauft hatte. Durch die Offenlegung des Quellcodes war es den Programmierern von *Microsoft* möglich, die topp 3D-Software aus der *Unix*-Welt auf ihr Betriebssystem *Windows NT* zu portieren, um mit diesem Schritt die professionelle 3D-Grafik und -Animation auf den mittlerweile äußerst leistungsfähigen PC-Bereich zu lenken.

Das Kalkül ging auf. Denn *Softimage* war nach Einführung der *NT*-Lizenzen 1996 äußerst erfolgreich mit dem Verkauf von 3D-Lizenzen. Das Unternehmen konnte die installierte Basis von knapp 1.500 Anwendern bis 1998 auf über 21.000 Benutzer aufstocken. Insofern leistete *Softimage* einen äußerst wichtigen Beitrag zur erfolgreichen Einführung von *Windows NT* in der professionellen Medienindustrie. Alle anderen 3D-Anbieter mussten im Laufe der Zeit nachziehen, um auf dem Markt weiter bestehen zu können. Nachdem *Softimage* den Zweck von *Bill Gates* Strategie erfolgreich erfüllt hatte, verkaufte *Microsoft* Mitte Juni 1998 ihr Tochterunternehmen gewinnbringend an *Avid Technology*.

3.5.8.2 Die neue Generation: Realtime 3D Video Games

INTELS Prozessoren *Pentium* und *Pentium Pro* aber auch der *PowerPC* von *IBM*, der *Alpha AXP*-Chip von *DEC* und die *MIPS*-Chips unter *Windows NT* sowie die Spielkonsolen *Saturn* von *Sega, Sonys PlayStation* und *Nintendos* neuer *N64* hatten als Hardware-Basis den Markt für elektronische Spiele und Unterhaltung erheblich revolutioniert.

Auf der amerikanischen Spielemesse *Electronic Entertainment Expo* (***E3***) wurden 1996 über 1.700 neue Spiele angekündigt und zum Teil vorgestellt. Weltweit gab es nach Schätzung der Zeitschrift *The Hollywood Reporter* zwischen 3.000 und 5.000 Firmen, die elektronische Spiele produzierten. Die meisten Produzenten hatten ihren Sitz im Westen der USA, in England und natürlich in Japan. *Rick Bess* von *MultiGen, Inc.* aus *San Jose* in Kalifornien sprach von der nächsten Generation von Video-Spielen, die den Markt jetzt allmählich bestimmen würden. Für Consumer-Konsolen gab es bereits sogenannte *RealTime-3D*-Spiele, kurz ***RT3D***, wie *Warhawk* und *Twisted Metal* von

SingleTrac Entertainment Technologies für *Sonys PlayStation* oder *Super Mario 64* von *Nintendo*. Hinzu kamen Weiterentwicklungen im Bereich der 3D-Grafik-Chips und Grafik-Beschleunigerkarten, die spätestens 1997 auf den Markt kommen sollten. Nach Angaben von amerikanischen Marktforschern würden bis Ende 1997 rund 20 Millionen Spielkonsolen und PCs mit der Grafik-Leistung für RT3D-Spiele abgesetzt werden.

N64 – Unbegrenzte Interaktivität

Nintendo hatte im September 1996 endlich in den USA mit dem langerwarteten Verkauf der ursprünglich unter dem Arbeitstitel „*Ultra 64*“ entwickelten Spielkonsole in Japan begonnen. Als Prozessor diente der *MIPS* RISC-Chip *R4300i* und als Co-Prozessor die *MIPS* Media Engine „Reality Co-Processor“. Die Chips wurden beide von *NEC* für *MIPS Technologies*, einem Tochterunternehmen von *SGI*, produziert. In enger Zusammenarbeit mit *SiliconGraphics* wurde in dreijähriger Zusammenarbeit im Rahmen des „*Project Reality*“ von *Nintendo* eine 64-bit-Spielkonsole entwickelt, die den Spielern eine noch nie da gewesene Freiheit in der Spielhandlung und im Navigieren von *Super Mario* durch dreidimensionale Spielwelten bot. Nicht mehr das Spiel trieb die Spieler durch die einzelnen Ebenen, sondern die Spieler selbst bestimmten das Tempo. Sie gingen während des Spiels ausführlich auf Erkundung, während die Bewegungen von *Mario*, sei es Laufen, Hüpfen oder Tauchen, bestens animiert wurden. Man bekam sehr schnell ein Gefühl für Räumlichkeit und fand sich nach einigen Fingerübungen auch als Laie im Spiel gut zurecht.

Hardware-Power für Games

Eines der Leistungs-Highlights auf der *SIGGRAPH ´*96 waren die Grafik-Beschleuniger der Firma *REAL 3D* aus *Orlando*, einem Unternehmen der *Lockheed Martin Commercials Systems*-Gruppe. Aufgabe von *REAL 3D* war die Vermarktung der Echtzeit-Simulator-Technologie von Lockheed Martin aus dem Bereich der Hochleistungs-Gefechtssimulation für den Unterhaltungsmarkt. *REAL 3D* entwickelte beispielsweise für *SEGA Enterprises* Grafik-Beschleuniger für Spielautomaten. Die auf der *SIGGRAPH* erstmals vorgestellte *PRO-1000*-Serie bot Hochleistungs-Grafik-Engines mit 750.000 Polygonen pro Sekunde im Low-cost-Bereich. Diese hohe Polygonrate wurde nicht durch texturierte, schattierte oder halbdurchsichtige Gestaltung sowie durch Anti-Aliasing-Funktion, Clipping oder Z-Buffering minimiert. In einem Benchmark-Test für Workstations und PCs, der von der *Gemini Technology Corporation* im Frühjahr 1996 durchgeführt worden war, schnitt die *PRO-*

Serie wesentlich besser ab als die Referenzkonfiguration der *ONYX Reality Engine2* von *SGI*. Die auf der Ausstellung demonstrierten Echtzeit-3D-Szenarien waren von entsprechend hoher Bildqualität.

4. CGI erobert das Internet – Technologische Entwicklung ab 1997

Das Internet wird zukünftig immer mehr belebt und visualisiert werden. Das wurde spätestens **1997** auf der *SIGGRAPH*-Ausstellung deutlich. Mehrere Aussteller führten neben Software-Lösungen auch 3D-Character für den Einsatz in virtuellen Welten für das Internet vor. Beispielsweise gab es von *Aesthetic World Vision* die Beta-Version eines interaktiven 3D-Welten-Erzeugers. Mit ihm konnte der Anwender ohne Programmierkenntnisse interaktive *VRML*-Welten erzeugen und interaktive 3D-Objekte integrieren. *Mitsubishi Electric* stellte die *Open Community* vor, eine auf *Java* und *VRML 2.0* basierende virtuelle Umgebung für das Internet, in der Tausende von Usern gleichzeitig interaktiv mit grafischer Darstellung und Ton agieren konnten.

Matsushita Electric Industrial Co. demonstrierte ihren *WonderSpace* mit tanzenden Virtual Humans, die interaktiv über das Netz gesteuert werden konnten. Das von *Matsushita* entwickelte Programm ermöglichte, virtuelle Menschen realistisch und in einer erstaunlich guten Qualität zu bewegen, sie interaktiv zu steuern sowie ihre Bewegungen synchron mit Musik zu rendern. Ein weiterer Anbieter im Bereich 3D-Character für das Internet war *Nucleus Interactive* aus *Los Angeles*. *Atomic3D* hieß das Programm, das unter *Windows 95* lief. Es eignete sich für die Produktion von Sitcoms, Spielhandlungen, Werbung und anderen Formen von Unterhaltung für das Internet.

Im *Electronic Garden* der *SIGGRAPH '97* in *Los Angeles* konnten die Besucher innovative Entwicklungen im CGI-Bereich begutachten und größtenteils auch selbst ausprobieren sowie mit den Entwicklern fachsimpeln.

Die Berliner Firma *Echtzeit GmbH war* unter anderem mit der Installation „*Traffic Control*" vertreten. Diese diente zum interaktiven Lernen über das Verkehrsverhalten in städtischen Umgebungen. Die Anwender konnten sich durch das äußerst detaillierte Virtual Environment „*CyberCity Berlin*" navigieren – beispielsweise aus der Vogelperspektive, als Autofahrer, als Radfahrer oder als Kind. Außerdem war es möglich, interaktiv Ampeln, Verkehrszeichen und Fahrzeuge zu kontrollieren.

An einem Fallschirmgurt eingehängt und mit einer VR-Brille ausgerüstet, konnten Besucher in einem weiteren VR-Szenario ausprobieren, per Fallschirm punktgenau zu landen. Dieser Ausbildungs-Simulator für Fallschirmspringer wurde von *Systems Technology* aus *Hawthorne* (CA) entwickelt.

Eine andere vorgestellte Sport-Simulation war mehr bodenständiger Natur. Das *Sato-Labor* der *Universität Tokio* hatte ein System für virtuelles Basketballspielen entwickelt. Der Spieler musste jeweils den Mittelfinger seiner beiden Hände in einen Ring stecken, der von drei Schnüren gehalten wird. „*Big Spidar*" hieß dieses etwas ungewohnte neue haptische System. Mit Hilfe der Ringe steuerte der Spieler mit Handbewegungen zwei virtuelle Hände, mit denen er versuchen musste, den Basketball zu greifen und dann in Richtung Korb zu werfen. Man konnte richtig spüren, wie man den Ball umfasste. Das Werfen war dann allerdings noch gewöhnungsbedürftig. Dribbeln war nicht vorgesehen, es wurde vom Programm als „Ball verloren" bewertet und führte zum Spielabbruch.

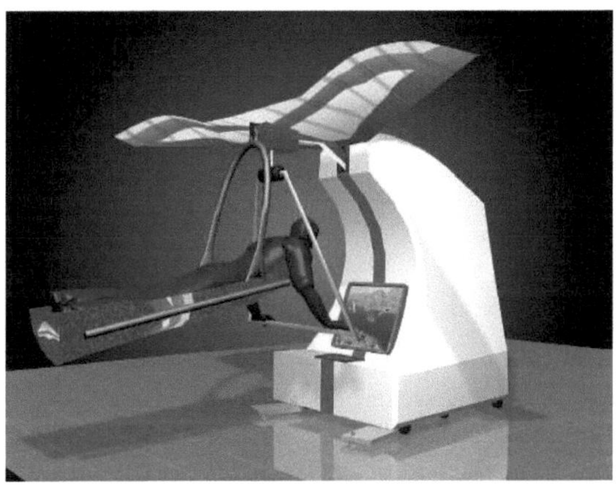

3D-Modell eines virtuellen Drachenflug-Simulators © *Systems Technology*

Projektionswand ohne Kanten

Ein echtes technisches High-light der Ausstellung war der „*Relocatable Reality Room*" der britischen Firma *Trimension Systems* aus *West Sussex*. Vor einer halbrunden etwa 2 x 9 Meter großen Projektionsfläche saßen bis zu 20 Zuschauer und betrachteten computer-animierte Szenarien, die von drei *Barco*-Projektoren ohne sichtbare Nahtstellen auf die Bildwand projiziert wurden. Der von *Trimension* im Frühjahr 1997 erstmals vorgestellte „*Reality Room*" kostete rund 150.000 US$ zzgl. 50.000 US$ für Aufbau, Transport etc. Den Part des Visual Computing bestritt *SGI* mit ihren

Onyx2-Grafik-Supercomputern. Das Projektionsverfahren *Prodas* – zur Verschmelzung der vertikalen Randbereiche der einzelnen Projektionsbilder – wurde von *SEOS Displays* aus Großbritannien entwickelt. Dieses Unternehmen baute seit 1984 Visual-Display-Systeme für Simulatoren. Die visuelle Darbietung war beeindruckend, vor allem durch die fehlenden Nahtstellen, die man von der *CAVE* und anderen Systemen her gewohnt war.

4.1 Der Aufbau von 3D-Online-Welten beginnt

1998 eröffnet die *Walt Disney Company* das erste *DisneyQuest Family Arcade Center* mit zahlreichen VR-Attraktionen via HMD und Projektionen auf Bildwände (projection-based visual displays). Allerdings wurde bereits drei Jahre später (2001) das *DisneyQuest* in *Chicago* wieder geschlossen und das dritte geplante Center in *Philadelphia* gestoppt. Offensichtlich waren die Attraktionen noch nicht in der Qualität, dass sie ausreichend Besucher anziehen konnten.

Auf der *SIGGRAPH '98* gab es keine wesentlichen Neuerungen im VR-Bereich. Lediglich für die Berechnung komplexer 3D-Szenarien kündigte *SGI* für ihre Grafik-Supercomputerserie *Onyx2 Reality* eine Preissenkung von 45% an. Damit kostete die Einstiegsvariante in den USA unter 75.000 US$.

1999 begann *Philip Rosedale,* abgeschirmt von der Öffentlichkeit, mit dem Aufbau einer virtuellen Online-Welt, mit der er sich seinen Traum von einer anderen, besseren Welt verwirklichen wollte. Er taufte sein Projekt *Second Life.* Acht Jahre und einige Millionen US$ an Fremdkapital später war *Second Life* im Jahr 2007 durch eine breite Berichterstattung (besonders in deutschen Medien), bereits einem Millionenpublikum bekannt. Weit über 9,3 Mio. registrierte Besucher konnte *Rosedales* Firma *Linden Lab* im Dezember 2007 zählen. (Mehr darüber siehe Teil I, 2.4 und Teil II, 4.3.2.1.)

Auf der *SIGGRAPH '99* in *Los Angeles* konnten sich die Besucher über zahlreiche interaktive Forschungsprojekte im sogenannten *Millennium Motel* informieren und sie erproben. „Tippen Sie Ihren Vornamen ein“ stand auffordernd auf einer Anweisungstafel. Erfüllte der Besucher diese Bitte, transformierte ein ***KL***-Programm (*KL = Künstliches Leben*) den Namen in eine digitale Kreatur, die über ein Eigenleben verfügte und sich mit anderen digitalen Artgenossen zu vermehren begann. Das alles geschah unmittelbar vor den Augen der neugierigen und faszinierten Zuschauer. *„Life Spacies“* hieß diese interaktive Installation von *Christa Sommerer* vom *ATR Media Integration and*

Communications Research Lab aus *Kyoto*. In dieser Kommunikationsumgebung konnten nach Vorstellung der Erfinderin Internet-Besucher mit Teilnehmern vor Ort interaktiv mittels künstlicher Kreaturen agieren. ***KL* wird zukünftig eine bedeutende Rolle für den Aufbau und die Bevölkerung von virtuellen Welten, wie Online Games und Online Worlds, spielen, prognostizierte ich 1999.**

Das *Tokyo Institute of Technology* aus *Yokohama* führte eine Vorrichtung vor, mit der Anwender im virtuellen Raum Formen ertasten konnten. Sie ähnelte der Vorrichtung für das virtuelle Basketballspiel, das die *Universität Tokio* zwei Jahre zuvor ausgestellt hatte. *SPIDAR* hieß diese Erfindung. Der Anwender steckte je nach Applikation einen oder zwei Finger in einen Fingerhut, der an gespannten Drähten befestigt war. Die Drähten waren in einem Kubus jeweils in den Ecken befestigt und mit kleinen Motoren versehen, die alle Hand- und Greifbewegungen an den Rechner weiterleiteten. Als Antwort wurden entsprechende Widerstände erzeugt, um zum Beispiel Formen ertasten zu können.

Recht abenteuerlich sah der Prototyp eines ebenfalls aus Japan kommenden Hologramm-HMDs aus. An den *Laboratories of Image Information Science and Technology* in *Toyonaka* entwickelten *Takahisa Ando* und *Eiji Shimizu* ein stereo-optisches Sichtsystem auf Basis holografischer optischer Elemente (***HOE***). Dieser HOE-HMD war für Anwendungen im Bereich ***Augmented Reality*** (erweiterte Realität) besonders geeignet. Der Anwender konnte durch eine transparente Projektionsfläche hindurchsehen. Dadurch war es ihm möglich, seine reale Umgebung wahrzunehmen und gleichzeitig eingeblendete CGI-Elemente zu sehen.

SensAble Technologies aus *Woburn* (MA) präsentierte in *Los Angeles* erstmalig das Freiform-Modellier-System *FreeForm* auf Desktop-Basis. Wie einfach die Handhabung des 36.500 DM (18.662 €) teuren Kraftrückkopplungs-Werkzeuges war, führte die neunjährige Tochter *Io* von *Diana Walczak* und *Jeff Kleiser* den Besuchern des *SensAble*-Standes an einem Gorilla-Modell vor. Mit diesem weltweit ersten „gefühlsechten" Modellierwerkzeug (auch *3D touch technology* genannt) konnten Bildhauer und Modellierer den Widerstand des Materials, das sie bearbeiten, spüren.

Nach *Fischer*-Bausatztechnik sah eine weitere Neuvorstellung aus. Die Rede ist von dem kraftrückkopplungsfähigen Datenhandschuh *CyberGrasp* von *Virtual Technologies, Inc.* aus *Palo Alto*. Mit ihm ließen sich beeindruckend gut virtuelle Objekte greifen und zusammenbauen.

Peter Schröder von der „*Multi-Res Modeling Group*" des *California Institute of Technology* aus *Pasadena* demonstrierte mit seinen Kollegen das Projekt „Surface Drawing". Hierbei handelte es sich um die mittlerweile dritte Variante einer VR Workbench (einer tischgroßen Projektionsfläche), auf der Anwender mit Hilfe einer Stereobrille dreidimensionale Formteile und Objekte per Programm mittels eines Datenhandschuhs bearbeiten konnten.

Carl Machower von *Machower Associates Corp.* veröffentlichte zur *SIGGRAPH '99* die neuesten Wachstumszahlen. Demnach wuchs der Einsatz von Computer-Grafik-Anwendungen (inklusive CAD/CAM, 2D-Grafik, 3D-Animation, VR und Multimedia) von 56,1 Mrd. 1997 und 63,5 Mrd. US$ 1998 **im Jahr 1999 auf 71,1 Mrd. US$** an. Bis zum Jahr 2004 erwartete *Machower* eine Steigerung auf 133,7 Mrd. US$. Der Anteil an 3D-Anwendungen lag bei 24,9 Mrd. US$. Davon entfielen unter anderem 6,6 Mrd. auf den CAD-Bereich, 4,5 Mrd. auf Animation, **1,2 Mrd. auf Virtual Reality** und 5,9 Mrd. US$ auf Multimedia-Anwendungen sowie 1,2 Mrd. auf wissenschaftliche Visualisierung (Scientific Visualization).

Im gesamten 3D-Umfeld erwarteten die Marktanalytiker von *Machower Associates* in den nächsten fünf Jahren weltweit eine durchschnittliche Wachstumssteigerung zwischen 18 und 20 Prozent.

4.2 Die Jahrtausendwende ist erreicht – eine Bilanz

Die 1990er Jahre hatte ich unter das Moto „***Aufbruch in den Cyberspace***“ gestellt. Es gab in diesem Jahrzehnt zahlreiche Entwicklungen und Anwendungen im VR-Bereich, denn viele Pioniere und Vordenker wollten die computer-generierten Welten erkunden und für die verschiedensten Bereiche nutzbar machen.

Allerdings war die Rechenleistung für die Echtzeitberechnung der Interaktionen der Anwender immer noch nicht ausreichend. Hinzu kam, dass die virtuelle Umgebung für jedes Auge leicht versetzt einzeln berechnet werden musste, um dem Augenabstand gerecht zu werden und somit auch den Stereoeffekt zu gewährleisten. Akzeptiert und durchgesetzt hat sich die VR in den 1990er Jahren vor allem in Bereichen, die mit ***CAD*** (*Computer Aided Design*) arbeiten, wie die Automobilindustrie, die Architektur und im Produkt-Design. Aber auch die Telerobotik, die Pharmaka-Herstellung und in der minimal-inversiven Medizin (Operation mit Endoskopen) sind wichtige Einsatzgebiete geworden. Ein weiterer wichtiger Bereich war das Ausbildungstraining, besonders im militärischen Bereich, wofür besonders in den USA sehr üppige Budgets zur Verfügung stehen.

Im Bereich der Unterhaltungsindustrie in Form von *Virtual Entertainment* konnte die Qualität trotz zahlreicher Initiativen und Spielhallen-Installationen, in der Bildqualität noch nicht überzeugen. Hinzu kam, dass es nur sehr wenig Software gab. Die immer besser werdenden Computerspiele zeigten aber bereits im vergangenen Jahrzehnt, wohin es zukünftig gehen wird.

Sehr viel Entwicklungsgelder wurden in den 1990er Jahren in VR-Entwicklungen investiert und meist verloren. Pionierfirmen, wie *VPL Research* (USA) und *Virtuality* (GB), gingen nach anfänglich vielversprechenden Erfolgen in die Insolvenz. Andere alteingesessene Unternehmen, wie *IBM, AUTODESK, Nintendo* und *SEGA*, verloren mehrere Millionen US-Dollar bei ihren VR-

Engagements. Aber ohne die Risikobereitschaft dieser Pionierfirmen und ihrer Geldgeber würde es den heutigen technologischen Stand in der VR nicht geben!

Die VR war Anfang der 1990er Jahre auf einem visuellen Stand, der vergleichbar war mit der Qualität der 3D-Animation Mitte der 1970er Jahre. Bis die heutige Bildqualität in punkto hoher Auflösung, Komplexität und gestalterischer Perfektion in Richtung Realismus im CGI-Bereich erreicht wurde, hatten dafür 30 Jahre Forschung und Entwicklung stattgefunden.

20 Jahre haben wir in der VR-Entwicklung bereits hinter uns. Um aber den heutigen Qualitätsstand im CGI-Bereich zukünftig auch im Virtual Entertainment-Bereich bieten zu können, müssen wir noch mindestens zehn Jahre ungeduldiges Warten ertragen. Allerdings profitiert die VR von den Entwicklungen im CGI- und Games-Bereich sowie von der Entwicklung in der Chip-Herstellung.

Den großen Durchbruch erwarte ich persönlich erst im zweiten Jahrzehnt dieses Jahrhunderts. Das jetzige Jahrzehnt 2000 lässt sich meiner Meinung nach am besten unter das Motto stellen: „***Echtzeit-Rendering, Online-Welten und Realismus – Die Optimierung von Techniken zur Verwirklichung von virtuellen Gegenwelten***".

Das kommende Jahrzehnt wird vielleicht unter dem Motto stehen: „***Virtual Entertainment und Edutainment – Erkenntnisgewinnung, neue Ausbildungswege und Unterhaltungsformen mit Hilfe der VR-Technologie***."

4.2.1 Echtzeit-Rendering in bester Bildqualität

In seiner programmatischen Rede zum Thema „*Mensch-Maschine-Verschmelzung*" erklärte der Erfinder und Buchautor *Ray Kurzweil* auf der ***SIGGRAPH 2000*** in *New Orleans*, dass die Menschheit in naher Zukunft virtuelle Welten visuell und akustisch online erleben wird, mit denen wir alle vernetzt sind. Web-Sites werden sich zu total immersiven Erfahrungsräumen entwickeln und die virtuellen Welten, die *Kurzweil* sich vorstellt, würden nicht nur Spiele in Echtzeit, sondern auch Echtzeit-Training und Ausbildung ermöglichen, so die Vision des Buchautors von „*The Age of Spiritual Machines – Wenn Computer die menschliche Intelligenz übertreffen*" (*Penguin Verlag*, 1999). In *Kurzweils* drahtloser Welt des nächsten Jahrzehnts werden Menschen nahtlos und unsichtbar mit Rechnern verbunden sein, die Bilder direkt auf die Retina projizieren und über VR-Brillen oder Kontaktlinsen voll immersive Bildwelten erzeugen.

Der Trend auf der *SIGGRAPH* blieb auch im Jahr 2000 ungebrochen: Echtzeit-Rendering und Realismus für dreidimensionale Computer-Szenarien in High-end-Qualität. Die Hardware stieg in ihrer Leistungsfähigkeit immer weiter und lieferte, wie der neue *GScube* von *Sony Computer Entertainment*, atemberaubendes Echtzeit-Rendering von hochauflösenden Szenarien. Von dieser technologischen Entwicklung profitierten nicht nur Spiele-Entwickler und deren Konsumenten, sondern auch Postproduktionshäuser und Animationsproduzenten für Film und TV. Eine weitere Entwicklung, die Vorbereitungen für digitale interaktive Filmunterhaltung lief längst auf vollen Touren.

Die Computerspiel-Branche, die in den Umsätzen inzwischen um ein Vielfaches größer war, als die gesamte *Hollywood*-Filmbranche, war seit einigen Jahren treibender Pol für die CGI-Begeisterung der jungen Generation. Sie war in den 1990er Jahren mit Computer- und Videospielen groß geworden, die bereits um ein Vielfaches in der Bildqualität und Schnelligkeit besser waren, als die Games der 1980er Jahre. Dieser neue Branchennachwuchs begeisterte sich für die immer realistischer und aufwändig werdenden Intros und Zwischenfilme (im Fachjargon ***Cut Scenes*** genannt) in Games, wie beispielsweise von *Namco* und *Square Pictures*. Die neue CGI-Generation stellte ganz andere Erwartungen an die Leistungsfähigkeit von Hard- und Software und konnte die Computerspiel-Intros und Cut Scenes kaum erwarten, die, wie etwa aus *Final Fantasy VIII*, 2001 in enorm realistischer Qualität als komplett am Rechner produzierte Spielfilme in die Kinos kommen.

Welche Power und Möglichkeiten zur Entwicklung solcher und ähnlicher Inhalte für digitalorientierte Filmproduzenten im Jahr 2000 zur Verfügung standen, und was die Konsumenten qualitativ im Bereich aktiven Erlebens zukünftig erwarten dürfen, präsentierte *Sony Computer Entertainment, Inc.* (*SCEI*) auf ihrem *SIGGRAPH*-Messestand. Ehrfürchtig, erregt und sprachlos vor Begeisterung saßen 30 bis 40 Besucher auf dem Fußboden eines kleinen abgeschirmten Vorführpavillons. Sie bekamen vorab Ausschnitte aus dem ehrgeizigen Kinofilmprojekt *Final Fantasy* von *Square Pictures* (Produktionsstudios in Japan und Amerika) zu sehen, unter anderem eine Szene in einem Raumschiff, in der eine computer-animierte Frau per *PlayStation*-Tastatur interaktiv gesteuert wurde. Der Spieler konnte dabei jede beliebige Sichtposition einnehmen.

Die enorme Rechenleistung stammte aus einem neu entwickelten Echtzeit-Entwicklungssystem mit dem Namen *GScube*, das auf der *SIGGRAPH 2000* erstmals der Öffentlichkeit vorgestellt wurde. Der Grafik-Supercomputer im Würfelformat sollte zukünftig als Entwicklungsplattform von „*Digital Content Creation*" für Film, TV und interaktiver Unterhaltung dienen. Dieser Prototyp basierte auf 16 Grafik-Einheiten, die jeweils aus einer Kombination der 128 bit-*EmotionEngine,* einer Gemeinschaftsentwicklung von *SCEI* und *Toshiba Corporation*, und der weiterentwickelten Grafik-Rendering-Prozessor-Architektur *Graphics Synthesizer I-32* bestehen. Die Grafik-Units waren mit 32 MB integriertem Bildspeicher ausgerüstet – achtmal mehr als der Grafikspeicher der

PlayStation 2 mit seinen 4 MB. Die Auflösung des *GScube* lag bei 1.920 x 1.080 Bildpunkten und die Bildaufbaurate war mit 60 Bildern pro Sekunde doppelt so hoch, im Vergleich zum Standard von 2000. Jede dieser 16 Grafik-Einheiten lieferte 6,1 GFLOPS (Milliarden Fließkomma-Operationen) und konnte pro Sekunde 65 Millionen Mpolygons (3D CG Geometric Transformation) durchführen. In Verbindung mit der neuen *Origin 3000*-Server-Serie von *SGI* bot *SCEI* den Entwicklern, Produzenten und Distributoren von Computer-Unterhaltung ein zu diesem Zeitpunkt unschlagbares Equipment für in Echtzeit generierte *E-Cinema*-Produktionen.

SCEI, das 1997 gegründete Tochterunternehmen von *Sony* – Japans Pionierunternehmen und einem Visionär der Unterhaltungselektronik –, präsentierte mit seinen Partnerfirmen in *New Orleans* in dieser Neuentwicklung eindrucksvoll die Zukunft des sogenannten „*E-Cinemas*" – der Fusion aus Spielen und Filmen zum digitalen Kinoerlebnis für den Heimbereich. Dahinter verbirgt sich die Entwicklung und Produktion von hochauflösenden Bildwelten für Breitbandnetzwerke, die interaktiv genutzt und in Echtzeit berechnet werden. *Sony* wollte mit dem neuen „*PS2 computer entertainment system*", das im März in Japan vorgestellt wurde, nach eigenen Angaben eine neue Ära in der konsumentenorientierten Computer-Unterhaltung einleiten. Dass es sich für *SCEI* lohnt, in einen Milliarden schweren Markt zu investieren und die Entwicklung mit voranzutreiben, belegten die Verkaufszahlen der *PlayStation (PS)*, von der seit 1994 weltweit knapp 73 Millionen Stück (Stand Ende März 2000) verkauft wurden. Wobei nicht der Hardware-Verkauf die Umsätze nach oben treibt – die Software ist für den Erfolg entscheidend. Daher hat Sony großes Interesse, möglichst viel Anwenderprogramme anbieten zu können. Um den Nachschub zu sichern, wurde der *GScube* entwickelt.

Leider stellte *SCEI* die Entwicklung 2001 ein, denn es gab ein Prozessorentwicklungsvorhaben von *IBM* und *Toshiba*, bei dem ein einziger Chip in rund vier Jahren statt 6,1 Gigaflops eine Performance von 256 Gigaflops liefern sollte. Das wäre rund die 42-fache Rechenleistung! Auch der *GScube* mit 16 Grafik-Einheiten bot nur 97,6 Gigaflops Rechenleistung. Also stieg *Sony* als Partner ein, um innerhalb von vier Jahren diesen Supercomputer auf einem einzigen Chip mit zu entwickeln. Er sollte die Basis für die *PlayStation 3* werden, die in Deutschland 2007 auf den Markt kam.

Die *UNC* stellte in einem wissenschaftlichen Vortrag die *Warp Engine* vor. Hierbei handelte es sich um eine neuentwickelte Rendering-Architektur, die es dem Anwender erlaubte, naturalistische Szenen in Echtzeit zu durchqueren. Das System stützte sich dabei auf ein sogenanntes bildbasierendes Rendering-Verfahren, das die Verwendung von hochqualitativen Bildern dem typischen Einsatz tausender Polygone vorzieht, um realistisch aussehende 3D-Objekte und Umgebungen zu produzieren. Es war geplant, diese Technologie zukünftig unter anderem auf Video-Grafikkarten zu integrieren.

Dass qualitativ hochwertige CGI-Produktionen zukünftig immer häufiger aus dem Game-Bereich kommen werden, zeigten auch die ausgewählten Beiträge für das Electronic Theater. Ausschnitte aus Eröffnungsfilmen für Computerspiele, wie *Tekken Tag Tournament* (mit drei Beiträgen) und *Onimusha*, waren für CGI-Fans in punkto Realismus von synthetischen Darstellern ein Augenschmaus. Das aufwändige Opening Movie für die *PlayStation 2* wurde von *Links DigiWorks, Inc.* unter anderem mit der neuen Version von *Character Studio 3* von *Discreets Software 3D Studio MAX* produziert. Hunderte von Samurai-Kriegern stürmen in dem Opening auf ein Schlachtfeld und kämpften. Nur sechs Darsteller dienten beim Motion Capturing als Quelle für die Bewegungen der zahlreichen Krieger im Film. Diese visuelle Darbietung, das Motion Capturing und fotorealistische Rendering, überraschte die Jury wie auch die Zuschauer, so dass das Opening zum „Best of Show" gekürt wurde und den Abschluss des *Computer Animation Festival* bildete.

Zu den Highlights der Ausstellung gehörte zweifelsohne ein wohlmöglich wegweisender futuristisch aussehender Arbeitsplatz namens *VisionStation*. Er wurde auf dem Stand der Firma *elumens* aus *North Carolina* präsentiert, die einen halbkugelförmigen Bildschirm, Software und eine spezielle Linsen-Optik entwickelt hatte. Die üblicherweise flachen Computerbilder wurden per Software in korrekt gekrümmte Bilder umgerechnet und mittels eines kleinen LCD-Beamers auf den Satellitenschüssel-artigen Bildschirm projiziert. *elumens* lieferte dazu eine PC-Workstation aus der *IBM*-Familie *IntelliStation*. Vorgeführte *Walk-throughs* und Kamerafahrten durch computer-generierte 3D-Räume waren beeindruckend, da das Blickfeld mit 160° fast vollständig ausgefüllt war. Das Gefühl, mittendrin zu sitzen, kam deutlich herüber. Nachteilig war allerdings die wackelige Auflage für das Keyboard, in die unterhalb auch noch die Projektionseinheit integriert ist. Dennoch ist die 20.000 US$ teure Arbeitsstation eine Augenweide und begeisterte viele *SIGGRAPH*-Besucher.

Die *VisionStation* bietet ein 160° Sichtfeld. © *elumens corporation*

Um sich eine große Scheibe vom milliardenschweren Computerspiel-Markt zu sichern, gab *Softimage* auf der *SIGGRAPH* den Kauf der Software-Schmiede *The Motion Factory* bekannt. Die in *Fremont* ansässige Firma gehörte zu den führenden Unternehmen, die sich **auf die Software-Entwicklung von autonom agierenden Charakteren spezialisiert** hatte.

Softimage versprach sich von der Integration dieser Software in die eigene Produktlinie eine weitere Steigerung der Geschwindigkeit bei der Kreierung und Animation von Darstellern. Denn parallel zur Entwicklung von 3D-Szenarien für Spiele hat die Bedeutung von autonom auf den Spieler reagierenden Charakteren erheblich zugenommen. Und genau hier erhoffte sich das Management einen Wettbewerbsvorteil.

4.2.2 Vorbereitungen für das 3D-Internet

Carl Machower von *Machower Associates Corp.* veröffentlichte auch zur *SIGGRAPH 2001* wieder Umsatzzahlen, die gar nicht mal so schlecht aussahen. Er rechnete für 2001 mit einem weltweiten Umsatz von 91,7 Mrd. US$ (71,1 Mrd. US$ waren es im vergangenen Jahr) sowie einer 13-prozentigen Wachstumsrate jährlich.

2006 soll der Markt für Computer Graphics-Anwendungen (CAD/CAM, Art/Animation, Multimedia, Realtime Simulation, Scientific Visualization, Graphics Arts, VR und Sonstiges) auf 170 Mrd. US$ ansteigen.

	2001 (in Mrd. $)	**2006 (in Mrd. $)**	**durchschnittliches jährliches Wachstum**
CAD/CAM	19,8	26,5	6%
Art/Animation	8,3	17,4	16%
Multimedia/ DesktopVideo	30,8	58,0	12%
Realtime Simulation	1,3	2,3	12 %
Scientific Visualization	7,1	14,2	15%
Graphics Art	12,4	30,8	20%
Virtual Reality	**1,7**	**4,2**	**20%**
Other	10,3	16,6	10%

(Quelle: *Carl Machower Associates Corp.*)

Im Jahr darauf musste *Carl Machower* das durchschnittliche jährliche Wachstumspotential ein wenig nach unten korrigieren. Er rechnete für **2002** mit einem weltweiten **Umsatz von 100,6 Mrd. US$**, sowie einer 10-prozentigen Wachstumsrate jährlich(drei Prozent geringer als im Vorjahr)

Der 3D-Markt aber würde nach seiner Ansicht jährlich durchschnittlich um 14% wachsen. 2007 soll der Markt für CG-Anwendungen (CAD/CAM, Art/Animation, Multimedia, Realtime Simulation, Scientific Visualization, Graphics Arts, VR und Sonstiges) auf 159,8 Mrd. US$ ansteigen.

	2002 (in Mrd. $)	**2007 (in Mrd. $)**	**durchschnittliches jährliches Wachstum**
CAD/CAM	19,8	26,5	9%
Art/Animation	8,3	17,4	11%
Multimedia/ DesktopVideo	30,8	58,0	16%
Realtime Simulation	1,3	2,3	9%

Scientific Visulization	7,1	14,2	19%
Graphics Art	12,4	30,8	18%
Virtual Reality	**1,7**	**4,2**	**10%**
Other	10,3	16,6	16%

(Quelle: *Carl Machower Associates Corp.*)

SGI dominiert im Markt für Echtzeit-Berechnung von massiven Bilddaten

Im Sommer 2000 führte *SGI* mit der *Octane2* eine sogenannte Power-Desktop-Linie ein. Die *Octane2*-Version mit *V8*-Grafik war die erste *UNIX*-Workstation (mit 400 MHz, 256 MB Hauptspeicher, 9 GB Ultra-SCSI-Festplatte), die einen 128 MB großen, konfigurierbaren Grafik-Prozessor mitbrachte. Des Weiteren bot die *Octane2* eine Hardware-Implementierung der Schattierungsmethode *Specular Shading*. Dies führte zur genaueren, voll beschleunigten Beleuchtung von 3D-Modellen, so dass die Anwender komplexe Modelle mit sehr realitätsnah dargestellten Glanzlichtern bei hoher Interaktivität manipulieren können. Die *Octane2 V8* wurde mit einem 21"-Monitor in Deutschland für 54.850 DM (28.044 €) zzgl. 16% MwSt. angeboten.

Diesen Führungsanspruch für Innovationen musste *SGI* zwei Jahre später aufgeben, obwohl *SGI*-Workstations bis vor kurzem noch zu Hunderten in 3D-Firmen installiert wurden, selbst als die *Windows-NT*-Desktops in diese Domaine eindrangen als unbezwingbar galten. Denn seit geraumer Zeit drang das Betriebssystems *Linux* immer weiter in traditionelle Hochburgen von *SGI-„Irix"*- und *SUN-„Solaris"*-Rechnern ein. Große CGI-Schmieden, wie *ILM, Walt Disney Feature Animation, Pixar Animation Studios* und *PDI/Dreamworks*, hatten zwischenzeitlich auf *Linux*-Plattformen von *Hewlett-Packard, IBM* und *Dell* umgerüstet.

Was bleibt dann noch für das Pionier-Unternehmen *SGI*, das 2002 auf der *SIGGRAPH* sein 20-jähriges Jubiläum feierte, fragten sich vor allem viele Insider, die die innovativen Zeiten des Unternehmens seit 1987 miterlebt hatten. Rund ein Jahrzehnt stand dieses Unternehmen ganz oben auf der Liste der Geschwindigkeitsrekorde und Innovationen im Bereich Echtzeit-Grafik auf Workstation-Basis.

Silicon Graphics, Inc. ***(SGI)***, wurde 1981 in *Mountain View*, Kalifornien gegründet, um Super-Workstations zu entwickeln. Im gleichen Jahr stellte *IBM* den ersten Personal Computer mit einem 8-bit-Chip von *INTEL* vor, mit dem *IBM* innerhalb kürzester Zeit die Führung auf dem PC-Markt übernahm. Der Gründer von *Silicon Graphics*, *James Clark,* entwickelte das erste interaktive 3D-Oberflächen-Design-System.

Nach rund sechs Jahren Entwicklungs- und Aufbauzeit stellte das Unternehmen auf der *Autofact '87* in *Detroit* ihre erste Super-Workstation, die *IRIS 4D/70GT,* der Weltöffentlichkeit vor. Mit dieser Grafik-Workstation konnte man zum ersten Mal in Echtzeit schattierte 3D-Grafik interaktiv bewegen. Sie war ein Meilenstein in der CGI-Geschichte. *SGI* hat seit seinem Bestehen den CGI-Markt mit seinen ständig neuen Leistungssteigerungen maßgeblich mit geformt, musste sich aber seit Ende der 1990er Jahre aufgrund der preiswerten Desktop-Konkurrenz immer mehr aus dem Marktsegment „Media" zurückziehen. Spätestens die Linux-Offensive ließ deutlich erkennen, dass jetzt auch die letzten *Irix*-Bastionen im amerikanischen Filmgeschäft verloren gegangen waren.

SGI hat sich daher längst auf die vier übrigen Marktsegmente konzentriert, wo massive Bilddaten in Echtzeit berechnet werden müssen, und wo ohne ihre leistungsstarken *Onyx2*-Grafik-Supercomputer-Familie nichts laufen würde: Industrie, Wissenschaft, Energiegewinnung und Militär. Die Einnahmen in diesen Segmenten inklusive dem Medienbereich lagen im Geschäftsjahr 2002 bei 1,4 Mrd. US$, davon wurden 55% in Nord- und Südamerika erwirtschaftet, 23% in Europa und 22% auf dem übrigen Weltmarkt.

Besonders beindruckend waren die großen *Reality Center* mit ihrem Visual Area Networking. Sie stellten die Flaggschiffe in der *SGI*-Angebotspalette dar. Die *NASA* verfügte beispielsweise über eine solche Ausstattung, die eine Rundum-Flugkontrolle im sogenannten „*FutureFlight Center*" ermöglichte.

Auf der *SIGGRAPH*-Ausstellung präsentierte *SGI* wieder einmal einen neuen Meilenstein seiner „*Advanced Visualization*"-Initiative. Das „*Project X*" entstand in Zusammenarbeit mit der Universität von Utah, die ihre **Ray-Technologie* (Star Ray gesprochen) hierzu beigesteuert hatte. Hierbei ging es um die Echtzeit-Visualisierung von massiven Daten komplexer Szenarien. Diese interaktive Rendering-Technologie ermöglicht die Berechnung von Virtual Environments mit über **50 GB Datenvolumen in Echtzeit**! Die außergewöhnliche Bildqualität entstand dabei durch eine verfeinerte Ausleuchtung der virtuellen Umgebungen sowie durch die Darstellungsmöglichkeit von Transparenzen und Reflektionseffekten.

SGI sah besonders für medizinische Diagnosen, realistische Simulation und Training sowie im Entwicklungsbereich und der Forschung großen Bedarf für eine solche hochqualitative Echtzeitdarstellung. Auf der anderen Seite konnte man sich sicher sein, dass diese Bildqualität einige wenige Jahre später auch auf PCs erst für Computer Games und anschließend für VR-Anwendungen zur Verfügung stehen würde.

Eine weitere Messeneuheit von *SGI* war die Grafiktechnologie *InfiniteReality4* für die *Onyx*-Produktfamilie. Das Auflösungsvermögen eines menschlichen Auges liegt bei 48 Millionen Bildpunkten. Die meisten Visualisierungssysteme arbeiten aber mit einer Auflösung von einer oder zwei Millionen Pixels pro Grafik-Pipeline. Mit der neuen *Infinite Reality4*-Grafik hingegen war ein *Onyx*-Rechner in der Lage, auf Displays mit 130 Millionen Pixels Auflösung, die zur Zeit qualitativ höchste interaktive Echtzeit-Visualisierung zu erzeugen. Das Einstiegsmodell kostete in den USA 125.500 US$.

Discreet und andere Anbieter bereiten 3D für das Web vor

Neu war bei *Discreet* das Programm-Modul *plasma* für 3D-Web-Design. *Discreet* erhob den Anspruch, mit *plasma* die weltweit erste Software für professionelle 3D Modellierung, Animation und Rendering für das Internet konzipiert zu haben. Zielgruppe waren Anwender von *Flash MX* und *Director 8.5 Shockwave Studio* von *Macromedia*, die mit der wachsenden Bandbreite und Nachfrage nach 3D im Web eine ideale Zielgruppe darstellten.

2002 bot keine andere 3D-Lösung eine vergleichbare Integration von *Flash* und *Shockwave 3D*. *plasma* beinhaltete Tools für Character Animation und für alle fortgeschrittenen Dynamics-Anwendungen, die in *Shockwave 3D* integriert waren. Durch eine direkte Anbindung an *Flash* konnten 3D-Elemente ohne großen Aufwand in Web-Seiten integriert werden, die mit *Flash* erstellt wurden.

Auch *Filmbox*-Hersteller *Kaydara Inc.* aus *Montréal* hatte das 3D-Internet sehr früh im Blickfeld und präsentierte auf dem Messestand mit *Motionbuilder 4.0* ein neues Produkt für 3D Character Animation. Das Programm verfügte über ein Drag-and-Drop-Interface mit dem die Komplexität bei der Generierung von 3D-Charakteren vereinfacht wurde. *Motionbuilder* beinhaltete unter anderem das automatische Zusammenbauen von Charakteren, verfeinertes Lip-sync und Gesichtsanimation sowie Echtzeit-Wiedergabe. Im Visier waren die Herstellung von Computerspielen und TV-Serien sowie Shorts für das Web. Das neue Programm gab es ab Herbst für *Windows XP, Mac OS X* und *Red Hat Linux* für 3.495 US$.

Für 3D-Web-Animation offerierte *Reallusion* aus *San José* mehrere Software-Lösungen: zum einen *It's Me* Version 2.0 für die simple Generierung von 3D-Charakteren, sogar mit integriertem Realbild einer Person. Mit *Crazy Talk* konnte man kreative Gesichter in drei einfachen Arbeitsschritten lippensynchron zum Reden bringen.

Die *Eovia Corporation* aus *San Diego* präsentierte *Carrara Studio 2*, ein 3D-Programmpaket mit Photon Mapping, Ultra-realistic Rendering, Bones und Skining für fortgeschrittene Charakter-Animation sowie Subdivision Modelling für *Mac-* und *Windows*-Plattformen mit Einzel- oder Dual-Prozessoren. Preis: 199 US$.

Für die Visualisierung von Animationen in Virtual Environment boten französische Entwickler ein offenes modulares Animation & Simulation Kit namens „Open Mask" (www.irisa.fr/siames/OpenMASK).

Neben den Beiträgen aus Kinofilmen und Computerspielen waren im *Electronic Theater* der *SIGGRAPH 2002* sehr viele Filmbeiträge mit Monstern, mehrwürdigen Traumgestalten und animierten Tieren zu sehen. Dachte man über das Gesehene nach, kam man zu dem Schluss, dass die zukünftige digitale Gegenwelt, der Cyberspace, demnach nicht nur aus Artificial Residents, Avataren und digitalen Clones bestehen wird, sondern aus einer Mischung von Horrorgestalten aus der menschlichen Fantasie, aus digitalen Idolen und wunderschönen virtuellen Traumgestalten aus dem Show-Biz sowie aus Gestalten und Fantasien aus scheinbar kranken Hirnen. Ich stellte in meinem *SIGGRAPH*-Bericht für *PROFESSIONAL PRODUCTION* abschließend die Frage: Ob wir uns dann in einer solchen digitalen Welt noch wohlfühlen werden?

4.2.3 Prozessor-Entwicklungen mit Giga- und Teraflops-Leistungen

Fotorealismus, komplexe Polygonmodelle und anspruchsvolle 3D-Grafik in virtuellen Umgebungen lassen sich nur dann in Echtzeit berechnen, wenn ausreichend Rechenleistung zum Rendern und eine hohe Bandbreite für den zu übertragenden Datenverkehr vorhanden sind. Betrachten wir also in diesem Kapitel die erstaunlich schnelle Entwicklung auf dem Sektor der Miniaturisierung und die damit verbundene Steigerung der Prozessor-Geschwindigkeit. Auch wenn es längst neue Geschwindigkeits- und Miniaturisierungsrekorde zu dem Zeitpunkt geben wird, an dem Sie diese Zeilen lesen, so helfen die folgenden Informationen doch, anhand der unglaublichen Leistungsschübe die weitere Entwicklung zu erkennen.

1964 machte *Gordon Moore* von *Fairchild Semiconductor* die Beobachtung, dass sich beim sogenannten Halbleiter-Miniaturisierungs-Prozess die Anzahl der einzelnen Schaltungen, die auf einer Silizium-Scheibe integriert werden konnten, jedes Jahr verdoppelte, obwohl die Chip-Fläche selbst nur unwesentlich größer wurde. Des Weiteren stellte er fest, dass die elektronische Leistung pro Chip um so größer wurde, je mehr Schaltungen integriert wurden. Dieses ***Moore'sche Gesetz*** hatte in dem Zeitraum von 1960 bis 1980 seine Gültigkeit.

Danach verlängerte sich der Zeitraum auf 18 Monate, nach dem eine Verdopplung der Transistorzahl pro Fläche stattfindet. Sie ging stets auch mit einer Steigerung des Prozessortakts einher. In weniger als 25 Jahren hatte sich die PC-Taktfrequenz vertausendfacht. Parallel zur ständigen Leistungssteigerung der ***CPUs*** (*Central Processing Units*) in Form von Prozessoren als Herzstück für die Steuerungs- und Verwaltungsaufgaben eines Computers wurden seit den 1980er Jahren spezielle Grafik-Prozessoren entwickelt, die ausschließlich für die Berechnung der 3D-Daten zuständig waren.

Ein Trendsetter auf diesem Gebiet aus den 1990er Jahren, der sich bis heute im Markt an der Spitze halten konnte, ist das 1993 gegründete Unternehmen ***Nvidia Corporation*** aus *Santa Clara* in Kalifornien. Das Unternehmen ist bekannt für die Herstellung ultra-schneller Grafikkarten. Im Juni 2004 wurde *Nvidia* von den beiden amerikanischen Publikationen *WIRED* und *Business 2.0* zu einem der am schnellsten wachsenden Technologie-Unternehmen in den USA gekürt.

Auf der *SIGGRAPH*-Ausstellung präsentierte *Nvidia* **2004** die Vorzüge seiner *Quadro FX*-Grafikkarten-Familie und die *GeForce 6*-Serie. Die sieben *Quadro FX*-Karten reichen von einem 64-MB-DDR-Speicher bei der *Quadro FX 330* bis zu einem 512-MB-GDDR3-Speicher bei der *Quadro FX 4400G*. Die kleinste Karte schafft die Berechnung von 42 Mio. Dreiecke in der Sekunde, die Große berechnet pro Sekunde 135 Mio. Dreiecke.

Aufgrund des hervorragenden Preis-/Leistungsverhältnisses hat es *Nvidia* geschafft, sich nicht nur einen großen Teil des Computerspielmarktes zu erobern, sondern im Laufe der vergangenen zwei Jahre auch den lukrativen VFX-Markt in *Hollywoods* Spielfilmmetropole. Nachdem *Nvidia* 2002 das erste Spielfilmstudio in *Hollywood* besucht hatte, tourten die Repräsentanten von *Nvidia* sechs Monate lang von Studio zu Studio. Mit Erfolg, denn die Geschäftsleitung kann heute stolz berichten, dass in rund 85% der besten VFX-Produktionshäusern *Quadro*-CPUs eingesetzt werden. Die Edelschmiede *Sony Pictures Imageworks* plante sogar diese Grafik-Chips auf allen Desktop-Arbeitsplätzen zu installieren. Auch *Digital Domain* zeigte sich von den *Quadro*-Chips begeistert. *ILM l*ieß spezielle Software für die Bildwiedergabe auf Monitoren für diese Chips entwickeln. Insgesamt waren es laut *Nvidia* mittlerweile 120 Kunden aus dem Filmbusiness. Damit hatte es *Nvidia* geschafft, nach der Game-Industrie auch *Hollywood* von der Leistung ihrer Grafikkarten zu überzeugen. Am Beispiel des neuen *Spider-Man 2*-Films, dessen Produktion 200 Mio. US$ gekostet hatte, errechneten *Sony* und *Nvidia*, dass man 1.000 CPUs zur Herstellung eines solchen 90-minütigen Films benötigen würde. 20 *Quadro*-Grafikkarten hätten laut Angaben beider Unternehmen dieselbe Arbeit erledigt. Damit würde ein Filmstudio „eben mal" eine Million Dollar einsparen.

Exkurs: Supercomputer mit TFlops-CPU und Petaflops-Leistung

Im September 2003 wurde bekannt, dass *IBM* die Entwicklung eines Teraflops-Prozessors plante. Dies wäre nach dem Stand der Technik (2003) ein Supercomputer auf einem Chip. *IBM* und die *University of Texas* hatten sich gemeinsam vorgenommen, einen solchen Chip zu entwickeln, der extreme Parallelverarbeitung auf Befehlsebene ermöglichen und sich zugleich wechselnden Software-Erfordernissen anpassen können sollte.

Das von der US-Verteidigungsagentur *DARPA* mit elf Millionen US$ geförderte ***TRIPS***-Projekt (*Tera-op Reliable Intelligently-adaptive Processing System*) soll für das Militär einen Prozessor entwickeln, der eine Rechenleistung von einem Teraflops (Billionen Gleitkomma-Operationen pro Sekunde) erreicht. Der 2007 vorliegende Prototyp vereinte zwei große Kerne, jeweils unterteilt in 16 kleinere Verarbeitungseinheiten, eng vermascht und partitionierbar. Bis 2010, so hoffen die Entwickler, wird die TFlops-CPU Wirklichkeit.

Im Vergleich zu diesem ambitionierten Ziel, einen TFlops-Prozessor zu entwickeln, erreichte nach dem *Linpack*-Benchmark der Parallel-Supercomputer der *Blue Gene/L* von *IBM* im November 2004 mit 16.384 *PowerPC*-Prozessoren von *IBM* eine Performance von 36,01 Teraflops.

Rund drei Jahre später, belegte im November 2007 der *JUGENE BlueGene/P* von *IBM* im Top-500-Ranking den zweiten Platz mit 280,6 Teraflops. Der schnellste Supercomputer bleibt die *BlueGene/L*-Installation am *Lawrence Livermore National Laboratory*. Mit 212.992 Prozessoren wurde die Größe des Systems beinahe verdoppelt. Von der mit 596 TFlops theoretisch zur Verfügung stehenden Rechenleistung kann die *Linpack*-Anwendung immerhin 478 TFlops real umsetzen.

Anfang Dezember 2007 machten Wissenschaftler des US-Energieministeriums gegenüber der *Washington Post* erste konkrete Aussagen zum derzeit im Bau befindlichen Supercomputer *Roadrunner*, der 2008 in Betrieb genommen werden soll. Die Maschine soll in *Los Alamos* (NM) aufgebaut werden und rund doppelt so schnell laufen wie die derzeit schnellsten Rechner der Welt. Angepeilt sind von den Betreibern 1.000 Billionen Fließkomma-Operationen pro Sekunde (1 Petaflops) im Praxisbetrieb.

Seit drei Jahren führt der IBM-Supercomputer *BlueGene/L* die **Top-500-Liste** der weltweit schnellsten Supercomputer an. Das soll sich 2008 ändern, allerdings nur mit einem neuen *IBM*-Rechner, der statt der bisherigen *Power*-Prozessoren *Cell*-Blades von *IBM* und *Opterons* von *AMD* mitbringt.

Für 2018 ***erwarten die Wissenschaftler, dass man die*** *Exaflops-****Grenze (1.000 Billiarden Fließkomma-Operationen pro Sekunde) überschreiten wird.***

Bis Ende 2010 sollen Prozessoren mit 15 Gigahertz Taktrate von *INTEL* Realität sein. Diesen Ausblick gab *INTEL's* Cheftechnologe *Pat Gelsinger* **2002** auf der Entwicklerkonferenz in *Tokio*. Selbst PDAs würden dann mit 5 Gigahertz rechnen.

Im Mai **2004** wurde bekannt, dass auch *INTEL* 2005 endlich auf CPUs mit zwei Prozessorkernen umsteigen wird, denn die *Pentium-4*-Architektur steckte in der Hitzefalle. Die gewohnten Performance-Steigerungen via höhere Taktraten führten zu immer drängenderen Hitzeproblemen. Andererseits erzielte der *Pentium M* für Mobilplattformen eine ähnlich gute Rechenleistung mit deutlich niedrigerem Takt. *INTEL* hinkte im Wettbewerb um die schnellsten Prozessoren zu diesem Zeitpunkt hinterher, denn die Leistungssteigerung über Multicore-Design hatte die Konkurrenz *IBM, HP* und *Sun* längst begonnen zu entwickeln.

Exkurs: INTEL-*Prozessor-Entwicklung im Überblick*

Prozessor-Typ		**Transistorzahl**	**Bus**	**Taktfrequenz**	**Größe**
1971	*„4004"*	2.300	4 Bit	108 kHz	10.000 nm
1973	*„8008"*	2.500	8 Bit	200 kHz	
1978	*„8086"*	29.000	16 Bit	4 - 8 MHz	
1982	*„80286"*	134.000	16 Bit	6 – 20 MHz	1.500 nm
1985	*„80386"*	275.000	16 Bit	16 – 40 MHz	
1988	*„80486"*	1,2 Mio.	32 Bit	25 – 50 MHz	
1993	*„Pentium"*	3,1 Mio.	32 Bit	60 – 166 MHz	800 nm
1995	*„Pentium Pro*	5,5 Mio.	32 Bit	150 – 200 MHz	
1997	*„PII"*	7,5 Mio.	32 Bit	233 – 350 MHz	
1999	*„PIII"*	9,5 Mio.	32 Bit	450 – 650 MHz	

2000	*„P4"*	42 Mio.	32 Bit	1,4 – 2,8 GHz	180 nm
2001	*„Itanium 2"*	220 Mio.	64 Bit	1,5 GHz	90 nm
2003	*„Itanium 2 9M"*	592 Mio.	64 Bit	1,6 GHz	
2004	*„Pentium 4 Prescott"*	169 Mio.	64 Bit	3 - 3,8 GHz	
2005	*„Itanium Dual-Core*	1,72 Mrd.	x 64 Bit	2x 1,6 GHz	

Weitere Prozessor-Entwicklung (Multicore-Systeme)

2005	*„Athlon 64 X2"*	234 Mio.	2x 64 Bit	2,2 – 2,6 GHz	130 nm
von *AMD*					
2006	*„Pentium D"*	384 Mio.	2x 64 Bit	2,8 – 3,2 GHz	65 nm
von *INTEL*					
2006	*„Cell"*	234 Mio.	64 Bit	2,8 – 4,6 GHz	90 nm
von *IBM, Sony, Toshiba* 65 nm					
2007	*„Xeon"* von *INTEL*		2x4 64 Bit	3,0 GHz	65 nm
	„Penryn" von *INTEL*	410 Mio.	2x2 64 Bit		45 nm
	„Barcelona Opteron" +				
	„Phenom" von *AMD*	600 Mio.	2x4 64 Bit	1,7 - 2,5 GHz	65 nm
	„Power6" von *IBM*	790 Mio.	2x 64 Bit	4,7 GHz	65 nm
2008	*„Itanium Tukwila"*	2 Mrd.	4x 64 Bit		45 nm
von *INTEL*					
2009	*„Yorkfield"* von *AMD*		4x 64 Bit	3,16 GHz	45 nm
2010		ca. 3,3 Mrd.	64 Bit	?	32 nm
2011		ca. 10 Mrd.	64 Bit	20 GHz	22 nm

Weiterhin überdurchschnittliches Wachstum für VR

Zur *SIGGRAPH 2004* in *Los Angeles* gab es traditionell wieder die neusten Umsatzzahlen. Weltweit sah es demnach für die CGI-Branche weiterhin erstaunlich rosig aus. Der 3D-Bereich der Kategorie Art/Animation lag nach den neuesten Untersuchungen von *Machower Associates* für ***2004 bei 8,2 Mrd. US$*** und soll bis 2009 auf 18,8 Mrd. ansteigen. Die durchschnittliche Wachstumsrate wurde mit 11% kalkuliert. Für den Bereich **Virtual Reality** errechneten die Analysten ein **durchschnittliches Wachstum von 13%**. Das durchschnittliche jährliche Wachstum des 3D-Anteils aller Kategorien wurde mit 13,9% prognostiziert.

	2004 (in Mrd. $)	**2009 (in Mrd. $)**	**durchschnittliches jährliches Wachstum**
CAD/CAM	22,3	28,4	5%
Art/Animation	11,2	18,9	11%
Multimedia/ Desktop Video	40,9	65,9	10%
Realtime Simulation	1,6	2,2	7%
Scientific Visualization	9,7	15,6	10%
Graphic Arts	17,4	32,0	13%
Virtual Reality	2,5	4,6	13%
Other	13,4	21,6	10%
Insgesamt	119,0	189,2	9,7%

(Quelle: *Carl Machower Associates Corp.*)

Der neue Super-Chip *Cell*

Nach vierjähriger Kooperation und 400 Mio. US$ Entwicklungskosten stellten *IBM*, *Sony* und *Toshiba* Anfang Februar **2005** in *San Francisco* ihren ersten Supercomputer auf einem Chip vor. Die neue Prozessorarchitektur hieß *Cell* und rechnete 15-mal schneller als die Prozessoren des Konkurrenten *INTEL*. *Sony* war mit von der Partie, weil dieser Chip 2006 in die *PlayStation 3* eingebaut werden sollte, um den Spielern fotorealistische Echtzeit-Szenarien zu bieten.

IBM's Vision vom Multiprocessing basierte auf Software-Zellen. Grundbaustein war das Processor Element (PE), dem eine Processor Unit (PU), ein *Direct Memory Access Controller* (*DMAC*) und ein I/O-Interface zum Hauptspeicher beigeordnet wurde. Im Falle der *PlayStation 3* wurde das von *Rambus* unter dem Code-Namen „*Yellowstone*" entwickelte XDSR-DRAM (Extreme Data Rate) eingesetzt, das mit 3,2 GBit/s die achtfache Bandbreite aktueller PC-Speicher erreichte.

Ein großer Marktvorteil war, dass auf einem *Cell*-Rechner **gleichzeitig** verschiedene Betriebssysteme, wie *Windows, OS X* und *Linux*, laufen konnten. Die Steuereinheit des *Cell*-Chips war ein 64-Bit-Power-Kern mit 234 Millionen Transistoren und der Multimedia-Erweiterung *VMX* (Vector Multimedia Extension), der zwei Programm-***Threads*** (*Pfade*) parallel verarbeiten konnte. Ihm zur Seite standen acht ebenfalls Risc-basierte *Synergistic Processing Units* (***SPUs***) – Fließkomma-Verarbeitungseinheiten, die über je 256 Kilobyte lokalen Level-2-Zwischenspeicher verfügten.

Jeder *Cell* bestand aus neun separaten Prozessorkernen. Künftige Versionen könnten sogar noch mehr Assistenzrechner an Bord nehmen und damit noch schneller werden.

Legte man eine Taktfrequenz von 4,6 Gigahertz zugrunde, wie sie existierende Samples bereits erreicht haben (*INTEL*-Prozessoren takteten zu dieser Zeit 3,8 GHz), so lieferte der Chip in seiner Standardausprägung eine Performance von 256 Gigaflops. So schnell rechnete vor zehn Jahren noch kein einziger Supercomputer.

Aufgrund dieser gewaltigen Fließkommaleistung begann das *IBM*-Entwicklungszentrums in *Böblingen* unter seiner Federführung Workstations zu entwickeln, die eine Performance von bis zu 16 Teraflops erreichen – Werte, wie sie zu diesem Zeitpunkt nur die größten Supercomputer lieferten.

Wenn Halbleitertransistoren die Strukturgröße von 15 Nanometer unterschreiten, gehen ihnen die Elektronen aus. „2021 werden wir nach dem Moore´schen Gesetz mit zwei bis vier Atomen schalten müssen – und damit stößt die traditionelle
Halbleitertechnik an ihre physikalischen Grenze“, erklärte *Prof. Klaus Brunnstein*, Physiker und Informatiker der *Universität Hamburg*, im April 2005 gegenüber der *Computer Zeitung*.

Richard Chuang, Mitgründer von *PDI,* resümierte auf der ***fmx05*** in *Stuttgart* in seinem Vortrag, dass in den vergangenen 24 Jahren die CPU-Geschwindigkeit um das 4.000-fache gestiegen sei. Heutige Rechner liefern 10 Millionen mal mehr Leistung, als 1980. Der Speicherplatz sei im Vergleich zu damals um 3,6 Millionen mal gestiegen.

Rapport „Kilocore 1025“

Die Firma *Rapport* präsentierte **2006** auf der *Embedded Systems*-Konferenz in *San José* ein Prozessor-Design mit insgesamt 1.025 Kernen. 1.024 davon waren winzige 8-Bit-Processing-Elements, die parallel bestimmte Aufgaben sehr effizient bearbeiten konnten. Ein *PowerPC*-Core von *IBM* übernahm die restlichen Aufgaben. Das Design mit dem Code-Namen *Kilocore 1025* sollte besonders beim Verarbeiten von Live-Videodaten seine Stärken ausspielen können.

Laut Angaben von *Rapport* erreichte der neue Kern – unter Idealbedingungen – die zehnfache Rechenleistung aktueller CPUs und war im Energieverbrauch dennoch wesentlich sparsamer.

INTEL produziert als erstes Halbleiterunternehmen 45-nm-Transistoren

Ende Januar 2007 gab *INTEL* bekannt, als erstes Unternehmen überhaupt Prozessor-Prototypen mit neuen 45 Nanometer kleinen Transistoren zu produzieren. Das Unternehmen nutzt vollkommen neue Materialien für den Aufbau der Isolierschichten und der für die Schaltvorgänge zuständigen Gates in ihren 45-nm-Transistoren. Hunderte von Millionen dieser mikroskopisch kleinen Transistoren werden in der nächsten Generation der *INTEL Core2 Duo*, *INTEL Core 2 Quad* und *Xeon Multi-Core*-Prozessoren arbeiten.

Um den neuen Grad der Miniaturisierung überhaupt erfassen zu können, brachte *INTEL* auf seiner Website folgenden Vergleich: **Auf der Oberfläche einer einzigen menschlichen roten Blutzelle finden etwa 400 von *INTELS* 45-nm-Transistoren Platz.** Vor gerade einmal zehn Jahren galt der 250-nm-Prozess als modernste Technologie.

Mit den bisher verwendeten Materialien stößt die Miniaturisierung von Transistoren jedoch an fundamentale Grenzen. Wenn Strukturen die Größe weniger Atome erreichen, werden Leistungsaufnahme und Wärmeentwicklung zu einem ernsthaften Problem. Um die Zukunft des Mooreschen Gesetzes und der Ökonomie des Informationszeitalters zu sichern, war daher die Implementierung neuer Materialien unumgänglich.

Seit über 40 Jahren wurde bei der Fertigung des Gate-Dielektrikums von Transistoren Siliziumdioxid verwendet. Um bei der ständigen Leistungssteigerung bei Transistoren mitzuhalten, verringerte man seine Schichtstärke immer weiter. Bei der bisherigen 65-nm-Prozesstechnik war das Gate-Dielektrikum aus Siliziumdioxid nur 1,2 nm stark, was etwa fünf Atomlagen entspricht. Allerdings nehmen bei dieser geringen Stärke die elektrischen Leckströme durch das Gate-Dielektrikum zu, was zu unnötigem Stromverbrauch und unerwünschter Wärmeentwicklung führt.

Bei *INTEL* kommt deshalb bei der 45-nm-Prozesstechnologie ein dickeres, auf Hafnium basierendes high-k Material im Gate-Dielektrikum zum Einsatz. Dies reduziert die Leckströme im Vergleich zu Siliziumdioxid auf weniger als ein Zehntel. Weil das high-k Gate-Dielektrikum nicht mit der derzeitigen Gate-Elektrode aus Silizium kompatibel ist, besteht die zweite Zutat in *INTELs* Materialrezept für 45-nm-Tansistoren aus einer neuen Kombination unterschiedlicher metallischer Materialien.

Neue Grafikkarte *Tesla* von *Nvidia* für High-performance Computing (*HPC*)

Konkurrenz für den *Cell*-Prozessor kam im Juni **2007** vom Grafikkarten-Hersteller *Nvidia.* Das Herzstück der neuen *Tesla*-Grafikkarte war eine von *Nvidias* High-end-Grafik-Prozessoren abgeleitete ***GPU*** (*Graphical Processing Unit*), die 128 Threads parallel verarbeitet und eine Rechenleistung von **512 GFlops** lieferte. Vor gut zehn Jahren hätte das allein für die Weltspitze im Supercomputing gereicht.

Nvidia baut Systeme mit zwei bzw. acht solcher GPUs in einem Desktop- oder Rack-Gehäuse (Gestell). Die Module sind extern via PCI Express an den Host-Rechner (Server) angebunden. Als Programmierschnittstelle fungiert die *Compute Unified Device Architecture* (***CUDA***).

Nvidia berichtete über eine Vielzahl von Anwendungsfällen im HPC-Umfeld, bei denen die *Tesla*-Grafikkarte die Verarbeitungsgeschwindigkeit um den Faktor 50 bis 400 gesteigert habe. Dazu zählen seismische Berechnungen, Molecular Dynamics, Magnetresonanzabbildungen sowie die Simulation von Neuronen und atmosphärischer Wolkenbildung.

Das High-Performance Computing bzw. Supercomputing ist seit 2007 zum Spielfeld für Rechenarchitekturen geworden: Multicore, Beschleuniger und Infiniband sind die umworbenen Techniktrends. Die Jagd nach Petaflops-Performance (Billiarden Fließkommaoperationen pro Sekunde) hatte damit begonnen. Im Herbst 2007 wurde im *Forschungszentrum Jülich* der schnellste Rechner Europas in Betrieb genommen. Die gewaltige Performance des *JUGENE*-Rechners von *IBM* basiert auf **65.536 Dual-Core-Prozessoren** des Typs *Blue Gene/P* mit *Power*450-Kernen, mit 850 MHz Takt und einer Rechenleistung von über **167,3 Teraflops**.

Im japanischen *Kobe* wiederum soll bis 2011 ein 10-Petaflops-Rechner entstehen, der Vektor- und Skalarkomponenten kombiniert und dabei Spezialprozessoren nutzen wird.

Mehrkernprozessoren auf dem Vormarsch

Der Wettlauf um immer schnellere Prozessoren nimmt bis heute kein Ende. Auf einem Analysten-Meeting Mitte 2007 kündigte *AMD* an, Mitte 2009 Prozessoren mit vier Kernen auf den Markt zu bringen und bereits an 16-Core-Chips zu arbeiten.

Außerdem soll die 64-Bit-Architektur verbessert werden, um Skalierbarkeit und Durchsatz zu erhöhen. Die Anpassung sei erforderlich, um die Leistung der künftigen Multicore-Systeme optimal zu nutzen.

Auf der *Stanford-Konferenz* im August 2007 präsentierte *Anant Agarwal*, Gründer und Technologie-Chef des Start-ups *Tilera Corporation* aus *San José* (CA)), den *Tilera64*, einen massiv-parallelen Allzweckprozessor aus einem Gitter von 64 identischen Kernen. Diese Entwicklung wurde mit mehreren Millionen US$ durch die *DARPA* und das *M.I.T.* gefördert. Der Mehrkernprozessor verarbeitet laut Firmenangabe bei einer Taktrate von 1 GHz fünf Milliarden Operationen pro Sekunde und wurde für Netzwerke und Sicherheitsanwendungen konzipiert.

Das interne Netz ersetzt dabei die Zeit raubende Busarchitektur und ermöglicht laut *Agarwal* eine fast lineare Skalierbarkeit. Das bedeutet, dass man zukünftig einfach weitere Kerne integrieren kann. 2014 will *Tilera* über 1.000 Cores auf einem einzigen Chip integrieren. In näherer Zukunft sollen diese Mehrkernprozessoren auch für Workstations und Server angeboten werden.

Auf der Halbleiterkonferenz *ISSCC* Ende Januar 2008 in *San Francisco* kündigte *INTEL* an, dass der Nachfolger des *Itanium*-Vertreters *Montvale*, der *Tukwila*-Chip, mit vier Prozessorkernen ausgestattet ist und aus zwei Milliarden Transistoren besteht. *Tukwila* rechnet etwa doppelt so schnell wie *Montvale*, verbraucht aber nur halb so viel Strom. Vom Mitwettbewerber *AMD* war zu erfahren, dass man dort zwei Grafik-Chips zusammengepackt und über die mit *ATI* erworbene *Crossfire*-Technik gekoppelt hat. Resultat ist branchenweit der erste Grafik-Prozessor, der die Performance-Grenze von einer Billion Fließkommaoperationen pro Sekunde (Teraflops) überschreitet.

4.2.4 Fotorealismus in Echtzeit

Je detailreicher und in der Beleuchtung anspruchsvoller Szenen in virtuellen Welten aussehen sollen (Games und MMORPGs sowie Online-Welten), desto mehr Rechenleistung ist notwendig. Bereits in den frühen 1990er Jahren konnten VR-Anwender in computer-generierten 3D-Szenarien, in denen die diffuse Lichtausbreitung per ***Radiosity*** auf Basis physikalischer Lichtsimulation im voraus berechnet worden war, in Echtzeit hindurchnavigieren.

Wenn es sich um fotorealistische Szenarien mit transparenten Lichtbrechungen und Spiegelungen handelt, kommt das ***Ray-tracing***-Verfahren (Strahlverfolgung) zum Einsatz. Die Entwicklung dieses Lichtstrahlverfolgungsverfahrens reicht bis ins Jahr 1968 zurück. Aufwändig per Ray-tracing gerenderte Bilder, deren Rechenzeiten je nach Strahlverfolgungstiefe und eingesetzter Rechenleistung im Minuten- oder gar Stundenbereich lagen, gab es bereits in den 1980er Jahren. Aber auch in den 1990er Jahren waren die Rechenzeiten noch viel zu hoch, um auch nur daran zu denken, dieses Beleuchtungsverfahren für interaktive Anwendungen wie Computerspiele einzusetzen. Es dauerte ein weiteres Jahrzehnt bis es im Ansatz möglich wurde, fotorealistische Szenen auf Basis von Raytracing in Echtzeit (25 Bilder pro Sekunde) zu berechnen.

Exkurs: Physikalische Beleuchtungsmodelle

Eine komplette Lichtberechnung eines dreidimensionalen computer-generierten Szenarios bzw. einer virtuellen Umgebung auf physikalischer Basis muss sowohl die Eigenschaften aller Lichtquellen als auch die Oberflächeneigenschaften von Objekten berücksichtigen. Bei der exakten Beschreibung von physikalischen Eigenschaften der eingesetzten Lichtquellen müssen folgende Attribute definiert werden: die Lichtquellengeometrie, die Verteilung der spektralen Ausbreitung und die der Ausbreitung der Leuchtintensität.

Ein Beleuchtungssystem regelt die Berechnung die Lichtverhältnisse innerhalb einer Szene. Dafür stehen zwei grundlegende Systeme zur Auswahl: die *lokale* und *globale* Beleuchtung.

Lokale Beleuchtung

Bei der lokalen Beleuchtung wird das Licht rekonstruiert. Dazu wird ein sogenannter ***Shader*** einem Objekt zugewiesen, der die Oberflächeneigenschaften des Objektes beschreibt, wenn Licht darauf fällt. Zu den von einem Shader definierten Eigenschaften zählen neben der Farbe und Textur auch diffuse und spekulare Reflexion, Transparenz, Refraktionsindex und Spiegelungseigenschaften der Oberfläche.

Ein Shader berechnet auch Glanzpunkte und Materialeigenschaften, die auf das Licht bzw. die Reflexion der Lichtstrahlen Einfluss haben. Außerdem interpoliert ein Shader meist die Oberfläche, indem er eine Approximation (Annäherung) des Objektes und seiner Oberflächeneigenschaften beschreibt. Dadurch kann ein polygonales Objekt trotzdem noch rund und glatt aussehen, da der Shader zwischen den Vertices interpoliert.

Es gibt Shader, die vom Licht beeinflusst werden (wie von *Blinn* und *Lambert*) und solche, auf die das Licht in der Szene keinen Einfluss haben (Surface / Constant Shader, Ambient Occlusion Shader).

Um also komplexe realistisch aussehende Szenen erzeugen zu können, muss für jeden einzelnen Körper innerhalb des Szenarios ein Beleuchtungsmodell in Form einer Materialbeschreibung der Oberfläche definiert werden. Die unterschiedlichen Objekte eines Szenarios sind in sich abgeschlossene Beleuchtungseinheiten, die in der Regel keinen Einfluss aufeinander ausüben.

Globale Beleuchtung

Um möglichst fotorealistische Szenarien erzeugen zu können, muss aber auch die gegenseitige Strahlungseinwirkung der Objekte untereinander berücksichtigt werden. Dafür setzt man globale Beleuchtungssysteme ein, die auf eine szenenweite Ausleuchtung ausgerichtet sind. Die Lichtausbreitung innerhalb der Szene wird dabei physikalisch korrekt simuliert. Die beiden gängigsten Verfahren sind das Lichtsimulationsverfahren *Radiosity* und das Lichtrekonstruktionsverfahren *Image-based Lighting* (*IBL*).

Das ***Radiosity***-Verfahren berücksichtigt die gegenseitige diffuse Beleuchtung, die in der physikalischen Realität zwischen den Oberflächen und Körpern (Objekten) stattfindet. Ein solches Simulationsmodell wurde erstmalig 1984 von der Gruppe um *Prof. Donald P. Greenberg* an der *Cornell Universität* vorgestellt und seitdem kontinuierlich weiterentwickelt.

Das *Radiosity*-Modell kommt der physikalischen Realität am nächsten, da es die Erhaltung der durch das Licht transportierten Energie mit berücksichtigt. Das Beleuchtungsmodell beschreibt ein Energie-Gleichgewicht innerhalb eines geschlossenen Systems, das durch ein Gleichungssystem definiert werden kann. Im Gegensatz zum *Ray-tracing* bestimmt das *Radiosity*-Verfahren unabhängig vom Betrachterstandpunkt die Oberflächen-Intensitäten für diffuse Umgebungen.

Radiosity ist die Summen der ausgestrahlten und reflektierten Energien und entspricht der gesamten Menge der von einer Oberfläche abgestrahlten Energie. Ist die diffuse Beleuchtung für eine virtuelle Umgebung einmal berechnet, kann sich der Anwender in Echtzeit hindurchnavigieren. Mit Radiosity können allerdings keine Transparenzen berechnet werden.

IBL-Beleuchtung

Mit *Image-based Lighting* (***IBL***) bezeichnet man einen Beleuchtungsprozess, bei dem Szenen und Objekte (real oder virtuell) mit Lichtbildern aus dem RL ausgeleuchtet werden. Diese Technik wurde Mitte der 1990er Jahren von *Paul Debevec* am der *USC Institute for Creative Technologies* entwickelt.

Grundlagen sind:

1. Einfangen einer realen Welt als ein weitgefasstes und hoch dynamisch angesiedeltes Abbild (d.h. ein der Realität maximal entsprechendes Bild wiedergeben)
2. Abbildung der Darstellung mit gleichzeitiger und gleichwertiger Darstellung des Hintergrundes
3. Platzieren des 3D-Objekts in die bestehende Umgebung
4. Das Licht der Umgebung beleuchtet die Computer-Grafik
5. Das natürliche Licht reflektiert von sämtlichen Oberflächen (indirekte Beleuchtung) mit Berücksichtigung des direkten Lichts der Lichtquellen (direkte Beleuchtung) ergibt die globale Beleuchtung

Die so erzeugten Bilder, erzeugt durch summarische globale Beleuchtung sind wesentlich fotorealistischer und natürlicher anzusehen als etwa Bilder mit direktem Licht allein.

Bildberechnungsverfahren

Beim ***Ray-tracing*** (Strahlverfolgung) geht es nicht nur um die primäre Reflexion von Lichtstrahlen, sondern um die Verfolgung von Strahlen, die von Lichtquellen innerhalb und außerhalb einer Szene ausgehen und von den Objekten der Gesamtszene reflektiert und/oder gebrochen werden. Trifft ein Lichtstrahl auf eine undurchsichtige Oberfläche mit reflektierender Eigenschaft, wird er reflektiert und/oder gebrochen und trifft durch die Richtungsänderung vielleicht auf eine weitere Fläche eines anderen Objektes, wo er wieder reflektiert wird etc. Wenn der Lichtstrahl im Auge des Betrachters bzw. auf dem Bildschirm ankommt, ist der Berechnungsprozess dieses Strahls beendet.

Es gibt aber auch andere Lichtstrahlen, die zwar von Lichtquellen innerhalb einer Szene ausgesandt werden, aber niemals im Auge ankommen, da sie vielleicht unterwegs von ihrer Energie her zu schwach geworden sind, von dunklen Oberflächen absorbiert wurden oder die Szene verlassen haben, da sie kein Objekt mehr treffen konnten. Damit diese verlorenen Strahlen den Berechnungsprozess nicht unnötig belasten, hat man den Prozess der Strahlverfolgung umgekehrt und geht nur von denen im Auge ankommenden Strahlen aus. Diese werden solange bis zur Ursprungslichtquelle zurückverfolgt, wie es der Grad (die Trace-Tiefe) vorgibt.

Die Trace-Tiefe gibt an, über wie viel Reflexionen oder Brechungen die Strahlen verfolgt werden. Bei diesem Vorgang werden für jeden Bildpunkt auf dem Raster-Bildschirm alle Reflexionen und je nach Grad des *Ray-tracing*-Verfahrens auch die Brechungen eines Lichtstrahls für die physikalisch exakte Berechnung der Lichtmenge und -farbe ermittelt.

Bei der Rückverfolgung zur Lichtquelle wird vom Programm überprüft, ob der Weg eventuell verdeckt ist. In einem solchen Fall erhält man einen Schatten. Findet das Programm Refraktions-

oder Spiegeleigenschaften der Objektoberflächen vor, wird dieselbe Berechnung für die reflektierten Strahlen vorgenommen, um den Brechungs- und Spiegelanteil des Strahls ermitteln zu können. Die Berechnung der optischen Werte erfolgt auf Basis des entsprechenden Beleuchtungsmodells.

Da die Szene jedes Mal wieder völlig neu berechnet werden muss, wenn sich der Standpunkt des Betrachters ändert, eignete sich Ray-tracing aufgrund des enormen Bedarfs an Rechenleistung bis Anfang des neuen Jahrhunderts nicht für interaktive Anwendungen.

Um virtuelle Welten in fotorealistischer Qualität zu erzeugen, benötigt man ausreichend Rechenleistung, die das arbeitsintensive Verfolgen von Lichtstrahlen in Echtzeit erledigen kann. Dieser Traum könnte nach rund 40 Jahren Entwicklungszeit am Ende dieses Jahrzehnts Wirklichkeit werden. Denn seit 2003 wird an der *Universität Saarbrücken*, am Lehrstuhl für Computergrafik von *Prof. Dr. Philipp Slusallek,* in einer Arbeitsgruppe mit Computer-Grafik-Spezialisten im Rahmen eines Forschungsprojekts an Verfahren für *Ray-tracing* in Echtzeit geforscht.

Die auf der *CeBIT 2003* vorgestellte Hardware-/Software-Architektur *SaarCOR* für Ray-tracing soll zukünftig das bislang angewandte Rasterverfahren von Grafikkarten ersetzen. Denn bei der Berechnung von realistischen und komplexen Szenarien stoßen selbst die innovativsten Grafikkarten sehr schnell an ihre Grenzen.

Zwei Jahre später wurde erstmals das mittlerweile marktreife Echtzeit-Ray-tracing-Verfahren auf einem *Cell*-Prozessor auf der *SIGGRAPH 2005* in *Los Angeles* präsentiert. In einer sehr kurzen Entwicklungszeit von nur 14 Tagen konnten die Ray-tracing-Algorithmen für den zu dieser Zeit neuen Hochleistungsprozessor in enger Zusammenarbeit mit *IBM Deutschland* völlig überarbeitet werden.

Auf der *SIGGRAPH* erhielt der Doktorand *Sven Woop* den mit 25.000 US$ dotierten *Nvidia*-Forschungspreis für seine Entwicklung des ersten programmierbaren Grafik-Chips für Echtzeit-Ray-tracing.

Wiederum knapp zwei Jahre weiter konnte die Universität des Saarlandes auf der *CeBIT 2007* in *Hannover* einen neuen Ansatz dieser Technologie präsentieren, der jetzt auch für Computerspiele und damit für den Massenmarkt interessant wird.

Die Automobil- und Flugzeugindustrie nutzt das Verfahren bereits, um ihre Produkte interaktiv und fotorealistisch am Bildschirm zu entwickeln und Planungsfehler von vornherein zu vermeiden. Die Ray-tracing-Software, die das Spin-off-Unternehmen des Saarbrücker Lehrstuhls für Computergrafik, *inTrace GmbH*, seit Mitte 2003 vermarktet, wird bei *Volkswagen, Audi, BMW, Daimler-*

Benz und *Skoda* eingesetzt. 2005 hatte *Volkswagen* rund 20 Millionen Euro in zwei Visualisierungszentren investiert, die mit der neuen Ray-tracing-Technologie aus Saarbrücken arbeiten. Auch der europäische Flugzeughersteller *Airbus* setzt auf diese Technologie.

Volkswagen setzt auf Echtzeit-Ray-tracing ©

Ein weiterer Entwicklungserfolg konnte Ende Februar 2007 präsentiert werden:
Durch neue Algorithmen und angepasste Datenstrukturen gelang es den Saarbrücker Computergrafikern von *Prof. Dr. Slusallek* erstmals, die extrem hohe Rechenleistung von GPUs (*Graphical Processing Units*) effektiv auch für Ray-tracing zu nutzen. In Zukunft wird interaktives Ray-tracing auch auf einem einzelnen Computer möglich sein. Bisher mussten dafür mehrere PCs zu einer Render-Farm vernetzt werden, um die enormen Rechenleistungen zu bewältigen. Mit dem neuen Ansatz wird diese Technologie auch für den Massenmarkt interessant und lässt für die Zukunft viel realistischere Computerspiele erwarten.

Auszug aus der Pressemitteilung de Universität Saarbrücken
vom 27.2.2007 zur Computer-Fachmesse *CeBIT*:

Echtzeit-Ray-tracing kann im Gegensatz zu bisherigen Methoden komplexe optische Beleuchtungseffekte automatisch und in Echtzeit simulieren. Der Spiele-Programmierer kann sich so vollständig auf das Design des Spielgeschehens konzentrieren. Durch Ray-tracing werden Spiegelungen, Lichtbrechungen und indirekte Beleuchtung immer physikalisch korrekt wiedergegeben, so dass seine im Computer erzeugten Bilder immer naturgetreu aussehen.

Für die Spiele-Hersteller war die bisher notwendige hohe Rechenleistung von Ray-tracing ein Hindernis. Durch neue Algorithmen und angepasste Datenstrukturen gelang es den Saarbrücker Computergrafikern erstmals die extrem hohe Rechenleistung von programmierbaren Grafikprozessoren effektiv auch für Ray-tracing zu nutzen. Sie erreichten bei einfachen Szenen über 50 Millionen Lichtstrahlen pro Sekunde und selbst bei relativ komplexen Szenen noch mehr als elf Millionen Strahlen – ein Faktor 30 schneller als die bisher besten Ergebnisse auf GPUs. Dabei wurden noch gar nicht alle Optimierungen ausgenutzt, so dass eine weitere deutliche Beschleunigung zu erwarten ist.

Das neue Verfahren erlaubt es erstmals, auch komplexe optische Effekte in Spielen exakt zu simulieren, statt wie bisher viele Tricks einzusetzen. Die Programmierer von Computerspielen können damit einzelne Objekte oder ganze Szenen durch Ray-tracing viel realistischer darstellen. Vor allem wird das Design neuer Spiele stark vereinfacht, da jede Szene und beliebige Kombinationen von optischen Effekten automatisch und ganz ohne zusätzlichen Aufwand immer korrekt und realistisch dargestellt werden. Zusätzlich kann Ray-tracing auch dazu benutzt werden, Kollisionen zu erkennen und zu vermeiden sowie die einfache Sicht in Spielen zu simulieren. Das wurde beispielhaft für das Spiel *Quake-4* demonstriert.

Neben dem automatischen Fotorealismus für die Spiele-Entwicklung, entwickeln die Saarbrücker Spezialisten einen speziellen Ray-tracing-Chip (D-RPU) in ASIC-Technologie, um Ray-tracing zukünftig auch auf einem einzelnen PC in Echtzeit berechnen zu können. Außerdem referierte *Prof. Dr. Slusallek* auf dem Messestand darüber, wie man hochrealistische Darstellungen von extrem großen Landschaften (mehr als 81 x 81 km) mit Milliarden von Bäumen und Billionen von Blättern unter korrekter Beleuchtung von Sonne und Himmel mit dieser Technologie in Echtzeit darstellen kann.

Fotorealistische Landschaft ©

Im August 2007 stellte *INTEL* eine neue Ray-tracing Engine auf der *Games Convention Conference* in *Leipzig* vor. Präsentiert wurde sie von *Daniel Pohl*, der in Studienprojekten an den Universitäten *Erlangen* und *Saarland* Ray-tracing-Versionen für die Computerspiele *Quake 3* und *Quake 4* entwickelt hatte. Die Ray-tracing Engine lief in Echtzeit auf einem PC mit zwei *Quadcore*-Prozessoren und 127 Frames pro Sekunde. Alle notwendigen Berechnungen wurden von den Hauptprozessoren erledigt. Eine Hardware-Beschleunigung der Grafikkarte war überflüssig. *Daniel Pohl* erläuterte seine Praxiserfahrung, wonach Ray-tracing-Anwendungen besondere Ansprüche an den sogenannten ***Cache-Speicher*** (Form der Zwischenspeicherung, mit deren Hilfe die Zugriffszeiten beschleunigt werden, was die Rechengeschwindigkeit erhöht.) stellen, weshalb sie auf GPUs oder dem *Cell*-Prozessor von *IBM* deutlich langsamer laufen würden. Mit der Prozessor-Konfiguration von *INTEL* konnten die Ray-tracing-Berechnungen zehn Mal schneller ausgeführt werden, als von einer *G80*-GPU von *Nvidia.*

Ray-tracing sei für die Multicore-Architekturen wie geschaffen, weil es sich nahezu linear skalieren lässt. *Pohl* berichtete, dass er auf einem System mit 16 Cores die 15,2-fache Leistung eines Single-Core-Systems erzielt habe. Mit steigender Anzahl an Polygonen steige auch der Rechenaufwand für das Rasterverfahren von Grafikkarten linear an. Die Ray-tracing-Methode hingegen würde logarithmisch anwachsen, fand *Pohl* bei seinen Tests heraus. Ab einem bestimmten Detailgrad sei daher Ray-tracing weniger rechenintensiv als das Rasterverfahren.

2009 rechnet *Pohl* mit der Entwicklung der ersten Computerspiele im Ray-tracing-Look. Ab wann *INTEL* seine Ray-tracing Engine Spielherstellern als ***SDK*** (*Software Development Kit*) zur Verfügung stellt, blieb vorerst noch offen.

Ray-tracing in Echtzeit wird sich aller Voraussicht nach bis 2010 für die Bildgenerierung etablieren. Der Grafik-Chip-Hersteller *Nvidia Corporation* hat sich deshalb das Know-how der weltweit renommiertesten und erfahrendsten Firma auf dem Markt für Ray-tracer gesichert. Der Trendsetter übernahm im Dezember 2007 die Berliner Software-Schmiede *mental images*, die den Ray-tracer *mental ray* seit über 20 Jahren weiterentwickelt und weltweit äußerst erfolgreich vermarktet hat.

Damit steht *Nvidia* auch das Shader-Entwicklungswerkzeug *mental mill* und die 3D-Server-Plattform *RealityServer*, mit der man über einen normalen Internet-Browser auf einem beliebigen Endgerät 3D-Bilder in höchster Qualität gemeinsam interaktiv verändern kann.

Beispiel für Echtzeit-Berechnungsanforderungen in Computer Games

Nvidia investierte in den vergangenen vier Jahren über 400 Millionen US$ in seine *GeForce-8*-GPU-Technologie, um für Computerspiele auf Basis des weiterentwickelten 3D-Grafikstandards *DirectX-10* von *Microsoft* eine noch nie vorher gesehene Bildqualität zu bieten. *DirectX-10* ist laut der Beurteilung von Kennern der Branche eine komplett neue Architektur, die die grafischen Möglichkeiten von PCs entsprechend revolutioniert.

In enger Zusammenarbeit mit dem *Frankfurter* Computerspiel-Produzent *Crytek* wurde der Ego-Shooter „*Crysis*", der Mitte November 2007 auf den Markt kam, auf sämtliche Grafik-Features der *GeForce-8*-Technologie über ein Jahr lang hin angepasst. So hat *Nvidia Crytek* maßgeblich dabei unterstützt, das zentrale Schattierungssystem sowie das Wasser- und Gelände-Rendering zu verbessern. Das 7-GB-umfassende Computerspiel verfügt über 1 GB Texturdaten, die in 2.713 Dateien stecken, sowie 230 MB kompilierte und 85.000 verschiedene Shader.

Eine typische *Crysis*-Außenszene im Spiel besteht aus 1,5 Millionen Polygonen und 3.000 Draw Calls (besondere Zeichenbefehle an die Grafikkarte in Verbindung mit Texturen und Materialien). Aufwändigere Szenarien bestehen aus bis zu 2 Millionen Polygonen und 4.000 Draw Calls. Bei einer typischen Actionszene müssen 1.500 Operationen und bei komplexeren Szenen bis zu 3.000 Operationen pro Pixel berechnet werden. Hinzu kommt, dass *Crysis* Extreme High Definition (***XHD***) mit einer Auflösung von bis zu 2.560 x 1.600 Bildpunkten unterstützt. Diese Auflösung bietet fast doppelt so scharfe Bilder wie die von aktuellen Spielekonsolen.

4.2.5 Die Datenübertragungsrate als Nadelöhr

Ohne leistungsfähige Prozessoren und schnelle Datenleitungen ist eine Echtzeitverarbeitung von hochkomplexen virtuellen Umgebungen nicht möglich. An drei Fronten wird daher seit über 25 Jahren an der Optimierung der Geschwindigkeit gearbeitet:

Prozessor-Technologie,
Datenverkehr über lokale und externe Netzwerke (Router),
Bildkompression.

Mit der Entwicklung von Mehrkernprozessoren wird das Ziel, fotorealistische Szenarien in Echtzeit zu berechnen, auf Desktop-Basis ohne eine Render-Farm in naher Zukunft erreicht.

Lokaler Datenaustausch

Anders sieht es beim Datenaustausch zwischen verschiedenen Rechnern aus. Mit einem lokalen Netzwerk (***LAN = Local Area Network***), wie dem *Ethernet*-Standard, können wesentlich höhere Datenraten erzielt werden als in externen Netzen. Die Menge an Daten, die über eine Leitung fließen, wird als Durchsatz bezeichnet. Die Bandbreite, zum Beispiel 10 Mbit/s, gibt an, wie viele Daten in einer bestimmten Zeit durch einen Datenkanal gelangen können.

Ethernet

Beim *Ethernet* handelt es sich um ein busförmiges Netzwerk, bei dem die einzelnen LAN-Stationen (***LAN*** = *Local Area Network*) über Abzweige an ein gemeinsam genutztes Koaxialkabel angeschlossen werden. Mittlerweile kann ein *Ethernet* auch über andere Medien, wie zum Beispiel Glasfaser, betrieben werden. Die Länge eines Buskabels (Segments) beträt maximal 500 Meter. Bis zu 100 Stationen können angeschlossen werden.

Die Entwicklung und Verbesserung des *Ethernets* hat vor über 35 Jahren am *Palo Alto Research Center* von *Xerox* begonnen. 1972 befassten sich dort *Forscher* mit der Entwicklung eines Kommunikationssystems für den Datenaustausch zwischen Computern. Das Ergebnis, ein lokales Netzwerk namens ***Ethernet,*** war so vielversprechend, dass *Xerox*, *INTEL* und *DEC* (*Digital Equipment Corporation*) das Netzwerk gemeinsam weiterentwickelten und Normen für eine Übertragungsgeschwindigkeit von **10 Mbit/s** über Koaxialkabel festlegten. 1983 etablierte sich das *Ethernet* als Industriestandard. 1995 folgte das ***Fast Ethernet*** mit **100 Mbit/s** über Twisted-Pair-Kabel. Die Reichweite blieb beim Twisted-Pair-Kabel allerdings auf nur 100 Meter beschränkt.

Das ***Gigabit-Ethernet*** wurde auf der Grundlage der ursprünglichen Norm 802,3 entwickelt. 1998 kam das **1-Gigabit**-Ethernet auf Basis von Glasfaserkabel. 2002 folgte die **10-Gbit**-Version. Obwohl das Ethernet für lokale Netzwerke entwickelt wurde, streckt der 10-Gigabit-*Ethernet*-Standard seine Fühler in Richtung Weitverkehrsnetze (***WAN*** = *Wide Area Network*) aus. Als erstes nationales Forschungsnetz etablierte das *Deutsche Forschungsnetz* (***DFN***) im Oktober 2002 einen **10 Gbit/s**-Verbindungs-Standard. Auf den ausgebauten Abschnitten ließen sich mehr als 5.000 Audio/Video-

Ströme gleichzeitig über das Wissenschaftsnetz übertragen. Die dabei transportierte Datenmenge betrug umgerechnet fast eine Million Buchseiten pro Sekunde.

Wesentlich schneller in der Übertragung von Daten ist die serielle Schnittstellentechnologie ***FireWire***. Hierbei handelt es sich um einen Industriestandard, der 1995 als *IEEE-1394* festgelegt wurde und von *Apple* und *Sony* (unter der Bezeichnung *i.Link*) vermarktet wird. *FireWire* führt die Bereiche Consumer Electronics und Computer digital zusammen und bietet eine Übertragungsgeschwindigkeit für digitale Daten von 400 Mbit/s (*IEEE-1394a*). Die Daten werden dabei paketorientiert übertragen. Mit dieser universellen Konvergenztechnologie können Hochgeschwindigkeitsgeräte, wie Digital-Camcorder, DVD-Laufwerke, Audio-Aufzeichnungsgeräte, Festplatten, Scanner etc., an einen Computer angeschlossen werden. Dabei dürfen die Geräte maximal 4,5 m voneinander entfernt sein. Die Gesamtlänge eines solchen lokalen Netzwerkes (daisy chain-Strang) darf 72 m nicht überschreiten. Maximal 17 Geräte können über einem Strang vernetzt werden. Der Standard *IEEE-1394b* bietet seit Mitte 2003 eine Übertragungsgeschwindigkeit von 800 Mbit/s und soll auf 1.600 bzw. 3.200 Mbit/s erweitert werden.

Das Wissenschaftsnetz *X-WiN* ist die technische Plattform des Deutschen Forschungsnetzes. Über das X-WiN sind deutsche Hochschulen, Forschungseinrichtungen und forschungsnahe Unternehmen untereinander und mit den Wissenschaftsnetzen in Europa und auf anderen Kontinenten verbunden.

X-Win32 des Herstellers *StarNet Communications* stellt einen X-*Window*-Server unter *Microsoft Windows* zur Verfügung. Es ermöglicht Windows-Benutzern die Nutzung von X-Anwendungen auf Unix-Rechnern, nachdem über das Internet eine Verbindung mit dem Unix-Rechner hergestellt wurde.

Mit Anschlusskapazitäten von bis zu 10 Gigabit/s und einem Multi-Gigabit-Kernnetz, das sich zwischen ca. 50 Kernnetz-Standorten aufspannt, zählt das X-WiN zu den leistungsfähigsten Kommunikationsnetzen weltweit.

Anfang Dezember 2006 berichtete die *Computer Zeitung*, dass die derzeitigen Datenraten von *Routern* mit einer Leistung von 10 und 40 Gbit/s nicht ausreichen, wenn bis 2010 der Datenverkehr um Faktor 100 oder darüber steigt. (Ein ***Router*** ist ein entsprechend konfigurierter Rechner, der feststellt, über welche Knotenpunkte die Datenpakete am schnellsten an das Ziel gelangen, und sie dann auf die Reise schickt.) Gefragt sei daher ein ***ultraschnelles Ethernet*** mit einem Standard für **100 Gbit/s**. Dafür müssen aber eine neue *MAC*-Architektur (*Media Access Control*) und entsprechende physikalische Schnittstellen zur Verfügung stehen. Durch die Verfügbarkeit von sogenannten *Photonic Integrated Circuits* (***PICs***), die bis zu 100 optische Komponenten vereinen, können derzeit schon folgende Übertragungsraten erreicht werden:

PICs mit zehn Wellenlängen übertragen je 10 Gbit/s.
Forschungs- und Entwicklungsergebnisse haben die Datenraten der PICs schon auf 400 Gbit/s und 1,6 Terabit pro Sekunde skaliert.

Externer Datenaustausch

Bei der Übertragung von Datenpaketen über externe Netze gibt es den eigentlichen Engpass. Denn die Übertragungszeit für eine Datei ist von verschiedenen Faktoren abhängig. Zum einen von der Datenübertragungsrate (Transferrate), mit der die digitale Datenmenge innerhalb einer Zeiteinheit über einen Übertragungskanal übertragen wird. Damit ist die Anzahl der Bits gemeint, die pro Sekunde über die jeweilige Verbindungsleitung übertragen werden kann. Zum anderen spielt die Kompressionsrate eine wichtige Rolle.

Ein ***Modem*** beispielsweise schafft nur **56 Kbit pro Sekunde** über die Telefonleitung zu übertragen. Für die Übertragung von Textdateien ist diese Transferrate ausreichend, da reine Textdateien vom Umfang her im Kilobyte-Bereich liegen. Wenn eine gut vollgeschriebene Textseite 22 KByte (176 Kbit) umfasst und mit einem Modem übertragen werden soll, das eine Datenübertragungsrate von 56 Kbit/s bietet, dauert der gesamte Vorgang nur gute drei Sekunden (176/56 = 3,14).

Sobald aber Bilder übertragen werden sollen, kommen je nach Auflösung des Bildes bzw. der Bildkompression ein Megabyte und mehr zusammen. Die Dateigröße für ein unkomprimiertes Farbbild mit einer Auflösung von 1.024 x 768 Bildpunkten und in Echtfarbe wird wie folgt berechnet: 1.024 x 768 x 24 = 18.874.368 Bit / 8 = 2,36 MByte. Mit einem Modem (56 Kbit) würde der Datentransfer also rund 5,5 Minuten dauern.

Aber auch über den in den 1990er Jahren folgenden digitalen Netzwerkstandard ***ISDN*** (*Integrated Services Digital Network*) mit zwei gebündelten Kanälen und einer Datenübertragungsrate von **64 Kbit/s** pro Kanal, müsste man mit knapp fünf Minuten Übertragungszeit rechnen.

Erst durch die Verfügbarkeit von digitalen Signalprozessoren mit entsprechend hoher Rechenleistung Ende der 1980er und Anfang der 1990er Jahre wurde es möglich, neue Übertragungsverfahren zu entwickeln. Mit der Entwicklung der asymmetrischen Datenübertragungstechnologie ***DSL*** (*Digital Subscriber Line = digitaler Teilnehmeranschluss*) war es möglich, Datenpakete über konventionelle Kupferkabel des Telefonnetzes in die Ortszentralen zu befördern, wo sie über spezielle *Switches* (Schalter) auf das Glasfasernetz geleitet wurden.

In Deutschland wurde die Bezeichnung *DSL* zunächst als Synonym für einen breitbandigen Internet-Zugang über ***ADSL*** (*Asymmetrical Digital Subscriber Line*) bekannt, das seit 2001 im Einsatz ist und seit 2005 einen Datentransfer vom Netz hin zum Endgerät des Benutzers (***Download*** genannt) von **1,5 Mbit/s** bietet. Mit dieser Übertragungsleistung würde die oben aufgeführte Bilddatei nur gut 12 Sekunden bis zu ihrem Ziel benötigen.

ADSL wurde ursprünglich für Video-on-Demand entwickelt, mit 384 Kbit/s Down- und 64 Kbit/s Upstream, um Haushalte mit konstanten digitalen Bildströmen (Videos) über die normale Telefonleitung zu versorgen.

ADSL ermöglichte 2005 zuvor komprimierte Videosignale mit einer Geschwindigkeit von bis zu 3 Mbit/s von einer Zentrale über das Telefonnetz an die Haushalte zu schicken, wo sie von einem Signalprozessor empfangen und einem *MPEG*-Chip dekomprimiert wurden.

Mit dem Nachfolger ***ADSL2+,*** der Ende 2005 einsatzfähig war, können **6,3 Mbit/s** (Stand 2007) übertragen werden, möglich wären 16 Mbit/s. bzw. 25 Mbit/s Down- und 3,5 Mbit/s Upstream. In Japan wird eine weitere, bisher nicht genormte Variante von *ADSL2+* eingesetzt, die das Empfangsspektrum auf 3,7 MHz erweitert und Datenraten bis zu 50 Mbit/s ermöglicht. (Stand März 2007). Für High-Definition-Filme mit einer Auflösung von 1.920 x 1.080 Pixel muss eine Verbindung bis zu 48 Mbit/s befördern:

1.920 x 1.080 x 24 = 49.766.400 Bits / 1.024 = 48.600 Kbit / 1.024 = 47,46 Mbit

Seit Ende 2006 wird auf verschiedenen Märkten (etwa Schweiz, Deutschland) ***VDSL*** / ***VDSL2*** (*Very High Data Rate Digital Subscriber Line*) angeboten, mit dem Datenraten von bis **100 Mbit/s** realisiert werden können. Die theoretische Datenübertragungsrate liegt im symmetrischen Betrieb bei bis zu 210 Mbit/s.

IBM stellte im Frühjahr 2007 den Prototyp eines optischen Transceiver-Chip-Sets mit einer Übertragungsrate von 160 Gbit/s vor. Dieses Chip-Set ist achtfach schneller als übliche optische Komponenten. Ein Film-Download mit einem Endgerät würde dann nur noch eine Sekunde statt 30 Minuten via Standard-DSL dauern.

Leider wird in Deutschland diese neue Datenübertragungstechnologie noch immer nicht flächendeckend angeboten. Im September 2007 hatten 18 Millionen Bundesbürger einen DSL-Anschluss, während eine Million Kabelinternet-Anschlüsse bestanden, womit der DSL-Marktanteil am Breitbandmarkt ca. 95 % betrug. Bei 38 Millionen Festnetzanschlüssen in Deutschland war damit an jedem zweiten Telefonanschluss DSL abonniert. Weltweit gab es im Mai 2007 200 Millionen DSL-Kunden. Dies verteilt sich wie folgt: China 43 Mio., USA 27 Mio., Deutschland 15 Mio., Frankreich 14 Mio., Japan 14 Mio., UK 11 Mio. usw.

Aber das Rad der technologischen Entwicklung bleibt nicht stehen und neue Techniken und Lösungswege für die verschiedensten technischen Übertragungswegen werden mit vielen Millionen Entwicklungsgeldern entwickelt und erprobt. Mit darunter sind die Datenübertragung per Funktechnik und Satellit. Mittels geostationärer Satelliten in rund 36.000 km Höhe wird die gesamte Erdoberfläche mit breitbandigem Datenverkehr bestrichen. Für *Eutelsat* und *Astra* gibt es für den Datentransfer seit Mitte 2007 eine preiswerte Zwei-Weg-Technologie. Für Online-Spiele sind Satelliten zur Datenübertragung allerdings ungeeignet, weil sich durch die großen Entfernungen zum künstlichen Himmelskörper die Reaktionszeiten verlängern.

Bei der Funkübertragung bieten sich die sogenannten *Local Multipoint Distribution Services* (*LMDS*) an. Im hochfrequenten 28 GHz-Bereich werden dabei Daten mit bis zu 1,6 Gbit/s vom Sender an einen höchstens 5 km entfernten Empfänger geschickt.

Dass sich seit April 2007 aufwändigste Computerspiele in Echtzeit auf entfernten Rechnern spielen lassen, ermöglicht das Application Sharing Tool „*Realtime Remote Desktop*" (***RRD***), das vom *Fraunhofer-Institut für Graphische Datenverarbeitung IGD* in Darmstadt entwickelt wurde.

Der *RRD* überträgt Dokumente, Grafiken und Anwendungen in Echtzeit von einem Quell- auf einen Zielrechner. Dafür erfasst die *RRD*-Software die Bildschirmdaten kontinuierlich, kodiert sie und sendet sie an den Zielcomputer, wo sie entschlüsselt und angezeigt werden. Bei einer Bildschirmauflösung von 1024 x 768 Pixel kann dies mit einer Bildrate von rund 20 Bildern pro Sekunde geschehen. Die zu übertragenden Bildschirminhalte können von Office-Paketen, CAD-Anwendungen oder Visualisierungssystemen stammen. Diese müssen für die Übertragung der Bildschirminhalte auf andere Rechner nicht verändert werden. Der *Realtime Remote Desktop* läuft problemlos auf allen handelsüblichen PCs und *Microsoft*-Betriebssystemen und passt sich dabei jeder Brandbreite an. Zusätzliche Hardware ist nicht notwendig. Die *RRD*-Software ist nicht auf Anwendungen beschränkt, die auf *OpenGL* basieren, sondern unterstützt auch graphische Anwendungen, die *DirectX* nutzen.

Laut *Dr. André Stork* von der *IGD* gibt es auf dem Markt derzeit keine verfügbare Software, die an diese Übertragungsgeschwindigkeit und außergewöhnliche Bildqualität mit hoher Bildfrequenz heranreicht. (www.igd.fhg.de/igd-a2/rrds/.

Eine weitere Software, die es gestattet über das Internet mittels *Skype* auf andere Desktops zuzugreifen, ist *Yugma Team Collaboration* von *yugma (2007).*

Bildkompression (Bildcodierung)

Um komplexe Bild- und Videodateien über lokale und externe schmalbandige Netzwerkverbindungen in halbwegs annehmbaren Zeiten übertragen zu können, wurden seit über 20 Jahren verschiedene Komprimierungsverfahren entwickelt, um die Dateigröße unter Beibehaltung des Informationsinhaltes zu verkleinern. Mit Hilfe bestimmter Algorithmen werden die Dateien in einem neuen Format effektiver gespeichert. Dazu werden aus der Ausgangsdatei Daten entfernt, die je nach angewandtem Kompressionsverfahren entweder vollständig rekonstruierbar sind oder deren Verlust kaum wahrnehmbar ist.

	HD-TV (50i)	**HD - 24p**	**2K**	**4K**
Auflösung	1.920 x 1.080 (1.280 x 750)	1.920 x1.080	2.048 x 1.536	4.096 x 3.072
Abtastung	4:2:2 – 8 bit	4:2:2 – 8 bit (RGB – 10 bit)	RGB – 10 bit	RGB – 10 bit
Datenrate	829 Mbit/s (737 Mbit/s)	1,43 Gbit/s	2,26 Gbit/s	9,06 Gbit/s
Kapazität für Film (110 min.)	0,64 TByte (0,58 Tbyte)	1,15 Tbyte	1,75 TByte	6,96 TByte

Datenraten und Speicherkapazitäten © *Schnöll / Hedtke, FKT* 1 – 2/2005

Für die Bildcodierung stehen verlustbehaftete und verlustfreie Kompressionsverfahren zu Verfügung. Die verlustfreie Kompression wird vor allem bei medizinischen Bildern (MRTs und CTs) und bei Satellitenbildern eingesetzt. Bildformate, die die verlustfreie Kompression unterstützen, sind zum Beispiel:

GIF (*Graphics Interchange Format,* von *Compuserve, Inc.* 1987),

PNG (*Portable Network Gaphics Format*, von *Boutell* und *Lane* 1997) und

TIF (*Tagged Image Format*, von *Aldus Corp.* und *Microsoft*, 1987).

Verlustbehaftete Kompressionsstandards, bei denen Daten entfernt werden, deren Verlust kaum sichtbar ist, sind beispielsweise *JPEG* (*Joint Photographic Experts Group,* 1988) für Standbilder und *MPEG-2* (*Motion Picture Experts Group,* 1994) für Bewegtbilder, wie Film und Video. Einsatzgebiete für verlustbehaftete Kompression sind Videokonferenzen, digitales Fernsehen und das Internet. Zur Übertragung von Bildern und Bildsequenzen im Internet erreicht die verlustbehaftete Kompression bei Echtfarben-Bildern einen viel höheren Kompressionsfaktor als die verlustfreie Kompression, was sich positiv auf die Übertragungsgeschwindigkeit auswirkt.

Bildformate, die die verlustbehaftete Kompression unterstützen, sind beispielsweise: GIF, JPEG und Wavelet. GIF und JPEG unterstützen beide Kompressionsstandards, da der Anwender manuell den Kompressionsfaktor regulieren und bei Bedarf auch auf Null herabsetzen kann.

Zielsetzung der Bildcodierung ist eine maximale Reduzierung der Datenmenge bei einer möglichst geringen Signalveränderung. Ohne die Möglichkeit Bilder und Videos zu komprimieren, wäre es unmöglich diese über das Internet zu versenden.
Ein PAL-TV-Bild beispielsweise hat eine Datenrate von über 160 Mbit/s, ein HDTV-Bild bereits rund 1 Gbit/s. Für E-Cinema mit einer Auflösung von 3k x 4k fallen bereits über 10 Gbit/s an Daten an. Ohne Kompression wäre ein digitaler Versand der Filme an die jeweiligen Kinos nicht möglich.

In Zusammenhang mit dem Begriff Bildkompression taucht immer wieder der Begriff Codec auf. Das Kunstwort ***Codec*** steht allgemein für Codierverfahren und stammt aus dem Bereich Videokonferenz. Er setzt sich aus den beiden Begriffen En**Co**der umd **Dec**oder zusammen. Mit Hilfe eines Codecs werden Konferenzstudios an ein Übertragungsnetz angeschlossen. Der Codec wandelt dabei die analogen Bild- und Tonsignale in digitale Signale um und komprimiert sie gleichzeitig. Im Laufe der Jahre wurden verschiedene Codecs entwickelt. Die am häufigsten verwendeten Codecs sind ***DCT*** (***D****iscrete* ***C****osinus* ***T****ransformation* / Diskrete Kosinustransformation), HVQ und der vom ***CCITT*** (*Comité Consultarif International Téléphonique et Télégraphique* / Internationales Normungsgremium für das Fernmeldewesen) empfohlene H.261. Letztere Codec-Norm ermöglicht Übertragungsraten zwischen 64 und 2.048 Kbit/s.

Bei der verlustfreien Kompression werden die Daten im Gegensatz zur Ausgangslage anders organisiert, indem bestimmte ***Redundanzen*** (*Wiederholungen*) erkannt und zusammengefasst und hierarchisch dargestellt werden. In einem Art Wörterbuch werden die sich wiederholenden Bitfolgen abgelegt und mit einer Nummer versehen. Wenn ein Bild viele Redundanzen von Bitfolgen aufweist, dann kann eine hohe Kompressionsrate erzielt werden, weist ein Bild keine Redundanzen auf, kann der eingesetzte Algorithmus keine Komprimierung vornehmen.

Bekannte Verfahren zur verlustfreien Kompression sind die *Lauflängenkodierung*, *LZW* (ein von *Lempel, Ziv* und *Welch* entwickelter Algorithmus) und die *Huffman*-Kodierung. Unter die Redundanz fallen alle Daten, wie Farbinformationen und Farbtiefe, die für die eigentliche Information nicht von Bedeutung sind, da sie nicht vom menschlichen Auge wahrgenommen werden.

Auch *JPEG2000* und *Motion JPEG* (*MJPEG*) bieten beide ein verlustfreies Verfahren für die Bildkompression. Beim ***Motion JPEG*** wird jedes einzelne Bild einer Videosequenz mit *JPEG* komprimiert, indem die Inhalte der einzelnen Bilder, ohne dass es dem menschlichen Auge auffällt, reduziert werden. Dabei werden zuerst die Farbwerte reduziert. Anschließend werden die Bilddaten mittels diskreter Kosinustransformation (*DCT*) in die Frequenzebene transferiert und mit der *Huffman*-Kodierung und der Lauflängenkodierung in den Bilddaten komprimiert.

Unter einer ***Transformation*** versteht man die Konvertierung der einzelnen Farbwerte der Bildpunkte einer Zeile, welche eine Kurve mit diskreten Werten beschreiben, in einen anderen Raum. Bei Bildformaten wird vor allem die diskrete Cosinus-Transformation angewendet, die die Farbwerte dann als eine Überlagerung von Cosinus-Wellen darstellt. Diese DCT-Umwandlung ist der zentrale Bestandteil des JPEG-Verfahrens. Zum Abschluss werden die bereits komprimierten Bilddaten mit einer verlustfreien Kompression weiter reduziert.

Lauflängenkodierung (Run-length Encoding)
Mit Lauflängenkodierung wird ein Verfahren zur platzsparenden Abspeicherung und Übertragung von Bilddaten bezeichnet. Dabei wird die Grafik bzw. das Bild zeilenweise abgetastet, wobei nicht die einzelnen x-Koordinaten eines jeden Bildpunktes kodiert werden, sondern es wird festgestellt, wie viele Punkte gleicher Helligkeit und Farbe aufeinanderfolgen. Ist zum Beispiel eine Zeile von Anfang bis Ende im gleichen Blautongehalten. so erfolgt nur die Kodierung von Helligkeit, Farbe und Zeile. Wenn die Zeile mehrere unterschiedliche Abschnitte verschiedener Farben enthält, wird ebenso bei den einzelnen Abschnitten verfahren. Dann braucht nur folgendes kodiert zu werden: Zeile y, Helligkeit a, Farbe b, Bildpunkt z1 (=x1-x2), Helligkeit c, Farbe d, Bildpunkt z2 (=x3-x4) usw.

Neben der Zeile wird zusätzlich angegeben, für wie viel Bildpunkte diese Informationen gelten. Der Datenreduktionsfaktor ist demnach vom Bildinhalt abhängig. Die zu speichernde Datenmenge ist umso geringer, je weniger unterschiedlich Helligkeit und Farbe einer Zeile sind. Würde jeder Bildpunkt eine vom neben ihm liegenden Bildpunkt unterschiedliche Farbe und Helligkeit aufweisen, so wäre die Datenreduzierung gegenüber einer Pixel-orientierten Kodierung gleich Null (statistisches Reduktionsverfahren).

Der Kompressionsstandard *MPEG-2,* der im September 1994 von der *Motion Pictures Experts Group* zur Verfügung gestellt wurde, bot mit einer Bitrate bis 15 Mbit/s Video- und Tonformate in Fernsehqualität. Er ist das bisher weltweit erfolgreichste Codierverfahren für die Videoübertragung.

Die Grundlage der *MPEG*-Kodierung basiert darauf, möglichst viele Bildteile nur durch die Differenz des Bildinhaltes zum vorherigen kodierten Bild zu beschreiben. Dazu wird zusätzlich zu den anderen Verfahren die Bewegungskompensation eingesetzt. Dabei wird die Verschiebung von Bildteilen, wie sie bei Kameraschwenks oder sich bewegenden Objekten entstehen, ermittelt.

Ein wirklich hoher Komprimierungsfaktor kann allerdings nur durch Weglassen wenig relevanter Reizinformationen bzw. deren Gewichtung bezüglich der menschlichen Wahrnehmung erfolgen. Das Weglassen bestimmter Informationen kann man am besten durch komplexe Filterfunktionen bewerkstelligen. Hierzu müssen die Bildinformationen mit einer der Fourier-Transformation ähnlichen Funktion, der diskreten Kosinustransformation (*DCT*), in die komplexe Ebene bzw. den Frequenzraum transformiert werden.

„Benötigte man zum Beispiel 1995 noch etwa 6,5 Mbit/s an Datenrate, um ein Standard-Video zu codieren, wird heute für die gleiche Qualität nur noch 2,3 Mbit/s benötigt. Im Allgemeinen kann man grob davon ausgehen, dass sich bei gleicher Bildqualität die Datenrate alle fünf Jahre halbiert," schrieb *Prof. Dr.-Ing. Rolf Hedtke* in der Fachpublikation *FKT 5/2004*, als Leiter des Labors „Digitale Bildbearbeitung" im *Fachbereich Informationstechnologie und Elektrotechnik* der Fachhochschule Wiesbaden. „Das wird einerseits durch die Optimierung der Algorithmen im Encoder erreicht, denn dadurch, dass in den meisten Fällen nur der Decoder standardisiert wird, können auch später noch Verbesserungen der Codiereffizienz bei dem Codiervorgang eingeführt werden. Allerdings sind diese Möglichkeiten nach einer gewissen Entwicklungszeit ausgeschöpft. Andererseits haben sich in der gleichen Zeit auch Rechnerleistung und Speichertechnologie weiterentwickelt. So können dann nach etwa vier bis fünf Jahren neue Verfahren realisiert werden, die wegen ihrer Komplexität vorher nicht verwendet werden konnten.

Auch wenn man davon ausgeht, dass die neuen skalierbaren Codierverfahren eine weitere Komplexitätssteigerung um den Faktor 3 gegenüber H264/AVC benötigen, so steht dem eine Steigerung der Rechenleistung um den Faktor 4 alle zwei Jahre gegenüber. Damit ist die technische Herausforderung für die Realisierung eines neuen Codierverfahrens heute geringer als sie vor zehn Jahren bei der Entwicklung des *MPEG-2*-Coders gewesen ist."

Im Folgenden ein Vergleich, wie man eine Minute Video, die als unkomprimierte ***Mov***-Datei (*QuickTime*-Format von *Apple*) 2,2 GByte Speicherplatz benötigt, mit den verschiedenen Codecs auf bis zu 4,2 MByte herunterkomprimieren kann.

Ausgangspunkt waren 60 Sekunde aus dem *Merkaba*-Kurzfilm „Transformers" des SS 2005 der *GERMAN FILM SCHOOL* mit einer Auflösung von 720 x 576 Pixel und einer Farbtiefe von 24 bit.

Codec	**Größe**	**Bit-Rate Bild**	**Bit-Rate Ton**	**Frame-Rate**
Unkomprimiertes Mov	2.308.506 KB			25
Komprimiertes DivX	4.777 KB	1.200 Kbps	128 Kbps	25
Komprim. MPEG 2	12.556 KB	2.000 Kbps	160 Kbps	25
Komprim. WMV	4.295 KB	1.000 Kbps	128 Kbps	Auto
Komprim. Sorenson 3	35.746 KB	5.000 Kbps	128 Kbps	25
Komprim. H264	33.205 KB	2.000 Kbps	128 Kbps	25

Die Bildqualität des Codecs ***WMV*** (*Windows Media Video*) von *Microsoft* war mit Abstand am schlechtesten. Auch das Ergebnis des *MPEG-2*-Codecs war nur zufriedenstellend. Die beste Bildqualität lieferte der Codec *Sorenson 3* von *Sorenson Media, Inc.* aus *Salt Lake City*.

Szene aus dem *Merkaba*-Kurzfilm „Transformers“

© *THE GERMAN FILM SCHOOL / CYBERLINE Research Institute, 2007*

2005 stellte *MatrixView Ltd.* zum ersten Mal eine Bildkompressions-Software vor, mit der man die Datenmenge um bis zu 32-fach komprimieren kann, ohne dabei Daten zu verlieren. Das verlustfrei Bild-Codec *Adaptive Binary Optimization* (***ABO***) des indischen Forschers *Arvind Thiagarjan* wurde für die Übertragung von medizinischen Bildbefunden, wie z.B. CTs und MRTs, entwickelt. Er könnte zukünftig auch bei der Datenverkehrsoptimierung zum Tragen kommen.

Mit *JPEG* und *JPEG2000* läge die Kompressionsrate beim 6- bis 7-fachen, allerdings mit vielen Fehlern, so *Thiagarjan*. Bei einem verlustfreien Verfahren läge JPEG bei einer Kompressionsrate vom 4- bis 5-fachen. Mit *ABO* könne deshalb eine so hohe Kompressionsrate für Bilder erreicht werden, weil es wesentlich weniger mathematische Umgestaltungen der Dateien gäbe als bei Methoden wie der Wavelet-Kompression, die *JPEG2000* nutzt.

4.3 Virtual Worlds

Mit dem Begriff ***Virtual World*** wird in CGI-Fachkreisen ein computer-generiertes Areal bezeichnet, das aufgrund seiner möglichen räumlichen Ausbreitung (2D oder 3D) der Einfachheit halber als „Welt“ bezeichnet wird. Virtuelle Welten zeichnen sich dadurch aus, dass viele Besucher (Anwender) in ihnen gleichzeitig über einen Netzwerk- bzw. Internet-Zugang themenbezogen interagieren und miteinander kommunizieren können. Andere Begriffe, die oft synonym verwendet werden, sind *3D Worlds* und *Online Worlds*.

Grundsätzlich bestehen *Virtual Worlds* aus sogenannten ***Collaborative Virtual Environments***, in denen Anwender über ihre Avatare mit Objekten und anderen Avataren interagieren und kommunizieren können. Ein ***Virtual Environment*** (***VE***) ist ein kleinerer Teil einer komplexen virtuellen Welt, der wiederum seine eigenen spezifischen Eigenschaften haben kann. Diese virtuellen Umgebungen, in denen die Anwender mitwirken und zusammenarbeiten können, unterscheiden sich vor allem in der gestalterischen Umsetzung: von 3D-modellierten Räumen über 2,5D- und 2D-Darstellungen bis hin zur textbasierten Variante.

Es gibt verschiedene Arten von virtuellen Welten. Die bekannteste Art sind die ***Gaming Worlds*** in Form von ***MMORPGs*** (*Massively Multiplayer Online Role Playing Games*), die Rollenspielwelten im Internet zur Freizeitgestaltung.

Die nächst größere Gruppierung sind die ***Online Worlds***. Ganz oben stehen die *Social Worlds* zur Kontaktpflege und Kommunikation. Des Weiteren stehen *Educational Worlds* für die Bildung und *Military Worlds* für das Training von Kampfeinsätzen zur Verfügung. Daneben gibt es noch die sogenannten ***Online-Plattformen*** (soziale Netzwerke). Alle haben sechs Eigenschaften gemeinsam (Quelle: Terra Nova weblog):

Shared Space: (gleichberechtigter Raum)
Die virtuelle Welt ermöglicht vielen Anwendern sich gleichzeitig zu beteiligen.

Graphical User Interface: (grafische Anwenderschnittstelle)
Die virtuelle Welt stellt ihre Umgebung visuell dar, vom 2D-Zeichentrick-Stil bis hin zu den mehr immersiven 3D-Umgebungen.

Immediacy: (Unverzüglichkeit)
Alle Handlungen finden in der virtuellen Welt in Echtzeit statt.

Interactivity: (Interaktivität)
Die virtuelle Welt ermöglicht es, dass Anwender maßgeschneiderte Inhalte verändern, entwickeln, ausbauen oder zur Abstimmung vorlegen.

Persistence: (Beständigkeit)

Die Existenz der virtuellen Welt dauert an, ungeachtet davon, ob sich einzelne Anwender eingelogged haben.

Socialization / Community: (Sozialisation / Gemeinschaft)
Die virtuelle Welt gestattet es und fördert innerhalb dieser Welt die Bildung von sozialen Gruppen, wie Teams, Gilden, Clubs, Cliquen, Kameraden, Nachbarn, etc.

Online Games und *Online Worlds* sind imaginäre, animierte virtuelle Welten, die in der Regel als 3D-Content auf Servern von den Herstellern gegen eine monatliche Gebühr von 10 bis 20 € zur Verfügung gestellt werden. Einige Betreiber preisen ihre Online-Welten auch als Online Games an, um sie besser vermarkten zu können.
Grundsätzlich gibt es aber deutliche Unterschiede und klare Zielsetzungen zwischen einem *Online Game* und einer *Online World.*

4.3.1 Online Gaming

In der zweiten Hälfte der 1990er Jahre begannen Hunderttausende Computer-Spieler virtuelle Welten in Form von Rollenspielen, wie

Meridian 59 (Start 1996) von *Near Death Studios,*
Ultima Online (Start 1997) von *Electronic Arts,*
Everquest (Start 1999) von *Sony Online Entertainment,*

über das Internet, ohne HMD und Datenhandschuh, als eine alternative Realität zu erleben. *Meridian 59* kam zuerst 1996 in den USA und gut ein Jahr später in Deutschland auf dem Markt. Es bot eine persistente Welt und einen 3D-Grafik-Client zur Darstellung der Spielewelt. Die Spieleranzahl pro Server war mit 150 bis 180 Spielern noch relativ klein. Es war das erste ***MMORPG***-Spiel (*Massively Multiplayer Online Role-Playing Games* = Massive Vielspieler Online-Rollenspiele) und trat einen Siegeszug durch die noch junge Internetwelt an. In der Zeit von Januar 1997 bis April 2001 befand sich das Online Gaming in einer klassischen Aufbruchstimmung, bei der der Markt für alle Beteiligten groß genug war. Mit Beginn des neuen Jahrhunderts waren es bereits mehrere Millionen Spieler von Online Games und Millionen Anwender in Online-Welten.

Im Mai 2001 setzte eine Marktsättigung ein. Bis Mai 2002 dauerte der harte Wettbewerb unter den Online Game-Anbietern, der die Spreu vom Weizen trennte. In diesem Zeitraum verloren viele

Betreiber Kunden, da mit jeder Neuerscheinung der Teil der Kundschaft abwanderte, der den neuen Titel testen wollte, aber zu wenig Geld hatte, um sich zwei gleichzeitig leisten zu können. Aber das war nicht der einzige Grund für die Kundenfluktuation. Die Online-Gebühren waren zu hoch. Der Wettbewerb der Anbieter um die Flat Rates (Pauschalgebühr) in Europa hatte zu diesem Zeitpunkt gerade erst begonnen. Zudem hatten einige Betreiber die Neuerungs- und Langlaufzeitkosten unterschätzt, einigen Titeln ging der Inhalt aus. Außerdem wurden Erweiterungen des Spielsystems oft falsch vermarktet und Kunden verprellt. Jeder Betreiber hatte zwar seine eigene Strategie, doch hatten grundsätzlich alle mit ähnlichen Problemen zu kämpfen.

Ab Juni 2002 wurde der Wettbewerb, trotz Wachstums gerade im Bereich der MMORPGs, sehr hart. Das heißt nicht, dass es unmöglich ist, Erfolg zu haben, wie zum Beispiel der Start von *Lineage II* gezeigt hat. Daher galt für künftige Titel, dass sie eine exakte Langzeitplanung haben mussten und dass die kontinuierliche Innovation des Spielsystems gewährleistet sein musste, um Kunden dauerhaft an das Produkt zu binden. Zur Entwicklung eines MMORPG brauchte man 2008 mindestens drei Jahre Zeit und ein Budget von rund 30 Mio. US$.

Online Games sind meist Rollenspiele in Form von MMORPGs mit einer sehr hohen Anzahl von Mitspielern und Mitspielerinnen (weit über 500) in einer vorgegebenen Spielhandlung. Der eigene Rechner dient dabei als Ausgangsbasis, der während der Spielzeit online über das Internet mit einem Server des Spielherstellers verbunden ist. Ein massives Vielspieler Online-Rollenspiel ist eine service-gebundene, nichtlineare dynamische Weltengenerierung mit wachsendem und wechselnden Inhalt innerhalb eines sozialen Systems, definierte *Christian Miletzki* in seiner Diplomarbeit im Februar 2005 an der *GERMAN FILM SCHOOL.*

Online-Spiele gehören zu den sogenannten ***persistenten Welten***, da die Server, auf denen sie laufen, so gut wie nie abgeschaltet werden (außer für Wartungsarbeiten oder bei einem Virenbefall). Dadurch ist eine Beständigkeit des Spiels gewährleistet.

Es gibt des Weiteren noch die sogenannten *Competitive Online Games*, das sind hauptsächlich Sportspiele und Ego-Shooter, bei denen der Wettbewerb ein wesentlicher Antrieb für den menschlichen Spieltrieb ist. Die Rollenspiele bieten neben Wettbewerb vor allem Abenteuer und die Bildung von Teamgeist. Sie sind ganz klar auf das gemeinschaftliche Erleben ausgelegt.

Die hauptsächliche Herausforderung in Multiplayer-Online-Spielen liegt darin, mit Menschen anstatt mit KI-gesteuerten Charakteren zu spielen. Daher legen Multiplayer-Spieler auch nicht sehr viel Wert darauf, dass ihre Spielwelt extrem realistisch ist. Sie begnügen sich vorerst auch nur mit einem stilisiertes Abbild der Realität.

MMORPGs leben von der Anwesenheit und den Spielhandlungen der Spieler/innen. Würde keiner mitspielen, so würde die Spielwelt leblos erscheinen. Gegebenenfalls würden Animation Cycles (automatische Animationszyklen, die sich ständig wiederholen, zum Beispiel das Drehen eines Deckenventilators) ablaufen. Inhaltlich und optisch würde sich die virtuelle Spielkulisse aber nicht verändern bzw. weiterentwickeln, da der Input durch die Spieler/innen fehlt.

4.3.1.1 *MUDs* waren die ersten Rollenspiele im Netz

Auch vor *SL* gab es schon virtuelle Welten, mit und ohne Spielideen. In den 1970er Jahren wurden auf den Rechnern von Universitätsrechenzentren Rollenspiele, sogenannte ***MUDs*** (*Multi User Dungeon* = viele Anwender in einem Dschungel), veranstaltet. Diese *MUDs* waren textbasiert, d.h. die virtuelle Welt, in der Anwender eine beliebige Identität annehmen konnten, wurde mit Worten beschrieben, die wiederum im Gehirn des Anwenders visualisiert wurden. Ähnliches kennt man vom Lesen eines Romans, in dessen Geschichte man regelmäßig hineingezogen werden kann.

MUDs waren die ersten ***persistenten Welten*** (***PWs***). Das allgemeine Zeitproblem der beständigen Welten ist auch bei *MMORPGs* vorhanden. Spieler konsumieren beständig Inhalte und der Zeitaufwand im Ausbalancieren von weiteren Inhalten verhindert meist einen rechtzeitigen Nachschub. Ein endgültiges Optimum an Balance wird aufgrund der vielen sich beständig ändernden Faktoren und der Dynamik im System nie erreicht, resümierte *Christian Miletzki* in seiner bereits erwähnten wissenschaftlichen Hausarbeit (2005).

In den 1980er Jahren gab es erste Versuche, grafische Elemente mit zu übertragen. Erst 1991 wurde das gesamte Spielgeschehen erstmalig komplett grafisch dargestellt. Das Spiel kam von *AOL* und hieß *Neverwinter Nights*.

Es folgte 1996 das Rollenspiel *Meridian 59* (MMORPG von *Near Death Studios*). Die Spieleranzahl pro Server war mit 250 im Verhältnis zu heutigen Zahlen noch relativ klein, dennoch wurde *Meridian* als erstes *MMORPG*-Spiel der Öffentlichkeit beworben. Im September 1997 folgte *Ultima Online* (MMORPG von *Origin*). 2003 machte das MMORPG *Lineage II: The Chaotic Chronicle* von *NCsoft* Furore (17 Mio. Verkäufe, Stand 12/2007) und Ende 2004 wurde das bis heute erfolgreichste MMORPG *World of Warcraft* (*WoW*) von *Blizzard Entertainment* gestartet.

In den letzten Jahren haben sich jedoch immer mehr persistente Online-Welten gebildet. Den technisch gesehen niedrigen Immersionsgrad machen sie durch komplexe soziale und wirtschaftliche Systeme wett. Das große Problem bei den *MMORPGs* ist die Gefahr einer Abhängigkeit, denn nur wenige dieser Spiele lassen sich erfolgreich spielen, wenn man sie nicht regelmäßig spielt. Es muss sehr viel Zeit investiert werden, zum Trainieren, zum Auf-Leveln, zum Sammeln von hilfreichen Gegenständen (Items) oder um Spielelemente frei zu spielen.

Weltweit gab es 2003 über 10 Mio. *MMORPG*-Spieler und 200 Mio. Konsolenspieler sowie noch mehr Menschen, die am PC spielen. 100.000 Teilnehmer/innen klinkten sich Mitte 2003 täglich in das Online-Spiel *Everquest* ein und zahlten für ihren Spielspaß eine monatliche Gebühr von 13 US$ für die Mitgliedschaft. 41 Prozent aller Online-Spieler in den USA sind älter als 36 Jahre, ergab eine Studie des Marktforschers *Ipsos-Insight* aus 2003. Hinzu kommen weitere 30 Prozent Spieler über 18. *Bernd Almstedt*, Marketing-Chef von *Ascaron* in *Gütersloh* stellte 2003 fest: „Die reiferen Spieler wollen ein Spiel nicht in einem Tag durchzocken, sondern über etliche Monate gefesselt werden."

Weltweit wurden 2003 mehr als eine Milliarde US$ jährlich mit Online-Spielen umgesetzt. Die *Themis-Group* schätzte, dass sich der Umsatz mit Online Gaming innerhalb der kommenden drei Jahre mehr als vervierfachen wird. Für 2008 sollen rund 4,1 Mrd. US$ in diesem Marktsegment umgesetzt werden.

Die Analysten von *PriceWaterhouseCoopers* prognostizieren Anfang 2006 im Bereich Online Gaming für die Jahre bis 2009 Wachstumsraten von rund 60% pro Jahr. In Asien verdingen sich mittellose Jugendliche als regelrechte Fließbandzocker, um auf virtuellen Marktplätzen für kommerzielle Unternehmen Bits und Bytes in reale Dollar zu verwandeln. Zurzeit werden jährlich fast 900 Millionen US$ mit dem Verkauf virtueller Objekte umgesetzt, denn Gegenstände entwickeln in der VR ein Eigenleben.

4.3.1.2 Online Games in Form von Rollenspielen

Rollenspiele existieren im realen Leben (**RL**) seit Menschen sich die Zeit nehmen, zu spielen. Kinder schlüpfen beim Spiel „Vater, Mutter, Kind" in die ihnen genehme oder zugewiesene Rolle eines Familienmitglieds. Auch Erwachsene lieben es, ob als Ritter, römische Legionäre oder als preußische Soldaten, Schlachten nachzustellen. Andere wiederum leben für einige Zeit das alltägliche Leben eines Wikingers oder Urzeitmenschen unter den uns heute bekannten damaligen Bedingungen.

Das Rollenspiel ist eine Spielart, die im RL ihren Ursprung hat, bei dem die Teilnehmer/innen aus ihrem normalen Leben für begrenzte Zeit aussteigen. Sie nehmen statt dessen spielgemäße Denk- und Handlungsmuster ein und leben diese in der von ihnen mitgestalteten Spielwelt aus.

Der Rollenspieler strebt nach einer Welt, in der alle Spieler gemäss ihrer Rolle handeln und miteinander interagieren. Er lebt die sich selbst auferlegte Rolle seines Charakters voll aus und versucht, sich ihr entsprechend zu verhalten. Außerdem hängt er sehr an allen Charakteren, die er spielt oder gespielt hat. Bekommt er das Gefühl, dass das Rollenspiel nicht von der Spielwelt unterstützt oder es zu stark durch andere Gruppen gestört wird, wechselt er ggf. den Server des Spielsystems oder steigt ganz aus. Rollenspieler zieht es mit Vorliebe zu Gleichgesinnten. Wichtig ist dabei, dass das Spiel für ihre Rolle interessant bleibt.

Ein Rollenspiel in der virtuellen Welt der Computer findet nur über einen digitalen Stellvertreter (Avatar) statt und mit einer meist wesentlich größeren Anzahl an Mitspielerinnen und Mitspielern. In den *MMORPGs* sind in der Regel zwischen 500 und 5.000 Teilnehmer/innen pro physikalischem Server-System beteiligt.

Online deutet in diesem Zusammenhang auf den Status des Spielsystems im Internet hin. Rollenspiel bedeutet in der virtuellen Welt das Verkörpern einer Rolle eines Charakters, der in dieser Online-Welt im Sinne des klassischen Rollenspiels interagiert. Diese Form eines Spielsystems läuft kontinuierlich weiter, egal ob der Spieler mit ihm verbunden ist oder nicht. Das bedeutet für diese Spielform, dass Spieler für die Existenz des Spiels zwar notwendig aber nicht zwingend erforderlich sind.

Der Hauptfaktor der Unterhaltung in *MMORPGs* liegt bei der Interaktion mit den Avataren anderer Mitspieler. Der Reiz besteht darin, sich mit menschlichen Opponenten zu messen oder auch mit ihnen zusammen zu spielen, anstatt sich alleine mit einem Computerspiel zu befassen, welches zwar eine komplexe Geschichte, Handlung und Grafik aufweist, aber stärker einer linearen Erzählung folgt. Es kommt auf den Interaktionsgrad an, der das Hauptmerkmal einer 3D-Spielewelt ist. Der Grund dafür liegt darin, dass Mulitplayer-Level keiner komplexen Geschichte folgen müssen. Es gibt Herausforderungen, die es zu bestehen gilt, aber erst die menschlichen Mitstreiter im Spiel lassen diese Welten zum Leben erwachen. Dies ist für den Mulitplayer-Spieler eine viel größere Herausforderung, welche ihm kein Einzelspieler-Ereignis bieten kann.

Anders als in einem Computerspiel (Solospiel), kann in einem MMORPG kein Spieler die globalen Ereignisse der Welt steuern oder den Weltenretter spielen. Er kann jedoch im Verlauf der Spielgeschichte Schlüsselpositionen einnehmen. Wichtig ist dabei die Ersetzbarkeit des Individuums. Damit ist gemeint, dass – selbst beim Wegfallen eines oder mehrerer Schlüsselspieler – die Spielgeschichte funktioniert, weil Schlüsselgegenstände im Spiel gehalten werden und nicht durch ausloggen mit dem Spieler verschwinden. Es muss des Weiteren sichergestellt werden, dass wichtige Informationen an andere weitergegeben werden.

Klassisches lineares Storyboarding hilft bei solchen Voraussetzungen leider nicht viel, die netzwerkartigen Strukturen von solchen Ereignissen nachzubilden. Das zwingt die Entwicklung dahin, dass das sonst starre Gebilde einer Hauptgeschichte in mehrere alternative Plots und Subplots aufgebrochen werden muss.

4.3.1.3 Die Wurzeln der Online-Rollenspiele

Mein Diplomand *Raoul Topi* befasste sich in seiner Diplomarbeit an der *GERMAN FILM SCHOOL* (Februar 2007) ausführlich mit dem Thema Rollenspiele. Aus dieser wissenschaftlichen Hausarbeit stammen die folgenden Ausführungen.

Die Wurzeln aller Online-Rollenspiele sind auf die Anfänge der sogenannten „pen & paper"-Rollenspiele zurückzuführen[1]. Hierbei sitzen die Spieler mit einem Spielleiter an einem Spielbrett. Jeder Spieler entwickelt zuerst seinen eigenen Charakter, den er im Moment seines Entstehens voll und ganz verkörpert. Dieser Charakter verfügt über gewisse Eigenschaften, die der Spieler verteilen kann. So kann eine Vielzahl variabler Charaktere entstehen. Der Spielleiter ist dafür zuständig, eine Geschichte zu entwickeln und die Abenteurer immer wieder vor neue Herausforderungen zu stellen. Er muss die Geschichte vorantreiben.

Bei den „pen & paper"-Rollenspielen wird alles schriftlich festgehalten. Gespielt wird meist nach einem recht engen Regelwerk, das von Spiel zu Spiel variiert. Dieses Regelwerk ist oft sehr komplex und definiert z.B. Stärken und Schwächen eines Charakters, das Ausscheiden eines Spielers oder Zufallselemente wie Würfel. Anders als bei Brettspielen gibt es bei „pen & paper"-Spielen kein vordefiniertes Ende, die Geschichte wird immer weiter gesponnen.

In den 1970er Jahren entstand nach der Vorlage der „pen & paper"-Rollenspiele eine textbasierte Version für Computer, die *MUDs* genannt wurden. Hierbei übernahm der Computer das Spielgeschehen. Das erste *MUD* wurde von *Richard Bartle* und *Roy Trubshaw* an der *University of Essex* eröffnet. Diese Spiele lassen sich mit dem Lesen eines Romans vergleichen, nur dass der Spieler aktiv in das Geschehen Einfluss nehmen muss, wenn er das Ende der Geschichte erfahren will. Der Computer stellt dem Spieler eine Aufgabe und dieser kann dann per Texteingabe Einfluss nehmen. Der Spieler spielt bei den *MUDs* nicht mehr nur gegen den Computer, sondern auch mit oder gegen andere Spieler.

2007 gab es bereits über *1.700 MUDs*. In vielen *MUDs* war es möglich, auch soziale Kontakte zu pflegen, ein wichtiger Grundstein für die Online-Rollenspiele. Aus den *MUDs* sind dann in der zweiten Hälfte der 1990er Jahren die ersten Online-Rollenspiele entstanden. Als Stunde Null der Online-Rollenspiele bezeichnet man in der Branche das im September 1997 veröffentlichte *MMORPG Ultima Online* von *Origin*. Die Marketing-Abteilung des Publishers *Electronic Arts* warb für das Spiel mit dem Slogan „*massively multiplayer online role-playing game*". Seitdem steht die Abkürzung *MMORPG* für das Genre Online-Rollenspiele. Jetzt war es den Spielern möglich, in einer graphischen Umgebung gegen oder mit anderen Benutzern über das Internet zu spielen. Das ein Jahr zuvor erschienene Online-Spiel *Meridian 59* war bei weitem nicht so populär wie *Ultima Online*, welches zeitweise über 200.000 Spieler beschäftigte.

Die Entwicklung der Online Games hat seitdem einen enormen Schub bekommen, und auch die Anzahl der Spieler hat beständig zugenommen. So wurde beispielsweise in Asien 1998 das Spiel „*Lineage*" veröffentlicht, welches im Jahr 2003 drei Millionen registrierte Benutzer hatte. 1998 wurde dann *Everquest* veröffentlicht, welches zum ersten Mal auf die Kooperation zwischen Spielern fokussierte. Mit 450.000 registrierten Benutzern wurde es das erfolgreichste Online-Rollenspiel in der westlichen Gesellschaft. Ende 2004 folgte dann der Meilenstein *World of Warcraft*, von welchem sich schon am ersten Tag in den USA 250.000 Versionen verkauften. *Blizzard Entertainment* gab Anfang Januar 2007 bekannt, dass die Anzahl der Spieler des Online-Rollenspiels „*World of Warcraft*" auf über 8 Mio. Spieler weltweit angestiegen sei. 3,5 Mio. kommen davon aus China, 2 Mio. aus Nordamerika, 1,5 Mio. aus Europa. Im Dezember 2007 waren es bereits 9,3 Mio. Spieler weltweit.

4.3.1.4 Funktionsweise der Online-Rollenspiele

Genreüblich muss sich jeder Spieler, ähnlich wie bei den „pen & paper"-Spielen, zu Beginn des Spieles seinen Charakter generieren. Hierbei stehen ihm Entscheidungen wie Rasse, Klasse, Talente, Berufe und Aussehen offen. Nachdem der digitale Stellvertreter (Avatar) definiert und vom Programm als grafische Version bereitgestellt worden ist, befindet sich der Spieler in einer fiktiven Umgebung, in der er sich frei bewegen kann. Diese Welt variiert von Spiel zu Spiel. Die meisten Online-Rollenspiele beinhalten zwei große Systeme:

PvE (*Player versus Environment / Spieler gegen Umgebung*) und
PvP (*Player versus Player / Spieler gegen Spieler*).

Im ersten System, dem *PvE*, geht es um das Beseitigen von computer-gesteuerten Gegnern und das erfolgreiche Absolvieren von ***Quests*** (Aufgaben, Herausforderungen).

Im zweiten System, dem *PvP*, bekämpfen sich die Spieler mit ihren im *PvE* gebildeten Charakteren untereinander. Beide Systeme werden im Folgenden kurz erläutert. Im *PvE* verfügt jeder Held am Anfang über einen Stufe (Level) eins Charakter. Sein oberstes Ziel ist es meist, die höchste Stufe mit möglichst viel Spaß zu erreichen. Hierfür stehen ihm von Anfang an unzählige Quests zur Verfügung, die von NPCs vergeben werden. Das sind Aufgaben, die der Spieler bewältigen kann, aber nicht muss.

In *World of Warcraft* beispielsweise gibt es rund 7.000 solcher Aufgaben. Für das erfolgreiche Bestehen von Abenteuern bekommt der Spieler in den meisten Games Belohnungen in Form von Erfahrungspunkten, virtuellem Geld und oft auch Gegenständen. Die Erfahrungspunkte sind von sehr großer Bedeutung, da der Charakter eine gewisse Anzahl dieser Punkte benötigt, um die nächste Stufe des Spiels zu erreichen. Diese Punkte erlangt man auch durch das erfolgreiche Bekämpfen von computer-gesteuerten Gegnern, die überall in den fiktiven Welten ihr Unwesen treiben.

Mit jeder erreichten Stufe bekommt der Spieler Fähigkeitspunkte, die er benötigt, um neue Talente zu erlernen. Die Verteilung dieser Punkte kann der Spieler ganz nach seinem Willen gestalten. Außerdem gewinnt er mit jeder Stufe an Stärke, Intelligenz etc., wodurch es ihm möglich wird, neue Ausrüstungsgegenstände zu benutzen, wobei auch diese Dinge von Spiel zu Spiel variieren. Bei fortschreitender Charakterentwicklung werden die taktischen Aspekte immer komplizierter, zumal die Gegner immer stärker werden und somit schwieriger zu bezwingen sind. Dies bedeutet, dass der Charakter mit jeder erreichten Stufe stärker wird, und somit in schwierigere Regionen vordringen kann, um neue Aufgaben (Abenteuer) zu bewältigen.

Im *PvP* benutzt der Spieler seinen bereits bestehenden Charakter, den er im *PvE* gestärkt und ausgerüstet hat, um gegen andere Spieler anzutreten. Dies ähnelt einem Kräftemessen und beinhaltet meistens ein Punktesystem mit einer Rangliste, die das Können der einzelnen Spieler festhält.

Im *PvP* dreht sich extrem viel um Anerkennung. Jeder Held will zeigen, dass er der Stärkere ist. Aber auch hier unterscheidet man wieder zwischen zwei Gruppen, dem so genannte „***Open PvP***“ und dem „***Closed PvP***“. In der ersten Variante bekämpfen sich die Spieler meist einzeln auf offenem Gelände, wo sie derzeit mit dem Erreichen neuer Charakterstufen beschäftigt sind. Hierbei fällt es vielen leicht, andere unter schwierigen und meistens ungerechten Bedingungen anzugreifen. Zum Beispiel jene, die gerade einen starken Gegner bekämpfen. Der Ärger ist dementsprechend groß. In der zweiten Variante bekämpfen sich die Spieler in Arenen, die nur für diese *PvP* Zwecke konstruiert wurden. Hierbei haben die Spieler Zeit, sich vorzubereiten und alle spielen unter gleichen Vorraussetzungen.

Viele Spieler gehen organisiert vor und schließen sich in Gilden zusammen. Das sind Gruppen von Spielern, die sich regelmäßig Online treffen um gemeinsam Aufgaben und Abenteuer zu absolvieren. In den fiktiven Welten gibt es oft Gegner, die ein Spieler alleine unmöglich besiegen kann. Deswegen werden von den Gilden so genannte „*Raidgroups*" (Schlachtgruppen) erstellt. 20 bis 40 Spieler sind hierbei keine Seltenheit. Diese Schlachtgruppen beinhalten meistens Spieler, die sehr gut aufeinander eingespielt sind. Gilden basieren auf einer sehr strengen Struktur und sind meistens hierarchisch aufgebaut, so stehen an der Spitze die Anführer, unter diesen die Berater etc. Dadurch bilden sich soziale Rollen heraus. Durch die Menge der Spieler, die mit ihren Avataren die Spielwelten bevölkern, wirken die Welten extrem belebt.

4.3.2 Online-Welten sind der neue Renner im Internet

Nach der geplatzten großen Internet-Blase in der zweiten Hälfte der 1990er Jahre, ist das Interesse an neuen Internet-Angeboten, wie virtuellen Welten jeglicher Art, seit ungefähr Mitte des neuen Jahrzehnts bei *Venture Capital*-Firmen (*VC*-Firmen) und Financiers aus der Medienbranche wieder erwacht.

So gab es beispielsweise für die Idee von ***Multiverse*** VC-Kapital von vier Millionen US$. Im Juli 2004 gründeten mehreren *Netscape*-Mitarbeiter die Firma *The Multiverse Network, Inc.* mit dem Ziel, das weltweit führende Netzwerk für MMOGs (Massivley Multiplayer Online Games) und virtuelle 3D-Welten zu werden. Die Company entwickelte eine neue Plattform-Technologie, um die ökonomische Entwicklung von Virtuellen Welten zu verbessern. Die Einsparung von Zeit und Geld standen dabei im Vordergrund. Die Entwicklungs-Plattform steht unabhängigen Spieleentwicklern zur Verfügung, ganz in der Tradition des *Netscape*-Browsers, den sie mitentwickelt hatten. Je mehr diese Plattform nutzen, desto interessanter für die Anwender. Denn ihnen stehen dadurch eine Vielzahl von MMOGs und 3D-Online-Welten zur Verfügung, die sie mit ein und demselben Avatar besuchen können. Aus gut informierten Kreisen war 2007 zu erfahren, dass *Google* angeblich mit Multiverse Network kooperiert, um Spielszenarien in Umgebungen aus *Google-Earth*-Datenbanken integrieren zu können.

Virtual Worlds Management, ein amerikanisches Medienunternehmen mit dem Focus auf die Virtual World Industry, veröffentlichte im Oktober 2007 auf der *Virtual Worlds Conference* in *San José* (CA) Auszüge aus ihrer umfangreichen Studie: Nach ihren Recherchen haben von Oktober 2006 bis Oktober 2007 VC-Firmen und Unternehmen aus den Bereichen Technologie, Medien und Unterhaltung 196,8 Mio. US$ in 33 Firmen investiert, die virtuelle Welten aufbauen bzw. betreiben. Des Weiteren zählt *Virtual Worlds Management* zwei Investitionen dazu, die insgesamt 810 Mio. US$ betragen. Zum einen *INTEL´s* Kauf der Virtual World-Grafik-Technologie-Firma *Havok* für

110 Mio. US$ und zum anderen *Disney's* Kauf der Online Community *Penguin Club* für 350 bzw. 700 Mio. US$.

Wie wichtig Kids als Zielgruppe sind, zeigt das finanzielle Engagement des Konzerns *Walt Disney*, der Anfang August 2007 die Kinder-Website und Online Community *Club Penguin* für 350 Mio. US$ (257 Mio. Euro) gekauft hat. Zu diesem Zeitpunkt hatte die Pinguin-Gemeinschaft bereits über 700.000 Mitglieder, die 5,95 US$ im Monat zahlten. Zielgruppe sind sechs bis vierzehn Jahre alte Kinder. Die Online Community ist ein Mix aus einer Online-Plattform, einer Online-Welt und Online Gaming. Der Pinguin-Club ist eine von Zeichentrick-Pinguinen bevölkerte schneebedeckte virtuelle Welt. Die Mitspieler können ihre Pinguine (Avatare) selbst nach eigenem Geschmack verändern und dann mit anderen Pinguinen in Chat-Räumen reden oder Spiele spielen. Die im Oktober 2005 gestartete Website von *New Horizon Interactive* ist bisher vor allem in Kanada, den USA und Großbritannien populär. *Disney* will die Pinguin-Plattform auch in anderen Länder vermarkten.

Laut US-Medienberichten will *Disney* den drei Gründern der in der kanadischen Stadt *Kelowna* (BC) produzierten Website weitere 350 Millionen US$ bezahlen, falls bis 2009 bestimmte Leistungsziele erreicht worden sind.

Virtual Worlds Companies Funded from October 2006 to October 2007

Quelle: © *Virtual Worlds Management 2007*

Company	**Amount in US$**	**Investors**
Anshe Chung Studios	unknown	Gladwyne Partners
Areae	*2,000,000	Charles River Ventures / estimate
Club Penguin	700,000,000	Acquired by Walt Disney Company
Conduit	5,500,000	Charles River Ventures and Prism VentureWorks
Donnorwood Media	500,000	unknown
Doppelganger	5,000,000	Greycroft Partners
Doppelganger	11,000,000	ComVentures
Double Fusion	26,000,000	Norwest Venture Partners, Time Warner, Accel Partners, Jerusalem Venture Partners, Hearst Corporation, IDG Ventures Pacific, and Sedona Capital
Double Fusion Japan	unknown	Sedona Capital
Electric Sheep	7,000,000	Gladwyne Partners and CBS

Company		
Emergent	12,000,000	Jerusalem Venture Partners, Worldview Technology Partners, Adena Ventures, Walker Ventures, Copan, and Cisco Systems
FlowPlay	500,000	Angel Funding
Forterra	unknown	In-Q-Tel
Gaia	12,100,000	Benchmark and Redpoint
GarageGames	unknown	IAC
Greystripe	8,900,000	Steamboat Ventures, a venture capital firm affiliated with The Walt Disney Company
Havok	110,000,000	Acquired by Intel Corporation
HiPiHi	7,000,000	NGI Group
Journeys	600,000	Elron Electronic Industries
K2 Network	16,000,000	Intel Capital
Kreeda Games	unknown	IDG Ventures and SoftBank China & India Holdings
Leeuu	*2,000,000	Redpoint Ventures / estimate
Media Machines	9,400,000	Mohr Davidow Ventures
Millions of us	*1,000,000	unknown / estimate
Multiverse	4,000,000	Sterling Stamos Capital Management
Network Game Interaction	10,000,000	GSR Ventures
PlaySpan	6,500,000	Easton Capital
Quaq	*2,000,000	KPG Ventures / estimate
Sparter	*2,000,000	Bessemer Venture Partners / estimate
Stonfield InWorld	unknown	Credit Agricole
Timeless cities	1,000,000	LigthSpeed Gemini Internet Lab
Trilogy Studios	3,200,000	Chichen Itza Ventures
Trion World Network	30,000,000	Rustic Canyon Partners, Time Warner, GE/NBC Universal's Peacock Equity Fund, and Bertelsmann Digital Media
Weblo	3,200,000	VantagePoint Venture Partners
Whyville	440,000	Texas Workforce Commission
Winking	8,000,000	NIF SMBC Ventures Asia

Total $1,006,840,000

* indicates estimates

2007 gab es über 30 Online-Welten im Internet, die sich allerdings in der Qualität ihrer visuellen Umsetzung (von der 2D-, 2,5D- bis zur 3D-Umsetzung) sehr stark unterscheiden. Eine gute Übersicht bietet die Website www.virtualworldsreview.com. Zu den bekanntesten Online-Welten gehören:

Active Worlds: (1997 offiziell gestartet von *Active Worlds, Inc.*)
Das *Active Worlds*-Universum ist eine Gemeinschaft, die aus Hunderttausenden von Anwendern besteht, die chaten und virtuelle 3D-Umgebungen auf Millionen von Quadratkilometern virtuellem Territorium bauen. In *Active Worlds* können Anwender in wenigen Minuten faszinierende 3D-Welten kreieren, die andere Anwender besuchen können und in denen man chaten kann. Mittlerweile gibt es über 1.000 einzigartige Welten, in denen man einkaufen, Spiele spielen und mit anderen herumhängen kann.

Coke Studios: (2002, kreiert von *Sulake Labs*)
Die *Coca-Cola Company* betreibt diese Online-Welt. Die *Coke Studios* gehören zu *Coke Music* und richten sich werblich an Kinder und Jugendliche. Mitglieder können sich hier in einem virtuellen Aufnahmestudio ihre eigenen Musikstücke abmischen und anderen Mitgliedern vorspielen. Der eigene Avatar kann selbst gestaltet werden. Die Teilnahme ist kostenlos.

Cybertown: (1995 von *Blaxxun* gestartet)
Das ehemalige *Blaxxun*-Projekt wurde von *Integrated Virtual Networks* übernommen. Nach Betreiberangaben gibt es über 500.000 aktive Cyber-Citizens in dieser futuristischen SF-Welt, die vom Cyberpunk-Genre beeinflusst ist. Man kann hier sein Eigenheim bauen, Jobs nachgehen und sich am politischen System von Cybertown beteiligen. Der SF-Roman von *Neal Stephenson „Snow Crash“* stand Pate für Cybertown. Die Teilnahme ist 30 Tage lang kostenlos.

Disney´s Toontown: (Juni 2003 von *Walt Disney Internet* gestartet)
Eine Online-Welt für Kinder, die es lieben, Spiele zu spielen. Kosten: 9,95 US$ pro Monat.

Habbo Hotel: (im Januar 2001 gestartet, kreiert von *Sulake Labs*)
Habbo Hotel ist ein virtuelles Hotel für 14 bis 20-Jährige in Großbritannien, wo man herumhängen und neue Freunde finden kann.

Moove: (1997 von *moove Bongartz Dr. Kozan GbR* gestartet)
Moove ist eine 3D Online-Welt, in der man sein eigenes Heim einrichten und andere Teilnehmer einladen kann. Oder man erkundet diese virtuelle Welt, indem man die Nachbarn besucht. Kosten: 9,95 US$ pro Monat.

Second Life (SL): (2003 von Linden Lab gestartet)
Second Life basiert auf einer komplexen sozialen und wirtschaftlichen Struktur. Man kann sein Heim und sein Erscheinungsbild komplett selbst bestimmen.

StageSpace / maquari: (2007 von *StageSpace* aus Karlsruhe)
StageSpace bietet keine komplette Online-Welt, sondern nur ein begrenztes Areal mit einem Hotel und einer Disco als Kommunikationstreffpunkte. Damit umgeht der Betreiber das Problem, dass sich Teilnehmer in einem riesigen virtuellen Areal verlieren und viele Orte verlassen erscheinen, wie in *SL*.

Nachfolger ist *maquari*, eine Meta-Community, in der man sich nach Aussage der Betreiber austoben und wunderbare *maquari* 3D-Spaces kreieren und verbreiten kann.

The Sims Online: (2002 von *Electronic Arts* gestartet)
In *Sims Online* war der Spieler sowohl Zuschauer als auch aktiver Teilnehmer. Man konnte ein Netzwerk von Freunden aufbauen, um die eigene Macht, das eigene Vermögen, den eigenen Ruf und das soziale Ansehen zu verbessern. Das Spiel gilt als wirtschaftliche Fehlinvestition. Kosten: 9,99 US$ pro Monat.

The Palace: (1995 gestartet)
Der Palast ist ein freier grafischer Chat, bei dem man sein eigenes Bild (Avatar) kreieren und tragen kann. Man kann seinen eigenen Chat-Server aufbauen. Die Teilnahme ist kostenlos.

There: (im Oktober 2003 von *Makena Technologies, CA* gestartet)
Zielgruppe sind Teenager. In *There* kann man spielen, shoppen, auf Erkundungsreise gehen und sich unterhalten sowie mit Freunden chaten oder an Events, wie Halloween, teilnehmen. Es gibt 12 Hauptinseln und eine Vielzahl kleinerer Inseln, Kosten: kostenlos für Basis-Mitglieder, einmalig 9,95 US$ für Premium-Mitglieder. Es gibt über 500.000 eingeschriebene Mitglieder.

Virtual Ibiza: (2002 von *Lightmaker* (UK) gestartet)

Die Online-Welt *Virtual Ibiza* ist thematisch an die spanische Ferieninsel Ibiza angelehnt. Zielgruppe sind Besucher ab 18 Jahren, die den Lifestyle von Ibiza lieben. Ziel der Betreiber ist es, eine Online Community aufzubauen, die in den zahlreichen Clubs einen virtuellen Drink in der Hand halten und den Müßiggang am Strand, in Cafés oder in einem der vielen Nacht-Clubs pflegen. Für Mitglieder gibt es zahlreiche Möglichkeiten, miteinander zu kommunizieren, wie Email, Spiele, Mitteilungstafeln sowie Areale, in denen man gemeinsam mit Gleichgesinnten Fotos und Videos betrachten kann.

Vzones: (1995 von *Stratagem Corporation* gestartet)
Auch in den *Vzones* geht es um Kommunikation mit anderen Avataren, um das Kontakte knüpfen, Freundschaften schließen bis zur virtuellen Hochzeit. Man kann reden, gestikulieren, herumlaufen und die virtuelle Umgebung auskundschaften sowie Spiele spielen, Preise gewinnen, einkaufen und einfach nur Spaß haben.
Kosten: 5,95 US$ pro Monat.

Whyville: (1999 von Numedeon, Inc. gestartet)
In *Whyville* kann man einen Charakter entwerfen, ein Haus bauen, Spiele spielen, um Geld zu verdienen, Zeitungen lesen, das Rathaus besuchen, etc. Kostenlose Teilnahme.

Online-Gemeinschaften / Online-Plattformen

In Online-Welten geht es vorrangig um die Kommunikation der Teilnehmer untereinander und deren gemeinsame Initiativen. Es existieren derzeit sowohl

zweidimensionale Online-Welten in Form von sozialen Netzwerken als auch
2D- und 3D-Online-Welten in Form von Fantasie- und Parallel-Welten,

die gravierende Unterschiede aufweisen. Textbasierte Online-Gemeinschaften gibt es seit 1975. *Stephen Walker*, einer der Programm-Manager der *DARPA* (*Defence Advanced Research Projects Agency* / seit 1992 die Nachfolgeragentur der *ARPA*) verschickte im Juni 1975 an Hunderte von Interessenten eine E-Mail, in der er vorschlug, elektronische Diskussisonsgruppen zu gründen. Die daraus entstehenden Message Services Groups wurden zum virtuellen Treffpunkt von Gleichgesinnten, die sich mit technischen und juristischen Problemen rund um E-Mails befassten, aber auch mit Themen aus dem SF-Bereich.

Da das 3D-Internet-Angebot noch relativ neu ist, gibt es keine einheitlichen Definitionen und klare Abgrenzungen. Der Journalist *Bernd Behr* beschrieb diese Problematik 2007 in seinem Artikel „*Zwischen Schein und Sein*“ für die Fachpublikation *c't*: „Neben sozialen 3D-Welten und *MMORPGs* hat sich auch eine Reihe von Welten etabliert (z. B. *Habbo Hotel*, *Club Pinguin* und die *Barbie-Online-Welt*), die auf das Taschengeld der Kids aus sind. Sie weisen erstaunliche Benutzerzahlen auf, von denen *SL* nur träumen kann. Neue virtuelle Welten für Kinder werden in Kürze dazukommen, unter anderem von der *BBC*. Bei diesen ist die Kategorie, ob soziale Welt oder *MMORPG*, nicht immer so klar zu erkennen.“

Soziale Netzwerke in Form von ***Online-Plattformen***, wie *MySpace, Facebook, SchülerVZ, studiVZ* und *Lokalisten.de*, sind in der Regel zweidimensional gestaltete Websites. Sie erfreuen sich einer hohen Beliebtheit, denn hier haben die Mitglieder je nach Plattform, die Möglichkeit, ein persönliches Profil zu erstellen, mit Fotos, Adresse und Texten. Sie stellen Bilder aus dem Urlaub ins Netz und tun das, was sie im echten Leben auch tun: schäkern, flirten und diskutieren.

Beim deutschen Netzwerk ***Lokalisten.de*** (über 1,6 Mio. Mitglieder, Stand 12/07) kann jeder ein Verzeichnis seiner Freunde anlegen und fortan Nachrichten mit ihnen austauschen. Wenn jemand Interesse hat, neue Bekanntschaften zu machen, gibt er in die Suchmaschine ein paar Merkmale ein, die die neuen Bekannten haben sollen und bekommt dann eine Auswahl an Mitglieder-Profilen angeboten, die diesen Interessen und Merkmalen entsprechen. Das Online-Netzwerk ***studiVZ*** (über 4 Mio. Mitglieder, Stand 12/07) wiederum richtet sich vor allem an Studierende im deutschsprachigen Raum. Auch das Netzwerk *SchülerVZ* ist bei Jugendlichen äußerst beliebt. Es wurde im Januar 2008 immerhin von 2,7 Mio. Mitgliedern 111 Millionen mal besucht.

Das US-Netzwerk ***Facebook*** (über 58 Mio. Mitglieder, Stand 12/07) bietet sich vor allem für die Verwaltung von bereits bestehenden Freundschaften an. Zum Service gehört beispielsweise, dass man automatisch über alle Online-Aktivitäten des Freundeskreises informiert wird. Bei *Facebook* gibt es außerdem eine starke Tradition der Firmennetze: die *Siemens AG* ist mit 5.000 Mitgliedern dabei und die *Microsoft Corporation* sogar mit 24.000 Mitgliedern. *Microsoft* zahlte 2007 für die Übernahme von 1,6 % der Firmenanteile an *Facebook* 240 Mio. US$. Hochgerechnet wäre diese Online-Plattform damit rund 15 Milliarden US$ wert.

In aller Munde ist die Online-Plattform ***MySpace*** (über 200 Mio. Mitglieder, Stand 12/07) mit frei gestaltbaren Teilnehmerseiten und mit einer komfortablen Einbaumöglichkeit von Videos und Musikstücken. Diese Plattform hat den Freundschaftsgedanken besonders erfolgreich umgesetzt. Jeder kann sich mit jedem ohne Probleme zusammenschließen.

Seit Jahrzehnten bietet das Medium Fernsehen verschiedene Sendungen, wie **Reality TV** („*Big Brother*", „*Die Insel*" und „*Dschungel Camp*") und **Doku-Soaps** („*Frauentausch*", „*Die super Nanny*" und „*Die Superfrauchen – Einsatz für vier Pfoten*") sowie Talk Shows („*Oliver Geissen Show*", „*Britt Talk Show*" und „*Vera*"), in denen Banalitäten und Dreck aus dem Privatleben von Stars und sehr häufig aus den untersten sozialen Schichten (bei quotenstarken amerikanischen TV-Sendungen abgeguckt) als Unterhaltungsangebot auf die Bildschirme von Millionen von Zuschauern übertragen werden. Für viele Bewerber/innen ist der Antrieb zur Selbstdarstellung in der Öffentlichkeit die Hoffnung darauf, dass man im privaten Umfeld dann angesehen ist oder überhaupt erst mal wahrgenommen wird.

Auch Zuschauer von Sendungen einer Studioproduktion wollen dabei sein und hoffen, dass sie eventuell von Nachbarn gesehen werden. Diese Möglichkeit, sich öffentlich zu präsentieren, ist trotz aller Angebote begrenzt. Zwar haben die TV-Sender große Karteien mit Bewerber/innen angelegt, aber nicht jeder wird eingeladen, außerdem entstehen lange Wartezeiten. Erst das *World Wide Web* und die Flat Rates der Netzbetreiber bieten die Möglichkeit, dass man ohne große Wartezeiten auf alle Fälle die gewünschte Öffentlichkeit bekommt.

Der anhaltende Informationsstrom von Millionen Menschen, die das Bedürfnis haben, sich und ihr Leben rund um die Uhr in der Öffentlichkeit zu präsentieren und diese an ihrem Leben teilhaben zu lassen, kann von allen mitgelesen werden. Das führt dazu, dass die Mitglieder sich immer wieder einwählen, um nichts von den Selbstdarstellungen zu versäumen. Diese Online-Plattformen können als Nachfolger der SMS-Kommunikation angesehen werden.

Die aufgeführten Beispiele für erfolgreiche Online-Plattformen, die sich zu sozialen Netzwerken entwickelt haben, zeigen, wie groß das Interesse vor allem bei vielen jungen Leuten ist, ständig und überall vernetzt zu sein. Allerdings beschränkt sich die visuelle Darstellung in der Regel auf Texte, Grafiken, Fotos und Videos.

3D-Online-Welten

Das Kernthema dieses Buches sind ***Online-Welten***, die als computer-generierte themenbasierte 3D-Welten ohne eine vorgegebene Spielhandlung visualisiert werden, in denen die soziale Interaktion über Avatare im Vordergrund steht.

Während sich der Anwender bei sozialen Netzwerken auf Basis von Online-Plattformen vor einem Bildschirm befindet, der eine Art digitaler Schreibtischoberfläche darstellt, die jederzeit online interaktiv verändert und aktualisiert werden kann, taucht der Anwender bei 3D-Online-Welten über den Bildschirm (später über einen hochauflösenden HMD) in die jeweilige dreidimensionale Welt ein und erlebt diese über seinen Avatar.

Auch 3D-Online-Welten gehören zu den sogenannten persistenten Welten, da die Server, auf denen sie laufen, so gut wie nie abgeschaltet werden (außer für Wartungsarbeiten oder bei einem Virenbefall).

Weil Online Games einen so hohen Popularitätsgrad haben, versuchen einige Betreiber ihre 3D-Online-Welten auch als Online Games zu vermarkten. Wenn dann Spieler kommen, um die betreffende Welt auszuprobieren, sind sie meist enttäuscht und loggen sich kein zweites Mal mehr ein. Aber dieses Anlocken treibt die offizielle Mitgliederzahl nach oben, was viele Betreiber gerne forcieren, um eines Tages ihre Online-Plattform bzw. 3D-Online-Welt für viele Millionen zu verkaufen.

Edward Castronova schrieb 2003 in seiner Abhandlung „The Right to Play“, dass es zwei Arten von virtuellen Welten gibt: Virtuelle Welten als Spielwiese und virtuelle Welten als Erweiterung unserer physikalischen Realität.

Online World / Social Virtual World

Bezogen auf das Thema dieses Buches ist eine *Online-Welt* eine autonom agierende, simulierte, dreidimensionale, virtuelle Welt ohne einen narrativen Rahmen (Storyline). Eine Online-Welt kann sowohl eine Parallelwelt mit gestalterischer Anlehnung an die physikalische Realität sein, als auch eine Fantasy- oder Science-fiction-Welt.

Eine Online-Welt reagiert auf die Handlungen der Anwender und kann zum Teil auch von ihnen mitgestaltet werden. Die Anwender erhalten in ihr die Möglichkeit, sich einen eigenen Avatar zu entwerfen und eine völlig neue Identität anzunehmen. Sie können mittels ihres Avatars ein Leben führen, welches im RL in der Regel kaum möglich ist.

In den meisten *Online-Welten* kann man sich ein eigenes Domizil bauen oder kaufen. Man kann Jobs ausführen, Geschäfte machen, Teil einer virtuellen Gemeinschaft werden, Spaß haben und viel Zeit mit ausprobieren, aufbauen und entdecken verbringen.

Wenn soziale Kontakte im Vordergrund stehen, wird in Amerika häufig die Bezeichnung *Social Virtual World* verwendet, um sich deutlich von den Gaming Worlds abzugrenzen. Denn eine ***Online-Welt*** ist **kein *Online-Spiel***, auch wenn man in ihr an bestimmten Orten spielen kann und/oder es sich um ein immersives Abenteuer handeln könnte.

Die übernächste Generationen von dreidimensionalen Online-Welten wird mit einer eigenen KI und einem eigenen Regelwerk (***Life Cycle***) ausgestattet sein, wodurch die Welt in der Lage ist, sich selbständig weiterzuentwickeln. Solange sie am Stromkreislauf angeschlossen ist, wird das Leben in einer solchen intelligenten virtuellen Welt (***Smart Virtual World***) selbständig organisiert (*Artificial Life*). Beispielsweise wandert eine Dino-Herde umher, Bäume wachsen, *Artificial Residents* gehen ihrem vorgegebenen Leben nach und die Jahreszeiten sowie das Wetter entwickeln sich autonom. Diese zukünftige Version von Online-Welten braucht keine Anwender, um sie am Leben zu erhalten. Die Avatare der realen Anwender sind lediglich „Gäste", können aber diese Welt durch ihre Anwesenheit und Handlungen beeinflussen.

4.3.2.1 Online-Welten als Fantasie- und Parallelwelten

Die wohl bekannteste Online-Welt und die mit dem größten Zuspruch ist ***Second Life*** (***SL***) von *Linden Lab*. *SL* ist die erste Online-Welt, die ein Paralleluniversum zum realen Leben bietet. 1999 begann *Philip Rosedale* mit dem Aufbau seiner virtuellen Welt, basierend auf einer komplexen sozialen und wirtschaftlichen Struktur. 2003 ging *Second Life* online. Trotz anderer Online-Welten, wie *Vzones* (Start 1995), *Active Worlds* und *Moove* (beide Start 1997) sowie *There* (Start 2003) konnte sich *SL* aufgrund seines Konzeptes den ersten Platz bei den Interessenten sichern.

Keine andere Online-Welt bietet soviel Gestaltungsmöglichkeiten für den eigenen Avatar wie *SL*. Ein versierter Programmierer braucht ungefähr eine Woche, um einen perfekten Avatar herzustellen. *Linden Lab* belässt das Urheberrecht von selbst gestalteten Avataren und anderen virtuellen Werken ausdrücklich beim Anwender. Da wo ältere Online-Welten ihre Mitglieder im Bau eines Avatars einschränken, indem man ihnen nur die Wahl zwischen vorgefertigten Körpern lässt, kann der Anwender bei *SL* und *There* jedes Detail des Avatars, von der Hautfarbe, der Größe bis hin zum Geschlecht und physikalischen Features, über ein ausführliches Menü mit Schiebereglern festlegen.

Im Frühjahr 2007 beschäftigte *Linden Lab* bereits 110 Mitarbeiter im Finanzviertel von *San Francisco*. Acht Jahre dauerte es, bis der lang herbeigesehnte Run auf Rosedale´s Online-Welt *Second Life* ausbrach, forciert durch das Interesse der Medien und der Öffentlichkeit. Viele wollten dabei sein und sich ihren Platz in der ersten Parallelwelt der Menschheit sichern.

Die Parallelwelt *Second Life* ist in Wirklichkeit eine große Spielwiese, auf der sich vom Unternehmensvertreter bis zum Pädophilen alles tummelt. Sie können in einem relativ regelfreien Raum alles ausprobieren, was sie in der realen Welt (bis auf Fliegen mit dem eigenen Körper) meist auch schon getestet haben. *SL* ist die erste Testversion einer virtuellen Welt für Unterhaltung und kommerzielles Business, der große Aufmerksamkeit auch von Wirtschaftsunternehmen gewährt wird. Für *IBM*-Chef *Sam Palmisano* beispielsweise ist *SL* einer der aussichtsreichen Megatrends des zweiten Netzzeitalters, mit gigantischem Kommunikations- und Geschäftspotential.

Auch das Engagement von Firmen, wie *Dell* und *SUN*, und Hochschulen, wie der *Stanford University*, sowie Institutionen, wie dem *US-Kongress* sprechen für einen weiteren Aufschwung. *Microsoft* feilt ebenfalls an einem Konzept, um *SL* noch effektiver für sich zu nutzen.

Gartner-Chefanalyst *Prentice* verglich virtuelle Welten wie *SL* mit dem Stadium des Internets Mitte der 1990er Jahre. „Leute gingen online zum Sehen und Gesehen werden, einschlägige Geschäftsmodelle entwickelten sich erst später." Der Hype um *SL* hat den Markt für virtuelle Welten nachhaltig verändert. Es ist deutlich geworden, dass die potentielle Zielgruppe viel größer ist, als ursprünglich angenommen und weit über die klassische Gaming Community hinausreicht. Deutlich wurde auch, dass es viele Besucher von Online-Welten lieben, selber an der Gestaltung ihrer Welt mitzuwirken.

Florian A. Schmidt schrieb in seinem Beitrag "*Second Life & Co.*" für *medienboard News* 2.07: „Das Geheimnis des Erfolgs sind die komplett nutzergenerierten Inhalte in Kombination mit einem echten Wirtschaftssystem. Die Freiheiten und Rechte, die *Linden Lab* seinen Kunden zusichert, sind so in keinem anderen Spiel (Anmerkung des Autors: *SL* ist kein Spiel!) zu finden – und genau das ist es, was einerseits die Faszination ausmacht, andererseits für viele, an sich Interessierte, zu einer frustrierenden Erfahrungen wird. Denn wer in *SL* glücklich werden will, braucht sehr viel Fantasie, Zeit und Geduld, um sich auf die oftmals widerspenstige Software-Architektur einzulassen. ..."

Andererseits zeigt *SL* aber auch, dass sich viele Besucher in einer virtuellen Welt ohne Spielhandlung und klar strukturierte Inhalte schnell langweilen oder überfordert fühlen. Hinzu kommt, dass auch der Trend, unsere Welt mit all ihren materiellen und auch negativen Seiten einfach zu kopieren, von wenig Einfallsreichtum zeugt. Das Internet ist derzeit leider nur ein Abbild der realen Gesellschaft. Der Materialismus beherrscht auch die neuen virtuellen Welten. *Second Life* ist daher keine wirkliche Alternativwelt, sondern einfach nur eine Parallelwelt.

Von den 9,5 Millionen registrierten Personen (Stand September 2007) sind nach Expertenaussagen allerdings maximal 500.000 über Avatare in *SL* oft bis gelegentlich anzutreffen. Laut *Focus*-Magazin sind selten mehr als 25.000 Personen gleichzeitig in *SL* aktiv. Denn die meisten Interessenten verlassen diese Online-Welt sehr schnell wieder, weil sie über die im Vergleich zur Bildqualität von Spielkonsolen schlechte optische Darbietung frustriert und über die fehlende Sprachausgabe enttäuscht sind. Statt dessen mussten sie Anfang 2007 noch über die Tastatur ihre verbalen Äußerungen in einzelne Buchstaben zerlegen und ihren Avatar umständlich per Pfeiltasten über das

Keyboard steuern. Erst im März 2007 gab es eine vorläufige Sprachfunktion, mit der sich Anwender über ein Headset mit Kopfhörer und Mikrofon mit anderen unterhalten können.

Finanziert wird *SL* durch rund 60.000 Premium-Mitglieder, die pro Jahr durchschnittlich 70 US$ an *Linden Lab* bezahlen und dafür Land kaufen dürfen (Stand Oktober 2007).

Auch *ActiveWorld* und *Entropia Universe* sind 3D-Online-Welten, die allerdings keine Parallelwelt darstellen. 1997 startete die Firma *ActiveWorld, Inc.* eine Online-Welt, die sehr an das Konzept von *SL* erinnert. Da gibt es parzelliertes Land, Inseln und Ortschaften in zweidimensionalem Look. Vermutlich war *ActiveWorlds* Vorbild für das *Second Life*-Konzept, das zwei Jahre später entwickelt wurde. Im Laufe der Zeit wurde ***ActiveWorlds*** auch dreidimensional und aus den Inseln wurden Welten.

Das *Active Worlds*-Universum entwickelte sich zu einer Gemeinschaft, die aus Hunderttausenden von Anwendern besteht, die chaten und virtuelle 3D-Umgebungen auf Millionen von Quadratkilometern virtuellem Territorium bauen. In *Active Worlds* können Anwender in wenigen Minuten faszinierende 3D-Welten kreieren, die andere Anwender besuchen können und in denen man chaten kann. Mittlerweile gibt es über 1.000 einzigartige Welten, in denen die Anwender einkaufen, Spiele spielen und mit anderen herumhängen können.

Im gleichen Zeitraum entstand das *Project Entropia,* eine direkte Konkurrenzwelt zu *Second Life*, mit dem Ziel der Gewinnerzielung. Die Betreiberfirma *Mindark* aus Schweden änderte einige Zeit später den Namen der 3D-Online-Welt in ***Entropia Universe***. Die virtuelle Welt ist auf der Technologie der *CryENGINE 2* aufgebaut. Laut *Wikipedia* gab es im April 2007 rund 575.000 registrierte Spieler, wobei nicht bekannt ist, wie viele davon aktiv spielen. Die Betreiber gaben auf ihrer Website für 2007 rund 672.750 Mitglieder an.

Während *Wikipedia Entropia Universe* als MMORPG eingestuft, wirbt *Mindark* damit, dass *Entropia Universe* kein Spiel sei. *Entropia Universe* sei echt, mit echten Menschen, echten Aktivitäten und einer Bargeldökonomie in einem riesigen Online-Universum. Die Anwender lernen Menschen aus aller Welt kennen, die mit einer *Entropia Universe*-eigenen Währung täglich ihre Avatare auf dem Planeten Calypso weiterentwickeln. Die eigene Währung erlaubt einen Rücktausch der erworbenen *PEDs* in echtes Geld. 2006 wurde nach Angaben von *Mindark* ein Umsatz von 3,6 Milliarden *PEDs* (360 Millionen US$) gemacht.

Es gibt keine monatlichen Spielgebühren. Die virtuelle Welt kann kostenlos von der Website heruntergeladen werden. *Mindark* verdient dafür an jeder Geldtransaktion einen kleinen Prozentsatz, die die Anwender in dieser Welt durchführen. Außerdem verkauft die Betreiberfirma in bestimmten Abständen virtuelle Grundstücke. 2004 wurde *Entropia Universe* aufgrund des Versteigerungsergebnisses einer virtuellen Insel in das *Guinness-Buch der Rekorde* aufgenommen: 26.500 US$ betrug die Verkaufssumme. Dieser Betrag wurde 2005 überboten, für einen virtuellen Asteroiden, der für 100.000 US$ ersteigert wurde. Der Käufer betreibt einen virtuellen Nachtclub und hat damit seine erste Million verdient. Die in *Entropia* verwendete Währung ist frei konvertibel. Sie kann in den USA an Geldautomaten als Dollars abgehoben werden.

Aus Deutschland kommen die drei neuentwickelten Online-Welten: *Secret City, Stage Space* und *Yumondo. Yumondo* wurde im Mai 2007 von der Berliner Software-Firma *Metaversum GmbH* als Beta-Testing-Phase gestartet. *Yumondo* ist zum einen eine Massive Multiplayer Online World und zum anderen eine Social Community Plattform. Auf unkomplizierte Art und Weise baut man sich auf Basis von persönlichen Interessen Netzwerke auf. Die Plattform ist mittlerweile international.

Im Juni 2007 startete die Karlsruher Software-Firma *StageSpace* eine 3D-Online-Welt mit der Bezeichnung ***StageSpace***. In dieser browser-basierten Welt kann man sich einen eignen Avatar erstellen und mit ihm verschiedene virtuelle Räumlichkeiten ansteuern und mit anderen Avataren chaten. *StageSpace* bietet keine komplette Online-Welt, sondern nur ein begrenztes Areal mit einem Hotel und einer Disco als Kommunikationstreffpunkte. Damit umgeht der Betreiber das Problem, dass sich Teilnehmer in einem riesigen virtuellen Areal verlieren und viele Orte verlassen erscheinen, wie in *SL*. Im Vergleich zu *SL* wird im *StageSpace* das Social Networking stärker betont. Allerdings muss an dieser Beta-Version noch einiges verbessert und mehr Content generiert werden. Die Informationen auf der Website sind mehr als dürftig. Noch in der Beta-Phase wurde *StageSpace* in ***maquari*** umbenannt und von der Konzeption in eine Meta Community umgewandelt, in der man sich nach Aussage der Betreiber austoben und wunderbare *maquari* 3D-Spaces kreieren und verbreiten kann.

Mit ***Secret City*** startete das *Düsseldorfer* Software-Unternehmen *Coolspot AG* im Oktober 2007 eine ausschließlich für den deutschsprachigen Raum konzipierte und gestaltete virtuelle Welt im Internet. Bei *Secret City* handelt es sich um eine Erlebniswelt mit den Schwerpunkten auf Unterhaltung, Lifestyle und Socializing. Mittels eines Avatars kann sich der Anwender durch die 3D-Welt hindurchbewegen. Zu den Inhalten von *Secret City* gehören vor allem zahlreiche Discotheken, Clubs und Cafés sowie ein großes Spielkasino, ein Wellness-Bereich mit einem Strand, eine Unterwasserlandschaft, eine Skaterbahn und ein Kino. Zusätzlich gibt es einen separaten Bereich mit erotischen Inhalten. Ergänzt wird das Angebot durch eine Vielzahl virtueller Veranstaltungen, wie zum Beispiel Partys mit Live-Streaming realer DJs. Ein eigener Radiosender bietet ein 24-Stunden-Musikprogramm, aktuelle Nachrichten und sämtliche Informationen rund um die virtuelle Welt.

Über die Unterhaltungsangebote hinaus stehen die Kommunikation und Interaktion der Anwender im Mittelpunkt von *Secret City*. Hierzu besteht neben der Nutzung des offenen Chats auch die Möglichkeit zum privaten Dialog. Außerdem wurden Räume für private Begegnungen der Anwender untereinander eingerichtet. Über ein Kommunikationszentrum ist die virtuelle mit der realen Welt verbunden. Hier hat jeder Anwender die Möglichkeit, sein spezifisches Persönlichkeitsprofil mit Angaben zur Person und Bildern anzulegen.

Secret City unterscheidet sich nach Darstellung der Betreiber deutlich von einschlägig bekannten virtuellen Welten: So muss man in *Secret City* kein virtuelles Geld verdienen, um die gesamte Bandbreite der Möglichkeiten nutzen zu können. Eingebaut hingegen ist ein Sympathiepunktesystem: So erhält man beispielsweise aufgrund eines besonders interessant gestalteten Persönlichkeitsprofils oder einer regen Kommunikation mit anderen Anwendern sogenannte „Taler". Diese kann man gegen spezielle Features eintauschen.

Die Zielgruppe umfasst alle Altersgruppen. Eine Besonderheit ist, dass *Secret City* den strengen Vorgaben des deutschen Jugendschutzes entspricht. Um die kompletten Inhalte einsehen und nutzen zu können, ist eine vorherige Altersverifizierung entsprechend der Bestimmungen des Jugendmedienschutz-Staatsvertrags notwendig. Jeder Anwender, der diese nicht durchläuft, gilt als minderjährig und ist von vielen Angeboten ausgeschlossen. Das gilt vor allem für die FSK 18-Inhalte.

Die *Secret City*-Software kann kostenlos aus dem Internet heruntergeladen werden. Lediglich für den Upgrade zum VIP-User fällt eine monatliche Gebühr von 20 € an. Der Anwender kann dafür zusätzliche Bereiche betreten und seinen Avatar mit einer größeren Auswahl an Bekleidung ausrüsten. Der Internet-Zugang sollte über *DSL* erfolgen. Die *Coolspot AG* rechnet innerhalb der ersten zwölf Monate nach dem Start mit einer Nutzerzahl von rund einer Million.

StageSpace, *Secret City* und *Yumondo* sind Beispiele, die sich von *SL* dahingehend unterscheiden, dass die Funktion des sozialen Netzwerks im Vordergrund steht. Statt vorrangig kreativ zu sein, beschäftigt sich der Anwender mit Kommunikation, entweder mit vorhandenen Freunden oder er sucht erfolgreich neue.

4.3.2.2 Normierungsansätze für Online-Welten

Ursprünglich war das Internet textbasiert und wurde für E-Mails und E-Banking genutzt. In den 1990er Jahren wurde das Internet durch Grafiken, Fotos und später auch durch Kurzfilme immer stärker visualisiert. 1995 ist es durch die Wirtschaft kommerzialisiert worden. Im Laufe der Jahre entwickelte sich das *World Wide Web* (***Web 1.0***) zu einem bedeutenden weltumspannenden Kommunikationsmedium. Jahr für Jahr kamen Millionen neuer Websites hinzu, zuerst kommerzielle Websites und dann parallel dazu immer mehr private Homepages.

Aufgrund der einheitlichen Web-Seiten-Beschreibungssprache ***HTML*** (*Hyper Text Markup Language*) sind die Anwender in der Lage, von einer Website zur nächsten zu surfen. Die beiden führenden Web-Browser waren der *Netscape Navigator* von *Netscape* und der *Internet Explorer* von *Microsoft*, der sich im Laufe der Jahre durchsetzte. Beim ***Browser*** (engl. to browse: durchblättern) handelt es sich um ein Programm, das es dem Anwender ermöglicht, im Standardformat *HTML* abgefasste Dokumente im *World Wide Web* zu suchen, abzurufen und auf einem Bildschirm darzustellen. Browser können auch multimediale Dokumente, wie Bilder, Grafiken, Videosequenzen und Sound darstellen.

Eine ähnliche Entwicklung macht seit 2005 das ***Web 2.0*** durch. Aufgrund der immer komplexeren Datenpakete ist auch ein *DSL*-Anschluss auf Dauer zu langsam. Denn seit einigen Jahren tummeln sich immer mehr Anwender in Online Games und/oder betätigen sich in Online-Welten. Die Neugierde und die Verlagerung von geschäftlichen Dingen ins Netz, wie Skype-Konferenzen, sind für immer längere Aufenthaltszeiten im Netz verantwortlich. Im zukünftigen 3D-Internet (Web 3.0 / CyberNet) wird jeder Anwender ein eigenes Apartment oder ein Haus auf einem virtuellen Grundstück besitzen. Parallel dazu muss sich auf Dauer jeder Anwender einen Avatar kreieren, der im Verlauf der technischen Möglichkeiten immer mehr perfektioniert wird. Mit diesem digitalen Stellvertreter kann der Anwender die dreidimensionalen Welten des CyberNets erkunden. Voraussetzung dafür ist allerdings auch hier eine Standardisierung.

Seit einigen Jahren werden Engines, Viewer und Browser für 3D-Online-Welten entwickelt. Für virtuelle Welten fehlt aber bisher eine Standard-Software, so dass man für jede Plattform einen eigenen ***Viewer*** (*Betrachter*) installieren muss. Die auf 3D-Design spezialisierte Entwicklerfirma *Electric Sheep* beispielsweise programmierte für virtuelle Welten einen Viewer namens *Onrez*, um den Benutzern den Einstieg mit einem Browser-ähnlichen Programm zu ermöglichen.

Für die Entwicklung von Online-Welten muss es auf Dauer eine einheitliche Programmiersprache geben, die die Struktur eines 3D-Web-Dokuments festlegt. Es muss außerdem einen ***3D-Browser*** geben, der es dem Anwender ermöglicht, mit seinem Avatar durch die verschiedensten virtuellen Welt zu reisen. Mit einem 3D-Browser wird man im *Web 3.0* auch 3D-Objekte und dreidimensionale Umgebungen durchsuchen und als 2,5-dimensionale Darstellung auf dem Bildschirm oder einem HMD darstellen können.

Wenn die angestrebte Standardisierung eines Tages erreicht ist, muss der Avatar sich beim Betreten einer anderen Welt lediglich umziehen, damit er sich dem jeweiligen Genre anpassen kann. Des Weiteren muss es meiner Meinung nach einen ***3D-Crash-Kurs*** geben, der in die Thematik und das Regelwerk der jeweiligen Online-Welt einführt. Eine solche Hilfestellung würde das Lesen von

Gebrauchsanweisungen ersetzen. Vor Betreten der jeweiligen Welt muss sich ein Neuling in eine sogenannte ***Warm-up Area*** begeben, in der er auf die vor ihm liegende Welt eingestimmt wird. Erst danach bekommt er einen persönlichen Code, der ihm Einlass gewährt. Beim wiederholten Besuch kann der Anwender sich sofort zum Eingang begeben und sich ausweisen.

Seit über sechs Jahren gibt es Bestrebungen, die Erstellung von 3D-Welten zu standardisieren. Im Herbst 2001 wurde das *Croquet*-Projekt von dem Schnittstellen-Pionier *Alan Kay* und *David A. Smith* öffentlich vorgestellt. Dem *Croquet*-Konsortium gehören IT-Unternehmen, wie *HP* und *INTEL*, und Universitäten, wie die *University of British Columbia*, *Wake Forest University*, die *University of Minnesota* und die *Duke University*, an.

Open Croquet versteht sich als Standard zum Bau von virtuellen Welten. Zielsetzung ist, dass möglichst viele Firmen diesen Standard nutzen, damit die geschaffenen 3D-Welten untereinander kompatibel sind. Der große Vorteil wäre, dass man nur eine einzige Client-Software bräuchte und verschiedene Online-Welt mit dem gleichen Avatar besuchen könnte. *Open Croquet* benötigt keine großvolumigen Server, sondern nutzt das ***Peer-to-Peer***-Prinzip und vermeidet daher die serverlastige Rechenarbeit. Die Client-Programme tauschen auf diesem Weg untereinander die Objekte aus. Die Darstellung der Welten aus Sicht des eigenen Avatars ist Aufgabe des Client-(Anwender)-Computers.

***Exkurs*:** Das *Peer-to-Peer*-Netzwerk

(Peer = engl. für Gleiche, Ebenbürtige)

Ein Netzwerk, das vom legendären Computer-Hersteller *DEC* (*Digital Equipment Corporation*) entwickelt wurde. *DEC* gehörte in den 1960er Jahren zu den Pionierfirmen in der Rechnervernetzung. Während der Erzrivale *IBM* eine streng hierarchische Vernetzungsphilosophie verfolgte, griff *DEC* den dezentralen Netzwerkansatz des berühmten *Arpanets* (Internet-Vorläufer, der von der dem amerikanischen Verteidigungsministerium angegliederten Forschungsagentur *ARPA* finanziert wurde) auf und entwickelte ihn weiter. Heraus kam ein Netzwerk, auf das jeder Knoten gleichberechtigt zugreifen und ohne die Erlaubnis eines Kontrollknotens abzuwarten jederzeit Daten senden und empfangen konnte. Es ging beim Peer-to-Peer-Netzwerk um die Demokratie der damaligen Minicomputer von *DEC* gegen den Absolutismus der Zentralrechner.

Eine gute Chance, den Zustand der Inkompatibilität zu beenden, stellt die Aktivität des IT-Giganten *IBM* dar. Gemeinsam mit *Pelican Crossing* entwickelt *IBM* seit 2007 ein Browser-basiertes Client-Programm namens *Induality*. Damit soll jede virtuelle Umgebung für normale Web-Browser zugänglich werden. *Induality* wird dabei in eine Standard-*HTML*-Seite eingebettet. Sobald die Seite in einen Browser geladen wird, überprüft der *Induality*-Client die aufgerufenen 3D-Inhalte. Fehlende Dateien oder Skripte werden im Hintergrund nachgeladen, um die Inhalte darzustellen. Derzeit unterstützt *Induality* rund ein Dutzend virtueller Welten. Durch Kooperationen mit weiteren Anbietern soll das Angebot ausgebaut werden. Vorerst bleibt *Induality* auf *Microsofts Explorer* unter *Windows XP* und *Vista* beschränkt.

Im Oktober 2007 kündigten *IBM* und *Linden Lab* an, gemeinsam einen universell einsetzbaren Avatar zu entwickeln. Damit würde es entfallen, für die jeweiligen virtuellen Welten stets einen neuen Avatar zusammen zu bauen. Indirekt wäre dies auch ein Schritt in Richtung Vernetzung von verschiedenen Online-Welten. Des Weiteren sollen Kriterien für Software-Komponenten definiert werden, die den Transfer digitaler Güter in Online-Umgebungen regeln.

Erich Bonnert schrieb 2007 in seinem Konferenzbericht über die *Virtual Worlds Conference* für die IT-Fachzeitschrift *c't* , dass sich die noch junge Branche den großen Durchbruch für die grenzenlose Mobilität von Online-Identitäten und virtuellen Gütern von *OpenID* erhofft. Dahinter verbirgt sich ein dezentrales Single-sign-on-System, das von einem Konsortium von Technologie-Firmen und Online-Diensten wie *AOL* und *Yahoo* entwickelt wird. Benutzer von Web- oder Virtual World-Diensten, die *OpenID* nutzen, brauchen sich dabei nicht durch Passwörter oder ähnliche Log-in-Daten ausweisen. Nach einmaliger Registrierung bei einem Identitäts-Service sind sie in allen angeschlossenen Diensten zugelassen.

Auf der *Virtual Worlds Conference* Anfang Oktober 2007 referierte der Chefarchitekt für vernetzte virtuelle Umgebungen bei *Cisco*, *Christian Renaud*, über eine Reihe von Aktivitäten, die der Virtual World-Technologie bald zum Durchbruch verhelfen könnten. Dazu gehören insbesondere der *Metaverse Market Index* (*MMI*), ein Rahmenwerk für standardisierte Messgrößen und die Analyse von Virtual World-Content, zukünftige Grundlage für Entwickler, Vermarkter und Werbetreibende. Des Weiteren berichtete *Renaud* über die Gründung eines *Virtual World Interoperability Forum* (*VWIF*). Dieses Herstellerkonsortium wird sich mit bereichsbezogener Kommunikation im Umfeld von Internet- und Web-Technologie befassen. Was sich davon als Standard durchsetzen wird, ist derzeit noch nicht absehbar.

4.3.2.3 Einsparungsmöglichkeiten bei der Datenübertragung

Bei der Darstellungsqualität in Echtzeit (*Realtime*) muss man streng zwischen *Online-Welten* und *Online-Spielen* unterscheiden. Bei Online Games liegt der größte Teil der grafischen Aufbereitung auf dem Rechner des Spielers (***Client***). Vor dem erstmaligen Spielbeginn muss er daher ein umfangreiches Datenpaket und eine Grafik-Bibliothek auf seine Festplatte laden. Damit stehen dem Spieler die Grafikdateien, aus denen die Gebäude, das Gelände, Pflanzen und Bäume sowie ***NPC***s (*Non-playable Character*s), Tiere und Fabelwesen bestehen, unmittelbar zur Verfügung.

Über das Internet werden während des Spielens via *DSL*-Leitung nur die Ereignisdaten aus Sicht des eigenen Avatars übertragen. Das sind neben der Standortbestimmung des Avatars, die Ortsangaben von sich bewegenden Objekten sowie die Dialoge. Da die Szenen auf dem Rechner des Spielers gerendert werden, sind die virtuellen Umgebungen und die Körper der Avatare, NPCs und Tiere in Online-Spielen höher aufgelöst und detailreicher gestaltet als in Online-Welten.

Bei vielen *Online-Welten* werden die Szenen auf dem Server des Anbieters gerendert. Die fertigen 3D-Bilder kommen direkt über das Internet auf den Bildschirm des Anwenders, wodurch in Echtzeit sehr hohe Datenmengen übertragen werden müssen. Daher ist die Komplexität der Objekte und die daraus resultierende grafische Darstellung im Vergleich zu Online-Spielen schlechter. Im Gegensatz zu den Online Games werden die virtuellen Online-Welten nicht allein vom Hersteller, sondern vorrangig von den Spielern (Bewohnern) gestaltet und aufgebaut. Das bedeutet, dass sich die Inhalte einer Online-Welt im Sekundentakt verändern.

Wer die *Second Life*-Software auf seinem Rechner installiert, lädt kaum Grafikdateien auf seine Festplatte, sondern eigentlich nur eine Art Browser für die 3D-Welt. Nutzer-generierte Inhalte brauchen Bandbreite, weshalb *Second Life* oft sehr langsam ist und noch häufig abstürzt.

Ein Lösungsansatz wäre, wie bei den Online-Spielen, nur die sich ändernden Positionsdaten, die Dialoge, den Sound sowie die neuen Ereignisdaten vom Server an die Anwender zu übertragen. Neuanfänger können sich die Basisdaten, also die aktuellste Version der Online-Welt, auf die eigene Festplatte herunterladen. Nach 24 Stunden steht immer die aktuellste Version, mit all den optischen und architektonischen Änderungen, zur Verfügung.

Das Übertragen von Kennung und Positionsdaten wurde bereits Anfang der 1990er Jahre erfolgreich in Computer-Simulationen für das Training von militärischen Einsätzen, wie etwa im Golfkrieg 1991 und für den Somalia-Einsatz 1992. Die amerikanische Militärforschungsbehörde *DARPA* hatte 1.000 Simulatoren weltweit über Datenleitung und Satellit zum sogenannten ***Simnet*** (*Simulation Network*) miteinander verbunden. Die Hauptlast der Datenverarbeitung wurde nicht mehr von einem Zentralrechner getragen, sondern von den jeweils angeschlossenen Simulatoren. Die Simulatoren waren international auf bestimmte Datenprotokolle abgestimmt worden. Nur Kennung und Positionsdaten der gesteuerten Fahr- oder Flugobjekte wurden übermittelt. Der jeweilige Simulator holt auf Basis dieser ankommenden Daten die grafischen Darstellungen aus seiner Modell-Datenbank. Ziel der *DARPA* war, ein globales Hochgeschwindigkeits-Netzwerk, „*Distributed Simulation Internet*“ (***DSI***), über das bis zu 10.000 Simulatoren miteinander vernetzt werden, aufzubauen.

4.4 Mensch-Maschine-Schnittstellen

In vielen Science-fiction-Romanen wurde im vergangenen Jahrhundert darüber geschrieben, wie der Mensch der Zukunft sein Wahrnehmungssystem mittels Implantaten erweitern kann bzw. defekte Körperteile ersetzen läßt. Der Psychiater und Psychologe *C. G. Jung* äußerte im letzten Jahrhundert ohne die technischen Möglichkeiten zu kennen: „Der Zweck menschlichen Lebens ist die Steigerung des Bewusstseins“. Ob diese Aussage den Autoren, Forschern und Entwicklern bekannt war bzw. ist, kann ich nicht beantworten.

Jedenfalls verfügen ***Cyborgs*** (Menschen mit Implantaten) in der technologisch stark gereiften Zukunft nach Ansicht vieler SF-Fans über eine Schnittstelle in Form einer Steckbuchse hinter einem Ohr, über die der Cyborg mit einem Computer verbunden werden kann. Eine heute etwas antiquiert anmutende Lösung. Technische Alternativen über die Haut Informationen zu transportieren und an das Gehirn zu liefern, sind eine eher realistische Herangehensweise als die Steckbuchse hinter dem Ohr.

Vor über 20 Jahren gab es den ersten Erfolg, menschliche Nervenzellen mit einer Computer-Platine zu verbinden. In den 1990er Jahren wurden in den USA erstmalig Mikro-Chips eingesetzt, um Querschnittsgelähmten über Impulse auf das Nervensytem das Treppensteigen zu ermöglichen und Blinden das Sehen von Konturen zu ermöglichen.

Die Verbindung von Gehirn und Computer ist mittlerweile ein ernst zu nehmender Forschungszweig geworden. Beweggründe und Aufhängeschild sind häufig, Behinderten mit diesen Entwicklungen das Leben zu vereinfachen. Ganz nebenbei fallen aber auch Einsatzmöglichkeiten dieser technischen Errungenschaften für den Einsatz im Virtual Entertainment-Berteich ab.

4.4.1 Gehirn-Computer-Schnittstelle / Elektro-magnetische Stimulation

Beispielsweise arbeiten seit den 1980er Jahren an der Erweiterung des Wahrnehmungsspektrums von haptischen Informationen wie auch an der Stimulation des Nerven- und Muskelsystems nicht nur Künstler sondern auch Techniker und Wissenschaftler. Erste Systeme, mit denen man über die abgetasteten Gehirnströme digitale Installationen auf der Ars *Electronica*-Ausstellung in *Linz* (A) steuern konnte, sind mittlerweile über 20 Jahre alt.

Um virtuelle Welten und das Interagieren in ihnen möglichst hautnah erleben zu können, haben in den 1990er Jahren verschiedene Vordenker und Tüftler darüber nachgedacht und daran gearbeitet, geeignete Vorrichtungen zu entwickeln, mit der sich diese Vorstellung umsetzen ließ.

Beispielsweise präsentierte 1997 die US-Firma *Virtual Motion* ein System namens *MotionWare,* mit dem sich leichte Bewegungen in einem virtuellen Raum simulieren ließen, ohne dass sich der Anwender tatsächlich bewegte. Die Empfindung wurde durch eine Manipulation des Gleichgewichtsempfindens erzielt. Der Anwender musste sich dazu auf ein kunststoffgefülltes Kissen stellen, wodurch sich sein fester Stand verringerte. Über eine spezielle Kopfbedeckung unter dem HMD wurde dem Anwender eine leichte Elektrostimulation verabreicht, die mit den Bewegungen in einem virtuellen Environment gekoppelt war.

Im ersten Jahrzehnt des neuen Jahrhunderts wurden sogenannte Biosensoren entwickelt, die in der Lage waren, über Hautelektroden Nervenimpulse zu erfassen, wie Muskelbewegungen oder Hirnaktivitäten. Auf diesem Wege könnten zum Beispiel Augenbewegungen zur Navigation in virtuellen Umgebungen genutzt werden.

Auf der *SIGGRAPH 2007* in *San Diego* präsentierten drei japanische Forscher der *Graduate School of Information, Science and Technology* der *Universität Tokio*, *Hiroyuki Kajimoto, Naoki Kawakami* und *Susumu Tachi*, unter anderem ein Forschungsprojekt, das sich mit elektromagnetischer Stimulation befasst. Beim „*Electro-Tactile Display with Tactile Primary Color Approach*"-Projekt können alle Nerven in einem Finger mittels einer sogenannten Ringelektrode stimuliert werden. In einem breiteren Gummiband befanden sich zwei breite, runde Elektroden, die um den jeweiligen Finger gelegt wurden. Dadurch konnten die Stromimpulse von einer zur anderen Elektrode durch den Finger fließen.

Auch der Zukunftsforscher *Dr. Peter Busch,* Leiter der Abteilung Biophysik / Sensorik beim Waschmittelhersteller *Henkel*, glaubt an eine zunehmende Entmaterialisierung der Welt. Am meisten fasziniert den Forscher, dass unsere Realität auch über ihr Abbild erlebt werden kann. „Im Rahmen moderner Entwicklungen der Neurophysiologie wird es in Zukunft möglich sein, alle sinnhaften Empfindungen, auch Tasten, Schmecken und Riechen, ohne Rückgriff auf die Wirklichkeit zu erzeugen," äußerte er im Frühjahr 1995 in einem Interview in *Bild der Wissenschaft plus*. Die Konsequenz von *Buschs* These der Entmaterialisierung sei die virtuelle Wirklichkeit, erzeugt von Programmen im Computer, schrieb *Ruth Henke* in ihrem Artikel mit dem Titel „Zukunftswerkstatt". *Peter Busch* arbeitete Mitte der 1990er Jahre zusammen mit einem *Fraunhofer Institut* an einer VR-Anwendung, die den Alterungsprozess der menschlichen Haut erfahrbar machen sollte.

Die elektro-magnetische Stimulation wird vermutlich erst 2025 so ausgereift sein, wenn das Ziel erreicht ist, nicht nur die Muskeln mittels schwacher elektro-magnetischer Impulse zu stimulieren, sondern auch das komplette Nervensystem. Solche (wie ich sie nenne) ***EMI Adventures*** (*Electro Magnetic Impulse Adventures*) wären dann meiner Ansicht nach eine extreme Steigerung des Präsenzgefühls in virtuellen Welten. Spätestens hier stellt sich dann erneut die Frage nach der Verantwortbarkeit und Abhängigkeit von solchen digitalen Unterhaltungsangeboten der Virtual Entertainment-Industrie.

4.4.2 Problem der Abhängigkeit

Medien haben das Potential, viele Anwender abhängig zu machen. Das fängt schon beim Buch an. Bei einem guten Romanen leben während des Lesens viele Leser/innen geistig in der beschriebenen Welt. Sie leiden mit den Hauptdarstellern. Erinnern Sie sich an die Bücher über den Zauberlehrling *Harry Potter* und die daraus resultierenden Kinofilme oder an die *Herr der Ringe*-Trilogie.

Dass Fernsehen süchtig nach Seifenopern oder spannenden Serien machen kann, haben Sie vielleicht schon mal am eigenen Leibe erfahren. Bei zu vielem Konsum gehört Fettleibigkeit noch zu den harmloseren Symptomen.

Ob Computerspiele süchtig machen und gefährliche Auswirkungen haben können (in vereinzelten Fällen sogar Amokläufer erzeugen), darüber ist die letzten zehn Jahre sehr unqualifiziert und bisweilen verlogen diskutiert worden. Die Hersteller von Games wollen diese Gefahr natürlich nicht wahrhaben, weil es schlecht fürs Geschäft ist. Die meisten Spieler/innen sehen ebenfalls keine Gefahr und wollen nicht, dass ihnen ihre Freizeitbeschäftigung zeitlich eingeschränkt wird.

Christian Miletzki kommt in seiner Diplomarbeit (2005) an der *GERMAN FILM SCHOOL* bei der Frage, ob MMORPGs zu einem Realitätsverlust führen können zu der Feststellung, dass diese Einstufung und das Vorurteil, MMORPG-Spieler würden der Realität entfliehen, wenn sie stundenlang am Tag in einem Online Game ihre Zeit verbringen, falsch ist.

Jeder, der sich in eine solche Rollenspielwelt begibt, lege persönliche Probleme und Beweggründe nicht einfach ab. Er nehme sie mit in diese Welt und würde dort ebenfalls mit ihnen konfrontiert wie im realen Leben auch. Jene, welche fliehen wollten, würden dies auch weiterhin tun, ganz gleich ob sie sich nun im realen oder im virtuellen Leben befinden. Die Virtualität ermögliche es lediglich, sich mit anderen Facetten seiner selbst zu beschäftigen bzw. mit anderen Teilen seiner eigenen Persönlichkeit auf spielerische Weise zu experimentieren, sei dies bewusst oder unbewusst. Das bedeutet, diese Welten bieten lediglich eine Möglichkeit Realitätsverlust auszuleben. Der einzige wirklich merkbare Unterschied ist, dass Äußerlichkeiten für das Spielen des Spiels zunächst irrelevant sind, so *Miletzki*.

Bereits im Kapitel 1.1 dieses Buches habe ich auf das Problem einer möglichen Abhängigkeit hingewiesen. Man muss neue Technologien und Konsumangebote stets von beiden Seiten betrachten und beurteilen. Wie in anderen Bereichen unseres Lebens auch, kommt es auf eine ausgewogene Lebensweise bzw. auf eine selektierte und bewußte Auswahl und Zeiteinteilung beim Konsum von Medien an.

Mittlerweile liegen brauchbare Untersuchungen vor, welche die Gefahr, ein Suchtproblem zu bekommen, belegen. Nach einer Untersuchung der *Humboldt Universität* waren 2007 rund 40 Millionen Deutsche vernetzt, davon waren im Herbst 2007 bereits fünf Prozent süchtig und weitere zehn Prozent standen an der Schwelle zur Abhängigkeit. Ein besonders hohes Risiko besteht bei männlichen Jugendlichen unter 20 Jahren, so *Prof. Dr. Karl F. Mann* von der *Deutschen Gesellschaft für Psychiatrie, Psychotherapie und Nervenheilkunde*. Der Übergang zur Abhängigkeit sei fließend. Die Betroffenen würden nicht merken, dass sie plötzlich abhängig sind und würden dies auch niemals zugeben. Sie flüchten vor der Realität, so *Gabriele Farke*, die Anfang 2007 die Selbsthilfegruppe „*Hilfe zur Selbsthilfe bei Onlinesucht e.V.*" gegründet hatte.

Online-Süchtige werden in fünf Gruppen unterteilt: in Spieler (über 50%, die Mehrzahl ist männlich und unter 20 Jahre alt), in Einsame (etwa 30%), in Lustmolche (etwa 20%), in Kaufsüchtige (etwa 5%) und in Mitteilungsbedürftige. Die User von Online-Welten und Online Games besitzen eine eigene Identität in der virtuellen Welt. Durch die Möglichkeit, Avatare individuell zu gestalten, schaffen sich diese User oft ein zur Realität gegenteiliges Bild.

Neben den Online Games spielen sogenannte *Online Communities* für den Aufbau von sozialen Kontakten bei 30% eine bedeutende Rolle. Die Gruppe der Einsamen sucht Menschen, denen sie sich anvertrauen kann, die Anonymität ermöglicht ihnen außerdem, lockerer zu werden. Es war doch voraussehbar, dass solche Probleme eintreten würden, aber wie so oft wird nicht präventiv gearbeitet sondern Schadensbegrenzung betrieben.

In ihrer Diplomarbeit „Entwicklung eines Kontrollsystems zur Vermeidung von körperlichen und psychischen Schäden durch die übermäßige Nutzung von Simulatoren im Virtual Entertainment- und Edutainment-Bereich" (*GERMAN FILM SCHOOL, 07/2007)* berichtet *Gila Röhrig* unter anderem auch über Suchtprobleme im Zusammenhang mit dem Einsatz des Computers: In einem Interview in der Zeitschrift *„Der Spiegel*" (09/2007) erklärte *Sabine Grüsse-Sinopoli* von der Suchtforschungsgruppe der *Berliner Charité* was die Sucht eigentlich zur Sucht macht und wie es dazu kommt. Folgende Suchtkriterien sind der Forschungsgruppe der *Berliner Charité* bekannt:

- Vier bis sechs Stunden Konsum am Tag,
- die gesamte Freizeit mit Spielen verbringen,
- andere Interessen vernachlässigen,
- Entzugserscheinungen wie Schlafstörungen.

Anhand dieser Kriterien konnte bei einer Online-Umfrage festgestellt werden, dass von 7.000 erwachsenen Computerspielern etwa 11,8 Prozent als süchtig einzustufen sind. Eine aktuelle Studie mit 500 Berliner Schülern aus den Klassenstufen fünf bis acht ergab, dass etwa zwei Drittel von ihnen regelmäßig spielen. Von diesen Spielern wurden etwa zehn Prozent als spielsüchtig eingestuft.

Sucht ist also sowohl bei Kindern als auch bei Erwachsenen ein ernst zu nehmendes Problem, stellt *Gila Röhrig* fest. „Alkoholiker trinken den Schmerz weg, am Computer wird er weggespielt. An den Gehirnströmen sehen wir, wie die Spiele emotional verarbeitet werden. Das Belohnungssystem wird aktiviert, die befriedigende Erfahrung im Suchtgedächtnis gespeichert", erläutert *Sabine Grüsse-Sinopoli.*

Beim Spielen werden Gefühle schnell und effektiv reguliert und verdrängt. Verborgene Wünsche und Sehnsüchte können ausgelebt werden. Im Spiel und vor allem bei Online-Spielen bekommen die Kinder und Jugendlichen das, was sie eigentlich suchen und brauchen: Aufmerksamkeit und Zuwendung – jedoch nur auf virtueller Ebene. Die Jugendlichen lernen nicht mehr mit ihren Gefühlen umzugehen. Wenn sie in diesem Alter nicht lernen, wie man mit emotionalen Lebenssituationen umgeht, lernen sie es vielleicht gar nicht mehr. Online-Spiele gelten als besonders gefährlich. Sie locken die Jugendlichen in eine Fantasie-Welt, die für sie viel angenehmer und leichter zu kontrollieren ist als die Realität.

Wenn Kinder und Jugendliche täglich viele Stunden vor dem Computer verbringen, verändert das nach Aussage von *Wolfgang Bergmann*, vom *Institut für Kinderpsychologie und Lerntherapie* in *Hannover*, nicht nur ihre Wahrnehmung, ihr Raum- und Zeitempfinden, ihre Gefühlswelt und ihre Fähigkeit, sich im realen Leben zurecht zu finden, sondern verändert auch das Gehirn. „Der Umschlagpunkt ist erreicht, wenn die Betreffenden sich in ihren virtuellen Welten wohler fühlen als im wahren Leben", äußerte 2007 *Gerald Hüther*, Professor für Neurobiologie an der *Universität Göttingen*, gegenüber dem Magazin *Der Spiegel*. Er hat zusammen mit *Wolfgang Bergmann* das Buch „Computersüchtig" verfasst. Das Gehirn würde nach Reizen gieren und sich an die in Computer-Spielen gestellten Aufgaben und Belohnungen anpassen, sich sogar nachweislich verändern.

Hüther ist der Ansicht, dass es durch ausgiebiges Spielen am Computer, zur Bildung von zunächst dünnen Verbindungswegen im Gehirn kommt. Diese werden durch intensive und regelmäßige Nutzung immer dicker. Diese Autobahnen sind so beschaffen, dass man nicht mehr von ihnen runter kommt, wenn man erst einmal auf ihnen drauf ist. Wie bei anderen Abhängigen gäbe es bei Betroffenen das Bedürfnis, sich vor einen Computer zu setzen, sobald er in Sichtweite ist.

Es ist die Aufgabe der Eltern, den Kindern den nötigen Halt und das nötige Wissen zu vermitteln, um nicht in eine solche Sucht zu verfallen. Dafür müssen die Eltern jedoch informiert sein.

Immerhin etwas Positives fand *Daphne Bavelier*, Associate Professor am *Center for Visual Science*, in einer Untersuchung an der *University of Rochester* im Jahre 2003 heraus. Demnach erhöht das Spielen von Action-Videospielen die Erkennungsaufmerksamkeit. Geübte Spieler könnten demnach visuelle Informationen schneller aufnehmen und 30 Prozent mehr Objekte auf dem Bildschirm verfolgen als Nichtspieler. Sie waren außerdem in der Lage, Objekte zu erkennen, die nur für eine Hundertstel Sekunde aufblitzten.

Teil III

Voraussetzungen für virtuelles Leben
– Überlegungen und erste Forschungsergebnisse

„Die simulierte Scheinwelt kann noch so stark
von der Realität abweichen, die empfundenen Gefühle
und Sinnesreizungen sind echt!
(William Bricken, 1992)

1. Einführung / Virtuelles Leben erschaffen und erleben

In dem vorangegangenen Teil II dieses Fachbuches wurde auf das technische Basiswissen und die VR-Pioniere, die Vielseitigkeit der technologischen Entwicklungen und auf einzelne Einsatzgebiete sowie auf den Stand der technischen Errungenschaften eingegangen. In diesem dritten Teil werde ich verschiedene Ansätze beschreiben, mit denen wir uns in den Labs der *GERMAN FILM SCHOOL* und von *CYBERLINE Research* die vergangenen vier Jahre auseinandergesetzt haben.

Erklärtes Ziel visionärer Forscher in den USA und Japan war es seit Anfang der 1980er Jahre, den Cyberspace durch künstliche 3D-Bewohner zu bevölkern, die sich autonom verhalten, ein Eigenleben führen sowie selbständig Informationen suchen und Aufgaben abarbeiten (siehe auch 3.4.1). Im Sommer 1996 fand zu dieser Thematik in *Los Angeles* die erste *Virtual Humans Conference* statt. Die Entwicklung von computer-animierten und mit KI ausgestatteten virtuellen Menschen hatte Mitte der 1990er Jahre unter anderem auch durch Software-Lösungen aus dem Bereich *Robotics* einen neuen Entwicklungsschub erhalten.

Seit über zwanzig Jahren entwickeln weltweit CGI-Spezialisten die verschiedensten Software-Lösungen, um das Aussehen (z. B. Haut und Haare), die Bewegung der Haut im Zusammenspiel mit dem Muskelsystem, sowie die Gesichtsmimik und Gestik bis hin zum Augenkontakt von virtuellen Charakteren zu optimieren und zu automatisieren.

Im letzten Jahrzehnt hat die Qualität extrem zugenommen, da aufgrund der von Jahr zu Jahr sinkenden Investitionskosten immer mehr Speicherplatz und Rechenleistung für das realistische Aussehen und die Animation von Virtual Humans zur Verfügung standen. Die komplett 3D-animierten Kinofilme, wie „*Final Fantasy*" (2001) von *Square Pictures* und „*Shrek I + II*" von *PDI/Dreamworks* oder „*Ratatouille*" (2007) von *Pixar Animation Studios*, sind Meilensteine in der CGI-Geschichte und zeigen den jeweiligen Stand der Technik in der Generierung von Virtual Humans als Darsteller (***Digital Actors***). In Live-Action-Kinofilmen (in der realen Welt gedrehte Filme) treten Virtual Humans als realistische Kopie von echten Schauspielern auf, um beispielsweise als digitales Stuntgirl bzw. digitaler Stuntman zu fungieren. Beeindruckende Beispiele sind beim dramatischen Untergang der *Titanic* (1997) von *Digital Domain* in Szene gesetzt worden. Auch wenn es um Massen- und Kampfszenen geht, sind Virtual Humans nicht mehr wegzudenken. Für die Animation wird Motion Capture eingesetzt, um die Bewegungen von realen Schauspielern kostengünstig und schnell auf die virtuellen Darsteller zu übertragen.

Virtual Humans als Bestandteil von Virtual Life (siehe auch II, 3.1.1) müssen im Aussehen nicht unbedingt realen Vorbildern entsprechen. Das gilt auch für die Avatare. Gerade hier ist der Trend, größer, korpulenter und schöner aussehen zu wollen als man im RL tatsächlich aussieht, deutlich erkennbar.

Die Vielzahl der jährlich eingereichten wissenschaftlichen Vorträge auf der *SIGGRAPH* zur Thematik Virtual Humans sowie die zahlreichen Software-Erweiterungen (Plug-ins) belegen diese Entwicklung. Ebenfalls die von jungen Digital Artists an der *Filmakademie Baden-Württemberg* im Animationsinstitut von *Prof. Thomas Haegele* seit 2001 durchgeführten Arbeiten am Forschungsprojekt „Virtual Character" tragen zur Produktion von realistischen 3D-Gesichtern und Charakteren bei. Im Rahmen dieses F&E-Projektes wurden sogenannte Anfasser programmiert, die sinnvoll in einem synthetischen Gesicht positioniert, das Animieren handlich und einfach gestalten. Die manuellen Vorrichtungen basieren auf der Grundlage von über 50 kleinsten Einheiten menschlicher Mimik, die mit den Phonemen der Sprache vergleichbar sind. Mit kommerziellen 3D-Programmen lassen sich alle Grundeinheiten zu komplexer menschlicher Mimik kombinieren. Die Ergebnisse sind erstaunlich realistisch.

Auch die an der *GERMAN FILM SCHOOL* bearbeiteten Diplomthemen (im Zeitraum 2003 bis 2008) über die Verbesserung in der Darstellung und Animation von Virtual Humans, unter anderem für den Einsatz in virtuellen Welten, belegen das steigende Interesse des kreativen Potentials. Rund 10% der erfolgreich bearbeiteten wissenschaftlichen Hausarbeiten an der Elstaler Filmhochschule befassten sich mit dieser Thematik:

„Von Polyklet zu Polygon – Proportionssystem, Körpersymmetrie und Konstruktionsweisen für das 3D-System" von *Guo Feng Tang* (2003)

„Automatisierte prozedurale Erzeugung parametrisierter Character-Setups auf Grundlage der menschlichen Anatomie in Alias Maya" von *Tim Völcker* (2004)

„Der authentische Charakter – Ein Zusammenspiel von Story, Design und Animation" *von Alexa Müller-Heyn* (2004)

„Grundlagenforschung zur Automatisierung von Gestik in der 3D-Animation"
von *Bastian Konradt* (2005)

„Grundlagenforschung und neue Wege im Bereich der 3D-Augenanimation" von *Goro Fujita* (2005)

„Aufbau einer Haar-Rendering-Pipeline unter ‚Maya' und ‚RenderMan' " von *Sylvia Kratzsch* (2006)

„Untersuchung der Darstellungsmöglichkeiten in der grafischen Simulation menschlicher Haut für virtuelle Charaktere" von *Kai Krämer* (2006)

„Hairsystems – Untersuchung von Haarsystemen in gängigen 3D-Programmen unter Berücksichtigung der Modellierung des menschlichen Haupthaares" von *Kristian Bernsen* (2006)

„Generierung von virtuellen Spuren in dreidimensionalen Räumen" von *Sebastian Thinnes* (2007)

„Entwicklung eines Gesichtsgenerators auf Basis von Umwelteinflüssen und Lebenswandel" von *Marc Egli* (2007)

„Untersuchung der Anwendbarkeit von verschiedenen Hautmodifikationen im 3D-Bereich" von *Manuel Müller* (2007)

„Rigging-Techniken – Entwicklung eines Anforderungskataloges für ein Rig zur Vereinfachung und Beschleunigung des Animationsprozesses in der Planungsphase" von *Tobias Felix von Burkersroda* (2007)

„Untersuchung der Besonderheiten bei der Erstellung und Darstellung von High-poly-Charakteren in der Echtzeit-Animation" von *Hannes Poser* (2007)

„Automatisierung von Gesichtsmimik – Entwicklung eines intelligenten Facial Animation-Systems" von *Doris Nowka* (2008)

„Entwicklung eines Katalogs für Gestik-Animation" von *Franziska Marquardt* (2008)

Autonom (unabhängig / selbständig) und scheinbar intelligent agierende virtuelle Kreaturen zu erschaffen, dürfte für versierte *Cyberspace* und *Character Designer* schon in einem Jahrzehnt keine so große Problematik mehr darstellen, wie es zur Zeit noch der Fall ist. Dafür wird die Entwicklung von autonomen, komplexen virtuellen Lebensräumen wesentlich mehr Zeit in Anspruch nehmen.

Virtuelles Leben (Virtual Life)

Mit virtuell bezeichnet man im Kontext dieses Buches etwas, das digital per Rechner und Software erzeugt wurde und nur im Rechner, nicht aber in der physikalischen Realität exisiert. Es wird meist über einen Bildschirm bzw. entsprechende VR-Schnittstellen vom menschlichen Wahrnehmungssystem als real vorhanden eingestuft.

Virtual Life ist nicht unbedingt ein Synonym für den KI-Forschungszweig „*Artificial Life*" (Künstliches Leben = KL), den *Chris Langton* 1987 am *Santa Fé Institute* gegründet hat. Der Leitsatz des Wissenschaftszweigs KL lautet: „Leben ist keine Eigenschaft der Materie, sondern die Organisation dieser Materie."

Mit dem Begriff *Virtual Life* wird im Bereich *Virtual Entertainment* vielmehr die Ausstattung von virtuellen Welten mit autonom agierenden, computer-generierten Lebewesen bezeichnet, die sich in einer simulierten dreidimensionalen Welt aufhalten. Eine solche Online-Welt ist auf einem bisweilen sehr komplexen Regelwerk aufgebaut, basierend auf einem simulierten Lebenszyklus, ohne eine Storyline (einem narrativen Rahmen) wie bei Online-Spielen.

Die virtuellen Lebewesen (sogenannte *Artificial Residents* / siehe auch II, 3.1.1) reagieren auf Umwelteinflüsse der virtuellen Welt und agieren sowohl untereinander als auch mit *Avataren*, was bedeutet, dass sie auch auf Einflüsse reagieren, die aus der physikalisch realen Welt kommen. Solange die Server, auf denen diese Online-Welt gespeichert ist, mit Strom versorgt werden und am Internet hängen, entwickelt sich diese Online-Welt ständig fort.

Da auch die Qualität der VR-Sichtsysteme (HMDs) immer noch nicht unseren Erwartungen entspricht, benötigt man vorläufig noch ein Vehikel, um in VEs eintauchen zu können, wenn man den Eindruck eines echten immersiven Erlebnisses bekommen möchte. Hinzu kommt, dass das Herumlaufen in virtuellen Welten auf Dauer vielen Anwendern zu langsam abläuft. Die Schnelllebigkeit, die auch unsere reale Welt stark beeinflusst, soll nach Erwartung – besonders der jüngeren Anwender – in Konsolen- und Online-Spielen bei Bedarf am besten noch übertroffen werden.

Eine mögliche Lösung des Problems ist ein persönlicher Simulator, mit dem man in virtuelle Welten vordringen kann. Daher ist ein gut gestylter Raumgleiter, wie die von *CYBERLINE* geplante *MERKABA*, ein durchaus geeignetes Vehikel, das im Cyberspace auch noch den physikalischen

Gesetzmäßigkeiten trotzen kann. Es steht sowohl für virtuelle Reisen in den Weltraum als auch in die Tiefsee zur Verfügung. Die *MERKABA* wird Zeitreisen unternehmen können oder als Steuerungseinheit in der Lage sein, auf riesigen Landfahrzeugen und mächtigen Kampfrobotern anzudocken und diese zu lenken. Voraussetzung ist natürlich, dass die entsprechenden computergenerierten Bildwelten im Speicher als Option zur Verfügung stehen. Dieser Bereich des Virtual Entertainments wird eines Tages das Big Business der Filmindustrie von *Hollywood* und auch den heutigen Milliardenmarkt für Computerspiele um Längen übertreffen und ein Billiarden Euro Unterhaltungsmarkt werden. Die Umsetzung dieser Geschäftsidee würde allerdings nicht nur Tausende von Arbeitsplätzen bringen, sondern auch immense Gefahrenpotentiale, wie im ersten Teil dieses Buches bereits angedeutet.

Aber bekanntlich haben alle technologischen Entwicklungen ihre positiven und negativen Seiten. Daher wurde im Rahmen des Forschungsprojektes *MERKABA* bereits frühzeitig damit begonnen, Gefahren aufzuzeigen, die nach dem Bau der ersten Simulatoren ausführlich in der Praxis untersucht werden müssen, bevor an einen Verkauf zu denken ist.

Betrachten wir daher in diesem dritten Teil des Buches vorrangig die positiven und gestalterischen Möglichkeiten. Erlauben Sie mir, Ihnen mit einer gewissen Begeisterung die folgenden Ideen und technischen sowie inhaltlichen Beschreibungen zu vermitteln. Es wird eine Art Übergangszeit geben, in der sich die Anwender mit Geschicklichkeitsübungen im Umgang mit dem Simulator vertraut machen müssen. Außerdem werden sie lernen, in komplexen virtuellen Online-Welten zu agieren. Lassen auch Sie sich begeistern und aktivieren Sie Ihre Fantasie für die übernächste Computerspiele-Generation, die sogenannten ***Immersive Virtual Adventures***!

2. Zielsetzungen des Forschungsinstituts *CYBERLINE Research*

Das *CYBERLINE Research Institute* wurde im Januar 1992 von mir gegründet mit dem Ziel, computer-generierte künstliche Wirklichkeiten auf PC-Basis für den Ausbildungs- und Freizeitbereich zu generieren und deren Auswirkungen auf die Rezipienten zu erforschen.

Allgemeine Forschungsziele

Erforschung des Verhaltens von Personen im virtuellen Raum und dessen Auswirkung.
Entwicklung von Kommunikationshilfen und Leitplänen für das Design von VR-Welten.
Erarbeitung von ethischen Grundsätzen zur Selbstkontrolle der zukünftigen VR-Software-Branche.

Öffentlichkeitsarbeit in punkto Aufklärung über mögliche Folgen dieser Technologie.

Aber wie so oft, war ich zehn Jahre zu früh dran. Zwar führten wir 1994 erste Feldforschungen zum Aufenthalt im Cyberspace durch (siehe II, 3.5.3), aber erst 2002 begann ich, *CYBERLINE* in kleinen Schritten zu einem Kompetenz-Center für *Virtual Entertainment* aufzubauen. Bei vielen der von mir konzipierten Forschungsprojekte geht es um intelligente und realistische Kommunikation mit synthetischen Charakteren in Virtual Environments.

Themenspezifische Forschungsprojekte

„MERKABA – Virtual Cockpit" **© Prof. Dr. Bernd Willim, 2002-2008**

Forschungsziel:
Seit 2002 wird angewandte Forschung und Entwicklung (F&E) mit dem Ziel betrieben, einen persönlichen High-end-Simulator mit dem Markennamen ***MERKABA*** zu entwickeln. Entstehen soll dabei ein ergonomischer, robuster und relativ wartungsfreier Simulator für den Langzeiteinsatz in Virtual Environments, mit intelligenter Benutzeroberfläche. Er sollte per Software und Hardware an die technologische Entwicklung jederzeit angepasst werden können.

Des Weiteren müssen Grundlagen für effektive Produktionsmethoden zur Generierung von intelligenten hochauflösenden Virtual Environments entwickelt werden. Diese Erkenntnisse sollen anschließend in verwertbare Produktionsstrategien für den Einsatz von VEs im Unterhaltungs- und Bildungsbereich umgesetzt werden.

„Reality Crossing – Die verkannte Gefahr"
© Prof. Dr. Bernd Willim, 1990-2001

"Reality Crossing" ist eine Wortschöpfung von mir aus dem Jahr 1990 und Bestandteil der Grundlagenforschung am **"Virtual World Design Lab"** der *GERMAN FILM SCHOOL* und der angewandten Forschung von *CYBERLINE Research.*

Forschungsziel:
Durch wissenschaftlich fundierte Untersuchungsreihen sollen die Gefahren, die durch das Reality Crossing nach längerem Aufenthalt in Virtual Environments (computer-generierten Umgebungen)

auftreten können, belegt werden. Bezogen auf das Design von virtuellen Welten sollen Lösungen erarbeitet werden, wie es ggf. zu einer schnelleren Trennung der beiden Ebenen im Gehirn kommen kann, bzw. welche Vorsichtsmaßnahmen zukünftig getroffen werden müssen.

„Virtual Intelligence – Neuer Forschungszweig der KI"

© Prof. Dr. Bernd Willim, 2001

Dieser neue Forschungszweig ist ein F&E-Projekt des **"Virtual Intelligence Lab"** der *GERMAN FILM SCHOOL* in Zusammenarbeit mit *CYBERLINE Research.*

Forschungsziel:

Entwicklung einer VI-Engine (VI = Virtual Intelligence), bestehend aus einem Sprach- und einem Bildanalyse-Modul, die scheinbar vorhandene menschliche Intelligenz für Virtual Humans simulieren. Zum einen reagiert der virtuelle Charakter auf Sprache. Antworten und Entscheidungen werden auf Basis des zur Verfügung gestellten Wissens und einfacher Erfahrungen getroffen. Zum anderen soll die VI-Engine die Körpersprache von Menschen analysieren. Eine solche Auswertung kann Entscheidungen maßgeblich beeinflussen.

„Synthetische Gefühle für virtuelle Menschen"

© Prof. Dr. Bernd Willim, 1992 -2001

Das SERA Project (Synthetic Emotion and Reaction Analysis for Artificial Residents) ist ein F&E-Vorhaben des **"Virtual Intelligence Lab"** der *GERMAN FILM SCHOOL* und *CYBERLINE Research.*

Forschungsziel:

Entwurf und Generierung einer Emotion Engine für gefühlsorientierte Kommunikation im Cyberspace. Dazu soll ein intelligentes Visualisierungsverfahren entwickelt werden, mit dessen Hilfe sich Artificial Residents in ihrer Körpersprache unterscheiden, aus dem Erlebten individuell lernen und ihr Verhalten selbständig danach ausrichten.

„Artificial Residents – Autonome Bewohner für das CyberNet"

"Artificial Resident" (AR) ist eine Wortschöpfung von mir aus dem Jahr 1990. ARs sind Bestandteil der Grundlagenforschung am "Virtual Intelligence Lab" der *GERMAN FILM SCHOOL* und der angewandten Forschung von *CYBERLINE Research.*

Forschungsziel:
Entwicklung eines vereinfachten, parameter-orientierten Modellierungsverfahrens, unter Einsatz neuester Software zur Generierung von Virtual Humans, für ARs und die Abstimmung der körperlichen Bewegungen auf die zu implementierende VI-Engine (Virtual Intelligence) und Emotion Engine. Dadurch soll eine ansatzweise gefühlsorientierte Kommunikation mit den ARs möglich werden.

Futuristisches Forschungsvorhaben

„Virtual Movies – Die Zukunft des Kinos"

ungefähr 2020

Das Virtual Movie Project ist ein F&E-Vorhaben des "Virtual World Design Lab" der *GERMAN FILM SCHOOL* in enger Zusammenarbeit mit *CYBERLINE Research.*

Forschungsziel:
Aufstellung eines Katalogs mit dramaturgischen Richtlinien für eine neue "Filmsprache", die Lösungsansätze und Gesetzmäßigkeiten für die digitale Produktion von Virtual Movies – von immersiven computer-generierten Spielfilmszenarien – bietet. Des Weiteren muss eine einheitliche Startplattform für Virtual Movies definiert werden.

3. Das Forschungsprojekt „*MERKABA – Virtual Cockpit*"

Während meines *Mallorca*-Urlaubs 2001 im Ferienhaus meiner Schwester war ich durch das Buch „*Die Stargate-Verschwörung*" von *Andreas von Rétyi* auf die Idee gekommen, einen Simulator für

Reisen in virtuelle Welten zu konzipieren. Es inspirierte mich ungemein, über diese Idee nachzudenken und daraus ein Projekt zu entwickeln. Diese neue Idee könnte ein tolles Forschungsprojekt für die *GERMAN FILM SCHOOL* werden und zukünftig vielleicht sogar die Geburtsstunde von *Virtual Entertainment* werden. Ich war begeistert, geradezu euphorisch, von den vielseitigen Unterhaltungsmöglichkeiten und Lernumgebungen, die sich in meinem Kopf auftürmten. Das Projekt nannte ich in Anlehnung an die Ausführungen in diesem Buch „*MERKABA – Virtual Cockpit*".

3.1 Die Geschäftsidee

Die geheime Suche nach Raum-Zeit-Schleusen

Die Beherrschung von Raum und Zeit gehörte über Jahrtausende zum Geheimwissen der Ägypter. Das Land der Pharaonen verfügte in seiner Hochzeit über Grenzwissen, das aber nach dem Untergang dieser einzigartigen Kultur verloren ging.

Noch heute suchen angeblich mächtige Freimaurer-Logen, Geheimdienste und amerikanische Militärs sowie beteiligte Konzerne in den beiden top-secret Militäranlagen „*Area 51*" und „*S-4*" in *Nevada* nach diesem Geheimwissen. Von größtem Interesse sind dabei die Baupläne für einen Raumgleiter namens „**Mer-Ka-Ba**". Dieses Raum-Zeit-Gefährt wird in alten Schriften beschrieben. Jede Gruppierung möchte über das Wissen der Raum-Zeit-Beherrschung und die damit verbundenen geheimnisvollen Sternentore, sogenannte **Raum-Zeit-Schleusen**, alleine verfügen. Die Suche und die Behinderung anderer Forscher und Ägyptologen, die nicht zu diesem ausgesuchten Kreis der Eingeweihten gehören, gehen im Verborgenen weiter. Die Öffentlichkeit wird darüber im Dunkeln gelassen, denn Wissen ist Macht, und die Technik des Raumgleiters *Merkaba* sowie die der Sternentore wären ein ungeheurer Wissensvorsprung gegenüber anderen – vielleicht sogar der Schlüssel zur Eroberung der Galaxis?

Während die einen die Baupläne für die *Merkaba* suchen, werden wir sie bauen und in virtuelle Welten fliegen lassen, wo sie eines Tages auch simulierte Raum-Zeit-Schleusen passieren können. Kein Abenteuer wird dann unmöglich sein:

Live your fantasies and explore virtual life!

Immersive Unterhaltung ist derzeit noch nicht möglich

Trotz der hohen Interaktionsmöglichkeiten heutiger Computerspiele haben die Spieler nach wie vor nur über einen kleinen Monitor Kontakt zur digitalen Welt. Sie haben keine Möglichkeit, die Abenteuer immersiv zu erleben. Da die jüngeren Generationen fast alle mit Science-fiction-Romanen und -Filmen aufgewachsen sind, geht der große Traum vom Fliegen und Steuern interplanetarer Raumkreuzer mittels Computerspiel nur bedingt in Erfüllung. Der Wunsch, per Raumgleiter zu einem Planeten zu reisen, Raumabenteuer zu erleben und auf einem interstellaren Raumkreuzer anzuheuern, oder auch nur unseren blauen Heimatplaneten vom Weltraum aus live zu betrachten, ist in der Realität für die meisten Menschen unerreichbar.

Seit Jahrzehnten inszenieren daher die großen Hollywood-Studios für Millionen von Science-fiction-Fans ersatzweise mit Hilfe von Spezialeffekten aufwendige und bisweilen atemberaubende 90-minütige Weltraumabenteuer für das Kino. Für diejenigen, die nicht nur zusehen wollen, sondern auch selbst aktiv werden möchten, entwickelt die Computerspiel-Branche seit Jahren Games mit immer aufwendigeren digitalen Filmsequenzen. Eine weitere Steigerung stellen Motion Rides in Themenparks dar. Auf einer Bewegungsplattform sitzend, erleben die Zuschauer rund 4,5 Minuten lang hautnah eine rasante Fahrt durch Tunnel, Straßen, versunkene Städte oder das Weltall. Dabei sind die Bewegungen des Simulators auf die Kamerafahrten auf der Großbildwand abgestimmt und synchronisiert. Dadurch bekommen die Zuschauer das Gefühl, am Geschehen direkt teilzuhaben. Trotzdem bleibt der Traum, ein solches Flugabenteuer selbst zu bestehen.

Die Entwicklung eines persönlichen High-end-Simulators

Was fehlt, ist ein für Privatpersonen bezahlbarer Hochleistungs-Simulator für den Einsatz in virtuellen Welten. Denn eine wirklichkeitsnahe Reise- und Navigationsmöglichkeit durch hochauflösende Virtual Environments gibt es bisher nur in High-tech-Simulatoren, die seit über 30 Jahren für das militärische und zivile Training von Flug- und Fahrzeugen gebaut werden. Sie sind aufgrund ihrer Realitätsanforderungen im Reaktionsbereich und ihrer geringen Stückzahl (oftmals maximal 20 Exemplare) äußerst teuer. Denn beim Training geht es um die spätere Sicherheit von menschlichem Leben und den Erhalt der teuren Flugzeuge. Der Kaufpreis liegt je nach Typ und Anforderung im Bereich mehrerer Millionen Euro. So gibt es beispielsweise für Trainingszwecke Flugsimulatoren, Bahn- und Schiff-Simulatoren, U-Boot-, Panzer- und Fahrzeug-Simulatoren.

Im Unterhaltungsbereich hingegen werden wesentlich größere Stückzahlen abgesetzt, wodurch der Verkaufspreis drastisch sinkt. Spielhallensimulatoren gibt es seit ungefähr 20 Jahren, in der Regel auf einer Bewegungsebene. Sie kosteten Anfang der 1990er Jahre rund 35.000 Euro, heute kostet ein Ski-, Wellenreiten- oder Fahrsimulator zwischen 22.000 und 44.000 € (als Zweisitzer). Sie sind allerdings in ihrer Anwendung und ihrer Wirkung im Vergleich zu den Trainings-Simulatoren erheblich eingeschränkt.

Ein realer Raumgleiter für den Einsatz in virtuellen Welten

Der Kern des Raumgleiters *MERKABA* wird aus einem physikalisch/virtuellen Cockpit bestehen, das in einem futuristisch gestalteten realen Flugkörper eingebaut ist. Als Plattform zur Bewegungsgenerierung dient hydraulische Simulatorentechnik. Die computer-generierten 3D-Welten (Virtual Environments) werden im Inneren des Raumgleiters auf ***OLED***-Monitoren und auf einer Großbildfläche wiedergeben, die als scheinbare Fenster in die Außenwelt fungieren.

In diese Virtual Environments kann der Anwender mit seinem futuristischen Raumgleiter „eintauchen" und dort absolut realistisch interagieren. Lediglich simulierte physikalische Beschränkungen werden dem Piloten auferlegt. Er kann als Beobachter agieren oder auch stellenweise das Szenario beeinflussen. Nähert er sich beispielsweise unbemerkt einer Dinosaurierherde von oben, kann er sie minutenlang beobachten, fliegt er zu hastig an sein Ziel heran, flüchten die Tiere aufgrund des Fluglärms.

Das Generieren von solchen „intelligenten" Szenarien ist sehr zeitaufwendig und bedarf einer gewissen Erfahrung sowie Wissen über die Gesetzmäßigkeiten des Designs von virtuellen Welten. Dieses zum Teil noch fehlende Know-how sollte über die Zusammenarbeit mit den Forschungsinstituten für „Virtual World Design" und für „Virtual Intelligence" der *GERMAN FILM SCHOOL* parallel zur visuellen Umsetzung erforscht werden. Aufgrund der durch das *Brandenburgische Wissenschaftsministerium* verursachten Insolvenz wird *CYBERLINE* diesen Part selbst fortsetzen.

Die Umsetzung folgender Explorationswelten wäre interessant:

Weltraum

- Besuch der ESS (European Space Station)
- Reise durch das Sonnensystem mit der Möglichkeit der Ansteuerung verschiedener Planeten, Monde, Kometen bzw. Asteroiden (Stufe 1)
- Reise durch die simulierte Milchstrasse (Stufe 2)

- Reise durch bekannte simulierte Galaxien (Stufe 3)
- Outerspace Adventure: Kollision mit Raumbasis der „Toraner“

Prähistorische Welten
- Entstehung der Erde
- Bildung der Kontinente
- Entstehung des Lebens
- Unter Dinosauriern – Das Ende der Riesenechsen
- Urwälder in der Frühzeit der Erdgeschichte
- Leben mit Urmenschen in verschiedenen Klimazonen

Die Antike
- Das alte Ägypten – am Hof der Pharaonen
- Besuche bei den Inkas und Mayas
- Die Sumerer – Hochkultur in Mesopotamien
- Der Kampf um Troja
- Griechische und römische Kultur ganz nah

Irdische Phänomene und Bauwerke
- Vulkanausbrüche, Erdbeben
- Wirbelstürme, Tsunamis
- Asteroideneinschlag
- Reisen im Nanobereich (z.B. im menschlichen Körper)
- Besuch der sieben Weltwunder der Antike

Produktpräsentation als Auftragsproduktion
- in Abhängigkeit vom Auftraggeber können Produkte jeder Art präsentiert werden

Das ultimative Abenteuer (Die Raum-Zeit-Schleuse)

Beispiel I: Perry-Rhodan-Universum (Modulare Serie)

1) Einweisung in die Regeln dieser Welt (Hilfestellungen während der Missionen vom Bord-Computer als Gedächtnisstütze und Frühwarnsystem, akustisch und auf Kontroll-Bildschirm)

2) Erkundungs-Modul zur Eingewöhnung, zur Etablierung des neuen Mitglieds
3) Persönliche Audienz bei Perry Rhodan
4) Persönliche Mission / Intergalaktische Abenteuer
5) Reise durch unsere Milchstrasse (detailgenaues Anfangsprojekt)

Beispiel II: Star-Trek-Universum (Modulare Serie)

1) Einweisung in die Regeln dieser Welt (Hilfestellungen während der Missionen vom Bord-Computer als Gedächtnisstütze und Frühwarnsystem, akustisch und auf Kontroll-Bildschirm)
2) Erkundungs-Modul zur Eingewöhnung, zur Etablierung des neuen Mitglieds
3) Persönliche Audienz bei Captain Kirk
4) Persönliche Mission / Intergalaktische Abenteuer

Beispiel III: Zeitreise in die Steinzeit – Ein etwas ausführlicheres Exposé

1) Vorbereitung im Cockpit

- Der Computer errechnet die Daten für die Zeitreise durch die Raum-Zeit-Schleuse.
- Lebenswichtige Erläuterung des Zeitreisesystems: Was muss unternommen werden, wenn das Rückholsystem ausfällt? Wo landet man, welche Schutzmaßnahmen müssen getroffen werden? Wann darf in Ereignisse eingegriffen werden und wann nicht?
- Der Merkaba-Pilot (Mitglied in der Space Pilot Association der Merkaba Society) bekommt in einem 15-minütigen Einführungsfilm durch einen weiblichen oder männlichen Instruktor mittels Plänen und Zeichnungen einen Eindruck von dem, was ihn erwartet. Da noch keiner dort war, gibt es keine Bilder. Der Auftrag lautet daher, von dieser Expedition in die Vergangenheit unbedingt Fotos und Filmaufnahmen mitzubringen.

2) Die Reise beginnt

- Reise zum Sternentor, Kommunikation mit dem Tower der **CYBERLINE Space Mission Control** (C.S.M.C.)
- Wartezeit in der „**Bar of the Outer Space Travellers**" des Stargate-Hangars. Aussteigen ist unmöglich, da zu gefährlich. Aber man wird per Kamera an eine virtuelle Theke projiziert, wo man mit anderen Piloten und extraterritorialen Händlern kommunizieren kann, die alle möglichen Abenteuer zu erzählen haben.

- Signal kommt. In 5 Minuten ist ein Time Slot (interstellares Zeitfenster) frei. Verabschiedung von Hangar-Chef und Tower-Besatzung. Vorbereitungen müssen getroffen werden. Eintauchen in den Sog des Sternentors (Rütteln, Rauschen, Lichterflackern, grelle Blitze, Dauer ca. 60 sek., visueller Wirbel, Töne der Bord-Computer-Stimme verzerren).

3) Das Abenteuer in einer Welt vor unserer Zeit

- Nach der Reise durch das Sternentor befindet sich die Merkaba in einer fetten Nebelbank. Es ist 5 Uhr morgens, der Nebel lichtet sich nur allmählich. Die Bord-Systeme fahren automatisch wieder hoch und befragen den Piloten. Zur Sicherheit und Orientierung in der fremden Umgebung werden die Außenmikrophone aktiviert. Dadurch bekommt der Pilot den auditiven Eindruck vermittelt, dass er sich persönlich ohne den Schutz seines Raumgleiters mitten in dieser fremden Welt befindet.
- Als der Nebel sich lichtet befindet sich die Merkaba mitten in einem Stammesheiligtum, einer Kreisgrabenanlage für steinzeitlichen Sternenkult.
- Da die Automatik ausgefallen ist, muss der Pilot dem Bord-Computer durch Drehen des Cockpits um 180 Grad nach rechts und 180 Grad nach links Außenansichten liefern (zusätzlich gibt es 4 oder 8 integrierte Außenkameras, die einzeln angesteuert werden können).
- Die Merkaba ist aus technischen Gründen nach einer Zeitreise für 10 Minuten flugunfähig. Nach 5 Minuten kann sie aber schon einen Schutzschirm aufbauen. Der Tarnkappeneffekt ist erst nach 15 Minuten möglich.
- usw. …

Die Zielgruppe / die Hypothese

Es gibt weltweit über 100.000 innovationsfreudige Käufer, die bereit sind, für rund 150.000 € das ultimative Abenteuer in Form eines futuristischen Raumgleiters zu kaufen, um in virtuellen Welten hautnah Abenteuer, Abwechslung und Entspannung zu erleben.

Zur Zielgruppe gehören vorrangig männliche Käufer, die mit Computerspielen aufgewachsen sind. Die Eltern der Käufer bzw. die Käufer selbst verfügen über ein jährliches Einkommen von über 250.000 €. Das Alter der Kernzielgruppe liegt zwischen 14 und 54 Jahre. Sie sind technisch interessiert, lieben große Autos, Boote, exklusive Reisen, Motorräder und sind abenteuerlustig, Frühadopter, SF-Fans, Kinogänger. Die wohlhabenden Käufer der Zielgruppe leben vorrangig in Japan, USA und Europa sowie in den Scheichtümern und arabischen Emiraten.

Mit entsprechenden PR- und Marketing-Maßnahmen und einem Vertriebspartner aus der Luxus-Automobilbranche halte ich folgende Verkaufszahlen für realisierbar: Innerhalb von fünf Jahren könnten mindestens 100.000 *MERKABA*-Systeme zum **Bruttopreis** von 150.000 € abgesetzt werden.

3.2 Versuche der Umsetzung

Ein Jahr später begannen wir an der *GERMAN FILM SCHOOL* und am *CYBERLINE Research Institute* mit angewandter Forschung und Entwicklung (F&E) mit dem Ziel, auf dem Papier und im Rechner einen persönlichen High-end-Simulator mit dem Markennamen ***MERKABA*** zu konzipieren. Zielsetzung war, einen ergonomisch robusten und wartungsarmen High-tech-Simulator mit intelligenter Benutzeroberfläche für den Langzeiteinsatz in *Virtual Environments* zu entwickeln.

In den ersten beiden Jahren wurde eruiert, ob es technisch möglich ist, bereits 2008 mit einem High-end-Simulator auf den Markt zu kommen.

Da sich nur wenige Menschen ein solches High-tech-Gerät leisten können, sollte in der zweiten Phase der Entwicklung eine Version basierend auf einer *VR-Brille* (HMD) neuester Technologie und einem *Motion Seat* entwickelt werden. Das Cockpit des Simulators würde in dieser Variante fast komplett virtuell sein, – daher auch die Zusatzbezeichnung des Forschungsprojektes „*Virtual Cockpit*".

In den beiden Forschungs-Labs für „*Virtual World Design*" und „*Virtual Intelligence*" der *GERMAN FILM SCHOOL* wurden seit 2003 grundlegende Regeln für den Aufbau von VEs aufgestellt und erforscht. Zielsetzung war, sich mit der Entwicklung von VEs auf Basis der gewonnenen Erkenntnisse aus der Grundlagenforschung an dem „*Virtual-Cockpit*"-Projekt zu beteiligen.

Das „*Virtual Cockpit*"-Projekt ist vor allem für Computerspieler und Science-fiction-Fans interessant. Diese können durch die Entwicklung eines persönlichen Hochleistungssimulators interaktiv in computeranimierte dreidimensionale Umgebungen eintauchen und zum Beispiel bei einer Reise durch den menschlichen Körper neue Erkenntnisse gewinnen oder durch das simulierte Weltall reisend, virtuelle Abenteuer erleben. Zum anderen ist das Projekt aber als profitables Angebot für den Bereich „*Virtual Entertainment*" und auch für die Simulatorindustrie interessant. Ein besonders wichtiges Feld für die Generierung von autonomen (selbstständig agierenden) 3D-Charakteren ist die Forschung im Bereich „*Virtueller Intelligenz*", einem persönlichen Steckenpferd von mir.

Im Bereich VR-Forschung befassten wir uns von 2003 bis 2007 nicht nur mit dem bisher unzureichenden Einsatz von *immersiven Virtual Environments*, sondern gingen auch neue Wege. So wurde unter anderem erforscht, inwieweit es möglich ist, scheinbar intelligente Szenarien zu entwickeln, die von einer Story „umgarnt" werden und die es dem Piloten ermöglichen, in die imaginäre Welt mit all seinen Sinnen einzutauchen. Im Focus standen die Entwicklung von Algorithmen für die Steuerung intelligenter 3D-Umgebungen und Storytelling-Methoden für die Steuerung der Handlung in *intelligenten Virtual Environments*.

Unsere Marktrecherche und Konkurrenzbeobachtung hatte 2005 folgendes ergeben:

1)

Seit Jahrzehnten gibt es Hochleistungssimulatoren, die unter anderem erfolgreich für die Ausbildung von Piloten, Kapitänen, Straßenbahnführern und Panzerfahrern eingesetzt werden. Sie kosten in der Regel mehrere Millionen Euro, da sie nur in geringen Stückzahlen gebaut werden. Es gibt aber durchaus auch kleinere Übungssimulatoren für rund 150.000 €.

2)

Seit rund 15 Jahren werden Simulatorkabinen erfolgreich in Freizeitparks für sogenannte *Motion Rides* eingesetzt. Diese virtuellen Abenteuer dauern maximal fünf Minuten. Eine Bewegungsplattform bewegt und rüttelt die Insassen synchron vor einer Bildwand durch, auf der rasante Kamerafahrten durch ein reales oder computer-generiertes Szenario zu sehen sind.

3)

In Spielotheken (Arcades) stehen seit rund 20 Jahren Simulatoren für Autorennen, Luftkämpfe, Wellenreiten, Ski-Springen etc. Sie kosten um die 40.000 €.

4)

Computerspiele haben mittlerweile dank der hochentwickelten Grafikkartentechnologie der Hersteller „*ATI*" und „*NVIDIA*" eine optische Qualität in der Komplexität der 3D-Szenarien und bei den Bewegungen der virtuellen Darsteller erreicht, die vor wenigen Jahren noch als undenkbar galt. Trotz des enorm hohen Grades an Interaktivität, befinden sich die Spieler nur mental im Spiel. Ein echter immersiver Eindruck, dass man von der Spielumgebung eingehüllt ist und sich körperlich mittendrin befindet, kann auf dieser Ebene nicht vermittelt werden. Ein großes Manko ist außerdem, dass die Spieleentwickler lieber das Rad zum zweiten Mal neu erfinden, als mit Simulatorherstellern zu kooperieren und deren Know-how zu nutzen.

5)

Es existieren weltweit verschiedene Anbieter von Simulatorkabinen für Freizeitparks. Des Weiteren gibt es Anbieter, wie die Firma „*pinkau*“ in Deutschland, die für Messe-Events und andere Gelegenheiten VR-Szenarien entwickeln und auf Simulatoren abstimmen.

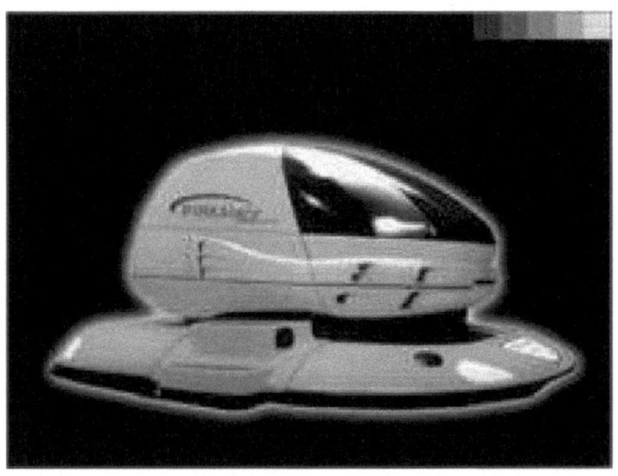

Simulatorkabine © *pinkau,* 2005

6)

Die *Fraunhofer Gesellschaft* befasst sich seit Anfang der 1990er Jahre mit der Virtuellen Realität, aber vorrangig für die industrielle und technische Nutzung. Eine Ausnahme stellt das von *Prof. Dr. José Encarnacao* initiierte „*Cybernarium*“ in *Darmstadt* dar. In dieser Einrichtung werden interessierten Bürgerinnen und Bürgern die Möglichkeiten und Vielseitigkeit von VR näher gebracht.

7)

Mein Ansatz, vorhandene Technologien einzusetzen, mit Know-how-Trägern zu kooperieren und zukünftige Entwicklungen mit einzukalkulieren, würde es ermöglichen, die übernächste Generation von Computerspielen zu entwickeln.

8)

Bei unseren Recherchen haben wir keine Vorhaben gefunden, die mit einem Hochleistungs-Simulator im Bereich *Virtual Entertainment* stundenlanges Reisen und Interagieren zum Ziel haben.

Mit Sicherheit wird darüber längst auch bei *Microsoft* und anderen Majors nachgedacht. Bei *SONY* setzt man ganz klar auf den Massenmarkt. Dieser ist mit der *MERKABA*-Technologie aber erst über den Markterfolg der persönlichen High-end-Simulatoren erreichbar.

9)
Was Lizenzen und Patente anbetrifft, so müssen wir mit Sicherheit solche nutzen und dafür zahlen. Aber wir werden bei Zeiten auch eigene Patente anmelden und Software-Lizenzen verkaufen. Außerdem ist vorgesehen, dass auch Fremdfirmen in Lizenz für *MERKABA* eigene *Virtual Environments* auf Basis eines von uns vorgegebenen Anforderungskatalogs entwickeln und produzieren können.

10)
Mit dem deutschen Systemführer auf dem Gebiet der Sichtsimulation *„Atlas Elektronik AG"* (die Abteilung wurde später ausgegliedert und heißt seitdem: *Rheinmetall Defence Electronics GmbH*) aus *Bremen* wurden bereits 2004 Gespräche geführt, um deren Know-how mit in das *MERKABA*-Projekt einfließen zu lassen. Von beiden Seiten wurde großes Interesse an einer Zusammenarbeit signalisiert und in einer schriftlichen Absichtserklärung fixiert.

***

Insgesamt war das Ergebnis unserer Untersuchungen positiv, nur die Finanzierung des ambitionierten Vorhabens blieb bisher aus. Die Kosten für fünf Jahre F&E wurden auf rund 93,5 Mio. € veranschlagt. Die Zeit und Arbeit, die ich und unser Hochschulkanzler *RA Bernd Globig* in die Finanzierung steckten, war immens und gleichzeitig abenteuerlich. Auf dem Parkettt der Hochfinanz und Finanzjongleure haben wir sehr viel Spinner und Betrüger kennen gelernt. Darüber ließe sich ein eigenes Buch schreiben.

Im Laufe der folgenden Jahre konnten weitere Absichtserklärungen, sich an dem Forschungsvorhaben zu beteiligen, mit dem *Zentrum für Graphische Datenverarbeitung e.V.* sowie mit der *Fraunhofer Gesellschaft für Graphische Datenverarbeitung* in *Darmstadt* und mit der *Aquila GmbH* (Hersteller von Kleinflugzeugen) unterzeichnet werden. Auch die *Universität Konstanz* und die *Georg-Simon-Ohm-Hochschule* in *Nürnberg* sind an einer Kooperation interessiert.

Da wir das *MERKABA*-Projekt bis zur Insolvenz der *GERMAN FILM SCHOOL* Ende November 2007 nicht finanziert bekamen, möchte ich zumindest die Ergebnisse der Grundlagenforschung sowie meine Ideen und Vorstellungen in diesem Buch der VR-Branche zur Verfügung stellen.

3.3 Erste Ergebnisse nach zwei Jahren Forschung

Die folgenden Ergebnisse muss man unter dem Gesichtspunkt betrachten, dass sie ohne Budget und ohne wissenschaftliches Personal, das Vollzeit forschen könnte, während der laufenden Semester entstanden sind.

1)

2002 entwarfen auf Basis meiner Vorgaben die beiden Studenten *Alexander Hupperich* und *Marco Wilz* erste grafische Entwürfe. Daraus entstanden die ersten Design-Studien für einen Raumgleiter, aus denen das heutige *MERKABA*-Modell als Favorit hervorging.

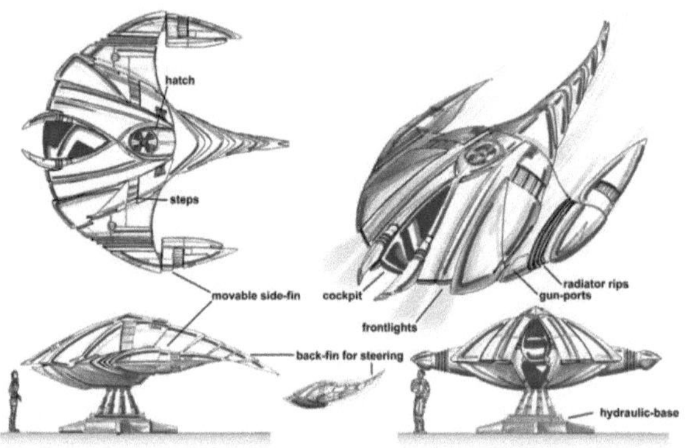

Design-Entwürfe der *MERKABA*

© *THE GERMAN FILM SCHOOL / CYBERLINE Research*, 2002

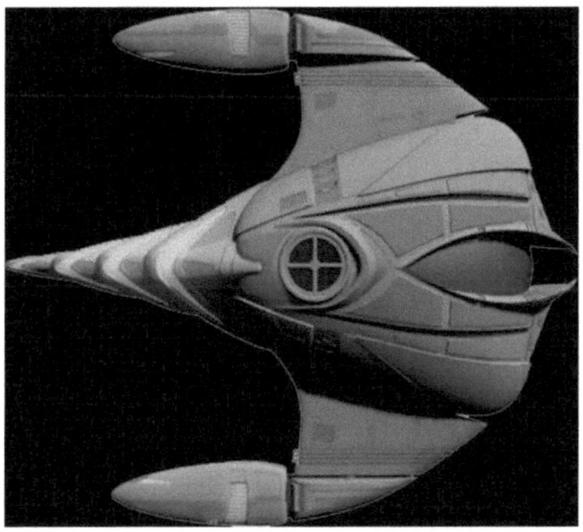

3D-Umsetzung der *MERKABA*

© *THE GERMAN FILM SCHOOL / CYBERLINE Research*, 2002

2)

Seit dem Sommersemester 2003 wurden neun hochauflösende *Merkaba*-Kurzfilme produziert, um einen kleinen Vorgeschmack auf das zu geben, was in Zukunft in Echtzeit möglich sein wird. Das heißt, in welcher optischen Qualität *MERKABA*-Piloten interaktiv mit ihrem Raumgleiter zukünftig operieren können.

"Body Travel" © *THE GERMAN FILM SCHOOL / CYBERLINE Research*, 2006

„Sea Adventure" © *THE GERMAN FILM SCHOOL / CYBERLINE Research*, 2004

3)

Im September 2004 wurde in *Berlin* die *„Merkaba Society"* zur Unterstützung des Vorhabens gegründet. Da es mit der Finanzierung nicht geklappt hat, gab es seitens der *Merkaba Society* auch keine Aktivitäten.

Diplomarbeiten zum Thema *Virtual Entertainment*

In den vergangenen fünf Jahren (2003 bis 2008) wurden an *der GERMAN FILM SCHOOL* unter anderem wissenschaftliche Arbeiten zu folgenden Themen verfasst:

„Anforderungen und Gesetzmäßigkeiten zur Generierung von Virtual Environments im Unterhaltungsbereich" von *Falko Jäger* (2003)

„Virtual Movies – Die Zukunft der Videospiele" von *Jan Schulze* (2003)

„Entwicklung eines Regelwerks zur Herstellung und Gestaltung eines Virtual Environments für den Entertainment- und Edutainment-Bereich" von *Tobias Wiegand* (2004)

„Untersuchung der Echtzeitfähigkeit von Budget-Grafikkarten“ von *Ulf Eickmann* (2004)

„Visuelle Gestaltungsmöglichkeiten für virtuelle Welten“ von *Christian Stanzel* (2004)

„Strukturierung und Gestaltungsmöglichkeiten eines MMORPG im Kontext von komplexen Systemen und nicht-linearer Dynamik“ von *Christian Miletzski* (2005)

„Red-Line Scout – Untersuchung der Möglichkeiten zur bewussten und unbewussten Steuerung von Anwendern in virtuellen Welten“ von *Christopher Meilinger* (2005)

„Untersuchung der Anforderungen von Mensch-Maschine-Schnittstellen für Entertainment basierte Anwendungen in virtuellen Welten“ von *Patrick Heumann* (2005)

„Virtuelle Dramaturgie – Entwicklung narrativer Konzepte für Virtual Environments“ von *Christian Reski* (2006)

„Untersuchung technischer und gestalterischer Gesichtspunkte in Bezug auf die menschliche Wahrnehmung beim Konsum von immersiven Entertainment-Anwendungen“ von *René Blumberg* (2006)

„Kostümierung von 3D-Darstellern – Untersuchung der Grundlagen und Bedeutung des Kostüm-Designs in Online Games“ von *Gabriele Kaiser* (2006)

„Untersuchung von Online-Rollenspielen im Hinblick auf eingesetzte Belohnungsstrategien zur Einbindung von Spielern in fiktive Welten“ von *Raoul Topi* (2007)

„Untersuchung des Einflusses medialer Emotions- und Affektlenkung mit Auswirkung auf Virtual Entertainment“ von *Sven Heck* (2007)

„Entwicklung eines Kontrollsystems zur Vermeidung von körperlichen und psychischen Schäden durch die übermäßige Nutzung von Simulatoren im Bereich Virtual Entertainment und Edutainment“ von *Gila Röhrig* (2007)

„Entwicklung eines Anforderungskatalogs für die Produktion und das Design von Spielebenen und virtuellen Welten“ von *Christian Hercher* (2007)

„Entwicklung eines Anforderungskatalogs für ein ergonomisch angepasstes Eingabegerät für die Steuerung eines Avatars in immersiven virtuellen Welten" von *Andreas Metzen* (2008)

„Untersuchung zur Standardisierung von Parametern bei der Entwicklung von universell einsetzbaren Avataren" von *Judith Barnekow* (2008)

4. Simulatortechnik

Unter Simulatoren versteht man im Zusammenhang mit dem Thema dieses Buches in sich geschlossene Kabinen, die mit Bildschirmen oder Leinwänden, einem Soundsystem und einer Bewegungsplattform ausgestattet sind.

Bislang ist der größte Teil der im Entertainment eingesetzten Simulatoren nicht interaktiv steuerbar. Bei den im Virtual Entertainment eingesetzten handelt es sich eher um abgespeckte Varianten der großen Action-Kino-Plattformen, auf denen man sogenannte Motion Rides erleben kann.

Da interaktive Simulatoren jedoch andere Anforderungen an die Hardware stellen, liegen diese größtenteils auch in einer wesentlich höheren Preisklasse. Im Gegensatz zu Motion Rides müssen diese Simulatoren direkt und ohne Verzögerung auf die Eingaben des Benutzers reagieren und die entsprechende Bewegung berechnen und umsetzen. Im Folgenden werden einige Beispiele interaktiver Simulatoren aufgeführt, die in Spielhallen, Shopping Malls oder Freizeitparks zu finden sind.

MaxFlight: FS2000 Two Seat Flight Simulator

AMST: Disorientation Trainer

AIRFOX® FNPT II

HAUPTKOMPONENTEN

- ein Sockel, bestehend aus einer hydraulisch bewegten Plattform mit sechs Freiheitsgraden (DOFs) und zusätzlichen Achsabweichungen
- eine Kabine, beinhaltend eine Flugzeugcockpit-Attrappe einschließlich des AMST-Kollimator-Displays, Steuerungsinstrumente für den Erstflug und weitere notwendige Instrumente und Computer-Hardware
- eine Kontrollstation, welche die Computer Hard- und Software enthält, den Operator-Arbeitsplatz, elektrische Schaltungen und ein Audio/Video-Aufnahmesystem.

VISUELLE STEUERUNG & SOUND-SIMULIERUNG

- Tages-, Dämmerungs- und Nachtsichtsystem mit verschiedenen Flughafenszenarien
- Duales kollimiertes visuelles Anzeigesystem, welches ein Feld von 45° x 30° als Frontscheibe für Pilot und Copilot anzeigt.

- Hoch entwickelte elektrische Kontrollsysteme für die primäre Flugüberwachung
- Elektrisches Regelsystem für die Einstellung der Gleichgewichtslage, Neigungswinkel und die Rollbewegung, Einstellrad für Ruder und Fußbremse.
- Digitales Soundsimulationssystem für Motor, Fluggeschwindigkeit, Aufsetzen (touch down) und anderen Soundeffekten.
- Selbständiger Arbeitsablauf (stand alone) nach Installation beim Kunden.
- Mobile 20 ft (ca. 610 cm) Container-Version für Innen- und Außenbetrieb mit voller Klimatisierung, integriertem Besprechungsraum und eingleisigem Starkstromanschluss.

4.1 Anforderungen an einen persönlichen High-end-Simulator

Am Beispiel des geplanten *MERKABA*-Simulators werden in diesem Kapitel Anforderungen an die technische Seite und die Möglichkeiten für die Interaktion aufgeführt. Weitere Konstruktionsdaten entnehmen Sie bitte dem Anhang.

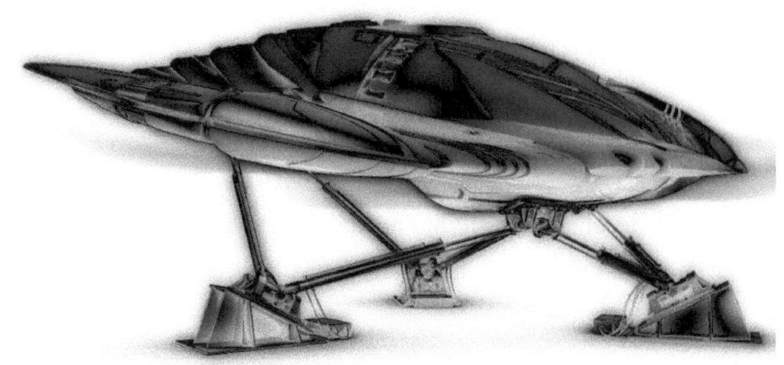

MERKABA*-Simulator © *CYBERLINE Research, 2003

Die ***MERKABA*** ist ein geschlossener Simulator, der Platz für bis zu drei Personen bietet und auf einer ***Motion-Base*** (siehe auch II, 3.2.2) montiert ist. Alle Manöver, die der Pilot in der virtuellen Welt fliegt, werden entsprechend der jeweiligen Situation in einem sogenannten ***Immersive Virtual***

Adventure mit Hilfe der Motion-Base simuliert. Die ***Virtual World Pilots*** sitzen auf sogenannten ***G-Seats*** (siehe auch II, 3.2.2), welche eine erweiterte Simulation der virtuellen Beschleunigungen ermöglichen.

Dargestellt wird die virtuelle Umgebung auf modernen Flachbildschirmen, die an die Innenwände des Simulators montiert werden und zukünftig über eine hauchdünne, biegsame Farbdisplay-Folie, die die Windschutzscheibe ersetzt. Bevor die Folien-Display-Technik einsatzreif ist, wird man sich mit OLED-Technologie oder einem Beamer für das Hauptfenster behelfen müssen.

Durch das integrierte Design und die hochauflösende Grafik soll der Benutzer nicht bewusst mitbekommen, dass er vor Bildschirmen in einem Simulator sitzt. Da die dargestellte Welt in sich konsistent ist und ohne Nachladezeiten interaktiv erforschbar sein soll, werden schnelle Prozessoren und Festplatten benötigt, die in Echtzeit die erforderlichen Daten liefern können. Zudem müssen alle Bilder in Echtzeit gerendert werden und in **HD** (***High Definition***) auf den Bildschirmen darstellbar sein. Die Grafik-Engine muss fähig sein, riesige Outdoor-Landschaften und gleichzeitig eine große Menge an Geometrie und einzelnen Objekten berechnen und verwalten zu können.

Durch das Interface-Design soll dem Anwender ein im höchsten Maße immersives Erlebnis geboten werden. Aufgrund des dadurch eintretenden hohen Präsenzgefühls können sich die *MERKABA*-Piloten, ungestört von äußeren Einflüssen, perfekt auf die Story und das Abenteuerszenario einlassen.

Jeder Simulator sollte über einen Internet-Zugang als Grundausstattung verfügen und mit ADSL-3-Technik (bzw. mit der aktuellen technischen Version) für die Datenübertragung mit 16 Mbit/s ausgestattet sein. Aus Sicherheitsgründen ist der Zugang nur mit einem vom System unabhängigen Rechner möglich.

Für die Außenhülle des Flugobjekts sollte eine stabile Kunststoffverbindung, wie sie auch für Boote und Flugzeuge verwendet wird, eingesetzt werden.

Es sollte keine Gebrauchsanweisung beifügt werden, denn das System erklärt sich selbst (in deutscher, englischer, französischer, italienischer, spanischer, japanischer oder arabischer Sprache) und muss – wie bei einem Autoführerschein – durch ausgiebiges Training erlernt werden. Eine Online-Prüfung ist Voraussetzung, um den Raumgleiter tatsächlich fliegen zu können.

Fehlerüberprüfung und das Checken des Abnutzungsgrades erfolgen ebenfalls Online. An die anstehenden Online Checks erinnert der Bord-Computer automatisch. Lediglich analoge Mängel werden vor Ort repariert.

Prozessoren

Um eine High-end Grafikkarte bzw. mehrere im Parallelbetrieb mit ausreichend Daten versorgen zu können, bedarf es einer neuen Prozessortechnik. Bei der „Merkaba" kommen neben den Berechnungen der Geometrie noch die Berechnung für die Steuerung der Motion-Base, des 3D-Sounds, des G-Seats und diversen anderen Sub-Systemen hinzu.

Steuerung und Hydraulik

- Horizontal schwenkbare Seitenflügel (statt Rotor) mit greller weiß-bläulicher Lichtquelle als optische Simulation für die Antriebsbrenner.
- Ein Bewegungsmelder registriert Anwender vor dem Einstieg und aktiviert das Cockpit.
- Eine kleine Videokamera liefert visuelle Informationen an ein Mustererkennungssystem (Biometrie-Scanner), das wiederum feststellt, ob es sich um einen autorisierten Piloten handelt. Dann erst öffnet sich die Einstiegsluke (alternativ: über Code-Eingabe). Somit könnte beispielsweise eine unbefugte Nutzung generell oder zu bestimmten Zeiten verhindert werden (Kinderkontrolle).
- Drei individuell einstellbare Pilotensitze. Der mittlere ist etwas nach vorn positioniert, die beiden anderen Sitze befinden sich jeweils seitlich davon.
- Vier-Punkt-Gurte und bequeme Beinauflagen mit gepolsterten Sicherungsgreifern für Unter- und Oberschenkel zur Stabilisierung bei gefährlichen Manövern, Fußabstützung.
- Bequeme Armauflage mit funktionalen Steuerungseinheiten. Die Arme liegen auf gepolsterten Ablagen, die Hände umfassen die Steuerungseinheiten (auch für Linkshänder erhältlich):
    - Eine Kunstfaust, in deren Fingerzwischenräumen Sensorflächen eingearbeitet sind, die auf Druck reagieren, sowie eine Rotationssensorik, mit der die horizontale Fluglage der MERKABA bestimmt werden kann.
    - Einen Steuerhebel, mit dem die vertikale Fluglage und die Geschwindigkeit bestimmt wird, sowie weitere Tasten zur Aktivierung von Scheinwerfern, Bremsfallschirmen, Hyperspeed und Beamen.
- Wartungsfreies TÜV-geprüftes Hydraulik-System. Höhenunterschied bis maximal zwei Meter, horizontale Verschiebung maximal zwei Meter von der Ausgangslage (Ruheposition) aus.

- Vorrichtungen für den Notfall: Notschalter, Feuerlöscher, Erste-Hilfe-Set.
- Intelligente Benutzeroberfläche, durch die der Benutzer mit Hilfe einer Reihe unterschiedlicher Sensoren (eigener und der Maschine zugehöriger) seine Absichten artikulieren oder auswählen kann.
- Wartungsfreie Motion-Base mit sechs DOFs.

Sicht- und Sound-System

- Physikalischer Panorama-Screen mit Frontalprojektion 160 Grad (ähnlich wie „*VisionStation*" von *Elumens*) ca. 1,50 m hoch x 3 m breit. Die Projektion kommt aus dem Cockpit heraus auf die Bildwand (= Sichtfenster des Raumgleiters)
- Transparentes Sichtsystem in Form eines Head-sets für virtuelle Zusätze im Cockpit.
- Sound über Kopfhörer und/oder externe Boxen am Kopfende des Sitzes sowie im Cockpit (für Surround Sound).
- Funkverbindung zum Tower und zum Computer-Log-Buch per Head-set.
- Neben einer manuellen Steuerung gibt es auch eine eingeschränkte Sprachsteuerung, mit der das Erkennen und Verstehen eines Gesprächs im Rahmen einer personalisierten interaktiven Umgebung möglich ist.
- Ein virtueller Co-Pilot (Personal Agent) kommuniziert auf zweierlei Arten mit dem Piloten: durch Abspielen einer aufgenommenen Stimme oder durch künstliche Erzeugung dieser Klänge mit Hilfe von Buchstaben, Silben oder Phonemen.

Körpersensorik

Erst durch die zusätzliche Integration einiger sensorischer Effekte wird ein viel höherer Echtheitsgrad erzielt. Das Gesicht zum Beispiel ist nichts anderes als eine Zustands-Anzeigeeinrichtung. Der Rechner sollte in der Lage sein, sie zu lesen und zu interpretieren. Die Gesichtszüge sind eng mit dem Ausdruck der Absichten des Piloten verknüpft. Auch die tatsächliche Blickrichtung ist für das Vorhersehen der Handlungen des Piloten von nicht unbedeutendem Interesse. Die Augeneingabe wird noch effektiver nutzbar sein, wenn man sie konkurrierend mit einem anderen Eingabemedium benutzt – der Sprache.

- Im Head-set befindet sich ein Eye-Tracker, eine externe kleine Video-Kamera.

- Der Pulsschlag sollte gemessen werden und mit einer gespeicherten Zustandstabelle im Rechner vergleichen werden, um eine Exploration bzw. VE eventuell danach zu steuern.
- Eine weitere Informationsquelle könnten Gehirnströme sein (etwa ab 2011).
- Force-feed-back-Joystick zur Wahrnehmung von räumlichen Veränderungen und Kraft.
- Vibrationen über Bewegungsplattform sowie Lautsprecher.

Zusätzlich geplante Features

- Spezial-Uhr mit Erdzeitangabe, interstellarer Zeit sowie Datums- und Jahresangabe.
- Virtuelle Remote Vision Cameras zur inneren und äußeren Überprüfung des gesamten Raumgleiters.
- Autonome virtuelle Reparatur-Roboter, die vom Piloten auch per Remote Control gesteuert werden können.
- Umstieg in Raumanzug für Simulation von Ausflügen im Weltraum: per Lichteffekt, durch Ausstiegsluke (um Simulatorplattform weiterhin nutzen zu können) und virtuellem Spiegel.
- Spezialhelm (Zusatzausrüstung) mit 160 Grad Projektion
- Kleiner Sitz mit zwei Joysticks zur Steuerung des raketengetriebenen Schwebesitzes
- Ständige Informationseinblendungen (wie im Film „*Final Fantasy*“).
- Videoaufzeichnung bzw. Brennen auf DVD der besten Reiseabschnitte
- Virtuelle Persönliche Drohnen (mit Schutzschirm und Tarnkappe) zur Sondierung von unbekanntem Gelände.

4.2 Generierungsstufen von Virtual Environments

♦ Virtual Environment (VE)

Virtuelle Umgebung, die mit entsprechender 3D-Software generiert wird und je nach Zielgruppe bzw. Zielsetzung bestimmten Anforderungen entsprechen muss.

Phase 1:

- Idee, Exposé, ausführliche Beschreibung der virtuellen Welt (VE),

- für jede Kreatur oder Gattung einen Lebensinhalt definieren,
- Regelwerk (Beziehung untereinander) für VE definieren,
- dramaturgische Handlungsebene und einen ***Red Line Scout*** entwickeln,
- Storyboard, ***Scene Board***, Environment Map.

Phase 2:

- **3D Hand Modelling & Animation:**
- Creatures, Animals, Virtual Humans, Vehicles, Buildings, Villages, etc.

- **Half Automatic 3D Nature Modelling & Animation:**
- 3D World Construction: prozedurales Rendering, Level of Detail, Tiefenschärfe, Level of Motion, Wachstums-Algorithmen für Pflanzen und Bäume, Generierung von Gelände und Bergen per fraktaler Geometrie
- Software Development:
- Creation of SDEs (Special Details for Environment Sub-Engines): Quellen, Flüsse, Wasserfälle und Seen mit eigenem Wasserkreislauf, Wetter: Klima, Witterung, Atmosphäre, Wind, Regen, Sonne, Tages- und Jahreszeiten,
- Roules Observer (Überwachungsprogramm der Gesetzmäßigkeiten einer VE),
- Gegner-Intelligenz,
- Zufallsgeneratoren,
- Weltzeit-Kreislauf,
- Regelwerk (Life cycle) entwerfen, damit sich das Leben in einer VE selbständig organisiert (Artificial Life) und bei Versorgung durch Strom weiterentwickelt. D.h. eine Dino-Herde wandert, Bäume wachsen (z.B. ein Monat = ein Jahr oder eine Woche = ein Jahr). Die Jahreszeiten und das Wetter entwickeln sich autonom.

Phase 3: Exploration / Intensive Test Flights

Phase 4: Beta-Testing

Phase 5: Sales / Shipping

4.3 Definition „Redline Scout"

Die Definition (Prof. Dr. Bernd Willim): „Ein Redline Scout ist ein KI-Programm, das Spieler in einer virtuellen Umgebung entsprechend der Zielsetzung einer fiktiven Geschichte oder eines Lernprogramms sowohl bewusst als auch unbewusste steuert und beeinflusst.

Für die bewusste Steuerung können visuelle und schriftliche Hinweise sowie akustische Signale oder auch eine 3D-Visualisierung in Form eines Mentors oder von NPCs eingesetzt werden. Die unbewusste Steuerung wird über das Design, über unerwartete Situationen und über Verhaltensweisen von NPCs vorgenommen."

Ausführungen aus der Diplomarbeit von Christopher Meilinger

Ziel ist, eine Geschichte zu entwickeln, die eine größtmögliche Aktions- und Interaktionsfreiheit bietet.

Bei einer **linearen Story** müssen die Entwickler darauf achten, dass der Spieler die Geschichte genauso erlebt, wie es vorgesehen ist. Seine Freiheiten und Entscheidungsfreiheiten müssen zugunsten der Linearität entsprechend beschnitten werden.

In einer non-linearen Story kann dem Benutzer theoretisch eine unbeschränkte Entscheidungs- und Bewegungsfreiheit gewährt werden. Dem Spieler ist es möglich, zu jedem Zeitpunkt seinen Aufenthaltsort zu ändern. Dadurch verpasst er eventuell an einem Ort eine bestimmte Handlung (Ereignis), die die Geschichte vorangetrieben hätte (bzw. es passiert etwas, ohne dass er dieses Wissen für seine Entscheidungen nutzen kann). Ggf. sorgt der Redline Scout dafür, dass er auf anderen Wegen an diese für die Geschichte wichtigen Informationen herankommt.

Wenn ein Spieler vergeblich nach einem bestimmten Ort gesucht hat, wird er für Hinweisschilder oder Infos von NPCs dankbar sein.

Die Neugier des Spielers muss genutzt werden, um seine Aufmerksamkeit auf einen bestimmten Gegenstand zu lenken. Der Spieler sollte dabei das Gefühl haben, den Gegenstand zufällig und selbst entdeckt zu haben. Ein probates Mittel zur Steuerung der Aufmerksamkeit kann z.B. die Begrenzung der Bewegungsgeschwindigkeit sein.

„Half-Life2“ basiert auf Levels, die eine lineare Story erzählen. Innerhalb dieser Level kann sich der Benutzer jedoch interaktiv bewegen. Durch die lineare Erzählweise auf Levelbasis ist die Geschichte für jeden Spieler die selbe. Er hat keine andere Wahl, als dem roten Faden der Geschichte zu folgen.

Quest-basierte (auf Herausforderungen basierte) Welten haben meist kein endgültiges Ziel (was ist mit Macht, Reichtum und Gewinn?), sondern der Spielspaß ergibt sich aus vielen aneinander gereihten Aufgaben, die jedem Spieler eine individuelle Geschichte generieren. Die einzelnen Aufgaben sind in sich geschlossene Storys, die ein großes Gesamterlebnis für den Spieler bilden.

Anfangs spielt sich alles in der Nähe des Ausgangspunktes ab. Erst mit der Zeit, nach der Gewöhnungsphase, erweitert sich die bekannte Umgebung. Die Aufgaben und Gefahren werden immer größer, je weiter sich der Spieler vom Ausgangspunkt entfernt.

Ein wichtiger Faktor ist die Kommunikation mit anderen Spielern. Dabei tauscht man die erlebten Abenteuer aus und kann von den Fähigkeiten und Erfahrungen der Anderen profitieren.

Interactive Motion Rides müssen neben einer hohen Benutzerfreundlichkeit auch in der Lage sein, innerhalb kürzester Zeit eine Geschichte zu erzählen. Ein Beispiel hierfür ist die Disney-Produktion: „Pirates of the Caribbean – Battle for the Buccaneer Gold”.

***

Epilog

Hier endet Bernd Willims Manuskript: so abrupt wie sein Leben. Sein schweres Krebsleiden, dem er viele Jahre getrotzt hat, hat es ihm unmöglich gemacht, seine vermutlich wichtigste Publikation zu beenden und kritisch die Anfänge eines Zeitalters zu verfolgen, das er vorausgeahnt hat. Als Vordenker des digitalen Zeitalters balancierte er zwischen *Science Fiction* und *Science Fact*. Es war ihm bewusst, dass die Menschheit selbst ihre Evolutionsgeschichte „virtualisiert“ fortsetzen wird.

Und dass wir, indem wir digitale Technik, Computeranimation und interaktive Spiele einsetzen und „online“ kommunizieren, uns dennoch nur in der Steinzeit dieser evolutionären Ära befinden.

Nicht nur werden virtuelle (Zeit-) Reisen, die Bernd Willim so gerne selbst realisiert hätte, zum Alltag gehören, es wird digitale Lebensformen, *Virtual Humans*, geben, denen wir mit Respekt begegnen müssen. Vielleicht wird unser eigenes Ich künftig auf Festplatte gespeichert sein, wenn es möglich sein wird, menschliches Gehirn zu scannen. Entleiblicht, als Geistwesen, die Stanley Kubrick und Arthur C. Clarke in ihrem Weltraumfilm „2001“ voraussahen und von denen Ray Kurzweil, einer der Visionäre der Künstlichen Intelligenz, schrieb, würden wir dann unsere Existenz synthetisch fortsetzen. Wären wir dann am Ende selbst nur eine Fiktion à la „Matrix“? Würde unser digitaler Avatar ewiges Leben symbolisieren, nach Aufgabe der körperlichen Existenz? So mag Bernd Willims Buch für spätere Generationen einer virtuellen Gesellschaft eine aufregende, hoffentlich prophetische Lektüre sein, geschrieben von einem Kopernikus des digitalen Zeitalters, von einem, der von den Sternen träumte, kurz davor war, sie zu greifen, aber durch Krankheit nicht mehr in der Lage, diesen Weg fortzusetzen und die Früchte seiner Arbeit zu ernten: Der Wegweiser kommt bekanntlich nie am Ziel an.

Bernd Willim konnte nur wissenschaftlich spekulieren – aber aus ethischer Verantwortung warnte er auch vor falschen Weichenstellungen. Nicht eskapistischen Zielen sollte sein Denken und Forschen dienen, sondern der Bereicherung der menschlichen Existenz. Ich erinnere mich noch deutlich an unsere erste Begegnung, auf dem Podium der Stuttgarter *fmx* im Jahre 1998. Bernd moderierte, ich warnte, in diesem Falle vor der nur scheinbar unterhaltsamen und möglicherweise folgenreichen Ballerei in Serien wie „HeliCops“. Das war wenige Jahre vor 2001 und dem 11. September…

Rolf Giesen
Dezember 2008

Teil IV Anhang

1. Literaturverzeichnis

Bönnen, Lars: Das Fibre-Optic-Helmet-Mounted-Display, in Tagungsband „3. Workshop Sichtsysteme -Visualisierung in der Simulationstechnik", Bergische Universität Gesamthochschule Wuppertal 1993.

Cohen, Jonathan: Virtual Worlds, Course 600.460, University of Baltimore, 2000.

Menzel, Moritz: Virtual Reality – Überblick und Klassifizierung von VR-Anwendungen. Seminararbeit an der Ludwig-Maximilian-Universität München, LFE Medieninformatik, 2004.

Rheingold, Howard: Virtuelle Welten – Reisen im Cyberspace. Rowohlt Verlag, Reinbek 1992.

Schmidt, Florian: SL in medienboard News 2.07, Potsdam 2007.

Sherman, William R. / Craig, Alan B.: Understanding Virtual Reality. Morgan Kaufmann, San Francisco 2003.

Stanney, Kay (Hrg.): Handbook of Virtual Environments – nDesign, Implementation, and Applications. Lawrence Erlbaum Ass., Mahwah (NJ) 2002.

Stöcker, Christian: Second Life – Eine Gebrauchsanweisung für die digitale Wunderwelt, Goldmann-Verlag, München 2007.

Stuart, Rory: The Design of Virtual Environments. Barricade Books, Ft. Lee (NJ) 2001.

Rademacher, Cay: Das Netz der Netze: In Geo 03/2001, S. 67 ff.

Vince, John: Introduction to Virtual Reality. Springer, London 2004.

Waffender, Manfred (Hrg): Cyberspace – Ausflüge in virtuelle Wirklichkeiten. Rowohlt Taschenbuch Verlag, Reinbek 1991.

Waldrop, Mitchell: Inseln im Chaos – Die Erforschung komplexer Systeme. Rowohlt Verlag, Reinbek 1993.

Virtual Reality – Education and training in Britannica Online Encyclopedia.htm, Abruf 18.10.2007.

Sutherland, Ivan: Biography www.cc.gatech.edu/classes/ ... Abruf am 18.10.2007.

Virtual Retinal Display www.hitl.washington.edu/pr... Abruf am 16.10.2007.

Michael Tidwell, Richard S. Johnston, David Melville, **and** Thomas A. Furness III, Ph.D. "The Virtual Retinal Display – A Retinal Scanning Imaging System"

Human Interface Technology Laboratory University of Washington, Seattle, WA 98195

Weizenbaum, Joseph: Die Macht der Computer und die Ohnmacht der Vernunft, Suhrkamp Taschenbuchverlag, Frankfurt a. M. 1978.

Willim, Bernd: Leitfaden der Computer Grafik. DREI-R-Verlag, Berlin 1989.

Willim, Bernd: Virtuelle Realität – Flucht aus der Wirklichkeit, in CGI Computer Grafik Info Nr. 21 1989.

Willim, Bernd: Schnittstellen für den visuellen und physischen Zugang in die simulierte Wirklichkeit, in Tagungsband „Sichtsysteme – Visualisierung in der Simulationstechnik", Bergische Universität Gesamthochschule Wuppertal 1989.

Willim, Bernd: Virtuelle Realität – Flucht aus der Wirklichkeit, in Professional Production Nr. 1 1990.

Willim, Bernd: Der Weg in neue Welten – Virtuelle Realität, in CHIP Nr. 3 1990.

Willim, Bernd: Virtuelle Realität – Die Zukunft synthetischer Bilder, in computer art faszination 1990.

Willim, Bernd: IMAGINA ´91 – Totale Bildmanipulation und Revolution des Virtuellen, in Professional Production Nr. 3 1991.

Willim, Bernd: SIGGRAPH ´91 – Die Welt von Morgen und das Beste aus der Film- und Video-Show, in Professional Production Nr. 10 1991

Willim, Bernd: Science-Fiction-Visionen an der Schwelle ihrer Realität – Auf den Spuren der VR-Pioniere, in FKT Nr. 1 1992.

Willim, Bernd: Künstliche Welten als neue Kommunikationsebene, in FKT Nr. 2 1992.

Willim, Bernd: IMAGINA ´92 – Im Reich der virtuellen Welten, in CAD-CAM Report Nr. 3 1992.

Willim, Bernd: Fernerleben statt Fernsehen – VR als neue Freizeitbeschäftigung, in FKT Nr. 3 1992.

Willim, Bernd: Das Gehirn am Rechner – VR wird die gesamte Gesellschaft verändern, in FKT Nr. 4 1992.

Willim, Bernd (Hrsg.): Designer im Bereich Animation und Cyberspace. DREI-R-Verlag, Berlin 1992.

Willim, Bernd: SIGGRAPH ´94 – Es kommt Bewegung in den amerikanischen VR-Markt, in Professional Production Nr. 10 1994.

Willim, Bernd: IMAGINA ´95 – Die Ära des Cyberspace, in Professional Production Nr. 3 1995.

Willim, Bernd: Virtual Reality World ´95 – Europas erste gemeinsame VR-Konferenz in Stuttgart, in Professional Production Nr. 4 1995.

Willim, Bernd: The First Feeling – Forschungsergebnisse zum erstmaligen Aufenthalt im Cyberspace, in DIGI MEDIA Nr. 4 1995.

Willim, Bernd: SIGGRAPH ´95 – Künstlich und interaktiv, Teil 2, in Professional Production Nr. 10 1995.

Willim, Bernd: Virtual Reality World ´96 – Zweites Treffen der europäischen VR-Experten, in DIGI MEDIA Nr. 3 1996.

Willim, Bernd: Digitaler Sumpf und virtuelle Events von der SIGGRAPH, in Professional Production Nr. 10 1996.

Willim, Bernd: Homo Digitalis – Virtuelle Menschen sollen den Cyberspace erobern, in c´t Magazin für Computer-Technik Nr. 12 1996.

Willim, Bernd: Leibeigene im Netz – Menschenrechte und ethische Bedenken gelten für sie nicht, in DIGI MEDIA Special 1996.

Willim, Bernd: SIGGRAPH ′97 – Virtuelle Wellen, in Professional Production Nr. 10 1997.

Willim, Bernd: SIGGRAPH ′99 – Interaktive Techniken, in Professional Production Nr. 11 1999.

Willim, Bernd: SIGGRAPH 2000 – Im Zeichen der Mondsichel, in Professional Production Nr. 9 2000.

Willim, Bernd: SIGGRAPH 2000 – Im Wirbel der Samurais, in Professional Production Nr. 10 2000.

Willim, Bernd: SIGGRAPH 2001 – Im Tal der großen Welle, in Professional Production Nr. 10 2001.

Willim, Bernd: SIGGRAPH 2001 – Die Herausforderung: virtuelle Menschen, in Professional Production Nr. 11 2001.

Willim, Bernd: IMAGINA 02 – Unter neuem Banner, in Professional Production Nr. 4 2002.

Willim, Bernd: SIGGRAPH 02 – Zwischen Riverwalk und Digi-Horror, in Professional Production Nr. 9 2002.

Willim, Bernd: SIGGRAH 02 – Am Weg zum Software-Supermarkt, in Professional Production Nr. 10 2002.

Willim, Bernd: SIGGRAPH 04 – Harte Zeiten, in Professional Production Nr. 10 2004.

Taktfrequenz Computer Zeitung Nr. 39 vom 20.09.2004

Bandbreite c′t magazin für computer technik, Nr. 8, 04/2007, S. 87-88.

Pixelpark, Erreichbarkeit Der Spiegel 8/2007

Korruption im Bundestag Petra Bornhöft, Wolfgang Reuter in: Der Spiegel 21/2007, S. 38

Intel baut den ersten Prozessor mit zwei Milliarden Transistoren. In Computer Zeitung Nr. 6 vom 4.2.2008, S. 4.

"Cyberspace – Ausflüge in virtuelle Wirklichkeiten", Manfred Waffender (Hg.), Rowohlt-Verlag, 1991

"Virtuelle Welten – Reisen im Cyberspace", Howard Rheingold, Rowohlt-Verlag, Computer-Reihe, 1992

"Designer im Bereich Animation und Cyberspace", Bernd Willim, DREI-R-VERLAG 1992

Sherman, Barrie und *Judkins, Phil:* Glimpses of Heaven – Visions of Hell, 1992, dt. Ausgabe: Virtuelle Realität – Computer kreieren synthetische Welten, Scherz-Verlag 1993.

"Virtuelle Gemeinschaft", Howard Rheingold, Addison Wesley 1994

"Die Technikdroge des 21. Jahrhunderts", Georg Rempeters, Fischer Taschenbuch Verlag 1994

"Mind Children", Hans Moravec, Hoffmann u. Campe, 1990

"Körpereigene Drogen – Die ungenutzten Fähigkeiten unseres Gehirns", Josef Zehentbauer, Artemis & Winkler, 2. Auflage 1993

"Die Datenmafia", Egmont Koch, Jochen Sperber, Rowohlt Verlag, 1995

„Cell-Prozessor entpuppt sich als echter Zahlenfresser“ CZ Nr. 7 vom 14.02.05

Der neue Super-Chip *Cell* Computer Zeitung Nr. 3/4 vom 24.01.05

„Wunderwinzling im Wohnzimmer“ Der Spiegel 7/2005 14.2.05

www.vr32.de/modules/hardware/index.php?type=vb abgerufen am 14.12.2007

“Big Blue plant Teraflops-Prozessor” in Computer Zeitung Nr. 37 / 8. September 2003

BlueGene Computer Zeitung Nr. 47 / 15.11.2004

BlueGene Computer Zeitung Nr. 28 / 9.07.2007

Strukturgröße von 15 Nanometern Computer Zeitung Nr. 16 vom 18.4.2005, S. 22

INTEL-Prozessoren mit zwei Kernen Computer Zeitung Nr. 21 / 17.05.04

Prozessoren mit vier Kernen Computer Zeitung Nr. 25 / 20. Juni 2005

fm: Tesla rechnet mit Grafikpower Computer Zeitung Nr. 27 / 2.07.2007

Im japanischen *Kobe* wiederum soll bis 2011 ein 10-Petaflops-Rechner entstehen, der Vektor- und Skalarkomponenten kombiniert und dabei Spezialprozessoren nutzen wird. Computer Zeitung Nr. 28 / 9.07.2007

Dietrich, Deussen et. all. „Realistic and interactive Visualization of High-Density Plant Ecosystems“ Eurographics Association 2005

http://www.saarcor.de und Schmittler, Wald, Slusallek: “SaarCOR – A Hardware Architecture for Ray Tracing“, Eurographics 2002.

Vom Online-Spieler zum Millionär EA Das Magazin 2/06

Online Gaming Game Face April 2006

Online-Sucht WELT KOMPAKT vom 23.11.2007, S. 2f.

Bilder schrumpfen auf Miniaturgröße CZ Nr. 25 / 20. Juni 2005

Intel-Prozessoren mit zwei Kernen CZ Nr. 21 17.05.04

IBM´s Multiprocessing-Vision gründet auf Software-Zellen CZ Nr. 3/4 24.01.05

Wunderwinzling im Wohnzimmer Der Spiegel 7/2005 14.2.05

Cell-Prozessor entpuppt sich als echter Zahlenfresser CZ Nr. 7 vom 14.02.05

Taktsteigerung und Energiebedarf CZ Nr. 39 20.09.2004

IBM´s „Blue Gene/L“ ist schnellster Supercomputer CZ Nr. 47 15.11.2004

Haushalte mit Breitband-Anschluss in Deutschland Die Zeit Nr. 34 vom 12.08.04

Bilder schrumpfen auf Miniaturgröße CZ Nr. 25 / 20. Juni 2005

brand eins Wirtschaftsmagazin, April 2002 S. 49 „Rastlos, drahtlos, ratlos" von Wolf Lotter

Übertragungsrate Computer Zeitung Nr. 14 vom 2.4.2007, S.1

Action-Spiele Computer Zeitung Nr. 24 10. Juni 2003

Gamer Computer Zeitung Nr. 25 16. Juni 2003

Computer Zeitung Nr. 44 28.10.02

DFN Pressemeldung vom 28.10.02:
Als erstes nationales Forschungsnetz etabliert das Deutsche Forschungsnetz (DFN)

Behr, Bernd: Zwischen Schein und Sein, in c´t 2007, Heft 24, S. 84 - 86.

sk: Virtuelle Welten warten noch auf Sicherheitsstandards, in Computer Zeitung Nr. 32 - 33 vom 13. August 2007, S. 8.

Mulligan ,Jessica, Patrovsky, Bridgette: Developing Online Games, Indianapolis 2003, S. 333 - 338.

Miletzki, Christian: Strukturierungs- und Gestaltungskriterien eines MMORPG im Kontext von komplexen Systemen und nichtlinearer Dynamik, Diplomarbeit an der GERMAN FILM SCHOOL, Februar 2005.

Hercher, Christian: Entwicklung eines Anforderungskataloges für die Produktion und das Design von Spieleebenen und Virtuellen Welten, Diplomarbeit an der GERMAN FILM SCHOOL, August 2007.

Topi, Raoul: Untersuchung von Online-Rollenspielen im Hinblick auf eingesetzte Belohnungsstrategien zur Einbindung von Spielern in die fiktiven Welten, Diplomarbeit an der GERMAN FILM SCHOOL, Februar 2007.

Topi, Raoul: Olgierd Cypra, Menschen und virtuelle Welten S. 7.

Points Stuttgart, Geschichte des Internet http://www.points.de/geschichte-des-internet.php, abgerufen am 06. 06. 2006.

Avantgarde zählt nur noch Kerne Computer Zeitung Nr. 34 - 35 vom 27.08.2007, S. 6.

Taylor, Roy: Nvidia GeForce 8800. Game Face 11/2007, S. 92 f.

Stiller, Andreas: Jülichs neue Kernforschung, c´t magazin 2007, Heft 25, S. 18.

Digital Beauties von *Julius Wiedemann* (Verlag Taschen GmbH) aus dem Jahr 2001

Ultraschnelles Ethernet Computer Zeitung Nr. 49 4. Dezember 2006

Grüsse-Sinopoli, Sabine: Computerspiele „Da bin Ich wer" In: Der Spiegel 9/2007, Hamburg, 2007, S. 159.

Gatterburg, Angela: Aliens im Kinderzimmer, In: Der Spiegel, 20/2007, Hamburg 2007,
S. 50.

Röhrig, Gila: Entwicklung eines Kontrollsystems zur Vermeidung von körperlichen und psychischen Schäden durch die übermäßige Nutzung von Simulatoren im Virtual Entertainment- und Edutainment-Bereich. Diplomarbeit, Elstal 2007.

http://www.heise.de/newsticker/meldung/94619, abgerufen am 28.12.2007.

http://www.uni-saarland.de/de/medien/2007/02/1172583301, abgerufen am 28.12.2007.

http://www.golem.de/0507/39524.html, abgerufen am 28.12.2007.

http://www.elektronik-kompendium.de/sites/net/0603201.htm, 802.3/Ethernet, abgerufen am 31.12.2007.

http://www.intel.com/cd/corporate/pressroom/emea/deu/archive/2007/338548.htm, Intel setzt Meilenstein in der Transistortechnologie abgerufen am 31.12.2007.

http://openpr.de/news/63886/Realtime-Remote-Desktop-Graphik-uebertragen-mit-Qualitaet.html, abgerufen am 31.12.2007.

http://www.ibm.com/systems/de/p/about/power6.html, abgerufen am 1.01.2008

http://www.gamestar.de/news/pc/hardware/cpus/amd/1471339/amd/html, abgerufen am 1.01.2008

http://www.hardware-mag,de/news/php?id=40997.html, abgerufen am 1.01.2008

http://www.fcs-cs.com/motionsystems/productsandappl/standsystems/Ecue304Gseat, abgerufen am

Erster Supercomputer mit 1 Petaflops kommt 2008, auf Golem.de, abgerufen am 1.01.2008.

http://www.intel.com/cd/corporate/pressroom/emea/deu/archive/2007/338548.htm, abgerufen am 31.12.2007.

http://www.amm.mw.tum.de/index.php?id=186, abgerufen am 3.01.2008.

Action-Spiele helfen lernen Computer Zeitung Nr. 24 10. Juni 2003

Mulligan, Jessica, Patrovsky, Bridgette: Developing Online Games, Indianapolis 2003.

Meigs,Tom: Ultimate Game Design, Emeryville California 2003.

An Analysis of MMOG Subscription Growth – Version 11.0, http://www.mmogchart.com/ , abgerufen am 22.11.2004.

VR ist bereits im professionellen Einsatz, Markt & Technik – Wochenzeitung für Elektronik, Nr. 11 vom 10. März 1995, S.18 ff.

Henke, Ruth: Zukunftswerkstatt, Bild der Wissenschaft plus, April 1995, S.10 ff.

Eisenkolb, Kerstin: Phantastische Begegnungen der dritten Art im eigenen PC,
Data News 09/1994, S. S. 22 ff.

OFA Dr. Schelder, GenArztLw: Flugmedizinische Aspekte des Simulatortrainings,
in Flugsicherheit 5/93, S. 14 ff.

Stark, Edward A.: The „Simulator Sickness“ Problrm: A fresh Perspective, in National Defense 11/1989.

Dörfel, Gert / Distelmaier, Helmut: Kosteneffektivität gegenüber objektivem Realismus bei der Flugsimulation, DGLR-Symposium „Schulung mit Flug- und Taktik-Simulation“, Köln-Porz Mai 1981.

Graebe, Helmut: Information und Gestaltung – Untersuchung zur Wirkung visueller Gestaltungstechnik von Fernsehnachrichten, Opladen 1988.

Gerok, W. / Huber, Chr. u.a.: Die Innere Medizin, 10. Auflage, Schattauer Verlag, Stuttgart 2000, S. 1423.

Greulich, Walter: Lexikon der Physik, Band 1, Spektrum Akademischer Verlag, Heidelberg 1998.

http://www.hoersturz.de/Das_Ohr.htm, abgerufen am 4.01.2008.

http://www. wikipedia.org/wiki/Gleichgewichtsorgan, abgerufen am 4.01.2008.

http://www. wikipedia.org/wiki/ Beschleunigung, abgerufen am 4.01.2008.

http://www. lexikon.meyers.delexikon/beschleunigung, abgerufen am 4.01.2008.

Book, Betsy: Moving Beyond the Game: Social Virtual Worlds, State of Play 2 Conference, Oktober 2004. http://www.virtualworldsreview.com/info/contact.shtml, abgerufen am 4.01.2008.

Balkin, Jack: "Virtual Liberty: Freedom to Design and Freedom to Play in Virtual Worlds." *Virginia Law Review*, 2005 http://ssrn.com/abstract=555683

Book, Betsy: “These bodies are FREE, so get one NOW!: Advertising and Branding in Social Virtual Worlds,” (April 2004) http://ssrn.com/abstract=536422

Book, Betsy: “Tourism and Photography in Virtual Worlds” (2003) http://www.virtualworldsreview.com/papers/tourism/

Bartle, Richard: *Designing Virtual Worlds*, New Riders Press, 2003.

Castronova, Edward: “The Right to Play” (2003) http://www.nyls.edu/pdfs/castronova.pdf

Nakamura, Lisa: Cybertypes: Race, Ethnicity, and Identity on the Internet (2002) New York: Routledge.

Suler, John: “The Psychology of Avatars and Graphical Space in Multimedia Chat Communities.” Available online at http://www.rider.edu/~suler/psycyber/psyav.html

Taylor, T.L.: “Living Digitally: Embodiment in Virtual Worlds,” in R. Shroeder (Ed.), *The Social Life of Avatars: Presence and Interaction in Shared Virtual Environments*, London: Springer-Verlag, 2002.

Müller, Klaus: Fachwörterbuch Luft- und Raumfahrt, Aviatic Verlag, Planegg 1994.

http://www.clubpenguin.com, abgerufen am 5.01.2008.

http://www.pcwelt.de/start/dsl_voip/online/news/89464, abgerufen am 5.01.2008.

http://www.intel.com/cd/corporate/pressroom/emea/deu/archive/2007/338548.htm, abgerufen am 5.01.2008.

http://www.virtualworlds2007.com, abgerufen am 6.01.2008.

http://www.heise.de/ct/07/23/048/default.shtml, abgerufen am 6.01.2008.

http://www.etc.cmu.edu/Global/news.php?newsID=446460, abgerufen am 6.01.2008.

http://www.virtualworld.com/Tesla_II.shtml, abgerufen am 6.01.2008.

http://www.strayvr.com/Pleasure.htm, abgerufen am 6.01.2008.

http://www.cyberedge.com/info_r_a+p01-disney.html, abgerufen am 6.01.2008.

http://www.virtualworldmanagement.com/2007/index.html, abgerufen am 6.01.2008.

http://www.edm.ltd.uk, abgerufen am 6.01.2008.

http://www.fcs-cs.com/index.html, abgerufen am 6.01.2008.

http://www.opencroquet.org, abgerufen am 6.01.2008.

http://www.thepalace.com, abgerufen am 6.01.2008.

http://www.vzones.com/dreamscape.htm, abgerufen am 6.01.2008.

http://www.ea.com/official/thesimsonline/us/nai/index.jsp, abgerufen am 6.01.2008.

http://www.demonews.de/downloads.php?news=525, abgerufen am 6.01.2008.

http://www.virtualworldsreview.com/cokestudios/, abgerufen am 6.01.2008.

http://www.virtualworldsreview.com/, abgerufen am 6.01.2008.

http://www.f4.fhtw-berlin.de/~barthel/veranstaltungen/ws07/metez/vorlesungen/3-Grundlagen_der_Bildkompression_Teil2.pdf, abgerufen am 11.01.2008.

http://www.cybersite.de/german/service/Tutorial/mpeg, abgerufen am 11.01.2008.

http://www.tecchannel.de/test_technik/Grundlagen/401069, abgerufen am 11.01.2008.

http://www.news.zd.net.co.uk/software/0,11000000121,39118177,00,html, abgerufen am 11.01.2008.

Rechner, Horst: Bildformate und Bildkompression, Wilhelm – Schickard Institut für Informatik der Universität Tübingen, 1999.

Castronova, Edward. “The Right to Play” (2003) http://www.nyls.edu/pdfs/castronova.pdf.

http://www.secretcity.de/docs/Tagesmeldung.pdf, abgerufen am 29.01.2008.

http://www.secretcity.de/docs/Tagesmeldung.pdf, abgerufen am 29.01.2008.

Eck, Klaus: Second Life bekommt Konkurrenz aus Deutschland

Bonnert, Erich: Attraktion für breite Massen. In c't 23/2007, S. 48 f.

Murr, Sandra: Second Life, Third Dimension. In Bild der Wissenschaft 10/2007, S. 96 ff.

Franke, Susanne: SOA spricht die Fachbereiche an. In Computer Zeitung Nr. 10 /3. März 2008, S. 14.

Schmitz, Ulrich: Avatare des DFKI gestikulieren und rudern wie die Medienprofis. In Computer Zeitung Nr. 11 /10. März 2008, S. 23.

2. Glossar

Augmented Reality

Verstärkte / erweiterte Realität. Das Verschmelzen virtueller Elemente mit physikalisch realen zu einem einheitlichen Bild. Die Realität wird dabei durch grafische Elemente ergänzt.

Artifical Life

Künstliche 3D-Bewohner, die sich autonom verhalten, ein Eigenleben führen sowie selbständig Informationen suchen und Aufgaben abarbeiten können.

Artificial Residen

Künstliche Bewohner einer virtuellen Umgebung, die nur im Rechner existieren und mit KI (Künstlicher Intelligenz) ausgestattet sind.

Avatar

Digitale Repräsentation eines realen Menschen, um im Cyberspace mit anderen kommunizieren zu können. Solche digitalen Repräsentationen werden von den Amerikanern als Avatare bezeichnet. Salonfähig machte diesen Begriff der Schriftsteller ***Neal Stephenson*** mit seinem SF-Roman "Snow Crash" (Goldmann-Verlag, 1995). Das Wort Avatar wurde aus dem Sanskrit entlehnt, der Sprache der ältesten indischen Literatur. Avatar steht für das Hinübergehen eines höheren Wesens (einer Gottheit) in den Körper einer anderen Person (eines Menschen). – Bezogen auf die VR hieße das, das Hineinschlüpfen eines Menschen in einen 3D-Körper im Cyberspace. Ein Avatar ist somit die synthetische Repräsentation eines Kommunikationspartners, dessen Bewegung und Verhalten in Echtzeit von dem Anwender gesteuert wird. Verlässt dieser das Netz, ist auch der Avatar in der Regel verschwunden. Das Aussehen dieser synthetischen Stellvertreter muss dabei nicht dem Original entsprechen. Grafische Schönheitskorrekturen oder gar Verwandlungen sind durchaus an der Tagesordnung.

CARTOON

Verband europäischer Animationsfilm-Produzenten, mit Sitz in Brüssel.

Collaborative Environment

Die Möglichkeit, dass mehrere Personen interaktiv in einer virtuellen Arbeitsumgebung auf einander abgestimmt agieren können.

Collision Detection

Kollisions-Ermittlung

Content

Inhalt in Form von Software

CyberNet

Das Web 3.0 bezeichnet Prof. Dr. Willim mit CyberNet.

Digital Actor

Digitale Schauspieler, die von einem Regisseur bzw. über ein Programm gesteuert werden, je nach Drehbuchvorgabe.

Digital Clone

Digitale Kopie eines realen Menschen.

FOV

(*Field of View*) kennzeichnet den sichtbaren Winkelbereich (Sichtfeld), der sich aus der Größe der Bildschirme und deren Abstand zu den Augen ergibt.

Immersive Virtual Adventures

Immersive virtuelle Abenteuer als übernächste Generation von Online-Spielen (MMORPGs).

Kartesisches Koordinatensystem

Der französische Mathematiker und Philosoph René Descartes entwickelte im 17. Jahrhundert für die Konstruktion von zweidimensionalen Darstellungen das rechtwinklige (kartesische) Koordinatensystem. Beim kartesischen Koordinatensystem wird die Lage eines Punktes im dreidimensionalen Raum durch drei zueinander senkrechtstehende Koordinatenachsen (x, y, z) angegeben.

Matrix

Das weltumspannende Datennetz / ein System, das zusammengehörende Einzelfaktoren darstellt.

MMORPG

Massive Multiplayer Online Roleplaying Games

Metrische Vorsilben

Vorsilbe	*Symbol*	*als Zahl*	*als Zehnerpotenz*	*in Worten*
Peta	P	1.000.000.0000.000.000	1015	Billiarde
Tera	T	1.000.000.000.000	1012	Billion
Giga	G	1.000.000.000	109	Milliarde
Mega	M	1.000.000	106	Million
Kilo	k	1.000	103	Tausend

Performance

Rechengeschwindigkeit eines Computers

Personal Agent

Hilfsprogramm, dem man eine grafische Gestalt gegeben hat. Persönliche Agenten können je nach Ausstattung und Auftrag auch selbständig Aufgaben im Netz ausführen.

Portfolio

Ein Portfolio ist ein Kreativitätsnachweis in Form einer geeigneten Zusammenstellung (einer Mappe) mit sauber eingerahmten (Passepartouts) Arbeitsproben (Zeichnungen, Aquarellen, Design-Entwürfen, Layouts, Seiten aus einem Storyboard, Fotos, etc.) oder einer menue-gesteuerten CD bzw. DVD mit Beispielen der besten kreativen Arbeiten (digitalisierte Zeichnungen und Gemälde sowie Fotos, retuschierte Bilder, 3D-Modelle, animierte Kurzfilme, selbst gedrehte Live-action-Kurzfilme).

SIGGRAPH

SIGGRAPH: Special Interest Group on Computer Graphics. Die weltweit bedeutendste Konferenz für Computer Graphics & Interactive Technologies. Findet jährlich in den USA statt.

Smart Virtual Environments

sind per Computer generierte, dreidimensionale Scheinwelten, in denen sich künstliches Leben nach vorgegebenen Gesetzmäßigkeiten entwickelt.

Tracker

Bewegungsverfolger für eine kontinuierliche Standortbestimmung.

Tracking

Beim Tracking wird die Position und Orientierung von Objekten oder Anwendern in einer realen Umgebung mittels technischer Verfahren bestimmt. Dies ist die Voraussetzung dafür, um virtuelle Objekte räumlich exakt zu reale Objekten darzustellen. Zur Verfügung stehen unter anderem magnetische, optische, mechanische und auf Funk basierende Tracking-Systeme.

Virtual Environment (VE)

Unter Virtual Environment (virtuelle Umgebung) versteht man eine computer-generierte dreidimensional gestaltete Umgebung (Szenario), in der sich künstliches Leben nach vorgegebenen Gesetzmäßigkeiten verhalten und entwickeln kann. Ein VE muss je nach Zielgruppe bzw. Zielsetzung bestimmten Anforderungen entsprechen.

Virtual Entertainment

Prof. Dr. Willim definiert ***Virtual Entertainment*** wie folgt: „Virtual Entertainment wird in naher Zukunft ein eigenständiger Zweig der digitalen audiovisuellen Unterhaltungsindustrie auf Basis von CGI (Computer Generated Images) sein. Bereits heute können **Motion Rides** und seit 2003 auch aufwendige **Computer Games** dazugezählt werden.

Den Kernbereich wird allerdings die übernächste Computerspiel-Generation bilden, sogenannte ***Immersive Virtual Adventures*** für Personal Simulators (verfügbar ungefähr circa 2010)."

Virtual Humans

Virtual Humans (virtuelle Menschen) ist ein Sammelbegriff für verschiedene Arten von computergenerierten 3D-Charakteren, die sich je nach Einsatzbereich in den Anwendungsmöglichkeiten und der Bezeichnung unterscheiden.

Virtual Intelligence

Professor Dr. Bernd Willim definiert seine Wortschöpfung von 2001 wie folgt: „Man sollte aufgrund der bisherigen Forschungsergebnisse zwischen drei Arten von Intelligenz unterscheiden: zwischen menschlicher, virtueller und maschineller Intelligenz. Bei „Virtueller Intelligenz" handelt es um die Simulation von scheinbar vorhandener Intelligenz, die eine digitale Kreatur bzw. ein künstlicher Bewohner zur Verfügung hat, um in einer bestimmten Situation einfache Entscheidungen treffen zu können. Sie basiert auf vorgegebenem Wissen und selbst gemachter, einfacher Erfahrung. Die Virtual-Intelligence-Forschung ist dem KI-Bereich „Künstliches Leben" zuzuordnen."

Virtual Movies

Prof. Dr. Willim definiert **Virtual Movies** wie folgt: „Die Verschmelzung von Spielfilmen mit Computerspielen zu sogenannten Virtual Movies werden wir voraussichtlich 2020 als Ergebnis des Langzeitforschungs- und Entwicklungsziel von *CYBERLINE Research* erleben. Ein hochauflösender HMD (Head-mounted Display) bringt den Anwender in das Szenario hinein. Virtual Movies werden das Potential haben, sich voraussichtlich zum Top-Unterhaltungsangebot der Virtual Entertainment-Industrie zu entwickeln."

Walk-through

Virtuelle Fahrt / virtueller Spaziergang mittels einer virtuellen Kamera aus der subjektiven Perspektive eines Anwenders durch ein computer-generiertes Gebäude bzw. Environment

3. Fachliche Biografie des Autors zum Thema

1989 Veröffentlichung des ersten deutschen Fachbeitrag über VR in *CGI Computer Grafik Info* unter dem Titel "Virtuelle Realität – Flucht aus der Wirklichkeit".

Veröffentlichung des Fachbuches "*Leitfaden der Computer Grafik*". Es wurde zum Standardwerk in der deutschsprachigen CGI-Branche.

Fachvorträge

"Virtuelle Realität – Flucht aus der Wirklichkeit", ITVA-Forum auf der *BROADCAST* in Frankfurt am 28. Oktober 1989

"Computer Grafik im Überblick – Einsatzmöglichkeiten und Zukunftsaussichten", Kolloquium "Neue Medien in Kultur und Wissenschaft" an der *Freien Universität Berlin* am 9. November 1989

"Schnittstellen für den visuellen und physischen Zugang in die simulierte Wirklichkeit", Workshop der Gesellschaft für Informatik, *FG 4.1.4 "Animation und Graphische Simulation"* zum Thema "Sichtsysteme – Visualisierung in der Simulationstechnik" in Wuppertal am 28. November 1989

"Virtuelle Realität – Flucht aus der Wirklichkeit", Jahrestagung der *Gesellschaft für Film- und Fernsehwissenschaft*, in Berlin am 1. April 1990

"Schnittstellen für den visuellen und physischen Zugang in simulierte Räume", *Daimler-Benz*, Abt. F U T, in Berlin am 11. Juli 1990

"An den Zitzen der Guten Mutter, die künstlichen Wirklichkeiten machen Babyträume wahr" (Titel wurde vorgegeben) Seminar: "MenschMaschine – Maschinenmensch" der *ZFP Zentrale Fortbildung der Programmmitarbeiter/ Gemeinschaftseinrichtung ARD/ZDF* am 5. September 1991 in Staufen

"Werbung im Jahr 2002 – Kommunikations-Design und Produkt-Präsentation im Cyberspace", *Werbekontaktmesse der AIESEC* am 22.1.1993 in Berlin

"Wissenschaft zwischen visueller Simulation und Wirklichkeit", Regionalgruppe Berlin der *GMW Gesellschaft für Medien in der Wissenschaft* am 13.5.1993

"Cyberspace und virtuelle Realitäten – Erlebniswelten des nächsten Jahrhunderts", *URANIA Deutsche Kultur-Gemeinschaft* am 27.9.1993 in Berlin

"Cyberspace Designer – Die zukünftige Berufsperspektive für Universal-Gestalter", *Kölner Design-Tage '93* am 21.10.1993 in Köln

"Cyberspace – die phantastischen Erlebniswelten des nächsten Jahrhunderts", *URANIA Deutsche Kultur-Gemeinschaft* am 26.11.1993 in Berlin

"Die virtuellen Realitäten von morgen – Freizeitdroge und Flucht vor der Wirklichkeit?", *URANIA Deutsche Kultur-Gemeinschaft* am 26.11.1993 in Berlin

"Cyberspace – Erlebniswelten des nächsten Jahrhunderts", *URANIA Deutsche Kultur-Gemeinschaft* am 18.10.1994 in Berlin

"Leben im Cyberspace – wird die virtuelle Realität zur Gegenwelt?", *URANIA Deutsche Kultur-Gemeinschaft* am 18.10.1994 in Berlin

"Lernen in virtuellen Welten", *Hochschule der Künste* Fb 6 am 19.10.1995 in Berlin

"Cyberspace – Erlebniswelten des nächsten Jahrhunderts", *URANIA Deutsche Kultur-Gemeinschaft* am 2.11.1995 in Berlin

"Leben im Cyberspace – Virtuelle Realität als Gegenwelt?", *URANIA Deutsche Kultur-Gemeinschaft* am 2.11.1995 in Berlin

"Leben im Cyberspace – Virtuelle Realität als Gegenwelt?", *URANIA Cottbus e.V.* am 9.11.1995 in Cottbus

"The First Feeling – Forschungsergebnisse zum erstmaligen Aufenthalt im Cyberspace", Workshop der Gesellschaft für Informatik, *FG 4.1.4 "Animation und Graphische Simulation"* zum Thema "Sichtsysteme – Visualisierung in der Simulationstechnik" in Bremen am 23.11.1995

"Virtuelle Realität – Kulturschock oder kreative Vielfalt?", *Berliner Festspiele GmbH* am 1.2.1996

"Einführung in die Design-Problematik von virtuellen Umgebungen",Tuturial der Gesellschaft für Informatik auf der *Virtual Reality World '96*am 13.2.1996 in Stuttgart

"Zukünftige Anforderungen an das VR-Design", Tutorial der Gesellschaft für Informatik auf der *Virtual Reality World '96* am 13.2.1996 in Stuttgart

"Cyberspace – Erlebniswelten des nächsten Jahrhunderts", *MagdeburgerURANIA e.V.* am 6.3.1996 in Magdeburg

"Telekommunikation im Jahr 2006 – Wie die Virtuelle Realität die Zukunft der Telekommunikation beeinflussen wird", *Generaldirektion der Deutschen Telekom* am 8.3.1996 in Bonn

"Design von virtuellen Welten", *2. Deutsche Film- & Medienbörse '96* am 3.4.1996 in Stuttgart

"Öffentliche Bibliotheken im Cyberspace", *Verein der Bibliothekare an Öffentlichen Bibliotheken* am 15.10.1996 in Berlin

"Die Welt im CyberNet – Erlebnisebene des nächsten Jahrhunderts", *URANIA Deutsche Kultur-Gemeinschaft* am 1.11.1996 in Berlin

"Leben nach dem Tod im Computer? Menschlicher Geist in digitaler Kopie", *URANIA Deutsche Kultur-Gemeinschaft* am 1.11.1996 in Berlin

"Cyberspace – Erlebniswelten des nächsten Jahrhunderts", *Gesellschaftsanalyse und Politische Bildung e.V.* am 10.12.1996 in Berlin

"Virtuelle Menschen – Neue Kommunikationsformen im zukünftigen Internet", *URANIA Deutsche Kultur-Gemeinschaft* am 10.2.1998 in Berlin

„Cybernet, a job machine & Virtual Movie, a new medium“, CARTOON Masters, Veranstaltung: *Cartoon Future* in *Dublin* am 25.1.2002

„3D and New Animation Technologies“, *Television Business School Madrid* in *Lübeck*, am 13.11.2004

Seminare

"Computer-Animation und Virtuelle Realität", *Zentrum für Graphische Datenverarbeitung e.V.*, in Darmstadt vom 28.2. – 1. März 1994, vom 12. – 13. Dezember 1994 und vom 6. – 7. März 1995

"Die Bedeutung der VR für das zukünftige Internet", *Zentrum für Graphische Datenverarbeitung e.V.*, in Darmstadt vom 23. – 24. September 1996 und vom 13. – 14. März 1997

Vorlesungen über VR

Hochschule der Künste Berlin, Fb Gesellschafts- und Wirtschaftskommunikation: von 1990 bis 1994

Freie Universität Berlin, Fb Kommunikationswissenschaften: von 1990 bis 1994

Filmakademie Baden-Württemberg: "Virtual Reality – der Film der Zukunft?", am 5.11.1992 in Ludwigsburg

Kunsthochschule für Medien Köln: "Künstliche Bildwelten als zukünftige Kommunikationsebene" am 16.6.1992*Technische Universität Berlin*, Fachbereich 7: "Virtuelle Realität in der Psychologie" am 3.7.1996 und "Virtuelle Menschen" am 30.10.1996
Universität der Künste Berlin, Fakultät Bildende Künste: 1995 bis heute

Hochschule für Bildende Künste Braunschweig, im Fach Medien-Design: von 1997 bis 1998

Wuxi University of Light Industry (China), zum 40. Jubiläum der WULI Hochschule für Gestaltung: "Virtual Humans as Works of Art" und "Virtual World Design" vom 3. bis 4.11.1998

GERMAN FILM SCHOOL, Filmhochschule für digitale Medienproduktion, Fb Digitale Film- und Fernsehproduktion: von 2002 bis heute

China National Academy of Fine Arts: "Vitual Reality – The Influence on Art and Design" im Rahmen der Summer Academy in *Hangzhou* im September 2002

Veröffentlichung in Büchern

"Virtuelle Realität – Die Zukunft synthetischer Bilder", in "computer art faszination", Deutscher Fachverlag, Frankfurt 1989

"Schnittstellen für den visuellen und physischen Zugang in die simulierte Wirklichkeit", in "Sichtsysteme – Visualisierung in der Simulationstechnik", Bergische Universität Gesamthochschule Wuppertal 1991

"Das Bildpunkt-Dorado – Fantastische Welten aus dem Computer", in "Erfolg durch audiovisuelle Kommunikation", Leitfaden für Industrie und Wirtschaft, herausgegeben von Lothar Schaudig, Dezember 1991

"Wissenschaft zwischen visueller Simulation und Wirklichkeit", Medien in der Wissenschaft, Band 2, 1993

„Virtuelle Menschen", Symposiums-Band Maske Teil 8: „Andere Wesen", 1999

Fachartikel

"Virtuelle Realität – Flucht aus der Wirklichkeit" in Professional Production Nr. 1 1990

"Der Weg in neue Welten – Virtuelle Realität" in CHIP Nr. 3 1990

"Virtuelle Realität – Die Zukunft synthetischer Bilder" in computer art faszination 1990

"Fachwort-Lexikon zur Virtuellen Realität" in CAF Computer Art Faszination 1992

„Science-Fiction-Visionen an der Schwelle ihrer Realität – Auf den Spuren der VR-Pioniere" in FKT Nr. 1, 1992

"Künstliche Welten als neue Kommunikationsebene" in FKT Nr. 2, 1992„Fernerleben statt Fernsehen – VR als neue Freizeitbeschäftigung" in FKT Nr. 3, 1992

„Das Gehirn am Rechner – VR wird die gesamte Gesellschaft verändern" in FKT Nr. 4, 1992"Reisen im Cyberspace" in statement Nr. 1 1993

"Virtual Reality World '95 – Europas erste gemeinsame VR-Konferenz in Stuttgart" in Professional Production Nr. 4 1995

"Virtual Reality World '95 – Europas erste gemeinsame VR-Konferenz in Stuttgart" in DIGI MEDIA Nr. 2 1995

"Das erste Cybern im Space", in screen MULTIMEDIA Nr. 2 1996

"Virtual Reality World ´96 – Die VR-Szene traf sich in Stuttgart", in Professional Production Nr. 4 1996

"Wie Cyberspace-Architekten die Sinne beisammen halten", in Computer Zeitung Nr. 18 1996

"Virtual Reality World ´96 – Zweites Treffen der europäischen VR-Experten" in DIGI MEDIA Nr. 3 1996

"Der neuste Schrei der VR-Labs: Design von intelligenten virtuellen Charakteren" in Computer Art Faszination 1996

"Homo Digitalis – Virtuelle Menschen sollen den Cyberspace erobern" in c´t Magazin für Computer-Technik Nr. 12 1996

"Leibeigene im Netz – Menschenrechte und ethische Bedenken gelten für sie nicht" in DIGI MEDIA Special 1996

"SIGGRAPH ´97 – Virtuelle Wellen" in Professional Production Nr. 10 1997

"Bildwelten des 21. Jahrhunderts" in agenda Nr. 31 1997

1992 fachliche Überarbeitung der deutschen Übersetzung des englischsprachigen Standardwerks „*Virtual Reality*" von *Howard Rheingold* im Auftrag des *Rowohlt Verlags.*
Im selben Jahr Herausgeber und Mitautor des Fachbuches „*Designer im Bereich Animation und Cyberspace*".
Gründung des »*CYBERLINE Research Institute*« zur Erforschung und Generierung von computergenerierten künstlichen Wirklichkeiten.

1994 bekam ich von einem Ost-Berliner Verlag den Auftrag, ein Fachbuch über den Stand der Technik und die möglichen Auswirkungen der VR zu schreiben. In diesem Buchprojekt „*Leben im Cyberspace – Virtuelle Realität als Gegenwelt. Aufbruch in eine bessere Welt?*" begann ich die Hintergründe zu beschreiben, warum in naher Zukunft Millionen von Menschen in den Cyberspace abwandern werden. Das Buchprojekt wurde 1995 gestoppt, weil schlagartig zu viele VR-Bücher auf den Markt kamen und für den Verlag die Gefahr bestand, das Buch nicht gut vermarkten zu können.
1995 Veröffentlichung erster Forschungsergebnisse von *CYBERLINE Research* auf dem *GI*-Workshop „Sichtsysteme – Visualisierung in der Simulationstechnik" der *Fachgruppe 4.1.4 „Animation und Graphische Simulation"* in Bremen zum Thema „The First Feeling – Forschungsergebnisse zum erstmaligen Aufenthalt im Cyberspace".

2002 Gründung der beiden Forschungslabore für »*Virtual World Design*« und »*Virtual Intelligence*« an der *GERMAN FILM SCHOOL.*
Vorstellung des *Merkaba*-Projekts.

2004 Ernennung zum *Professor für Virtual Entertainment* an der *GERMAN FILM SCHOOL* in Elstal.

Beruflicher Werdegang

- Mitgründer, Geschäftsführer und Präsident der „*THE GERMAN FILM SCHOOL for digital production GmbH*", Filmhochschule für digitale Medienproduktion (1998 – 2008)

- Mitinhaber und Geschäftsführer der "*IMAGE VIDEO CORPORATION Gesellschaft für analoge und digitale Laufbilder mbH*" in Berlin. Produzent von TV-Features und Industrie-Videos (1988 – 1994)
- Aufbau des Berliner Unternehmens "*mental images Gesellschaft für Computerfilm und Maschinenintelligenz mbH & Co.*" als Geschäftsführer für den Bereich Marketing (1986 – 1987)
- Aufbau und Markteinführung der Berliner Firma "*Computer Grafic Design GmbH*" als Geschäftsführer (1984 – 1986)
- Seit 1985 freier Fachjournalist für Computer-Animation und Virtuelle Realität sowie digitale Medien tätig.
- Gründer und Chefredakteur der Fachpublikation "*CGI Computer Grafik Info*" von Mai 1987 bis Ende 1989

Buchautor der Fachbücher "*Digitale Kreativität*" (1986), "*Leitfaden der Computer Grafik*" (1989) und Herausgeber des Buches "*Designer im Bereich Animation und Cyberspace*" (1992).

Professuren

Seit September 2004 Professur für Virtual Entertainment an der *GERMAN FILM SCHOOL* in Elstal.
Von 1997 bis 1998 Gastprofessur im Fachbereich Medien-Design an der *Hochschule für Bildende Künste* in Braunschweig.
Seit Juli 1996 Honorar-Professor für visuelle Medien/Massenmedien an der *Universität der Künste Berlin.*

Lehrtätigkeit

Im September 2002 Vorlesungen an der »*China National Academy of Fine Arts*« in Hangzhou.

Seit 2000 verschiedene Lehraufträge an der *GERMAN FILM SCHOOL* im Studiengang „Diplom Digital Artist".

1998 Gastvorträge an der »*Wuxi University of Light Industry*« (China)

Von 1985 bis heute verschiedene Lehraufträge für Filmgestaltung, Computer Graphics, Computergestützte Präsentationstechniken und Virtuelle Realität an der *Hochschule der Künste Berlin* im Fachbereich "Gesellschafts- und Wirtschaftskommunikation" und seit 1995 Lehrauftrag für "Virtuelle Realität zur Wissensvermittlung in der schulischen Ausbildung" an der Fakultät "Bildende Künste" der *Universität der Künste Berlin.*

Des Weiteren von 1986 bis 1996 Lehraufträge für Grafische Datenverarbeitung, über die zukünftige Informationsebene sowie elektronische Spiele an der *Freien Universität Berlin*, Fachbereich Kommunikationswissenschaften, Arbeitsbereich Informationswissenschaften.

Ausbildung

- Film-Kameramann und Journalist
- Studium der Gesellschafts- und Wirtschaftskommunikation an der Hochschule der Künste Berlin, Abschluss 1985: Dipl. Kommunikationswirt
- Promotion im Februar 1990 am Fb Kommunikationswissenschaften, Arbeitsbereich Informationswissenschaften, der FU Berlin. Abschluss: Dr. phil.

▪

4. Konstruktionsdaten für „Merkaba-Simulator"

Materialien:

- Kohlefaserverbundwerkstoff
- Aluminium
- Holz oder hochwertige Kunststoffimitation
- antistatischer Teppich im Fußbodenbereich

Außenmaße:

Flügel: Breite 1,0 – 1,5 m, Länge 2,8 m zzgl. 1,5 m für Rotor
Kabine: Breite 3,5 m, Länge 3,0 m, Höhe 1,9 + 0,3 = 2,2 m
Schweifruder: Breite 0,8 – 0,3, Länge 2,0 m

Gesamt: Breite 5,0 m, Länge 5,0 m, Höhe 2,2 m

Innenmaße:

Sitzabstand vom Hauptbildschirm (Fenster): maximal 2,0 m, minimal 1,4 m
Screen nach 05, m;
Steuerpult = 0,8 m tief, beginnt nach 0,3 m;
Pilotensessel = 0,5 m.

Notwendige Gesamthöhe der Räumlichkeit für den Betrieb des Simulators:

Hydraulik 1,2 m
Simulator: 2,2 m
Aktionsradius: 2,0 m (ev. nur 1,5 m)

Gesamthöhe des Raumes: 4,9 bis 5,4 m (Zelt oder Container im Garten, oder Fläche in Industriehalle anmieten)

Ggf. zwei Typen bauen:
Für Themeparks und Malls sowie für den Heimbereich.
Für den Verkauf in den Heimbereich müssen Flügel und Steueruder (Schwanz) abnehmbar sein.

Gewicht:

Zwischen 2 bis 3 Tonnen (inklusive dreier Piloten à 100 kg).

Außenausstattung:

1)
Einstiegsluke: Aus einer Hälfte der Oberschale des Chassies Luke herausfräsen. Einstiegsluke mit drei Schanieren befestigen und per Griff (manuel) von außen und innen verschließbar machen. Einstiegshilfe in Form eines 150 cm großen Blocks.

2)
Runder rotgenoppter Teppich mit Absperrung als **Abgrenzung des Gefahrenbereiches**.

3)
Warnleuchten, blaues Licht im Schweif.

4)
Aufkleber: ***VSA Virtual Space Agency*** and the

5)
CYBERLINE Authorities

Innenausstattung:

- Armlehnen zum bequemeren Einsteigen hochklappbar,
- Sitzarmlehnen justierbar nach Größe des Piloten,
- 4-Punkt-Gurt,
- Pilotenbrille superimposed,
- in der Nähe des Sitzes Getränkehalterung für geschlossenen Becher mit Ventilstrohhalm und Fach für Snakes,
- 180 Grad bis 360 Grad mit drehbarem Sitz

Sound-Anlage

- Lautsprecher in den Sitzen,
- Mikro im Headset zur Sprachsteuerung,
- Surround Sound, viele kleine Lautsprecher in der Decke,
- im Bodenbereich, im Sitz (Vibrationen), in den Kopfstützen.
- Musik- und Klangauswahl für Sightseeing und Outer Space Flights.
- als Wunschprogramm per Tastendruck, zehn Möglichkeiten.

Sichtsysteme

- Remote Control Cameras
- zwei virtuelle Reparaturroboter außen
- zwei große Sichtschirme (können abgeschaltet werden, nur Schlitz ist wirkliches Fenster nach außen)
- Schlitz ist offiziell aus „Panzerglas“ und verfügt über virtuelle Lamellen zur Abdunklung
- 1 Bildschim im Boden
- 1 Touchscreen am 3. Sitz
- 4 Screens am Cockpit zur Auswertung, für Steuerung, für Kommunikation mit virtuellem Piloten, für Kommunikation mit dem intelligenten Bord-Computer **I.T.C.** (Intelligent Technical Control & Memory System) zum Abfragen des Energiezustands, zur Schutzschirm-Regulierung und zur Steuerung und Aktivierung der Bordwaffen.
- zwei Touchscreens als Regler- und Steuerpult für die Merkaba

Zusatzoptionen:

- Umstieg von Pilotensitz auf Artillerie-Posten, Flugobjekt wird durch Autopiloten geflogen.
- digitaler Co-Pilot als Helfer, Freund, zur Kommunikation, merkt sich Dinge von gemeinsamen Reisen.
- Digitaler Co-Pilot bietet Flugtraining an, greift ein, wenn Fehler beim Selbstfliegen auftreten.
- Co-Pilot könnte missionsgesteuert sein, weil er weiß, wo etwas „los" ist.
- Co-Pilot hilft dem Piloten nach Sightseeing zu den Abenteuern zu kommen.
- Programmierung über das Visier des Sichthelms (halbtransparent), bedienbar über einen Joystick oder einen Touchscreen.
- Per LED-Display: Erdzeit / Planetenzeit, Geschwindigkeit, Energiezustand anzeigen.
- Leasing und Mietkauf über Hersteller.

Innenausstattung:

- Mehrere kleine Ventilatoren zur Belüftung und für physikalische Simulationen.
- System aus Luftabzugsrohren, Klimaanlage, Heizung
- Kühlbox
- Stauraum
- Drehstrom notwendig
- Option: zweiter Computer als Sicherheitssystem
- Option: zusätzliche Waffensysteme
- Option: individuelle Bemalung (Folien), Namenszug, Symbole
- Reling zur Abstandssicherung (muss durch starre Teile nur so aufbaubar sein, dass Mindestabstand gewährleistet ist!)
- 3 Notschalter
- Undo-Funktion
- 3 G-Sessel mit Beinablage, Massageeinheit im Pilotensessel (optional für die restlichen Seats)
- kleine Boxen und Druckluft im Sitz
- 2 große ausklappbare Steuerungssysteme (Screens) im Cockpit
- 1 kleines ausklappbares Steuerungssystem für 3. Pilot, rechts in Sessellehne

- Virtuelle Greifarme
- SFX-Vorrichtungen für Nebel und Funken (Lichteffekte) bei Kabelbrandsituationen
- Labor für Probeanalysen (manuelle Arbeiten über Monitor verfolgbar)

Printed by Books on Demand GmbH, Norderstedt / Germany